新世纪全国高等医药院校研究生教材

免疫学导论

Introduction to Immunology

（供医学各相关专业研究生用）

主　编　王　易（上海中医药大学）
编　委　（按姓氏笔画排列）
　　　　马彦平（山西中医学院）
　　　　王亚贤（黑龙江中医药大学）
　　　　王莉新（上海中医药大学）
　　　　卢芳国（湖南中医药大学）
　　　　申可佳（湖南中医药大学）
　　　　邢海晶（云南中医学院）
　　　　刘永琦（甘肃中医学院）
　　　　孙锦霞（上海中医药大学）
　　　　杨贵珍（上海中医药大学）
　　　　罗　晶（长春中医药大学）
　　　　袁嘉丽（云南中医学院）
　　　　韩妮平（云南中医学院）
　　　　缪珠雷（上海中医药大学）

中国中医药出版社
·北　京·

图书在版编目（CIP）数据

免疫学导论/王易主编 . —北京：中国中医药出版社，2013.9
新世纪全国高等医药院校研究生教材
ISBN 978 - 7 - 5132 - 1587 - 9

Ⅰ. ①免…　Ⅱ. ①王…　Ⅲ. ①免疫学 - 医学院校 - 教材　Ⅳ. ①Q939. 91

中国版本图书馆 CIP 数据核字（2013）第 185601 号

中 国 中 医 药 出 版 社 出 版
北京市朝阳区北三环东路 28 号易亨大厦 16 层
邮政编码　100013
传真　010 64405750
北京市泰锐印刷有限责任公司印刷
各地新华书店经销

*

开本 787×1092　1/16　印张 18.5　字数 411 千字
2013 年 9 月第 1 版　2013 年 9 月第 1 次印刷
书　号　ISBN 978 - 7 - 5132 - 1587 - 9

*

定价 48.00 元
网址　www. cptcm. com

前　言

《免疫学导论》为国内第一本由中医药院校独立编写的免疫学高级教程。

2007 年受上海市研究生教育专项经费资助，由五所院校协力完成了这部切合中医院校研究生免疫学教学实际的教材，至今已有六年时间。在这六年里，本教材广泛应用于研究生阶段的免疫学教学之中，受到各相关专业学生及其导师的好评。本书在充分诠释免疫生物学与临床免疫学基本内容的基础上，注重从教学中的重点、难点、疑点出发，答疑解惑并启发读者深入地思考，对提高本学科教学和学术水平发挥了积极的推动作用。

随着生命科学的飞速发展，免疫学的核心知识与内容也在不断的更新。为适应学术发展的要求，在中国中医药出版社的大力襄助下，由七所中医院校的专业教师组成的《免疫学导论》编委会承担了本次免疫学研究生教材的再版编写任务。新版教材为广大学习者提供了更为丰富的内容，开拓了更为广阔的视野。

《免疫学导论》由绪论和十四个章节组成。绪论承前启后，是本科阶段免疫学学习的复习和总结；一至八章涵盖免疫生物学的基本内容，不仅从细胞生物学角度深入探讨免疫系统的结构组成与工作机制，还积极融入了现代免疫学发展中的新观点、新视角与新进展；九至十四章为临床免疫学相关的基本内容。本教材既符合培养基础型研究生的教学要求，又兼顾临床型研究生的专业需求。全书在对免疫学基本概念全面、透彻解析的基础上，深入探讨现代免疫学发展的成果与方向。新版《免疫学导论》的内容编排和教学理念符合现阶段国内外免疫学的主流模式，其学术观点也充分体现了生命科学的发展方向。

基于免疫学在生命科学领域中的基础性与普适性，本书除满足中医药院校各专业研究生教学需求外，也可供其他医学院校相关专业研究生使用，更可作为本科免疫学教师的教学参考用书以及本科学生自主拓展阅读的参考读物。

再版说明

于丁亥年仲夏，与五院校同仁合作撰写首部中医院校研究生免疫学教材——《免疫学导论》，迄今已六年矣。时光荏苒，六年来免疫学一界，新旧之变、热点之变、视角之变、学理之变，接踵不断。此番再版《免疫学导论》唯求上承世界潮流之浩浩荡荡，下应莘莘学子之嗷嗷待哺尔。

本书再版之变有三，其一，曰审时度势。审时者，乃依据学术发展之趋势，重新厘定全书叙述框架；度势者，实顺应学界关注之热点，适当调整各篇内容重点。其二，曰改弦更张。改弦者，绪论、细胞、应答诸章，已然不复旧颜；更张者，调控、感染、肿瘤各篇，此番再铸新貌。其三，曰推陈出新。推陈者，尽除初版之讹误陈词，力求不落窠臼；出新者，博采新知于中外诸家，唯愿有所贡献。

面目虽新，宗旨依旧。盖初版所言："夫书以为用者凡三，一曰传道，二曰解惑，三曰至疑。"传道者，乃探自然之规律，析生命之玄机，公诸于世，传之于学之谓也。夫免疫者，虽曰天机，却可言说。先贤披沥二百年，群英逐鹿五十载，析天机于至微，展玄奥于大方，遂成免疫之学。本书所传者，概二百年研习之要义，五十载荟萃之硕果。解惑者，乃释疑解难，消困去惑之谓也。免疫之学发天地造化之精微，叙安身立命之本原，至深至奥。由是研习者疑难纷起，困顿倍至。本书所愿者，追根溯源，发微释义，条分缕析，去疑解惑也。集数十年教学之经验，合近十位教师之智慧，与莘莘学子妙学共研修，疑义相与析。至疑者，乃学而知困，思而生疑之谓也。朱子云，"学贵知疑，大疑则大进，小疑则小进"。解得一惑，复生一惑，乃学之常理。故彰显疑难，提示困顿亦著述之大要。本书于免疫学者，传道解惑于前，置疑显困于后；以昭示学无止境，以砥砺后生学子。或曰传道、解惑、至疑者乃著述之至道，本书之宗旨也。

此书得以再版，编委同仁，殚精竭虑，苦心孤诣，功不可没；出版社编辑，精心校订，倾力襄助，盛情难忘。于此一并谢过。

王　易
癸巳年孟夏于沪上

目　录

绪论 ·· 1

第一节　免疫系统的发现 ··· 1

第二节　免疫系统的发生 ··· 6

第三节　免疫应答的发生 ··· 8

第四节　免疫学的过去、现在与未来 ···························· 10

第一章　免疫球蛋白 ··· 12

第一节　免疫球蛋白概述 ··· 12

第二节　免疫球蛋白的异质性 ······································ 16

第三节　免疫球蛋白的生物合成与遗传控制 ·················· 18

第四节　免疫球蛋白的生物学活性 ······························· 24

第五节　免疫球蛋白超家族 ··· 27

第二章　补体系统 ·· 30

第一节　补体系统概述 ·· 30

第二节　补体系统的激活与调节 ·································· 31

第三节　补体系统的生物学作用 ································· 38

第四节　补体受体 ··· 40

第三章　MHC 分子与抗原提呈 ··································· 43

第一节　MHC 分子概述 ··· 43

第二节　人类 MHC 的基因组成 ································· 44

第三节　人类 MHC 分子的结构与分布 ······················ 48

第四节　人类 MHC 分子的免疫生物学作用 ················· 52

第五节　抗原提呈途径 ·· 53

第四章　细胞因子 ·· 61

第一节　细胞因子概述 ·· 61

第二节　细胞因子的主要结构类型 ······························· 65

第三节　细胞因子的主要功能类型 ······························· 72

第四节　细胞因子的免疫生物学活性 ··························· 77

第五章　免疫细胞膜分子 ·· 80

第一节　免疫细胞膜分子概述 ······································ 80

第二节　免疫细胞膜分子的结构类型 ··························· 87

第三节　免疫细胞膜分子的功能类型 ··························· 97

第六章　免疫细胞 ···································· 114
　第一节　免疫细胞概述 ························ 114
　第二节　固有免疫细胞 ························ 120
　第三节　适应性免疫细胞 ····················· 128
第七章　免疫应答 ···································· 137
　第一节　免疫应答概述 ························ 137
　第二节　固有免疫应答 ························ 140
　第三节　适应性免疫应答 ····················· 146
第八章　免疫调控 ···································· 153
　第一节　免疫调控概述 ························ 153
　第二节　免疫应答的体内调控 ················· 155
　第三节　免疫应答的环境影响 ················· 162
第九章　免疫损伤 ···································· 164
　第一节　免疫损伤概述 ························ 164
　第二节　抗体介导的免疫损伤 ················· 166
　第三节　T细胞介导的免疫损伤 ··············· 179
　第四节　固有免疫介导的免疫损伤 ············· 181
第十章　免疫耐受与自身免疫病 ··················· 185
　第一节　免疫耐受与自身免疫概述 ············· 185
　第二节　自身耐受的形成机制 ················· 187
　第三节　自身免疫病的发生机制 ··············· 190
　第四节　自身免疫病的临床类型与病理特点 ····· 193
第十一章　感染与免疫 ······························ 199
　第一节　感染与免疫概述 ····················· 199
　第二节　病毒感染与免疫 ····················· 202
　第三节　胞外菌感染与免疫 ··················· 206
　第四节　胞内菌感染与免疫 ··················· 209
　第五节　真菌感染与免疫 ····················· 211
　第六节　原虫感染与免疫 ····················· 213
　第七节　蠕虫感染与免疫 ····················· 214
第十二章　肿瘤免疫 ································· 217
　第一节　肿瘤免疫概述 ························ 217
　第二节　肿瘤抗原 ···························· 219
　第三节　肿瘤与免疫的相互关系 ··············· 222
　第四节　肿瘤的免疫诊断与免疫治疗 ··········· 227
第十三章　移植免疫 ································· 233
　第一节　移植免疫概述 ························ 233

第二节　移植抗原 ································· 235

第三节　移植排斥反应 ··························· 236

第四节　移植排斥反应的作用机制 ··········· 238

第五节　临床组织器官移植的实践问题 ······ 242

第六节　移植排斥反应的防治 ················· 244

第十四章　免疫缺陷病 ····························· 246

第一节　免疫缺陷病概述 ······················· 246

第二节　固有免疫缺陷病 ······················· 247

第三节　原发性 B 细胞缺陷 ··················· 250

第四节　原发性 T 细胞缺陷 ··················· 251

第五节　原发性联合免疫缺陷 ················· 255

第六节　继发性免疫缺陷病 ···················· 256

第七节　免疫缺陷病的诊断与治疗 ··········· 260

附录Ⅰ　适合阅读的教科书与参考书 ·········· 264

附录Ⅱ　可供阅读的免疫学专业刊物 ·········· 271

附录Ⅲ　可参阅的免疫学相关网站 ············· 274

附录Ⅳ　英汉索引 ································· 278

绪　论

在生物体内，免疫（immune）现象是与新陈代谢、遗传生殖并列的生命基本特征。进化过程中，每一物种的独立个体，需要维持自身的生存与物种的延续，就必须建立与发展一套识别"自我"与"异己"的能力与机制。自单细胞生物开始，这种机制作为生物体趋利避害的重要手段就已经出现，并在进化中逐步得到发展与提高。长期的进化与选择，使得这种机制的演化从简单走向复杂、从粗糙走向精密，以保障高等生物在与其他生物共生环境中的适应需要。

近二百余年中，人类对于免疫现象的关注，促进了免疫学（immunology）的诞生。免疫学的发展经历了对免疫现象的观察与描述、机械的模仿应用、物质结构基础的探索以及作用机制的解读等阶段。20 世纪 60 年代，人类对免疫作用机制的深刻解读，使免疫学脱离了医学微生物学的母体，形成一门独立的学科。

免疫学的诞生与发展，使人类对疾病发生发展的原因与机制有了更深入的了解，对生命独特性、多样性的本质有了更深入的感悟，对生命体之间共生与博弈的奥秘有了更深入的阐释。随着近代医学与生命科学的发展，免疫学以其卓越的建树日益成为生命科学研究领域中的"领头羊"。

尽管如此，目前人类对于免疫——这一伴随着生命而出现的现象在理解上依然十分肤浅，认识的过程也比较短暂，更多的未知等待着所有好奇而又有志于探索的学者继续探究。

第一节　免疫系统的发现

从生命体与环境的相互作用中，人类观察到了免疫现象，并从这一生命现象的诸多表现推理其本质以及探索产生这一现象的物质基础，由此形成了免疫系统的理论体系。

一、从现象到本质

众所周知，那些传染性疾病劫后余生者可以平安度过相同的瘟疫，这使人类认识到了免疫现象的存在。继而，人们又在不同个体间的组织排异现象以及对过敏反应的观察中加深了对免疫现象的理解。

免疫现象在研究初期被视为对病原体的一种防卫，这使人们开始认识到疫苗的作用、发现吞噬现象并发明了抗血清疗法。此后，随着输血反应机制的揭示以及组织相容性抗原的发现，免疫现象被引伸为机体识别与区分"自我"与"异己"的机制，这个阶段以"克隆选择学说"的诞生为巅峰。然而面对免疫损伤以及自身免疫病的挑战，如何解释免疫系统对自身成分的攻击现象，成为对当代免疫学工作者的重大考量，而"危险信号学说"的确立给出了部分答案。人类对免疫现象本质的探究过程正是一个从现象到本质不断深化的过程，迄今，这个过程依然未有终结。在这一认知过程中，人类对免疫系统的构成——包括固有免疫（innate immunity）和适应性免疫（adaptive immunity）、免疫系统的物质基础——包括免疫器官及免疫细胞以及免疫分子、免疫系统的工作机制——固有免疫应答与适应性免疫应答、免疫应答形成的后果——免疫保护作用与免疫损伤作用等，都形成了相对清晰的认识，而这些也构成了这本教科书的叙述基础。

二、从结构到功能

以免疫现象为表现的生命活动具有相应的物质基础。人们发现免疫现象是与一些特定的组织器官、特定的细胞群体，特定的生物大分子的功能活动联系在一起的，因此这些物质组合而成了免疫系统（immune system）。

（一）免疫系统的结构研究

提出"侧链学说"的 Paul Ehrlich（"抗体"的名称也由其提出）曾经对抗体的结构有过天才的猜想。20 世纪 60 年代，Gerald Edelman 和 Rodney Porter 发现了免疫球蛋白的四肽链结构，随后又对免疫球蛋白超变区进行了研究，使人们最终理解了抗原 – 抗体的"锁匙关系"，抗体的特异性识别之谜由此而解。类似的研究如对抗体形成细胞的发现，使人们理解了免疫球蛋白的合成过程；而对于抗原受体的结构分析，使人们理解了抗原促使机体产生免疫应答的过程。所有这些对免疫器官、免疫细胞、免疫分子结构的研究被今天的免疫学工作者组合成了一幅完整的免疫系统结构图。

机体的免疫系统由器官、细胞、分子三个层次组成。这些层次的组分，有些专司其职，有些则兼顾其他生理功能。

1. 免疫器官　经典意义上的免疫器官是指淋巴细胞产生、发育、形成效应的组织与器官。根据淋巴细胞的分化、发育过程，免疫器官分成两类，一是中枢淋巴器官（central lymphoid organs），主要负责淋巴细胞的产生与发育成熟；二是外周淋巴器官（peripheral lymphoid organs），主要提供淋巴细胞定居并发挥效应的场所。

中枢淋巴器官包括骨髓（胚胎期的卵黄囊、胚肝）与胸腺。骨髓是几乎所有免疫细胞的发源地。除髓系细胞外，淋巴系细胞中的 B 细胞（主要是 B2 细胞）也借助骨髓基质细胞（stromal cell）所提供的微环境发育成熟，哺乳类动物无一例外地采取这种方式。而禽类的 B 细胞则主要在消化道中的淋巴器官——法氏囊（bursa of Fafricius）内分化成熟。B 淋巴细胞（bursa – dependent lymphocyte）也由此获名。后来，骨髓被发现是长寿浆细胞（已活化的 B 细胞的一种生物表现型，具有记忆作用）的主要聚集场所，因此也就兼具外周淋巴器官的部分功能。胸腺是来自骨髓的未成熟淋巴细胞前体的另一个分化发育场所，进入胸腺的这部分淋巴细胞依赖胸腺内环境中不同类型的基质细胞，经历阳性选择（positive selection）与阴性选择（negative selection）过程得以分化发育成熟为有别于 B 淋巴细胞的另一细胞群体，并由此定名为 T 淋巴细胞（thymus – dependent lymphocyte）。

成熟的淋巴细胞定居于外周淋巴器官（包括淋巴结、脾脏）、淋巴细胞集结的组织（如扁桃体、阑尾和 Peyer 小结）以及无定型的分布于上皮及结缔组织内的弥散淋巴组织等，这些弥散的淋巴组织也被称为黏膜相关淋巴组织。在外周淋巴器官中既有 T 细胞、B 细胞，也有诸多的抗原提呈细胞。通常在外周淋巴器官中的免疫细胞分区而居，淋巴结的滤泡和脾脏的脾小结是 B 细胞聚集区，而淋巴结的副皮质区和脾脏的动脉周围淋巴鞘（periarteriolar lymphoid sheath，PALS）是 T 细胞聚集区。因去除禽类的法氏囊可使淋巴结滤泡与生发中心产生耗竭现象，故此区被称为囊依赖区（bursa – dependent area）；而切除新生实验动物的胸腺，可使副皮质区出现耗竭现象，故此区域也称胸腺依赖区（thymus – dependent area）。在发生免疫应答的淋巴结中，这两个区域组成一个分界清楚的混合结节（composite nodule），这一结构为 T、B 淋巴细胞相互作用的解剖学基础。

黏膜相关淋巴组织（mucosal – associated lymphoid tissue，MALT）和皮肤相关淋巴组织（skin – associated lymphoid tissue，SALT）都有着和淋巴结、脾脏不同的结构与细胞分布。肠道黏膜内含有大量可分泌 IgA 的浆细胞和 $CD8^+$ 的杀伤性 T 细胞；而黏膜下层也聚居了较多的 $CD4^+$ 的辅助性 T 细胞；在黏膜上皮间隙中也含较大比例的 $\gamma\delta T$ 细胞，这都提示在中枢免疫器官外可能还存在一些散在的淋巴细胞发育场所，且在此发育的 T、B 淋巴细胞与骨髓或胸腺来源的 T、B 淋巴细胞特性迥异。目前，有以固有淋巴细胞这一称呼来命名这些细胞的趋势，主要包括 $\gamma\delta T$ 细胞与 B1 细胞。

通常人们也将中枢淋巴器官称为一级淋巴器官，而外周淋巴器官称为二级淋巴器官，这都是在胚胎发育过程中就已经定型的免疫器官。但近来的研究发现，在炎症因子诱导下，炎症局部可诱导性形成淋巴器官组织，并被称为三级淋巴器官（tertiary lymphoid organs，TLOs）。这类淋巴组织在慢性炎症的形成过程及肿瘤的发生过程中都具有重要的病理意义。

在各类淋巴器官之间存在着相应的联络通道，称为淋巴细胞再循环（lymphocyte recirculation）。在这个通道中行走的各类免疫细胞，受到细胞表面归巢受体（homing receptor）和组织器官及血管内皮细胞上血管地址素（vascular addressin）的调节，可以奔走于中枢器官、外周器官、局部组织之间，完成其生理作用。（图绪 – 1）

2. 免疫细胞　所有参与免疫应答活动（包括固有免疫与适应性免疫）的细胞，似乎都应列入免疫细胞的范畴。不过传统的免疫学更习惯于将源自骨髓造血干细胞的各类终末细胞算作免疫细胞。它们包括由多潜能前体细胞（multipotent progenitor，MPP）分化形成的两种有限潜能前体细胞，即共同淋巴系祖细胞和共同髓系祖细胞。前者最终形成 T 细胞、胸腺 NK 细胞、NKT 细胞、胸腺淋巴样树突状细胞、骨髓 NK 细胞、淋巴样树突状细胞与 B 细胞；后者最终形成中性粒细胞、嗜酸性粒细胞、嗜碱性粒细胞、单

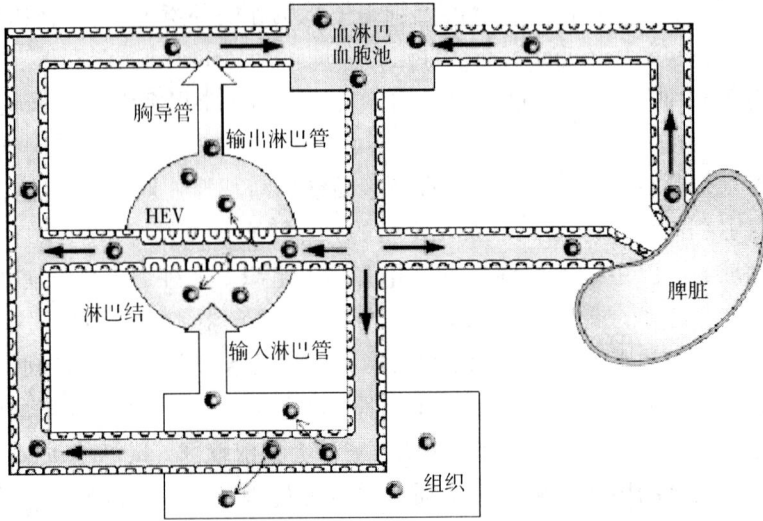

图绪 - 1 淋巴细胞再循环示意图

核/巨噬细胞、巨核细胞、红细胞、髓样树突状细胞以及由造血干细胞分化形成的定向肥大细胞前体（masecell committed progenitor，MCP）分化而成的肥大细胞。（图绪 - 2）

此外，近年在黏膜相关淋巴组织内陆续发现有一群谱系标志不清的免疫细胞（lineage - negative cell，LNC）也具有固有免疫功能。而具有模式识别受体表达并产生显著固有免疫的上皮细胞亦被视为非骨髓起源的一种重要免疫细胞。

按其主要参与免疫应答的类型，免疫细胞又可分为固有免疫细胞，如 γδT 细胞、B1 细胞、NK 细胞、NKT 细胞、树突状细胞、单核/巨噬细胞、中性粒细胞、嗜酸性粒细胞与嗜碱性粒细胞以及适应性免疫细胞，如 αβT 细胞与 B2 细胞等。其中能够向 T 细胞提呈抗原的细胞被称为抗原提呈细胞（antigen - presenting cell，APC），主要包括树突状细胞（dendritic cell，DC）、单核/巨噬细胞与 B 细胞。

3. 免疫分子 免疫细胞的所有生物活性都依赖其表达的免疫分子来完成，这不仅表现在对抗原物质的清除效应方面，更多地表现于细胞间的相互作用上。这些联系与沟通细胞间信息的免疫分子，根据其存在形式，划为膜型免疫分子与分泌型免疫分子。

膜型免疫分子依所处部位可分为细胞膜分子与细胞质内膜分子，主要包括感受外来刺激的抗原受体、模式识别受体（pattern recognition receptor，PRR）、提呈抗原的 MHC 分子、接受细胞间相互作用的黏附分子（adhesion molecule，AM）和细胞因子受体以及与部分效应分子结合的抗体受体与补体受体。

分泌型免疫分子主要为由 B 细胞产生的作为抗体的免疫球蛋白、由多种体细胞产生的补体系统血浆蛋白、各类固有免疫细胞分泌的抗微生物肽以及被称为细胞因子的各类繁复多样的小分子信号蛋白与多肽组成。此外，分泌型免疫分子还包括多种内分泌激素和神经递质，如促肾上腺素（ACTH）、促甲状腺素（TSH）、雌激素、β - 内啡肽、胰岛素等等。因为在许多免疫器官与免疫细胞上都有这些分子的受体，而且这类物质确实可以影响免疫细胞的生物学反应，这些物质构成了神经 - 内分泌系统与免疫系统间的联

造血干细胞（HSC）
- 多潜能前体细胞（MPP）
  - 共同淋巴系祖细胞（CLP）
    - NKT祖细胞
      - T细胞
      - NKT细胞
      - 胸腺NK细胞
      - 胸腺淋巴样树突状细胞
    - 骨髓NK细胞
    - 淋巴样树突状细胞
    - B细胞
    - 淋巴样树突状细胞
  - 共同髓系祖细胞（CMP）
    - 中性粒细胞
    - 嗜酸性粒细胞
    - 嗜碱性粒细胞
    - 单核巨噬细胞
    - 巨核细胞
    - 髓样树突状细胞
    - 红细胞
- 定向肥大细胞前体（MCP）
  - 肥大细胞

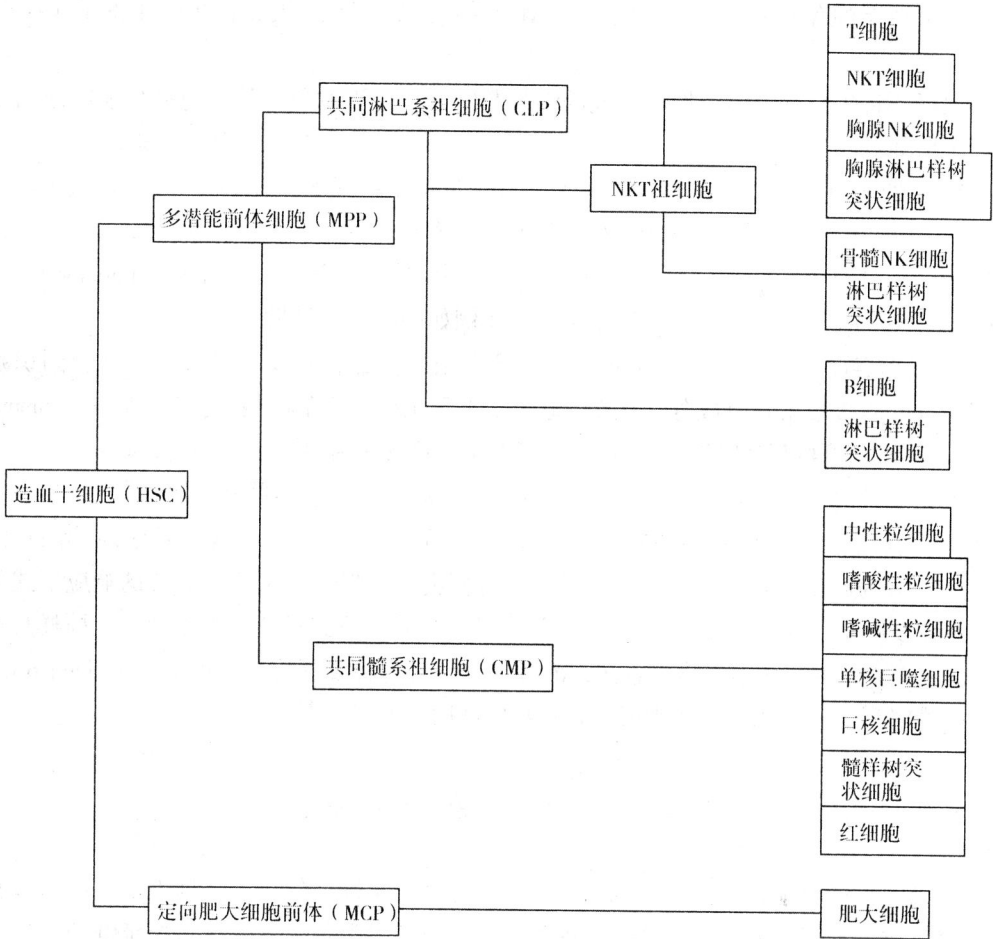

图绪-2　源自骨髓的免疫细胞谱系

系通道，组成了一个被称为神经-内分泌-免疫网络的整体性调节机制。

（二）免疫系统的功能研究

Emil von Behring 获得第一个诺贝尔医学生理学奖的"抗血清疗法"可以视作是人类对免疫系统功能最初的探究，继之而来的 Jules Bordet 对补体作用的阐明则更进一步的揭示了机体免疫防御的机制，待到 Paul Ehrlich 与 Ilya Ilyich Mechnikov 因体液免疫学说和细胞免疫学说分享 1908 年的诺贝尔医学生理学奖时，免疫系统的防御功能已经十分清晰的显现于世人面前。然而 Karl Landsteiner 对血型抗原的研究和 Baruj Benacerraf、Jean Dausset 及 George Snell 对组织相容性抗原系统的发现，乃至 Charles Richet 早在 1913 年获得诺贝尔医学生理学奖的有关过敏反应的观察发现，都使人们对免疫的功能一度陷于困惑。直至 Peter Medawar 用实验验证了免疫耐受现象的存在，且 Frank Mac-Farlane Burnet 据此提出"克隆选择学说"之后，人们才对免疫功能的本质有了深入的理解。而 Peter Doherty 和 Rolf Zinkernagel 二人在 1972 年所进行的精彩实验显示了分子与细胞水平上的免疫系统工作机制，这使人们得以在分子层面上真正懂得了免疫的实质。

根据一百年来免疫学工作者探究的结果与结论，今天的免疫学将免疫功能归结为如下两个层面：

1. 生理层面　作为一种基本的生理功能，免疫承担了免疫防御（immunological defence）作用——即对外来有害生物的清除；免疫自稳（immunological homeostasis）作用——即对自身废弃物和冗余免疫细胞、免疫分子的清除；免疫监视（immunological surveillance）作用——即对变异的自身成分（例如肿瘤）的清除。

2. 病理层面　免疫系统在发挥上述清除作用时，都会累及自身成分，甚至因识别信号有误而直接攻击自身成分，从而引起轻微或严重的病理后果，称为免疫损伤（immune injury）。如果这样的损伤以临床疾病形式表现出来，则被称为超敏反应（hypersensitivity）。

免疫系统对刺激物响应与否、反应程度及持续时间，都做到精细的调控，尽管目前人类尚不能完全破解这些十分复杂的调控机制，但至少能够了解，免疫系统对刺激物的响应可表现为产生清除效应与不产生清除效应两类，并将不产生清除效应的响应形式称为免疫耐受（immune tolerance）。与产生清除效应的响应形式类似，免疫耐受也同样具有生理层面与病理层面上的生物学意义，前者可维持对自身成分的免疫赦免（immune privilege），如维持正常妊娠；后者则可导致自身免疫病、肿瘤等的发生。

第二节　免疫系统的发生

广义的免疫现象是生命体保持独立性、多样性与延续性的一种生理本能，故可以视为伴随生物的出现而形成的一种生命现象，而经典意义上的免疫系统是指承载免疫现象的物质基础，其在发生上却可能晚于广义的免疫现象。以目前的发现，具有自我保护意义的细胞活动与核酸水平的清除机制出现于单细胞生物，而在进化为多细胞生物时生命体免疫机制发生了较为重大的转变，尤其是在出现脊椎动物后，固有免疫与适应性免疫发生分离，经典意义上的免疫系统才得以展现。因此，在这里我们不妨将生命体的免疫机制分为单细胞生物的免疫机制与多细胞生物的免疫机制两部分加以探讨。

一、单细胞生物的免疫现象与机制

单细胞生物具有免疫现象最初是从原生动物的吞噬、胞吐作用推论而知，但近年来有关原核生物抵御病毒的作用机制的研究表明，核酸免疫机制的存在是单细胞生物保持独立性、多样性与延续性的一种重要机制。

（一）吞噬与抗微生物肽

真核生物中的原生生物被认为是无脊椎动物中最原始的物种，这类单细胞生物以原核生物作为食物来源，其细胞器中具有较为发达的吞噬结构和丰富的溶酶体，这种作为营养与消化的物质结构被公认为是以后多细胞生物进化过程中吞噬细胞的原始模板。由于缺乏对原生生物自身防御研究的资料，其吞噬与消化机制是否对自身防御发生影响尚难定论。

抗微生物肽（antimicrobial peptides，AMPs）是一类相对保守的固有免疫成分，存在于自原核生物至哺乳动物的几乎所有生物体内，这类具有抗生素与免疫调节剂双重作用的免疫分子对于单细胞生物抵御病毒及其他同类生物的侵袭具有重要的防御意义。故与吞噬作用类似，都可以视作原始生物物种早期免疫现象发生的基础。

（二）核酸免疫机制

1993 年在真核细胞内所发现的微小 RNA（microRNA，miRNA）揭开了生物体在核酸层面上抵御异种核酸侵袭的机制，这在一定程度上可解释宿主细胞是如何防御病毒这类以核酸为主要存在形式的病原体的。当异源 RNA 出现时，机体依赖特有的 RNA 识别机制可使这部分 RNA 被相应的 RNA 酶分解，从而通过基因沉默方式形成对病原体的免疫。

与此同时，在原核生物中也发现了与真核细胞微小 RNA 相似的小 RNA（smallRNA，sRNA），尤以大肠埃希菌中的 CRISPR（Clustered Regularly Interspaced Short Palindromic Repeats RNA）最具代表性。此类 sRNA 具有与噬菌体核酸的同源序列，可使细菌形成对相应噬菌体的免疫。近几年的研究证明其作用机制基本类同于真核细胞由基因沉默方式形成的免疫机制，因核酸水平上的免疫机制具有高度的识别选择性，这些发现或可拓展适应性免疫的范畴。

二、多细胞生物的免疫现象与机制

生物进化至多细胞生物阶段，其组成细胞的专业分工渐渐显现，一些专司防御的不同功能的细胞逐渐组合成为免疫系统。

（一）固有免疫系统

较早出现于无脊椎动物中的免疫物质是吞噬细胞与炎症因子。原生动物的吞噬功能在多细胞动物的部分细胞中得到保存和发展，并分化成专司吞噬作用的吞噬细胞，这是低等多细胞生物免疫的重要环节之一。至海绵动物门阶段，可观察到受遗传控制的同种异体排斥现象及免疫球蛋白样结构域的存在（腔肠动物门、线形动物门也有类似发现），但这些免疫现象是基于何种机制的表现，目前尚无深入研究。进化至真体腔动物后，棘皮动物门出现了补体类物质以及白细胞介素同源分子，且这一进化阶段的补体类物质成分的种类与数量都远较哺乳动物丰富。稍后的星虫动物门、双带动物门开始形成了 NK 样细胞。

就目前获得的研究结果看，似乎可以推断在无脊椎动物阶段形成了固有免疫系统。但由于缺乏系统的比较研究，以及生物进化过程中的不平衡性等因素（例如在同为无脊椎动物的软体动物门和节肢动物门的昆虫纲就已出现了最初形式的免疫球蛋白）的影响，尚不能给出这样的定论。

（二）适应性免疫系统

对于适应性免疫系统开始的时间多数研究都指向脊索动物门出现的时期。与无脊椎动物相比较，脊椎动物免疫系统的进化体现为：①所有脊椎动物都有淋巴细胞和特异性IgM抗体，且免疫球蛋白的类别随脊椎动物的演进而趋于多样；②开始出现 T、B 淋巴细胞的分化，并在相应器官结构上得以体现（这种分化在无颌类和软骨鱼类尚不分明，自硬骨鱼类起已然明显）；③移植排斥的二次应答表现出典型的加速反应。这些特点也是今天的免疫学工作者作为划分固有免疫系统与适应性免疫系统的主要依据。

有关免疫系统进化的研究显示：①脊椎动物与无脊椎动物的免疫系统成分存在同源性和相似性；②作为适应性免疫系统发生基础的基因重排现象可能源自庞大种数的脊椎动物为维持生物多样性而产生，或为变态发育的调控需要；③适应性免疫系统的成熟进化与变温动物向恒温动物的进化相平行。

第三节　免疫应答的发生

从机体的防御原理角度，免疫机制可分为非诱导与诱导两大类型，前者由生物进化中形成的解剖生理屏障构成，形成对生物性侵害的自然阻隔，即通常所谓之屏障结构（physical barriers）；而后者是由刺激物诱发的一种刺激 - 回应活动，常称之为免疫应答（immune receponce）。按刺激物的类型，刺激 - 回应的方式与格局，又可分固有免疫应答与适应性免疫应答。

一、免疫应答的发生机制与类型

对固有免疫应答与适应性免疫应答的构成、特点做一个简要的对比，或可助于理解这两类刺激 - 回应活动之间的区别。（表绪 -1）

表绪 -1　固有免疫应答与适应性免疫应答的比较

	固有免疫应答	适应性免疫应答
主要参与细胞	树突状细胞、巨噬细胞、中性粒细胞、肥大细胞、嗜酸性粒细胞、NK 细胞、NKT 细胞、γδT 细胞等	T 淋巴细胞、B 淋巴细胞
主要参与分子	补体、C 反应蛋白、抗菌肽、甘露糖结合凝集素等	免疫球蛋白（抗体）
受体特征	胚系基因编码，同类型细胞表达相同的受体（非克隆表达）	体细胞基因片段重排后的基因编码，同类细胞表达各自独有特异性的受体（克隆表达）
受体种类	PRR、补体等	BCR、TCR
识别配基	PAMPs、DAMPs	抗原表位
反应时间	立即	延迟至数日
免疫记忆	无	有

（一）固有免疫应答

固有免疫应答是生物体在长期种系进化过程中逐渐形成的一系列天然防御机制，这种应答以分子模式为主要识别对象，由胚系基因编码受体所感知，并引发固有免疫细胞对带有相应分子模式物质的直接清除作用。这决定了固有免疫应答对外源性物质的清除作用是非选择性的，不形成免疫记忆，也不产生免疫耐受，但却是即刻发生的。

（二）适应性免疫应答

适应性免疫应答则是在天然防御机制的基础上，逐渐进化和完善的更高级的防御机制，可以增加固有免疫防御机制的特异性和强度。这种应答以抗原表位为识别对象，由重组基因编码抗原受体 TCR/BCR 所感知，应答过程中 T、B 细胞对抗原的识别和清除是特异性的，可形成免疫记忆（immune memory），或产生免疫耐受（immune tolerance），且需要一定的诱导时间。

二、免疫应答的后果与调控

由免疫刺激物诱发的刺激－回应活动，在清除免疫刺激物的同时也带来免疫损伤，两者是互相伴随的，被免疫学工作者形容为"双刃剑"。故在进化过程中为控制这一损伤，机体形成了对免疫应答精确的调控机制。免疫应答调控涉及由基因水平直至整体水平的多个层次。

（一）免疫应答的后果

免疫刺激物诱发的刺激－回应活动发生后，其产生的后果具有双重性，一方面是作为"危险信号"的免疫刺激物（在多数情况下是有害物质）被机体免疫效应细胞的效应机制所清除；另一方面是效应过程所释放的各类效应产物直接或间接地对机体组织形成免疫损伤。这种病理生理的双重结局是大部分免疫应答结局的"主旋律"，也是临床多数疾病发生发展的规律性表现。不过由于免疫效应机制的多样性，免疫损伤亦表现为不同症状，使临床疾病呈现不同形式。

免疫应答发生的强度及其引起损伤的程度，往往取决于免疫刺激物与所诱导的免疫应答的适配性（体液免疫或细胞免疫）、免疫应答的发生格局（初次应答或再次应答）、免疫效应产物的持续时间与清除速度以及机体在免疫应答发生过程中所持的调节状态。如果所有这些因素都处于较为理想的状态时（多数机体在多数场合下情况如此），免疫损伤将降低至最低程度，并不以疾病状态呈现。

（二）免疫应答的调控

因免疫应答的效应机制对机体具有潜在的损伤作用，故机体在进化过程中逐渐形成了较为完善的调节机制和针对不同有害刺激物的适应性清除机制。但由于共同进化博弈机制的存在，有害生物因子对于机体免疫的逃逸现象普遍存在，而机体免疫系统的"误判"现象也层出不穷，再加上遗传多样性带来的个体差异，使目前已有的免疫应答调控机制仍显得"捉襟见肘"。不过对于多数个体而言，现有的免疫应答调控机制依然足以应付各种不同的免疫应答格局。

机体目前所具有的免疫应答调控节点主要体现为：①对"危险信号"的判别：即是否启动免疫应答；②对免疫应答适配性的调控：即选择针对不同有害刺激物的适应性清除机制；③对免疫应答过程中各信号传递环节的调控：即保证应答过程的有效性；④对免疫应答效应产物的调控：即控制效应产物的形成量与形成及清除速度。

第四节　免疫学的过去、现在与未来

从现代科学史角度看，人类认识免疫现象迄今已经历二百余年。在这两个多世纪中，科学家的艰苦探索和执著追求，使今天的人类不仅可以窥探免疫现象的本质，而且也将这所有的成果汇聚成为一门独立的学科——免疫学。这门学科有着值得骄傲的过去，令人着迷的现在以及足以展开无限遐想的未来。

一、免疫学的过去

1796 年 Jenner 发明牛痘疫苗接种是免疫学发轫的纪元，至上个世纪 70 年代国际免疫学联合会（International Union of Immunological Societies，IUIS）正式成立，这个阶段可划作免疫学的过去。期间人类通过发明疫苗接种方法和抗血清疗法，成功地将自然免疫现象转为人工免疫技术，使其直接服务于人类与疾病抗争的最前线，并取得了对烈性传染病之战的决定性胜利。通过对 T、B 淋巴细胞差异的研究，从免疫器官、细胞、分子水平上勾勒出一个较为完整的"免疫系统"。通过抗体及补体等免疫效应分子结构的探索，初步揭示了免疫分子的工作机制，回答了固有免疫与适应性免疫的主要差别等问题，为免疫学形成独立学科奠定了极为坚实的研究基础。

二、免疫学的现在

自上个世纪 70 年代迄今，可算作免疫学的现在。期间人类通过对 MHC 分子的深入解析以及对抗原受体的分子解剖，揭示了适应性免疫应答的完整过程与分子机制。通过对模式识别受体的发现，理解了固有免疫应答过程的存在及其与适应性免疫应答的相辅相成作用；通过对不同淋巴细胞生物表现型的细微解读，刻画了相对完整的免疫调节机制；通过对组织相容性现象的观察以及组织器官移植的临床实践，认识了免疫系统区分自我与非己的物质基础，从而解读了免疫耐受现象。这一阶段的所有研究都意义非凡，可圈可点。这些工作以及对这些工作的褒奖，使免疫学当之无愧的站在了生命科学研究的巅峰。

三、免疫学的未来

进入 21 世纪，免疫学跨入未来时代。站在巨人肩膀上的新一代免疫学工作者将接受新的挑战。摆在他们面前的课题是对已有免疫现象本质的再探讨、对免疫应答类型的调控机制进行更为深入精确的解读、对免疫系统发育及免疫应答活动的表观遗传调控的机制的探索，并从中寻找可以联系临床疾病发生发展的关键调控点，使免疫学理论研究的成果能够更多更快地服务于人类与疾病斗争的第一线，使更多患者能够受惠于免疫学的研究与发展。

拓展与思考

　　在完成医学本科阶段有关免疫学知识的学习之后，我们对免疫学的整体认识产生了一个质的飞跃。这要求我们在投入专业学习之前思考如下问题：第一，你如何看待"免疫的定义本质上是人类对免疫现象的认识过程"这个命题？第二，你如何评价迄今为止的免疫学研究成果对生命科学发展的贡献？第三，请阐释2011年诺贝尔医学生理学奖的颁奖意义？并解读获奖者的研究工作及其科学价值。第四，谈谈本书绪论部分与你以前所读的各种免疫学教科书有何不同，从中你可以获得哪些启迪？

（王　易）

第一章　免疫球蛋白

　　免疫球蛋白是一组非均质的特异性抗原结合蛋白，分膜型和分泌型两种。膜型免疫球蛋白（membrane Ig，mIg）为 B 淋巴细胞表面的抗原受体（BCR）；分泌型免疫球蛋白（secreted Ig，sIg）即抗体。免疫球蛋白具有重要的免疫生物学作用，且具有惊人的多样性。对其结构、基因及功能的深入解析为人类了解免疫分子及其他各类蛋白提供了极为重要的依据，故免疫球蛋白常被视为模式蛋白。

第一节　免疫球蛋白概述

　　免疫球蛋白是一种能够与抗原物质呈现高度互补的功能性蛋白，其生物学作用依赖特定的蛋白质结构。

一、免疫球蛋白单体

　　人类免疫球蛋白为大分子糖蛋白，单体系两条重链（heavy chain，H 链）和两条轻链（light chain，L 链）组成的"Y"型对称结构，两条重链间以及重链与轻链间通过二硫键连接（图 1-1）。每个 B 细胞克隆只形成一种 H 链和一种 L 链，故免疫球蛋白单体分子的两条 H 链及两条 L 链均相同。

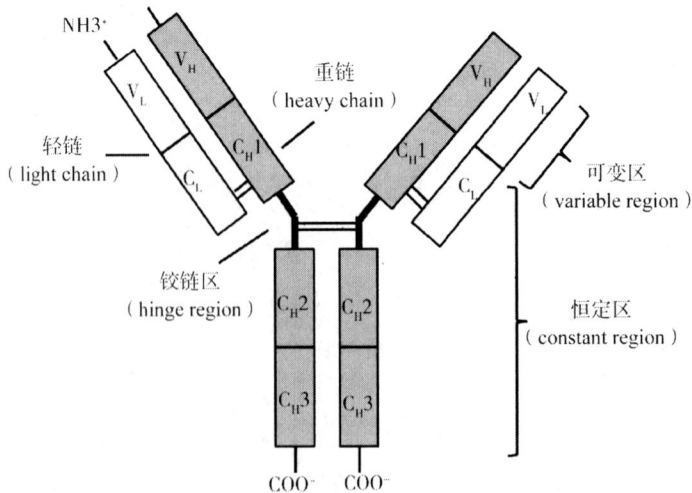

图 1-1　免疫球蛋白单体基本结构示意图

（一）重链和轻链

1. 重链　免疫球蛋白重链由 450~550 个氨基酸残基组成，分子量约为 50~75kD。按其编码的基因和产物，人类的 Ig 重链分为 μ 链、γ 链（分为 γ1、γ2、γ3、γ4 四种）、α 链（分为 α1、α2 两种）、δ 链和 ε 链，据此 Ig 可分为 IgM、IgG（IgG1、IgG2、IgG3、IgG4 四个亚类）、IgA（IgA1、IgA2 两个亚类）、IgD 和 IgE 共九个同种型（isotype）。每条重链含有 4~5 个结构域。

2. 轻链　免疫球蛋白轻链由 214 个氨基酸残基组成，分子量约为 25kD。按其编码的基因和产物，人类的 Ig 轻链分为 κ 链和 λ 链，据此 Ig 可分成 κ、λ 两型（type），正常人血清中 κ 型和 λ 型 Ig 比值为 65:35。κ 链恒定区由同一基因片段编码，无差异性；λ 链恒定区存在不同的编码基因片段，可形成四个亚型（subtype）。每条轻链含两个结构域。

（二）可变区和恒定区

1. 可变区（variable region，V 区）　免疫球蛋白 H 链和 L 链靠近 N 端的约 110 个氨基酸残基组成的区域，其氨基酸序列组成及构型变化较大，称为可变区，是抗体多样性的结构基础。H 链和 L 链的 V 区结构域分别以 V_H 和 V_L 表示，是 Ig 结合抗原的部位（antigen-binding site），因 Ig 为对称性结构，一个 Ig 单体即有两个抗原结合部位。V_L 和 V_H 又有三个氨基酸序列高度可变的小区域，称为高变区（hypervariable region，HVR）或互补结合区（complementarity determining region，CDR），经 X 线晶体衍射技术的研究分析证明，V_L 和 V_H 的高变区共同塑造的空间构型与抗原的表位结构互补，是 Ig 与抗原特异性结合的分子基础。高变区也是 Ig 独特型决定簇（idiotypic determinants）的存在部位。V 区中非 HVR 部位的氨基酸组成和排列相对保守，称为骨架区（framework region）。

2. 恒定区（constant region，C 区）　免疫球蛋白靠近 C 端的约 3/4H 链和 1/2L 链组成的区域，而同一种属生物的同一类别 Ig 在此区氨基酸序列变化极小，称为恒定区。Ig 清除抗原的功能常需补体及某些免疫细胞参与，C 区是结合这些辅助性免疫细胞和分子的区域，因此 C 区对 Ig 生物学效应的发挥具有不可忽视的重要意义。

（三）免疫球蛋白结构域

Ig 分子的 H 链和 L 链均以数个折叠的结构域（domain）形式呈现。Ig 结构域是由 100~110 个氨基酸残基折叠而成的超二级结构，其二级结构是由两个 7~9 股肽链折叠形成的反向平行 β 片层（beta pleated sheets），片层间由链内二硫键垂直连接。V 区结构域可在 Ig 折叠一侧形成高变区环，即互补结合区。L 链具有 V_L 和 C_L 两个结构域，H 链有一个 V_H；其 C 区结构域因 Ig 类别各异而不同，IgG、IgA、IgD 有三个 C_H 结构域，IgM 和 IgE 有四个 C_H 结构域，这些结构域均与一定的生物学作用相联系。Ig 折叠样的结构具有较高的稳定性，许多具有类似结构的免疫分子都被归入免疫球蛋白超家族（immunoglobulin superfamily，IgSF）。（图 1-2）

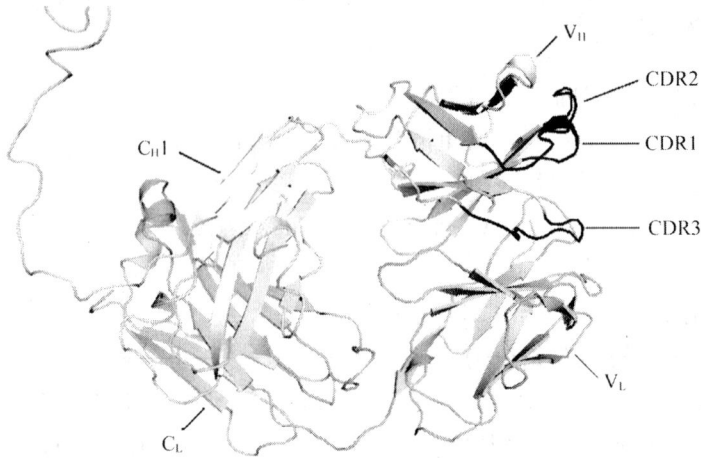

图 1-2　免疫球蛋白的结构域

（四）铰链区

铰链区（hinge region）位于 H 链的 C_H1 和 C_H2 间，两条 H 链在该区通过二硫键连接。铰链区富含脯氨酸，不形成 α－螺旋等二级结构，易伸展弯曲，使 Ig"Y"型两臂具有良好的延展性，可以最佳位置分别结合抗原；铰链区的这一变构也有利于 C_H2 或 C_H3 补体结合位点的暴露，从而进一步活化补体。铰链区也是蛋白酶水解 Ig 的位置。不同类型的 Ig 铰链区不尽相同，IgA1、IgA2、IgG1、IgG2 和 IgG4 铰链区较短，IgG3 和 IgD 铰链区较长，IgM 和 IgE 无铰链区。

二、免疫球蛋白多聚体

膜型免疫球蛋白（mIg）C 端最后一个 C_H 结构域后具有延长的"尾巴"，通常以单体形式存在于 B 细胞膜表面。分泌型免疫球蛋白（sIg）则是 B 细胞活化为浆细胞分泌的 Ig 分子。sIg C 端氨基酸序列在其最后一个 C_H 结构域后很快结束，代之以一段称为尾件（tailpiece）的短氨基酸序列，尾件的存在有利于 sIg 的分泌。分泌型 IgM 和 IgA 因其尾件允许几个单体分子的 H 链相互作用常形成可溶性的多聚体结构。可形成多聚体的类型为 IgM 五聚体，IgA 二聚体，Ig 多聚体往往还包含浆细胞分泌的一个辅助结构——J链（joining chain）。

1. J 链　是 137 个氨基酸残基组成的多肽链，分子量约为 20kD，由一单独基因编码。J 链是组成 Ig 多聚体的正常成分，通过二硫键结合在 μ 链和 α 链 C 端的尾件上。但并非所有 Ig 多聚体都需要 J 链，故 J 链的真正作用尚未完全知晓。

2. 分泌片（secretory component，SC）　为一条糖肽链，是多聚免疫球蛋白受体（poly Ig receptor，pIgR）的胞外段，由黏膜上皮细胞合成。黏膜下浆细胞分泌的 IgA 和 J 链形成二聚体，释放到组织中，通过 pIgR/SC 机制被转运至黏膜表面（图 1-3）行使功能。pIgR 表达于黏膜上皮细胞的组织面，pIgR 识别二聚体 sIgA 的 J 链，并与 sIgA 的 C 端结构域结合，而后，黏膜上皮细胞将 pIgR 结合的 sIgA 吞入转运囊泡。转运囊泡将

sIgA 转运到黏膜上皮细胞管腔面，然后与细胞膜融合，将 sIgA 释放到黏膜表面的腔道或腺体的分泌液中。sIgA 运出囊泡时，pIgR 分子的一部分通过酶解作用从囊泡膜脱离，仍然黏附在多聚 IgA 上，这一高度糖基化的片段称为分泌片（SC），多聚 IgA 形成外分泌型 IgA（SIgA）。分泌片除具有上述形成和转运 SIgA 作用外，还有保护 IgA 铰链区和 Fc 段不被蛋白酶水解的作用。

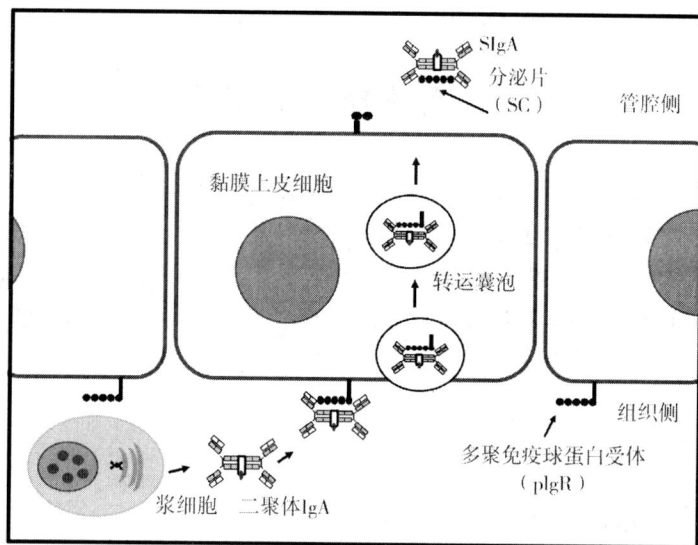

图 1-3 多聚免疫球蛋白的分泌与转运

三、免疫球蛋白的水解片段

Porter 等最早用木瓜蛋白酶（Papain）进行了水解兔 IgG 的工作，以后 Nisonoff 等又分析了经胃蛋白酶水解的免疫球蛋白片段。（图 1-4）

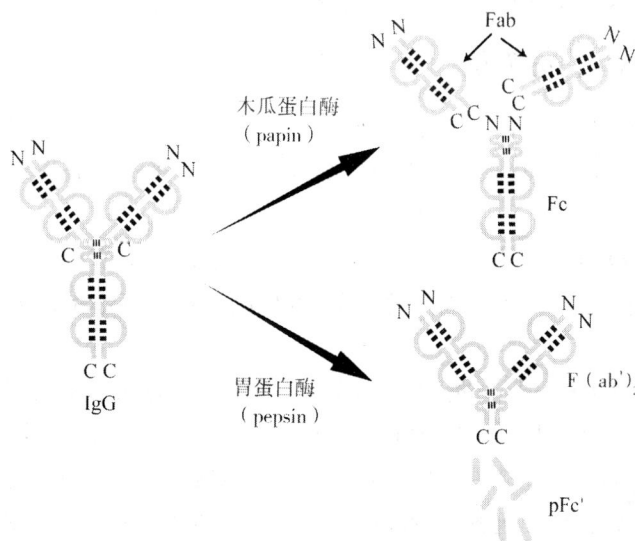

图 1-4 Ig 的酶解片段

经木瓜蛋白酶水解的兔 IgG 可形成两个抗原结合片段（fragment of antigen binding，Fab），及一个可结晶片段（fragment crystallizable，Fc）。而经胃蛋白酶水解的免疫球蛋白片段形成了一个能够结合两个相同抗原表位的抗原结合片段，为与 Fab 相区别，称为 F（ab′）$_2$。其余部分化成了许多细小的碎片，丧失生物学活性，相应的称为 pFc′。

一些类型免疫球蛋白的 Fc 具有固定补体、结合细胞的生物学活性，因此在细胞膜上可与免疫球蛋白结合的受体也就相应地被称为 Fc 受体。

第二节　免疫球蛋白的异质性

由前已知，Ig 无论在重链还是轻链上，在 V 区还是 C 区上都存在一定的结构差异，这种不均一性称为异质性。造成这种异质性的原因有两类，一是因 C 区编码基因形成的抗原差异，称为内源性异质性；二是由 V 区编码基因形成的抗原差异，称为外源性异质性。前者形成了 Ig 的同种型（isotype）与同种异型（allotype）；后者形成了 Ig 的独特型（idiotype，Id）。

一、免疫球蛋白的类型与表位

（一）免疫球蛋白的类型

Ig 重链 C 区的编码基因差异，使重链分为 μ、γ、α、δ 和 ε 五种类型，其中 γ 链又可分 γ1、γ2、γ3、γ4，α 链又可分 α1、α2。故根据其重链类型的不同，将 Ig 分为不同的类或亚类。Ig 轻链 C 区的编码基因差异使轻链分为 κ、λ 两种类型，其中 λ 又可分为 λ1、λ2、λ3、λ4（λ1 和 λ2 第 190 位氨基酸分别是亮氨酸和精氨酸，λ3 和 λ4 第 154 位氨基酸分别为甘氨酸和丝氨酸）。故根据其轻链类型的不同，将 Ig 分为不同的型或亚型。免疫球蛋白的类与型均可表现出抗原差异性。

（二）免疫球蛋白的表位

免疫球蛋白的异质性在很大程度上取决于其抗原表位的差异，或者可以说其表位的差异就是异质性的本质。根据 Ig 抗原表位的区分意义，将这些表位划分为同种型、同种异型和独特型。

1. 同种型（isotype）　指同一种属内所有个体的 Ig 所共有的表位，具有区分种属的意义，是种属型标志。同种型表位位于 Ig 的 C 区，是免疫球蛋白类与型划分的主要标志。

2. 同种异型（allotype）　指同一种属内不同个体间的 Ig 具有的不同表位，具有区分个体的意义，是个体型标志。同种异型表位分布于 Ig 的 C 区，不同个体的同种异型表位差别往往只有一个或几个氨基酸残基的不同，由同一座位的不同等位基因以共显性形式编码，并可稳定遗传，因此同种异型表位是一种遗传性标记（genetic markers）。目前已发现 IgG、IgA、IgE 的重链 C 区以及 κ 型轻链 C 区存在同种异型表位。

3. 独特型（idiotype，Id） 是每一个体内不同 B 细胞克隆产生的 Ig 所特有的抗原表位，存在于 IgV 区的高变区及其临近区域，每一个独特型表位称为独特位（idiotope）。由于个体内存在着庞大的 B 细胞库（B cell repertoire），故其独特型数量亦十分庞大，可达 10^7 以上，针对独特位的抗体称为抗独特型抗体（antiidiotypic antibody，AID）。从以抗体识别 B 细胞的角度看，独特型表位就成为每个 B 细胞克隆的标志（这也同样可类推到 T 细胞抗原受体）。

二、独特型与抗独特型网络

根据诺贝尔奖获得者 Jerne 在上个世纪 70 年代提出的"免疫网络学说"（immune network theory），体内的抗体或抗原受体表面的独特位，均可诱导自身的识别性淋巴细胞克隆产生抗独特型抗体。以此类识别和反应为基础，抗体与抗体间，抗体与抗原受体间可构成基于表位识别的独特型 – 抗独特型网络，其相互识别、相互刺激和相互制约作用形成有效的免疫调节。

1. 独特位的分类 从不同的角度可将独特型决定簇分成不同的类型。有些独特位仅存在于某个单一克隆细胞所产生的免疫球蛋白之上，往往与 CDR3 有关，呈独一无二的状态，就称为个体独特型（individual Id，IdI）。而另一些独特位可以存在于不同个体中针对相同抗原的免疫球蛋白之上或不同物种生物体针对相同抗原的免疫球蛋白之上，则被称为交叉独特型（cross – reactive Id，IdX），IdX 多与 CDR2 有关。IdX 的存在扩展了 Id 的概念，即单一细胞克隆产生的 Ig 分子上不仅有独有的 Id，还存在与其他相关抗体分子共有的 Id。以独特位所处的位置是否对抗原抗体结合产生影响进行分类，将对抗原抗体结合产生抑制作用的独特位称为结合位置相关独特位，对抗原抗体结合无抑制作用的独特位称为骨架区相关独特位。

2. 抗独特型抗体的分类 提供独特位的抗体称为 Ab1，对 Ab1 的独特位产生识别的抗独特型抗体称为 Ab2。因 Ab1 独特位所处的位置不同，Ab2 也可分为多种类型。Bona 根据抗独特型抗体（Ab2）的生物学意义和所结合独特位的位置将 Ab2 分为四种类型：①Ab2α：属于抗骨架区相关独特位的 Ab2，不影响 Ab1 与 Ag 结合，可抑制或促进 Ab1 的作用；②Ab2β：属于抗结合位置相关独特位的 Ab2，影响抗原抗体结合，且其与独特位的结合位置正是 Ab1 与抗原结合的 CDR，具有模拟抗原表位的作用，故称为"内影像"，Ab2β 所诱导产生的 Ab3 与 Ab1 相同；③Ab2γ：属于抗结合位置相关独特位的 Ab2，但不是针对 CDR 的，Ab2γ 也具促进或抑制 Ab1 的作用；④Ab2ε，称为epibody，属于抗骨架区相关独特位的 Ab2，不影响抗原抗体结合，但 epibody 所识别的骨架区相关独特位与被 Ab1 识别的抗原表位呈交叉识别。这类抗独特型抗体被认为与自身免疫病关系密切。

3. 独特型 – 抗独特型网络 根据 Jerne 创立的"免疫网络学说"，机体内的每一种抗体或抗原受体上都存在有独特型表位，在识别外来抗原时，自身也可被自体内的抗独特型抗体或携带有针对该独特型抗原受体的淋巴细胞识别，这组细胞称为抗原反应细胞（antigen reactive cell，ARC），识别 ARC 的淋巴细胞则被称为独特型反应细胞（Id reactive cell，IRC），体内所有的 ARC 都有其 IRC，同时又是其他 ARC 的 IRC，相互交错就构成了独特型 - 抗独特型网络。根据一些实验证据，Jerne 将这网络设想得更复杂一些，即除了抗原反应细胞和独特型反应细胞外，还存在着携有前述 Ab2β 独特位的第三组淋巴细胞，称为内影像组，可起到激发 ARC 的调节作用。Jerne 设想的第四组淋巴细胞是具有 ARC 相同独特位的淋巴细胞，称为非特异平行组，此组细胞通过对 IRC 的激发，间接抑制 ARC。体内所有的淋巴细胞似乎都可以通过它们的抗原受体以及分泌的抗体形成一个相互激发、相互抑制的巨大网格来约束免疫活动的强度，维持免疫系统的平衡。（图 1 - 5）

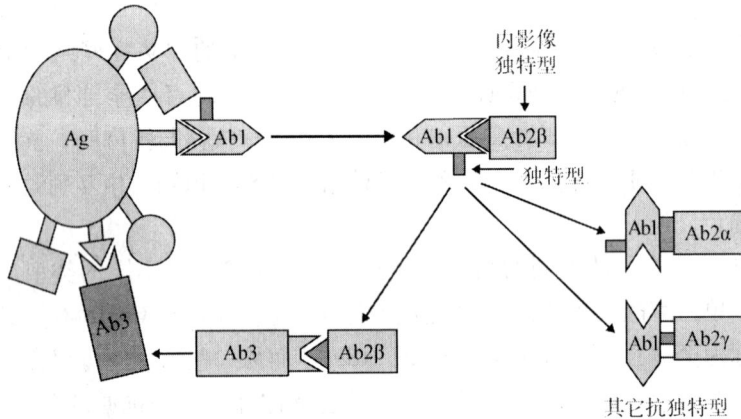

图 1 - 5   独特型 - 抗独特型网络示意图

第三节   免疫球蛋白的生物合成与遗传控制

免疫球蛋白由 B 细胞及其分化形成的浆细胞合成。其合成的生物机制表现出严格的克隆性和庞大的多样性。对免疫球蛋白合成过程的研究揭示了机体生物多样性形成的独特机制。

一、免疫球蛋白的合成

免疫球蛋白的生物合成与所有蛋白质相似，遵循生物学中心法则，即首先完成由 DNA 到 mRNA 的转录，其后是 mRNA 到蛋白质的翻译过程。免疫球蛋白由位于不同染色体上的三个巨大的基因群编码，分别是：IGH（编码重链）、IGK（编码 κ 型轻链）以及 IGL（编码 λ 型轻链）。这些编码基因在胚系阶段以分隔的、数量较多的基因片段（gene segment）的形式存在，在 B 细胞分化发育过程中，这些基因片段发生重排和组合，从而产生数量巨大的识别不同表位的 B 细胞抗原受体（BCR）。编码免疫球蛋白的 DNA 转录为 mRNA 后，需经过剪接才能与核糖体结合，进入翻译过程。IGH 的 mRNA 剪切可决定最终合成的免疫球蛋白的类或亚类。免疫球蛋白的重链和轻链先分别合成，然后在粗面内质网装配成完整的免疫球蛋白，经转运和糖基化再分泌至细胞外，成为成熟的免疫球蛋白。

二、免疫球蛋白基因的组成

为解释编码免疫球蛋白的有限基因何以能形成庞大的多样性，早在 1965 年 Dreyer 和 Bennet 就提出 Ig 的 V 区和 C 区是由分隔的基因片段所编码的猜想，1976 年诺贝尔奖获得者利根川进应用 DNA 重组技术证实了这一设想，揭示了"抗体多样性的遗传学原理"。

（一）人类免疫球蛋白基因的定位

人类免疫球蛋白的编码基因由三组不连锁的基因群组成，分别为位于第 14 号染色体上的重链基因群 IGH、位于第 2 号染色体上的 κ 链基因群 IGK、位于第 22 号染色体上的 λ 链基因群 IGL。每个基因群在染色体上的总长度为 80 万 ~ 200 万个碱基对，是普通基因长度的 50 倍以上。

（二）IGH@ 的结构

IGH@ 由 V、D、J 和 C 四种外显子基因片段组成，每种基因片段编码 Ig 的特定部分，V、D、J 片段编码免疫球蛋白的 V 区，称为可变区外显子（variable exon）；C 片段编码免疫球蛋白的 C 区，称为恒定区外显子（constant exon）。

1. V 基因片段 即 *IGVH*，V（variable）代表可变化。人的 *IGVH* 约为 100bp。V 基因片段编码 IgHV 结构域的前导信号肽序列和 V 区近 N 端第 96 ~ 101 个氨基酸残基，包括 CDR1 和 CDR2。每个 VH 基因节段有两个外显子，中间约有 100bp 的内含子相隔。5′端外显子编码大部分前导信号肽，第 2 个外显子编码前导肽的后 4 个氨基酸和可变区的其他部分。前导肽的作用是在合成重链时将重链固定在粗面内质网膜上。人的 *IGVH* 是由 40 个不同的基因片段共同构成，除假基因外，每个片段都可被选择，并转录为 mRNA 序列，编码不同的产物。

2. D 基因片段 即 IgHD，D（diversity）代表多样性。*IGHD* 位于 *IGVH* 和 *IGHJ* 基因簇之间，人的 IgHD 片段数目为 27 个，可分为七个家族，各家族通常呈簇状分布。D 片段编码 H 链 CDR3 中大部分的氨基酸残基。在免疫球蛋白 V 区的 CDR 中，CDR3 多样性最显著，在抗原抗体反应中也最重要。

3. J 基因片段 即 *IGHJ*，J（joioning）是连接的意思。IgHJ 连接 V 区和 C 区基因。位于 IgHD 的 3′端，编码约 15 ~ 17 个氨基酸残基。人 *IGHJ* 有 9 个片段，其中 6 个有功能。*IGHJ* 编码其余部分 CDR3 的氨基酸残基和第四个骨架区。

4. C 基因片段 即 *IGHC*。*IGHC* 位于 *IGHJ* 的下游，至少相隔 1.3kb。其排列顺序为 $C\mu - C\delta - C\gamma3 - C\gamma1 - C\varepsilon2$（$\psi C\varepsilon$）$- C\alpha1 - C\gamma2 - C\gamma4 - C\varepsilon1 - C\alpha2$。每个重链 C 基因片段含有多个外显子，每个外显子编码一个结构域，铰链区由单独的外显子编码（但 Cα 铰链区是由 C_H2 外显子的 5′端编码）。大多数分泌的免疫球蛋白重链 C 端片段（或称尾端）是由最后一个 *IGHC* 外显子的 3′端所编码，而 δ 链的尾端是由一个单独的外显子编码。人的 *IGHC* 中有 3 个假基因。*IGHC* 在染色体上的排列与其编码的免疫球蛋白在体内成熟顺序相似。C_μ 基因和 C_δ 基因离 J_H 最近，其次是各亚类 C_γ 基因，最后是 C_α 基因和 C_ε 基因。（图 1-6）

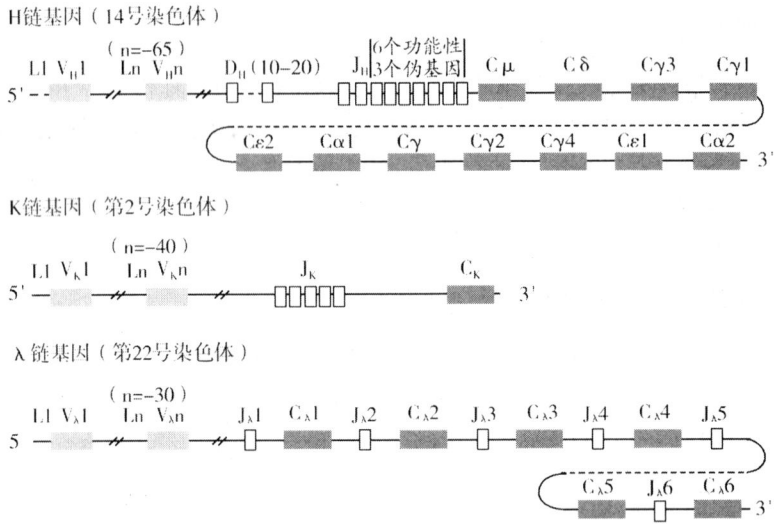

图 1-6　人 Ig 基因结构模式图

（三）IGK@ 的结构

Igκ 链由 *IGK* 编码，包括 $V_κ$、$J_κ$ 和 $C_κ$ 基因片段。人 $V_κ$ 基因片段约有 40 个，其后是 5 个 $J_κ$ 和 1 个 $C_κ$。$V_κ$ 与 $J_κ$ 间以随机方式发生重排。$V_κ$ 编码 L 链的 CDR1、CDR2 和大部分 CDR3，$J_κ$ 编码 CDR3 的其余部分和第四个骨架区。（图 1-6）

（四）IGL@ 的结构

Igλ 链由 *IGL* 编码，包括 $V_λ$、$J_λ$ 和 $C_λ$ 基因片段。人 $V_λ$ 基因片段约有 30 个、其后是 5 个 $J_λ$ 和 4 个 $C_λ$。前 3 个 $J_λ$ 后各紧随 1 个 $C_λ$，后 2 个 $J_λ$ 后接有 1 个 $C_λ$。人 λ 链的确切重排情况还不十分清楚。$V_λ$ 编码 L 链的 CDR1、CDR2 和大部分 CDR3，$J_λ$ 编码 CDR3 的其余部分和第四个骨架区（从第 96 位到第 108 位氨基酸）。（图 1-6）

三、免疫球蛋白基因重排与类别转换

免疫球蛋白胚系基因内含有大量分隔的 V、（D）、J 基因片段，这些片段经重组酶对 DNA 的切断和修复而形成具有编码功能的基因的过程称为免疫球蛋白基因重排，也称为 V（D）J 重排。通过这一随机的基因重排，有限的 Ig 基因座位可形成针对不同表位的数量庞大的免疫球蛋白库（Ig repertoire）。免疫球蛋白基因的重排又分为 V 区基因重排和 C 区基因重排两种不同的模式，经过剪切，C 外显子和 V 外显子在 RNA 水平上连接在一起，产生可翻译的免疫球蛋白 mRNA，并合成免疫球蛋白的 H 链和 L 链。

（一）V 区基因的重排

1. H 链 V 区基因的重排　免疫球蛋白 H 链 V 区胚系基因包括 V、D、J 片段，这些

片段的两端为重排信号序列（rearrangement signal sequence，RSS），这是一个由具有回文特征的 7 个核苷酸序列（CACAGTG）与一个富含腺嘌呤核苷酸（A）的 9 个核苷酸序列（ACAAAAACC）以及两者之间的 12 个或 23 个碱基组成的间隔序列。RSS 位于 V 基因片段的 3′端、J 片段的 5′端以及 D 片段的两端。V 基因片段的下游为 12 个碱基间隔序列 RSS，J 基因片段上游是 23 个碱基间隔序列 RSS。重组活化基因（recombination activating gene）的编码产物 RAG-1 和 RAG-2 组成特殊的重组酶，通过 RSS 的识别选择性地对 DNA 链进行切割和重组，使一些 V、D、J 片段得以随机重组，未被选择的 V、D、J 片段和其他间隔序列则被排除在外。基因重排是遵循 "12-23 原则"，即带有 12bp-RSS 的基因片段只能与带有 23bp-RSS 的基因片段相结合，从而保证基因片段之间的正确重排和连接，即 V（D）J 重排的发生始于 RAG-1/RAG-2（RAG 复合体）对 RSS 的联合识别。只有带有 12bp-RSS 的基因片段和带有 23bp-RSS 的基因片段才能配对结合，并被 RAG 复合体识别。RAG 复合体先把 D 片段的 3′端的 12bp-RSS 与一个 J 片段的 5′端的 23bp-RSS 拉近，让 RSS 的互补序列结合，然后 RAG 复合体再切去这个片段间的 RSS，让 D 片段和 J 片段直接相邻。随后细胞的 DNA 修复机制将 DNA 链连接形成 DJ 片段，其 5′端的 12bp-RSS（原为 D 片段 5′端）仍然保留，所有冗余的 DNA 序列结合成环状物并丢弃，这就是 DJ 重排。随后 RAG 复合体催化另一轮的重排，将一个 V 片段的 3′端的 23bp-RSS 连接到 DJ 整片段的 5′端，形成最终完整的编码重链的 VDJ 外显子（编码重链 V 区氨基酸序列），此为 VDJ 重排。当 H 链基因 VDJ 重排完成后，VDJ 外显子开始转录出原始的 RNA 转录本。（图 1-7）

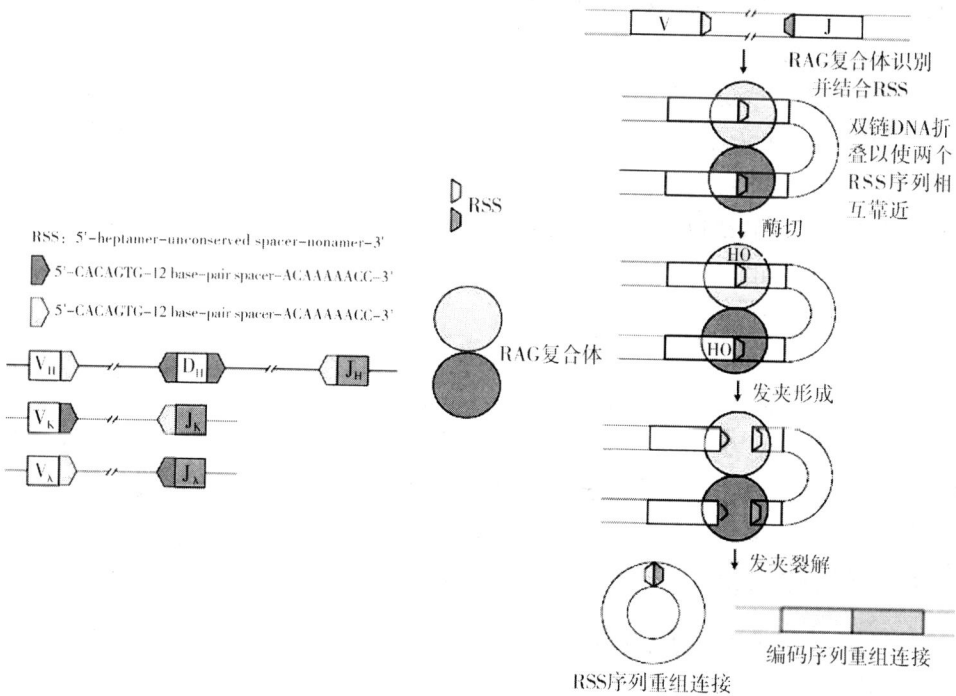

图 1-7　重排信号序列（RSS）在 VDJ 重排中的作用

2. L 链 V 区基因的重排　　免疫球蛋白的基因重排按特定的次序发生。H 链基因先发生重排，接着是 L 链基因（*IGK*、*IGL*）重排，L 链 V 区胚系基因包括 V、J 片段。当 H 链基因 VDJ 重排完成后，VDJ 外显子开始转录出原始的 RNA 转录本，新翻译的 μ 链标志着 Ig 合成的一个重要校验点，显示重链基因重排终止，并启动轻链基因座位上的 V 和 J 片段的基因重排。但如果重链基因重组产生的 μ 链序列不能翻译或没有功能，细胞将继续随机组合染色体上的其他基因片段，如果还是不能产生有功能的 μ 链，细胞将凋亡。当功能性 μ 链合成，轻链的基因重排就开始发生，其过程与重链基因 VDJ 重排类似，称为 VJ 重排。编码 κ 链的 *IGK* 常常先发生重排，如果产生功能性 κ 链，*IGK* 其他基因以及 *IGL* 重排就被阻止；如果不能产生功能性 κ 链，将刺激 *IGL* 发生 VJ 基因重排。此现象称为轻链同种型排斥现象（light chain isotype exclusion）。

（二）C 区基因的重排

C 区基因的重排也称为免疫球蛋白类别转换（class switch）。免疫球蛋白经 V（D）J 重排形成固定的编码 V 区的基因后，其子代细胞均表达同一种 IgV 基因，但 C 基因的表达在子代细胞受抗原刺激而成熟并增殖的过程中是可变的。V 基因按一定顺序与不同 C_H 基因片段重排而形成不同的类和亚类。通常每个 B 细胞开始均表达 IgM，随后可表达 IgG、IgA 或 IgE，而其 V 区不发生改变。C 基因的重排依赖转换重组酶（switch recombinase），该酶与 VDJ 重组酶功能相似，但不依赖对七聚体/九聚体核苷酸序列的识别。

C 区基因的 Ig 类别转换可以发生在 DNA 水平，也可以发生在 mRNA 水平。发生在 DNA 水平的类别转换是指 V 区重排的同时，通过与 V 区连接的 C 区基因片段的缺失，直接完成在 DNA 水平的 C 区重排。这一机制被称为缺失模型（deletion model）。发生在 mRNA 水平的类别转换是指 V 区重排完成后，全部的 C 区基因与 V 基因一起被转录为 mRNA，再经 RNA 水平的可变剪接（alternative RNA splicing）形成不同类型的 Ig。重链 C 基因的 5′端内含子中包含转换信号序列（switch region），该序列在类别转换中发挥重要作用。另外，类别转换也可由于两条染色体在 C 基因区发生不平等交换（unequal exchange）造成染色体上 VDJ 外显子与不同的 C 基因直接连接。

四、免疫球蛋白多样性及其形成机制

多样性又称多样性产生（generation of diversity），特指由基因重排引起的生物表现型的差异。免疫球蛋白的多样性是指由于基因重排使免疫球蛋白的 V 区出现数量极其庞大的变化，以应付自然界中各种各样抗原性物质的生物学机制。免疫球蛋白多样性形成的因素包括：V 区胚系基因片段数量、V 区基因重排的组合多样性、V 区基因重排的连接多样性、体细胞突变等。

（一）V 区胚系基因片段数量

从免疫球蛋白基因的重排过程中，我们可以了解一个成熟的 V 基因是从许多个 V、D、J 基因片段中随机挑选出的任意三个片段重排而成的。因此 V、D、J 组合的可能数

量直接取决于免疫球蛋白基因内含有的 V、D、J 基因片段的数量。所幸的是，在人与哺乳动物体内都有足够数量的免疫球蛋白 V、D、J 基因片段，以满足其生存所需的免疫球蛋白多样性。（表 1-1）

（二）V 区基因重排的组合多样性

V 区基因重排的组合多样性包括 V、D、J 基因片段的不同取用和轻、重链的不同配对。在理论上，按照已知的人类免疫球蛋白 V 区胚系基因片段数量，重链 V 区片段的组合多样性为 $40 \times 27 \times 6 = 6480$，κ 链 V 区片段的组合多样性为 $40 \times 5 = 200$，λ 链 V 区片段的组合多样性为 $30 \times 5 = 150$。两者组合成免疫球蛋白时的组合多样性分别为 $6480 \times 200 \approx 1.3 \times 10^6$ 或 $6480 \times 150 = 1.0 \times 10^6$。（表 1-1）

（三）V 区基因重排时连接多样性

实际上，免疫球蛋白 V 区的多样性要远大于前面的计算数字，这是因为在 V（D）J 基因片段重组时，DH-JH、VH-DHJH 和 VL-JL 连接处的核苷酸对接并不十分精确，以至每一次连接都可能造成多种不同组合的出现。形成连接多样性的因素有：①连接不精确性：即在两个基因片段的连接处取用的核苷酸数量并不确定，这种或多或少的取用可造成密码子错位或阅读框移位，前者导致氨基酸序列中单个氨基酸残基的增加或减少，后者则使连接点以后的氨基酸种类完全改变；②N-序列的插入：在连接的过程中有时可插入一个并不属于待连接基因片段的外来核酸系列，称为 N-序列，N-序列的长度约为 1~20 个核苷酸不等，可在 V、D、J 重排的任何位点插入，N-序列的插入增加了可变区的长度，称为 N 区增加，由于额外掺入了 N 区，可发生移码突变，使插入部位以及下游的密码子发生改变，这种改变导致 2/3 的重排无效，1/3 的重排多样性增高。

连接多样性（junctional diversity）大大增加了免疫球蛋白的多样性，使多样性从 10^6 增加到 10^9。（表 1-1）

（四）体细胞突变

体细胞突变（somatic mutation）是指成熟 B 细胞在受抗原刺激后形成的高频突变。浆细胞初次应答产生的 IgM 抗体的 V 区和再次应答产生的 IgG 抗体的 V 区序列稍有不同。在初次应答中，生发中心暗区的浆母细胞增殖，B 细胞重链 VDJ 外显子和轻链 VJ 外显子 DNA 进行复制，前者发生随机点突变，后者偶尔发生点突变，这一过程叫做体细胞高频突变。体细胞突变多发生在 CDR 区，尤其是 CDR3。并且随抗原接触的时间和次数而增高。体细胞突变既对免疫球蛋白多样性的形成具有一定的贡献，也和免疫球蛋白的亲和力（affinity maturation）成熟有关。体细胞突变最终可使多样性从 10^9 增加到 10^{14}。（表 1-1）

表 1 – 1   人类免疫球蛋白多样性产生机制

	H 链	κ 链	λ 链
V	65	40	30
D	27	0	0
J	6	5	5
组合多样性	6480	200	150
		$1.3 \times 10^{6} (1.0 \times 10^{6})$	
连接点改变	+	+	+
读框移码	+	+	+
N – region	+		
连接多样性		$1.3 \times 10^{9}\ (1.0 \times 10^{9})$	
体细胞突变	+	+	+
总计		$\sim 10^{14}$	

第四节   免疫球蛋白的生物学活性

免疫球蛋白以抗原受体（膜型）与抗体（分泌型）两种形式体现其生物学活性。

一、抗原受体的生物效应

膜型免疫球蛋白作为 B 细胞抗原受体（BCR），可与抗原表位特异性结合，获得 B 细胞活化的抗原刺激信号，是 B 细胞活化信号（第一信号）的结构基础。

二、抗体的生物效应

作为抗体，免疫球蛋白的 Fab 段可产生封阻抗原的效应，其 Fc 段则通过结合补体及与不同类型细胞表面的 FcR 结合而产生多种不同的生物学效应。

（一）抗体的 Fab 段介导的生物学效应——中和作用

Fab 段是抗体与抗原发生特异性结合的部位，这一结合并不直接导致抗原的清除，但可封阻抗原的活性部位，使其不能发挥毒害作用，以产生对机体的保护，如病毒、细菌毒素、昆虫或蛇的毒液等均需与带有其相应受体的宿主细胞特异结合方能致病，抗体的特异结合可阻止其结合宿主细胞，进而形成保护效应，称为中和作用（neutralization）。

（二）抗体 Fc 段介导的生物学效应

Fc 段介导的生物学效应分非受体介导和 Fc 受体介导两类。

1. 非受体介导的生物学效应   抗体与抗原特异性结合后可作为补体系统经典活化

途径的激活物，而活化补体系统，以达到清除抗原的目的（详见第二章）。

2. 受体介导的生物学效应　经不同细胞的 FcR 介导，抗体可形成：①调理作用（opsonization）：抗体 Fc 段与吞噬细胞的 FcR 结合后，促进吞噬细胞的吞噬作用提高其清除抗原的生物效应，位于中性粒细胞、单核/巨噬细胞表面的 FcγR Ⅰ（CD64）和 FcγR Ⅱ（CD32），以及位于嗜酸性粒细胞表面的 FcεR Ⅱ都是重要的调理作用介导受体；②抗体依赖的细胞介导的细胞毒作用（antibody dependent cell - mediated cytotoxicity, ADCC）：抗体的 Fc 段与具有细胞毒作用的细胞（如 NK 细胞、嗜酸性粒细胞）的 FcR 结合后，激活这些细胞，释放细胞毒性物质，杀伤带有抗原的靶细胞，这一作用被称为 ADCC，NK 细胞的 ADCC 通过其表面的 FcγR Ⅲ（CD16）介导，嗜酸性粒细胞则通过其表面 FcεR Ⅱ和 FcαR 介导；③介导 Ⅰ型超敏反应：IgE 为亲细胞抗体，体内肥大细胞和嗜碱性粒细胞表面表达高亲合性 IgE 受体（FcεR Ⅰ），IgE 与之结合后，可使肥大细胞和嗜碱性粒细胞被激活释放炎症介质组织胺、白三烯、前列腺素 D2 等，引发 Ⅰ型超敏反应（详见第九章）；④跨越黏膜上皮细胞或胎盘作用：黏膜下组织中的浆细胞分泌二聚体 IgA 后与上皮细胞表面的多聚免疫球蛋白受体（pIgR）结合，通过胞内转运到黏膜表面，同样胎盘母面的滋养层细胞表达 IgG 受体（neonatal FcR，FcRn），母体内的 IgG 与该受体结合后，可被转运到滋养层细胞内，进入胎儿血循环，使胎儿获得自然被动免疫，IgG 是人类唯一可以通过胎盘的免疫球蛋白。

三、各类免疫球蛋白的特点

人类免疫球蛋白根据其重链的同种型分为 IgM、IgD、IgG、IgA 和 IgE 五类。其合成部位、合成时间、血清含量、分布、半衰期以及生物学活性均有区别（表 1 - 2）。

（一）IgM

IgM 是生物体种系进化过程中（八目鳗可产生 IgM）以及个体发育过程中（人类胚胎晚期可产生 IgM）最早出现的免疫球蛋白。由于编码基因片段位于 C 区基因的最前端，IgM 也是 B 细胞发生转类前首先形成的免疫球蛋白。

IgM 可以单体和五聚体形式出现。单体 IgM 作为 BCR 存在于 B 细胞表面，是 BCR 的早期形态，与 B 细胞的发育成熟和阴性选择关系密切。静息 B 细胞首先产生的是 mIgM 单体，初次免疫应答时，活化 B 细胞分化为浆细胞后只合成分泌型 IgM 五聚体，因为初次免疫应答晚期或是再次免疫应答时，才发生抗体类别转换，所以初次免疫应答早期及新生哺乳动物体内均产生的是 sIgM，临床中检测到该型抗体提示新近发生感染或宫内感染。TI - Ag 诱导的体液免疫中，由于不发生抗体类别转换，也主要产生 sIgM。

五聚体 IgM 为分子量最大的 Ig，占血清总 Ig 的 5% ~10%，主要分布于血管内，当炎症发生局部毛细血管通透性增高时，其也可进入感染局部组织发挥效应。由 J 链连接形成的 IgM 偶尔也具备分泌性成分出现于外分泌液中，此时称为分泌型 IgM，但较分泌型 IgA 含量低，也能参与局部黏膜免疫。IgM 具有中和作用，可激活补体，但调理作用和 ADCC 较弱。

（二）IgD

IgD 与 IgM 同样为进化过程中出现较早的、高度保守的免疫球蛋白类型。IgD 以单体形式存在，IgD 在正常人血清中含量很低，占血清总 Ig 的 0.001%，其铰链区较长，易被水解，故其半衰期仅 2.8 天。血清型 IgD 的确切生物学功能仍不清楚。mIgD 表达于 B 淋巴细胞表面，是 B 细胞分化发育成熟的标志。骨髓中未成熟的 B 细胞仅表达 mIgM，而成熟的 B 淋巴细胞则同时表达 mIgM 和 mIgD，成熟的 B 淋巴细胞可进入外周淋巴组织称为初始 B 淋巴细胞，而活化的或记忆性 B 淋巴细胞的 mIgD 逐渐消失。IgD 系主要的 BCR 类型，与 B 细胞表面共刺激分子的形成、抗体亲和力成熟以及记忆性淋巴细胞形成相关联。

（三）IgG

IgG 以单体形式存在，是分子量最小的 Ig。IgG 是体液中主要的免疫球蛋白类型，占血清 Ig 总量的 75%，也是半衰期最长的 Ig，半衰期长达 20～23 天。人出生后 3 个月开始合成，5 岁时近成人水平。

IgG 是再次免疫应答产生的最主要抗体，虽然 IgG 出现比 IgM 晚，但其在体内持续时间长，可介导多种免疫效应，在黏膜系统外的体液免疫应答中发挥主导作用。IgG 是参与亲和力成熟过程中的主要 Ig 类型，因而成为体内主要的中和抗体，大多数抗菌、抗病毒、抗毒素抗体都是 IgG，其体积较小，更易于扩散到血管外部进入组织发挥局部的抗感染作用。IgG 还具有激活补体、调理吞噬和 ADCC 等作用，临床医学中使用的被动免疫制剂如抗毒血清等主要就是 IgG 型抗体。

IgG 还是唯一能够通过胎盘屏障的抗体，母体来源的 IgG 为仅能产生 IgM 并即将面对大量微生物外环境的胎儿提供免疫保护，这些母体来源的 IgG 在婴儿出生后 9 个月仍能在其血清中检测到。

（四）IgA

IgA 是人体外分泌液中主要的 Ig 类型。人类 Ig 重链 C 区共有 2 个编码 IgA 的基因片段，分别是 α1 和 α2。其编码产物为 IgA1 和 IgA2。IgA1 和 IgA2 存在结构上的差异，α1 链分子量为 56kD，α2 因缺乏铰链区，其分子量仅为 52kD。

IgA 可分为血清型和分泌型。IgA1 主要存在于血清中（占血清 IgA 的 85%），而 IgA2 在血清中存在较少。血清型 IgA 为单体，占血清 Ig 总量的 10%～15%；IgA2 通常以多聚体形式存在，并通过上皮细胞的转运机制形成分泌型 IgA。分泌型 IgA 主要来源于黏膜相关淋巴组织，与黏膜相关淋巴组织中 Th 细胞对类别转换的调控有关，成人每天产生的 IgA 比其他类型的 Ig 数量总和还多。

分泌型 IgA 主要存在于分泌物中，如母乳、唾液、泪液、汗液和呼吸道、消化道、泌尿道的分泌物，以抵御微生物侵袭。可通过与相应病原生物结合，阻止病原体在局部黏附，发挥中和作用，还可发挥调理吞噬、中和毒素等作用，是黏膜局部抗感染的主要抗体。IgA 不能通过经典途径激活补体系统，但 IgA1 却可以通过旁路途径激活补体系统。婴儿可从母亲初乳中获得分泌型 IgA，是一种重要的自然被动免疫。新生儿易患呼吸道、消化道感染，可能与其分泌型 IgA 合成不足有关。

（五）IgE

IgE 是正常人血清中含量最少的 Ig，仅占血清中总 Ig 的 0.002%。IgE 由黏膜固有层的浆细胞产生，是个体发育中合成较晚的一类免疫球蛋白。分子量为 188kD，其 ε 链有 4 个 CH（CH1 ~ CH4），无铰链区。含有较多半胱氨酸和甲硫氨酸。IgE 临床意义重要，与超敏反应和抗寄生虫免疫密切相关。IgE 的生理学意义可能在于引发急性炎症反应，并借此对解剖学上易于损伤和受病原体入侵的局部形成保护。IgE 为亲细胞抗体，可通过其 Fc 段与肥大细胞和嗜碱性粒细胞表面的高亲和力 $Fc\varepsilon R\,I$ 长时间牢固结合，使细胞致敏，当致敏细胞藉 IgE 再次识别变应原时，诱导 I 型超敏反应。IgE 能有效结合大体积的寄生虫。这些 IgE 结合到寄生虫体表面，吸引表达 $Fc\varepsilon R\,II$ 的嗜酸性粒细胞与之结合，继而活化嗜酸性粒细胞以清除寄生虫。

表 1 – 2 不同免疫球蛋白生物学特点比较

	IgM	IgG1	IgG2	IgG3	IgG4	IgA1	IgA2	IgE	IgD
重链	μ	γ1	γ2	γ3	γ4	α1	α2	ε	δ
正常成人血清含量（mg/ml）	1.5	9	3	1	0.5	3.0	0.5	5×10^{-5}	0.03
血管外分布	+/–	+++	+++	+++	+++	++	++	+	
中和作用	+	++	++	++	++	++	++	–	
调理作用	–	+++	+/–	++	+	+	+	–	
补体经典途径激活	+++	++	+	++	–	–	–	–	
ADCC 作用	–	++		++		–	–	–	
肥大细胞和嗜碱性粒活化	–	–	–	–	–	–	–	+++	
跨黏膜上皮转运	+	–	–	–	–	+++	+++	–	
跨胎盘转运	–	++	++	++	++	–	–	–	

第五节 免疫球蛋白超家族

在机体内存在着大量由类似免疫球蛋白的结构域所组成的各类蛋白，尽管其生物学作用差异很大，但编码基因与结构的同源性表明这些蛋白质及其编码基因在其生物进化的历程中曾有共同的祖先基因。由此派生了蛋白质"家族"和"超家族"的概念，即一群由同一原始祖先基因经复制、突变衍生出的基因所编码的具有结构相似性的蛋白质被集合为一个蛋白质"家族"或"超家族"。免疫球蛋白超家族即为其中最为典型的一族。

一、免疫球蛋白超家族的概念

应用 DNA 序列分析和 X 晶体衍射分析等技术已经发现的与免疫球蛋白类似（即具有与免疫球蛋白相同结构域、相似的多肽链折叠方式）的蛋白质已达一百多种。属于免疫球蛋白超家族（IgSF）的成员已经跨越种系界限，在海绵、乌贼、蝗虫、斑马鱼、鸡等动物体内均可发现 IgSF 成员的踪迹。比较免疫生物学的研究表明 Ig 超家族结构域的多样化（duplication）和随后发生的偏离（divergence）产生了具有不同功能的多功能域结构。

综上所述，目前对于免疫球蛋白超家族的概念似乎可以简单的定义为生物体内存在的一群与免疫球蛋白编码基因同源、蛋白质结构相似的蛋白质分子。而编码这些蛋白质的基因则称为免疫球蛋白基因超家族（immunoglobulin gene superfamily）。

免疫球蛋白超家族分子至少含有一个由 70 ~ 110 个氨基酸组成的 Ig 结构域，形成 Ig 折叠，即由反向平行的 β 股形成两个 β 片层，片层间呈疏水性，常常由二硫键相连。作为 IgSF 结构特征的免疫球蛋白结构域按其拓扑学类型分为三组，分别为 V 组、C1 组和 C2 组。其中 V 组结构域由四折叠股片层结构与五折叠股片层结构组成；C 组结构域由四折叠股片层结构与三折叠股片层结构组成。免疫球蛋白结构域具有适应突变和促进多样性发生的良好进化适应性，表现出下列特点：一是免疫球蛋白结构域在一级结构发生较大变化时，可保持三级结构的相对稳定，使蛋白质在功能上分化出多样性；二是绝大多数免疫球蛋白结构域遵守“一个外显子一个结构域”的编码法则，有助于因 mRNA 剪接所致多样性的实现；三是免疫球蛋白结构域有利于形成同源或异源二聚体的组成，从而为高级结构中源于不同组合多样性的发生创造了条件。

二、免疫球蛋白超家族的主要成员

免疫球蛋白超家族成员主要包括 T/B 细胞抗原受体、MHC 分子、Fc 受体、细胞因子受体以及黏附分子等（表 1 - 3）。

表 1 - 3　免疫球蛋白超家族的成员（举例）

成员	Ig 样功能区的位置	Ig 样结构域的个数	功能
Ig	μ 链、γ 链、α 链、δ 链、ε 链	4/3/3/4/3	识别抗原
BCR	μ 链、δ 链	4/4	识别抗原
CD79a/CD79b	α 链、β 链	2	信号转导
TCR	α 链、β 链、γ 链、δ 链	2	识别抗原
CD3	γ 链、δ 链、ε 链、ζ 链、η 链	6	信号转导
MHCI	α 链、β2m	2	抗原提呈
MHCII	α 链、β 链	2	抗原提呈
FcγR	γ 链	2	IgG Fc 高亲和力受体

续表

成员	Ig 样功能区的位置	Ig 样结构域的个数	功能
FcαR	α 链	2	IgA Fc 受体
FcεR。	ε 链	2	IgE Fc 高亲和力受体
IL－1R		3	细胞因子受体
IL－6R	α 链、β 链	1	细胞因子受体
G－CSFR		1	细胞因子受体
CD4		4	结合 MHC II 类分子
CD8	α 链、β 链	2	结合 MHCI 类分子
CD28		1	协同刺激分子
LFA－2/LFA－3		2	黏附分子
ICAM－1/ICAM－2/ICAM－3		5/2/5	黏附分子
VCAM－1		7	黏附分子

拓展与思考

　　免疫球蛋白是免疫学中较为基础的内容，但此章也介绍了许多新的知识点。在读完此章后，你对免疫球蛋白有了哪些深入的认识？能否发现在人类对免疫球蛋白的认识过程中出现过几次飞跃？请试着思考下列问题：第一，在从免疫球蛋白的结构到"免疫球蛋白超家族"概念提出的过程中，你对蛋白质的结构组成规律有何认识？第二，你觉得独特型－抗独特型网络理论的提出具有哪些革命性的意义？这个理论还存在哪些缺陷？第三，从免疫球蛋白多样性机制的发现过程中你获得哪些启示？第四，你觉得我们目前对免疫球蛋白的认识还存在哪些盲区，最迫切需要弄清的问题有哪些？

（韩妮平　王　易）

第二章 补体系统

补体系统是几乎与抗体同时发现的一组经典的免疫分子，具有较为复杂的组成成分和作用机制。其生物学作用广泛涉及免疫系统的生理病理活动。而其精细的调节机制，更使人对进化过程的巧夺天工叹为观止。

第一节 补体系统概述

补体系统是一个高度复杂的生物反应系统，其活化产物广泛参与机体抗微生物防御反应和免疫调节，也可介导免疫病理反应，与多种疾病的发生和发展密切相关，是机体固有免疫防御的重要组成部分，同时也是固有免疫与适应性免疫之间的重要桥梁。

一、补体系统的发现

19 世纪末 Bordet 发现绵羊抗霍乱血清能够溶解霍乱弧菌，将这种血清加热至 56℃维持 30 分钟可阻止其活性，而加入新鲜非免疫血清又可恢复其活性。这是因为这组广泛存在于多种动物新鲜血清及组织液中的不耐热成分，经活化后具有酶活性、可辅助特异性抗体介导溶菌作用，故称其为补体（complement）。后续的研究证实补体并非单一分子，是由三十余种可溶性蛋白和膜结合蛋白组成的蛋白反应系统，称为补体系统（complement system）。是介导免疫应答和炎症反应的重要蛋白质系统。

二、补体系统的组成

构成补体系统的各成分按照其生物学功能可分为 3 类。

1. 补体固有成分 指参与补体级联激活反应的各成分。包括：参与经典及 MBL 途径的前端反应成分 C1、MASP、C4、C2、C3，参与旁路途径的前端反应成分 C3、B、D、P 因子，以及共同的末端反应成分 C5、C6、C7、C8、C9。

2. 补体调节蛋白 是一组以可溶性或膜结合形式存在的，具有调节补体激活活性的蛋白质。包括血浆可溶性调节蛋白：备解素（Properdin，P 因子）、C1 抑制物（C1 inhibitor，C1INH）、I 因子、H 因子、C4 结合蛋白（C4 binding protein，C4bp）、S 蛋白（Sp/Vn）、Sp40/40；膜结合性调节蛋白：衰变加速因子（decay-accelerating factor，DAF）、膜辅助蛋白（membrane cofactor protein，MCP）、同源限制因子（homologous restriction factor，

HRF)、膜反应性溶解抑制因子（membrane inhibitor reactive lysis，MIRL/CD59）等。

3. 补体受体　是存在于多种细胞表面可以与补体活性片段或补体调节蛋白结合的膜蛋白，可介导补体活性片段或调节蛋白的各种生物学效应。包括：CR1 ～ CR5 以及其他补体活性片段的受体（如 C5aR、C3aR、C4aR、C3eR 及 H 因子受体等）。

三、补体系统的命名

补体各固有成分的名称由英文大写字母或英文缩写表示，如：MBL、D 因子、P 因子、B 因子、H 因子及 C1（q、r、s）、C2 ～ C9 等；补体活化后的裂解片段：以片段形式存在，并以该成分的符号后附加小写英文字母表示命名，如 C3a、C3b 等，一般 a 片段为游离于体液中的小片段，b 片段为有结合性的大片段（C2 例外），同时有的 b 片段（如 C3b）还可进一步被裂解（形成 C3c、C3d）；灭活的补体片段：以灭活形式存在，在其符号前（或后）加英文字母 i 表示，如 iC3b。

四、补体系统的特点

补体系统具有这样一些特点：①正常情况下，补体成分是以无活性的蛋白酶前体形式存在，在某些激活物参与下，补体蛋白可依次被激活，其活化过程表现为一系列丝氨酸蛋白酶的级联酶解反应，产生不同的生物学效应，广泛参与机体的免疫调节与炎症反应；②补体系统的大部分成分都极不稳定，许多固有成分对热敏感，经 56℃温育 30 分钟即灭活，在室温下也很快失活，且在 0 ～ 10℃中，活性仅能保持 3 ～ 4 日，故补体应保存在 –20℃以下。同时紫外线照射，机械振荡或某些添加剂均可能使补体破坏；③补体系统各组分均为糖蛋白，其分子量变化很大，如最小 D 因子仅 25kDa，最高 C1q 可达 400kDa；④肝脏是产生补体蛋白的主要部位，大约 90% 的血浆补体成分在肝细胞中合成，除了肝脏，多种器官和细胞都参与补体的合成，如胶质细胞、肾上皮细胞、生殖器官等，其中，单核/巨噬细胞可以产生全部的补体成分，巨噬细胞活化可以增加感染局部的补体水平，而神经胶质细胞和星形胶质细胞则是完整血脑屏障内的唯一补体来源，补体在炎症急性期反应阶段水平升高，属急性期蛋白；⑤补体系统代谢速度极快，每天约有 50% 血浆补体被更新，且在疾病的状态下，补体代谢发生的变化更为复杂。

第二节　补体系统的激活与调节

补体活化包括两阶段，早期阶段称为前端反应，涉及级联反应的启动，裂解补体 C3 至 C5 转化酶形成；晚期阶段也称末端通路（terminal pathway），从 C5 裂解开始，最终形成攻膜复合体（membrane attack complex，MAC），产生溶细胞效应。依起始物和激活顺序不同，又可将前端反应分为三条既独立又交叉的途径，即甘露聚糖结合凝集素途径（mannan – binding lectin pathway，MBL pathway）、经典途径（classical pathway）和替代途径（alternative pathway）。其中 MBL 途径体现了在固有免疫应答中补体系统的作用；经典途径则代表了补体系统在适应性免疫中的作用；而替代途径主要反映了补体系统存在的反馈性调节机制。

一、固有免疫中的补体激活

补体系统是机体固有免疫的重要组成，补体系统的激活和效应也是形成固有免疫应答的重要机制。在固有免疫应答中，补体系统的激活源自急性期蛋白产生或异常地升高，此激活途径称为 MBL 途径。

MBL 是一种钙离子依赖的 C 型凝集素，属胶原凝集素家族（collectin family），由 2~6 个亚单位相连形成寡聚体，构成 MBL 复合体。每个亚单位由 3 条相同的多肽链组成，每条多肽链从 N 端到 C 端依次为信号肽区、胶原样区、颈区和糖识别区（carbohydrate recognition domain，CRD）。血清中 MBL 以寡聚体形式存在，寡聚体中多肽链之间及亚单位间以胶原样区相连形成束状结构，而 CRD 形成的球状结构是参与识别和结合病原生物表面重复糖结构的区域。

MBL 途径的主要激活物是多种病原微生物表面大范围分布的、重复的糖结构（如甘露糖、岩藻糖、N - 乙酰葡糖胺等），这些成分易被甘露聚糖结合凝集素（MBL）识别和结合，从而激活补体。MBL 活化补体是通过其球形头部的 CRD 与糖基相结合而实现的。由于对某一个 CRD 而言，其配基的亲和力较低，因此只有 MBL 的多个 CRD 与寡聚或多聚糖链残基相结合才能发生构象改变，这样的重复性糖基仅呈现于原核生物细胞壁或脂多糖表面。脊椎动物细胞表面的此类糖结构均为其他成分所覆盖，且各 CRD 之间距离较大，不允许一个 MBL 结合至一个哺乳动物细胞的糖蛋白分子上，故不能启动 MBL 途径。（图 2 - 1）

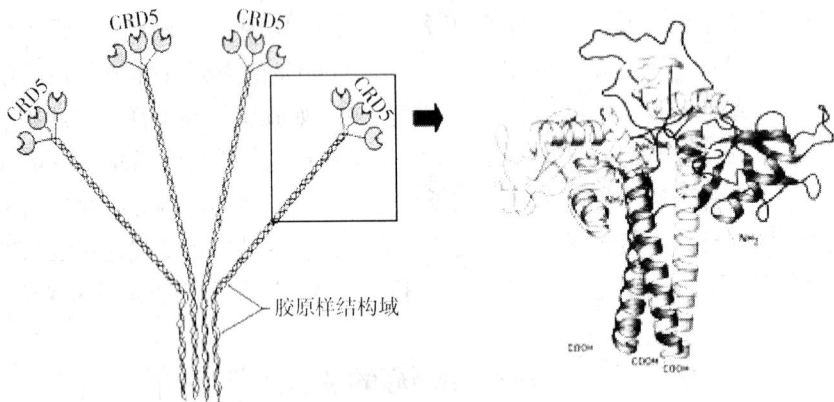

图 2 - 1 MBL 结构示意图

MBL 途径的补体系统激活分为三个阶段：①识别阶段：MBL 通过 CRD 识别并结合病原微生物表面的甘露糖、岩藻糖以及 N - 乙酰葡糖胺等结构，旋即发生构象改变，激活与之相连的 MBL 相关的丝氨酸蛋白酶（MBL - associated serine protease，MASP），激活的 MASP 可作用于 C4 和 C2，另外，血清中结构和功能类似于 MBL 的纤维蛋白胶凝素，也可通过其纤维蛋白原样区直接识别 N - 乙酰葡糖胺，继而激活 MASP，启动 MBL 途径；②活化阶段：即 C3 转化酶和 C5 转化酶的形成过程，活化的 MASP1 和 MASP2 具有蛋白酶活性，其中 MASP2 能依次裂解 C4 和 C2，形成 C3 转化酶（C4b2a），进而激活 C3 形成 C5 转化酶（C4b2a3b），裂解 C5，形成 C5b；③攻膜阶段：C5b 形成后可有 C6、C7 结合形成 C567 复合物而楔入微生物细胞膜，并进一步结合 C8、C9 形成 MAC，一旦 MAC 形成，则可导致靶细胞的溶解破坏。（图 2-2）

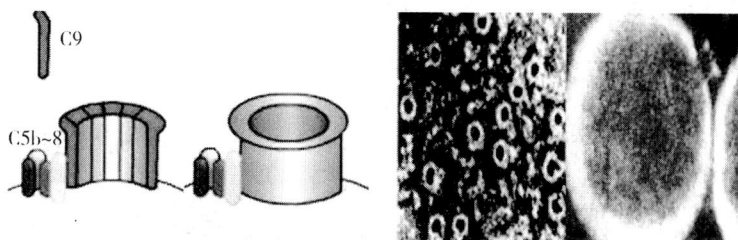

图 2-2　MAC 的形成示意图及扫描电镜图（正侧面观）

除 MBL 外，其他急性期蛋白如 C-反应蛋白（C-reactive protein，CRP）也参与补体激活。CRP 可激活 MASP，从而启动 MBL 途径。MBL 途径中的 MASP 有 MASP1 和 MASP2 两种形式，其底物也不同。MASP2 以 C4、C2 为底物，直接启动 MBL 途径；而 MASP1 可直接裂解 C3，形成 C3bBb，进入补体激活的替代途径，参与补体激活的正反馈调节。

二、适应性免疫中的补体激活

以抗原抗体复合物（immune complex，IC）形成为触发点而激活的补体系统活化途径，成为抗体清除抗原的重要机制之一，也是 B 细胞介导的适应性免疫应答的一个重要环节。这个补体系统激活过程因其最早被发现而称为经典途径。

抗原抗体复合物的形成提供了 C1 的固着点和变构的可能性。可促使 C1 由酶原活化成酶。C1 是由一个 C1q 分子非共价结合两个 C1r 和两个 C1s 分子形成的分子量为 750kDa 的大分子复合物，Ca^{2+} 是形成 C1q（C1r）$_2$（C1s）$_2$ 这一稳定复合物所必需的。在血浆中约 70% 的 C1 成分以复合物形式存在。C1q 蛋白由 6 个相同的亚基组装而成，每个亚基由同源三聚体组成。这些链形成一个茎部区及一个颈部区和末端的球形结构域，其中茎部区与胶原分子相似，三个 α-螺旋相互缠绕形成一个螺旋；六个亚基以其胶原样部分结合在一起，这使 C1q 常常看起来像是一束六朵郁金香的外观；C1q 的球形区域结合至免疫球蛋白的 Fc 段，MBL 具有与之相似的整体结构。C1q 的茎部与 C1r 和 C1s 相互作用，在电镜下可以看到 C1r$_2$C1s$_2$ 四聚体形成一个线形链状结构。每个 C1s 和 C1r 均含有一个丝氨酸蛋白酶结构域（催化结构域）和一个结合区。在活化以前，4 个催化域均位于锥形 C1q 茎部的内侧。（图 2-3）

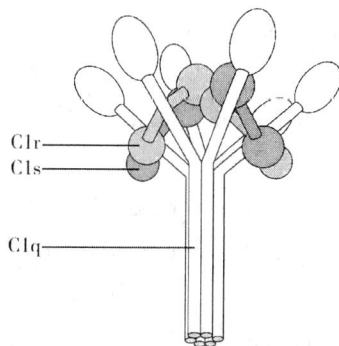

图 2-3　C1 分子模式图

促使 C1 由酶原活化成酶的条件主要是特定的 Ig 类别（如 IgM、IgG1、IgG2、IgG3 等）与抗原形成的免疫复合物为 C1q 提供固着点，并需同时与两个以上的 C1q 的球形区域结合才能引发 C1 的变构。尽管在生理条件下，体内也存在低水平的 C1 自发激活，但其效能很低，不足以造成级联反应。

经典途径的补体系统激活也分为三个阶段：其识别阶段即 C1 酯酶形成阶段，C1 分子中两个以上的 C1q 球形结构域与 IC 中 IgG 或 IgM 的 Fc 段结合，C1q 六个亚单位的构象即发生改变，导致 C1r 激活并裂解成两个片断，C1r 小片段具有酶活性，可裂解 C1s 为两个片段，C1s 小片段即为 C1 酯酶，可裂解 C4、C2，促其形成 C3 转化酶（C4b2a）；后续活化阶段、攻膜阶段与 MBL 途径完全相同。

经典途径在种系发生学上是最年轻的一种补体系统激活方式。它在免疫球蛋白形成后出现，并可辅助抗体完成对抗原的杀灭和清除。在感染早期，抗体未形成时，MBL 途径参与介导的固有免疫承担了最及时的抗感染职能。经典途径则在感染晚期发挥作用，可提高补体系统对抗原清除的特异性和效率，并且对不能启动 MBL 途径的病原生物，也可通过经典途径的启动而发挥杀伤功能。

三、补体激活的调节

补体系统的 MBL 途径激活属于即刻免疫应答，在生理上需体现强而迅速的特点，因此体内形成了一种可适应这种需求的正反馈调节机制。而活化后补体的生物学作用缺乏选择性，又可能对自身组织造成极大伤害，为防止这一可怕后果的出现，体内也形成了强有力的负反馈调节机制。正常机体内的补体系统激活过程就是在正负两反面的调节机制作用下发挥免疫防御作用的。

（一）补体活化的正反馈调节

补体活化的正反馈调节通常被称为补体系统激活的替代途径。

C3 裂解产生 C3b 是补体活化的中心环节。在自然情况下，机体内存在 C3 分子的自发活化和降解，不断产生低水平 C3b 片断。但是，C3b 分子可于极短时间内在 H 因子的辅助下，被 I 因子灭活，形成无活性的 iC3b。少数 C3b 可以随机与颗粒表面形成共价结合，沉积在自身细胞表面并被自身调节蛋白迅速灭活。但若沉积在缺乏调节蛋白的微生物表面，则 C3b 可不被灭活，并与 B 因子形成 C3 转化酶（C3bBb），从而激活更多的 C3，组成 C5 转化酶（C3bnBb），继而因 C5b 的出现，组成 MAC，完成对靶细胞的裂解。（图 2-4）

实际上，替代途径中 C3b 躲过被灭活的"危运"是以其在微生物表面的存在为前提，此状况可能仅发生在局部微生物数量剧增的情况下，故就抗感染作用而言，替代途径的存在意义不及 MBL 途径（表 2-1）。不过无论 MBL 途径还是经典途径的激活过程中，都可因 C3b 的出现，而造成替代途径 C3 转化酶（C3bBb）的形成，此时 C3b 既是 C3 转化酶的作用产物，又是 C3 转化酶的组成成分。可迅速形成反馈性放大机制，使得补体系统的激活能够呈现强而迅速的特点。

从种系发生学角度，替代途径是最古老的 C3 活化途径，它是抵御入侵微生物的第一道防线。补体系统通过自身细胞表达的调节蛋白灭活相应活化成分，从而保证对自身细胞的无害性，而当外源性物质存在时，却可即刻发生活化和放大，对外源性物质产生破坏与清除。替代途径的活化机制虽然远不如适应性免疫那样精确，但它却代表了最原始的免疫识别法则。初始的替代途径系统可能在 5 亿年前即已存在，并可在更原始的脊椎动物如七鳃鳗和黏盲鳗中找到。在非脊椎动物中也有详尽的证据支持，如在石居蟹中、甚至在昆虫中，原始的替代途径或 C3 类似物就已经存在，并可能在识别（外源性）糖链的基础上，与始祖性的体液免疫系统相连系。

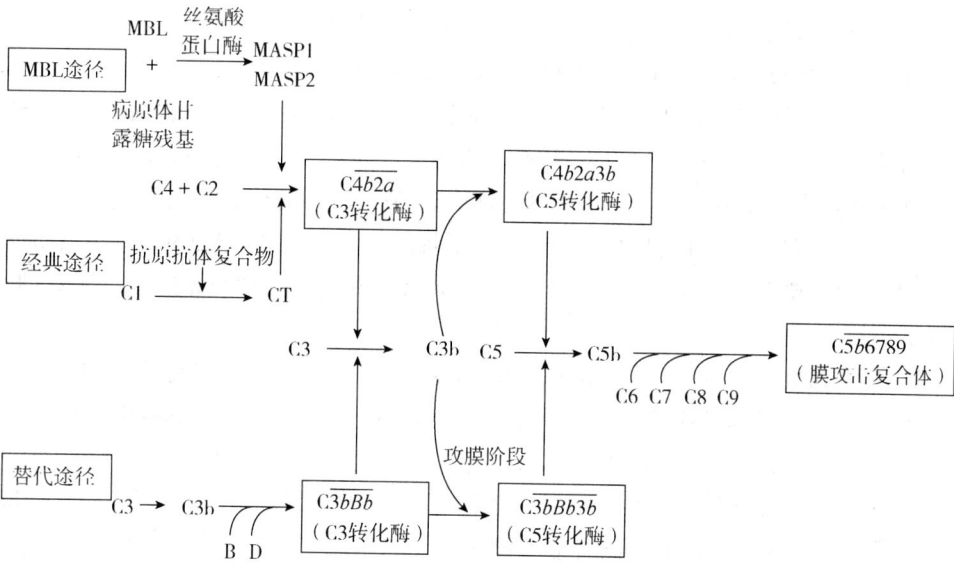

图 2-4 补体系统激活途径全图

表 2-1 三条补体激活途径的比较

	MBL 途径	经典途径	替代途径
激活物质	病原体表面的特殊糖结构	IC、C 反应蛋白、DNA、LPS 等	微生物颗粒或外源性异物颗粒
识别分子	MBL 或 FCN	C1q	无
参与成分	除 C1 外所有补体固有成分	C1 ~ C9	C3、C5 ~ C9、fB、fD、fP
丝氨酸蛋白酶（SP）	MASP、C2、fB、fD	C1r、C1s、C2	fB 和 fD
SP 天然抑制物	MASP 受 C1INH 和 α2M 抑制	C1r、C1s 受 C1INH 抑制	无
C3 转化酶	C4b2a、C3bBb	C4b2a	C3bBb
C5 转化酶	C4b2a3b、C3bnBb	C4b2a3b	C3bnBb
生物学意义	参与固有免疫应答、感染早期发挥作用	参与适应性免疫应答、感染后期发挥作用	补体正反馈调节机制、原始补体激活途径

（二）补体活化的负反馈调节

补体活化的负反馈调节包括补体活性片段的自我衰变、补体调节因子的调控作用以及补体受体的调控作用。补体活性片段大都极不稳定，若未及时与靶细胞膜结合可迅速衰变失活，成为级联反应的重要自限因素。例如，三条激活途径的 C3 转化酶（C4b2b、C3bBb）均极易衰变，从而限制 C3 裂解及其后的酶促反应。与细胞膜结合的 C4b、C3b、C5b 也易衰变，可阻断补体级联反应。而补体调节因子与补体受体的调控作用又可分为前端反应的调节和末端反应的调节。

1. 前端反应的调节　补体激活过程的前端反应调控参与物有：（表 2 - 2）

（1）C1 抑制物（C1 inhibitor，C1INH）　又称为 C1 酯酶抑制剂。血浆 C1INH 是一种单链糖蛋白，可调节 C1 酯酶和 MASP 的活性。其机制为：①可通过提供一个与 C1r 和 C1s 正常底物酷似的序列，被 C1r 和 C1s 裂解，并暴露出活性部位，然后再与 C1r 和 C1s 以共价键结合成稳定的复合物，使 C1r 和 C1s 失去酶解能力；②可有效地将与 IC 结合的 C1 大分子解聚，并可明显缩短 C1 的半衰期；③可与 MBL - MASP 形成复合物，抑制 MASP 活性。缺乏 C1INH，可导致补体活化异常，并引起一种叫做遗传性血管神经性水肿的疾病。

（2）C4b 结合蛋白（C4 binding protein，C4bp）　是一种可溶性血清糖蛋白，由八个亚单位组成，可抑制经典途径 C3 转化酶（C4b2a）形成、并加速经典途径 C3 转化酶和 C5 转化酶的衰变。机制为：①可与 C4b 结合，竞争性抑制 C4b 与 C2 结合，从而抑制经典途径 C3 转化酶形成，并通过置换 C3 转化酶中的 C2a 加速其分解，且 C4bp 与 C4b 的结合能力比 C2 同 C4b 的结合能力高 27 倍；②可作为 I 因子的辅助因子，促进 I 因子对 C4b 的裂解，在 C4bp 存在时，I 因子可将 C4b 的 α 链完全裂解，无 C4bp 时，I 因子的裂解作用不完全。

（3）I 因子　为异二聚体血清蛋白，呈双球状结构，其中小球（L 链）具有丝氨酸蛋白酶活性；大球（H 链）可与 C3b 结合。可裂解 C3b、C4b，抑制经典和替代途径 C3 转化酶的形成。机制为：①可在 C4bp、MCP、H 因子和 CR1 等辅助因子的协同下，将 C4b 裂解为 C4c 和 C4d，前者释放入液相，后者仍可结合在细胞表面，但无 C3 转化酶活性，从而抑制经典途径 C3 转化酶（C4b2a）的活性；②可在 H 因子的辅助下，使 C3b 裂解为 C3f 和无活性的 iC3b，后者再进一步裂解为 C3dg 和 C3c，从而抑制替代途径 C3 转化酶（C3bBb）形成。

（4）衰变加速因子（decay - accelerating factor，DAF，CD55）　为跨膜糖蛋白，广泛表达于所有外周血细胞、内皮细胞和各种黏膜上皮细胞表面，因可阻止经典和替代途径 C3 转化酶的装配，并可促进 C3、C5 转化酶衰变而得名。机制为：①可同 C2 竞争性结合 C4b，从而抑制经典途径 C3 转化酶形成；②可使 C2a 或 Bb 由它们结合的部位解离出来，使已形成的 C3、C5 转化酶衰变。DAF 表达于宿主细胞表面，可抑制宿主细胞表面 C3、C5 转化酶的形成，从而保护宿主细胞免遭补体介导的裂解破坏；而细菌等靶细胞表面无 DAF 表达，激活补体仍可将其溶解。

（5）膜辅助蛋白（membrane cofactor protein，MCP，CD46）　是一种单链跨膜糖蛋白，表达于大多数正常细胞上（白细胞、上皮细胞、成纤维细胞、造血细胞系、表皮细胞、内皮细胞及星状胶质细胞等），可促进 C3b、C4b 裂解，调节经典和替代两条激活途径 C3 转化酶的形成。机制为：可与 C3b 或 C4b 结合，并作为辅助因子促进 I 因子对 C3b 和 C4b 的裂解灭活，但并不促进 C4b2a 分解。所以，MCP 可以阻碍 C3 转化酶的形成，但并不促进其衰变。因其高水平地表达于大多数正常细胞上，可保护正常细胞免遭补体介导的损伤；相反，许多异物颗粒和致病微生物表面由于缺乏 MCP，导致沉积在它们表面的 C3b 得以保持活性，从而促进 C3bBb 复合物的形成。

（6）H 因子　又称 C3b 灭活剂加速因子，是一种可溶性单链血清糖蛋白，可协助 I 因子裂解 C3b，阻止替代途径 C3 转化酶的形成，并加速其衰变。其机制为：①与 C3b 结合后，可使 C3b 构象变化，增加 I 因子对 C3b 的亲和力，故可作为 I 因子的辅助因子，促进 I 因子裂解 C3b；②可与 B 因子或 Bb 竞争结合 C3b，从而阻止替代途径中初始和放大 C3 转化酶的形成；③可将已同 C3b 结合的 B 因子或 Bb 从 C3 转化酶中逐出，而使之失去酶活性，加速 C3 转化酶的衰变。

（7）补体受体 1（CR1）　为单链跨膜蛋白，含 30 个 SCR，广泛表达于红细胞及有核细胞膜，所识别的主要配体是 C3b 和 C4b。可抑制经典途径和替代途径 C3 转化酶的形成。机制为：①可与 C4b 结合，并抑制 C4b 与 C2 结合，从而防止经典途径 C3 转化酶的组装，并加速其分解；②可作为辅助因子，促进 I 因子对 C4b、C3b 的蛋白水解作用；③可竞争性抑制 B 因子与 C3b 结合，从而干扰替代途径 C3 转化酶的形成。

2. 末端反应的调节　补体激活过程的末端反应调控参与物有：（表 2 - 2）

（1）C8 结合蛋白（C8 binding protein，C8bp）　又称同源限制因子（homologous restriction factor，HRF），表达于人红细胞、中性粒细胞、单核细胞、淋巴细胞和血小板表面。HRF 可抑制补体介导的反应性溶血，并且其抑制作用具有严格的种属特异性，故得名。机制是：HRF 可与其同源的 C8、C9 结合，从而抑制 C8、C9 结合及 C9 聚合，抑制 MAC 形成，阻止其溶细胞作用。HRF 可能还与淋巴细胞杀伤靶细胞时的同种限制性有关。

（2）CD59　也称膜反应性溶解抑制物（membrane inhibitor of reactive lysis，MIRL），广泛表达于多种组织细胞和血细胞表面。CD59 可防止 MAC 对同种或自身细胞的溶解破坏，即同源限制性。CD59 可与 C5b~8 或 C5b~9 复合物中的 C8 或 C9 结合，从而抑制 C9 与 C5b678 复合物组装及 C9 进一步聚合，导致 MAC 组装受阻，不能发挥对同种或自身细胞的溶解作用。

（3）S 蛋白（S protein，SP）　也称玻璃连接蛋白（vitronectin，VN），为血清单链糖蛋白。SP 可防止由于其他细胞激活的可溶性 C5b67 复合物插入自身正常细胞而造成的损伤。机制为：①可与 C5b67 复合物结合，形成亲水性的 SC5b67 复合物，使 C5b67 失去膜结合活性，从而阻止末端补体成分插入细胞膜脂质双层，并保护补体活化部位邻近的细胞免遭偶然的攻击；②SC5b67 还可以此与 C8、C9 结合，形成可溶性的 SC5b~8 和 SC5b~9 复合物，并抑制 C9 聚合，从而保护补体活化部位邻近的细胞免遭偶然的攻击。

（4）SP40/40　也称群集素（cluster），为双链血浆糖蛋白，由分子量均为40kDa的两个亚单位组成而得名。SP40/40可调节MAC的组装和溶细胞效应。机制为：①SP40/40通过与C5b67、C5b~8、C5b~9结合，对MAC组装起抑制作用，从而防止MAC的溶细胞效应；②此外，还与S蛋白具有协同作用，使MAC成为可溶性分子，从而失去溶细胞作用。现知C8与SP40/40的结合部位是C8β，C9与SP40/40的结合部位是C9b。

表2-2　主要补体调控蛋白及其功能

调控蛋白	CD标志	功能
体液调控蛋白		
C1INH		抑制C1r、C1s和MASP活性，阻断C4b2a形成
C4bp		加速C4b2a的衰变，促进I因子对C4b的裂解
fI		可裂解C3b、C4b，抑制经典和替代途径C3转化酶的形成
fH		加速C4bBb的衰变，促进I因子对C3b的裂解
fP		稳定C3bBb
SP、群集素		抑制MAC形成
膜调控蛋白		
CR1	CD35	干扰经典和替代途径C3转化酶形成
DAF	CD55	阻止经典和替代途径C3转化酶装配，并可促进C3、C5转化酶衰变
MCP	CD46	辅助I因子介导C3b、C4b降解，抑制经典和替代途径C3转化酶的形成
MIRL	CD59	抑制MAC形成
HRF		抑制MAC形成

第三节　补体系统的生物学作用

已有的研究显示，补体系统的生物学意义已远远超出单纯固有免疫防御的范畴，且涉及抗感染、炎症反应、维持机体内环境稳定和免疫调节等多方面的生理功能。

一、攻膜复合体作用

由补体系统激活的共同末端反应所形成MAC可介导靶细胞（细菌、其它微生物、寄生虫等）以及某些包膜病毒的溶解，称为补体依赖的细胞毒作用（complement dependent cytotoxicity，CDC）。在免疫防御中，CDC是固有免疫应答和适应性免疫应答不可或缺的病原体杀灭与清除机制。而在免疫损伤发生时，CDC也是一种重要的免疫病理作用。

二、活性片断介导作用

除形成MAC外，补体系统激活还形成了众多的活性片段，例如C3b（iC3b）、C4b、

C3a、C5a 等。这些活性片段可产生诸如调理作用、炎症介质作用、免疫复合物清除和免疫调节作用等一系列重要的生物学效应。（表 2-3）

（一）调理作用

补体激活过程产生的 C3b、C4b 和 iC3b 都具有调理作用，可结合到细菌或其它颗粒物质表面，并且通过与吞噬细胞（中性粒细胞和巨噬细胞）表面的相应受体（CR1、CR3）结合，促进吞噬细胞对颗粒物质的吞噬。补体片段的调理作用既是机体抵抗外源性感染的主要防御机制；又可参与免疫系统对凋亡细胞的清除。多种补体成分（如 C1q、C3b 和 iC3b 等）均可识别和结合凋亡细胞，并通过与吞噬细胞表面相应补体受体作用，参与对凋亡细胞的清除，从而维持机体内环境的稳定。

（二）炎症介质作用

补体裂解产物 C4a、C2b、C3a、C5a 分别具有炎症介质作用，可引起机体的炎症反应，一方面可促进对局部感染病原生物的清除，另一方面也造成自身组织损伤或超敏反应的发生。炎症介质作用主要表现为：

1. 过敏毒素作用　C3a、C4a 和 C5a 又被称为过敏毒素。C3a/C4a 的受体表达于肥大细胞、嗜碱性粒细胞、平滑肌细胞和淋巴细胞表面；C5a 的受体则表达于肥大细胞、嗜碱性粒细胞、中性粒细胞、单核/巨噬细胞和内皮细胞表面。过敏毒素作为配体与细胞表面相应受体结合，激发细胞脱颗粒，释放组胺等血管活性介质，从而增强血管通透性并刺激内脏平滑肌收缩，介导炎症反应的发生。其中 C5a 的作用最强，C3a 和 C4a 的致炎作用仅分别是 C5a 的 1/20 和 1/2500。

2. 趋化作用　补体活性片段 C5a 具有对炎性细胞的趋化作用，可促进吞噬细胞向抗原周围聚集。

（三）免疫复合物清除作用

补体成分可参与清除循环 IC，其机制为：①补体通过免疫黏附（immune adherent）作用参与清除循环 IC，因循环 IC 可借助 C3b 与红细胞、血小板等血细胞表面的 CR1 和 CR3 结合，并通过血流运送到脾脏，被吞噬细胞清除，红细胞以其巨大数量成为免疫黏附的主要参与者，中性粒细胞和单核细胞也具有免疫黏附功能；②抑制 IC 形成并促进其溶解，循环 IC 大量形成，不仅有赖于 Ig Fab 段与抗原多价结合，也有赖于并列的 Ig 分子 Fc 段的非共价作用，补体与 Ig 的结合可在空间上干扰 Fc 段之间的非共价相互作用，从而抑制新 IC 的形成，或使已形成的 IC 易被裂解。

（四）免疫调节作用

补体成分亦可籍树突状细胞、T、B 淋巴细胞表面的相应受体，形成对适应性免疫应答过程的调节。例如：①C3 等补体成分可介导 APC 对抗原的捕捉及处理提呈；②补体片断 C3d 可与 BCR 的共受体复合物 CR2/CD19/CD81 结合，并同时与 Ag-BCR 复合体相连，促使 BCR - 共受体交联，促进 B 细胞的活化；③C3d 与 B 细胞表面 CR2 结合有助于 B 细胞活化，与 B 细胞表面 CR1 结合可促进 B 细胞增殖分化为浆细胞；④滤泡树突状细胞表面的 CR1 和 CR2 可将 IC 固定于生发中心，从而诱导和维持记忆 B 细胞；⑤最近的研究显示，补体成分尚可能与调节性 T 细胞的活性有关。

表 2 - 3　补体系统各成分的生物学作用

补体成分	生物学作用
C1q	识别免疫复合物、识别病毒膜蛋白
C4a C3a	过敏毒素
C4b	组成 C3、C5 转化酶、参与免疫黏附
C2a	组成 C3、C5 转化酶
C3b	组成 C3、C5 转化酶、参与免疫黏附、调理作用
C5a	过敏毒素、趋化因子
C5aC3aC4a	炎症介质作用
C5 ~ C9	组成攻膜复合体
Ba	参与免疫调节
Bb	组成 C3、C5 转化酶

第四节　补体受体

补体活性片段生物学效应的实现需通过与不同靶细胞表面各类补体受体结合。故补体受体既是补体生物学作用的介导物，也是补体活化过程的调节物。

一、补体受体的类型

目前已经知道的补体受体有十多种，根据其功能可分为四类：①经典补体受体：即共价结合于活性细胞表面的 C3 裂解片段的受体，包括 CR1、CR2、CR3、CR4 和 CR5；②过敏毒素受体：是过敏毒素 C3a、C4a 和 C5a 的受体，它们通常表达于肥大细胞、嗜碱性粒细胞等炎性细胞表面，参与介导炎症反应；③补体调节因子受体：包括 H 因子受体、MCP、DAF 分子等，可与相应补体成分结合，参与补体级联反应的调节；④C1q 受体。

二、补体受体的生物学作用

（一）经典补体受体

1. 补体受体 1（CR1）　CR1（C3bR/C4bR，CD35）属于单链膜结合蛋白，与 C3b 和 C4b 具有高度亲和性。表达于红细胞、中性粒细胞、巨噬细胞、嗜酸性粒细胞、T/B 细胞和树突状细胞等表面。其功能为：①调理作用：作为调理素受体，促进吞噬细胞对 C3b/C4b 包被的颗粒或微生物的吞噬作用；②免疫黏附和 IC 清除：红细胞表面的 CR1 可与带有 C3b 的 IC 结合，并将其转运至肝脏内清除；③抑制补体激活：CR1 与 C3b/C4b 结合，可协同 I 因子裂解 C3b 和 C4b，抑制经典和替代途径的 C3 和 C5 转化酶形成，并促进它们衰变；④免疫调节：在 B 细胞发育早期，促进 B 细胞分化；⑤还可增强 NK 细胞介导的 ADCC 效应。

2. 补体受体 2（CR2） CR2（C3dR，CD21）属于单链跨膜糖蛋白，可结合 C3b 的裂解片段（C3d、C3dg 和 iC3b）。主要表达于 B 细胞、树突状细胞和鼻咽部上皮细胞表面。功能为：①免疫调节：对 B 细胞的分化、增殖、记忆和抗体产生都具有重要的调节作用，如 CR2 可与 CD19、CD81 等组成复合体，作为 BCR 的共受体，促进 B 细胞活化；②EB 病毒的特异性受体：EB 病毒是一种人类疱疹病毒，可借 CR2 感染多数成年人，并终身潜伏在 B 细胞和鼻咽部上皮细胞，可能参与某些恶性疾病的发生，引起 Burkitt's 淋巴瘤（一种恶性 B 细胞肿瘤）、鼻咽癌以及因药物或 HIV 感染引起的免疫缺陷相关 B 细胞淋巴瘤等。另外，由 EB 病毒促成的 B 淋巴细胞转化也由 CR2 介导。

3. 补体受体 3（CR3） CR3（iC3bR、Mac－1、CD11b/CD18）是由 α 和 β 两条肽链组成的异二聚体，属于整合素家族成员，是 iC3b 的受体。表达于各种骨髓来源的细胞表面，包括：中性粒细胞、单核/巨噬细胞、肥大细胞和 NK 细胞。其主要的生物学效应是：①介导调理作用：作为 iC3b 的受体，CR3 可介导吞噬细胞与 iC3b 包被的微生物或颗粒的黏附，并促进其吞噬，诱导呼吸爆发；②模式识别受体作用：可与特异性糖类（酵母多糖和某些细菌表面成分等）结合，介导表达 CR3 的吞噬细胞以非补体依赖方式结合某些微生物；③黏附作用：可与胶原、细胞间黏附分子－1（intercellular adhesion molecule 1，ICAM－1）和纤维蛋白原结合，促进中性粒细胞和单核细胞与内皮细胞的黏附，导致炎症细胞在组织局部的聚积。

4. 补体受体 4（CR4） CR4（P150.95、CD11c/CD18）与 CR3 相似，也是由 α 和 β 二条肽链组成的异二聚体，属于整合素家族成员，是 iC3b 和 C3dg 的受体。主要分布于中性粒细胞、单核/巨噬细胞和血小板表面，在组织巨噬细胞上优势表达。其主要的生物学效应与 CR3 相同。

（二）过敏毒素受体

1. C3a 受体 C3aR 可表达在平滑肌细胞、肥大细胞、单核/巨噬细胞、中性粒细胞、嗜酸性粒细胞、血小板、朴状细胞及某些 T 细胞亚群上。属于七次跨膜受体超家族。C3aR 主要介导：①过敏毒素作用，促进肥大细胞分泌血管活性胺类介质，调节前列腺素和 5－HT 产生；②促进吞噬细胞活性，促进巨噬细胞分泌 IL－1，促进中性粒细胞由骨髓释放入血以及溶菌酶分泌，因此有利于增强宿主的抗感染防御机能。

2. C5a 受体 C5aR 主要分布于肥大细胞、嗜碱性粒细胞、单核/巨噬细胞和血小板上，属于七次跨膜受体超家族。当 C5a 与靶细胞上的 C5aR 结合后具有的生物学效应是：①过敏毒素作用：可介导细胞脱颗粒，释放各种炎性介质，收缩平滑肌，增加血管通透性；②趋化炎症细胞作用；③介导黏附作用：白细胞同型聚集和对内皮细胞的黏附。

（三）补体调节因子受体

补体调节因子受体可通过与特异的补体成分结合而发挥调节补体活化的功能。例如：H 因子受体分布在 B 细胞、单核细胞和粒细胞表面，与 H 因子结合后，可刺激靶细胞产生 I 因子，裂解 C3b/C4b，调节补体的活化。另外，MCP 和 DAF 可与 C3b/C4b 特异性结合，而降低其活性，从而保护机体正常细胞免受体补体介导的损伤。

（四）C1q 受体（C1qR）

C1qR 为一种 65kDa 的糖蛋白，具有非共价结合的蛋白聚糖成分，其天然配体为 C1q，表达于 B 细胞、单核/巨噬细胞、血小板、内皮细胞、NK 细胞、T 细胞和粒细胞表面。其主要功能：①具有结合与循环 IC 相连接的 C1q 的能力：促进循环 IC 的清除和沉积；②调节血小板的功能：血小板表面 C1qR 与游离 C1q 结合，可抑制血小板聚集，而与 IC 连接的 C1q 结合，则可促进血小板聚集，并释放 5 – HT，介导炎症作用；③免疫调节作用：C1qR 具有多种免疫增进作用，如促进 B 细胞产生 Ig，促进吞噬细胞的 ADCC 效应及对 IgG 或 C3b/C4b 包被颗粒的吞噬作用；④促进损伤愈合和组织再生：C1qR 与其配体相互作用，还可刺激成纤维细胞趋化、DNA 合成及增生，与损伤愈合和组织再生相关。

拓展与思考

已有一百多年历史的补体系统研究是免疫学最古老的研究之一。虽然目前对补体系统的研究处于"不热"状态，但并不意味着我们对补体系统的探索接近终结。随着对补体系统各成分基因组 DNA 克隆的完成，使我们对补体系统的认知上升了一个新的高度。请试着思考下列问题：第一，补体系统在生物进化过程中所承担的生物学作用是否发生了改变，发生了哪些改变？第二，在对补体系统的病理生理作用有了更全面的了解之后，你觉得应该如何定义补体系统？第三，通过对补体系统免疫生物学作用的了解，你如何看待固有免疫应答与适应性免疫应答的相互关系？第四，你是否可就涉及补体系统病理生理作用的临床疾病作一综述。

（王亚贤 王 易）

第三章 MHC 分子与抗原提呈

主要组织相容性复合体（major histocompatibility complex，MHC）编码分子是一组十分重要的免疫分子。仅在 20 世纪的最后 20 年中，关于 MHC 分子的研究就获得了三次诺贝尔医学生理学奖，可见其研究与发展过程在现代免疫学中的重要地位。

第一节 MHC 分子概述

在进化过程中出现的主要组织相容性复合体及其编码分子涉及了几乎所有的脊索动物，并且与免疫球蛋白基因的出现相平行。而人类对这个基因复合体及其编码分子的认识仅仅开始于 20 世纪 30 年代，虽然现有的研究已经揭示了 MHC 及其编码分子在免疫系统中举足轻重的地位，但人们对其生物学结构与生理学作用的探索从未停歇。

一、MHC 的发现

20 世纪 30 年代，Gorer 在鉴定近交系小鼠血型抗原时曾发现四组红细胞抗原，分别命名为抗原Ⅰ、Ⅱ、Ⅲ和Ⅳ。后来 Snell 等用近交系小鼠中生长的肿瘤分别移植于其杂交子代，发现源于抗原Ⅱ阳性亲代小鼠的肿瘤只能在抗原Ⅱ阳性子代小鼠体内生长，在抗原Ⅱ阴性子代小鼠体内则被排斥，从而证明了抗原Ⅱ是一种组织相容性抗原。之后，编码 H-2 抗原的基因被定位于小鼠第 17 对染色体上，由多个基因座位组成，并在遗传上呈现紧密连锁。故将其命名为组织相容性基因复合体。随后，Snell 成功地建立了同类系小鼠，并通过同类系小鼠的验证，确定了编码 H-2 抗原的基因群是和组织移植排斥现象关联最紧密的主要组织相容性复合体，并由此将小鼠的 MHC 及其编码分子称为 H-2 系统。

无独有偶，法国学者 Dausset 在 1958 年也发现了人类肾移植后出现排斥反应的患者以及多次输血的患者血清中含有能与供者白细胞发生反应的抗体。进一步研究发现这些抗体所针对的抗原实际上就是人类的主要组织相容性抗原。由于这些抗原最先在白细胞表面被发现且含量最高，因此被命名为人类白细胞抗原（human leucocyte antigen，HLA），编码这些抗原的基因群也就被称为 HLA 复合体。

为表彰他们发现小鼠和人类的 MHC 以及在免疫遗传学方面的杰出贡献，Snell、Dausset 与 Benacerraf 分享了 1980 年的诺贝尔医学生理学奖。

二、MHC 分子的生物学意义

显然，所谓的"组织相容性"，只是一种人为的实验现象，而并非是一种自然生命现象。因此 MHC 的存在决非是为了编码移植抗原以引起移植排斥，它必然还具有更重要的生物学意义。1974 年，Zinkernagel 和 Doherty 发现，受牛痘病毒感染的 H-2^k 小鼠中的 Tc 只能杀伤 H-2 单体型相同的病毒感染靶细胞，而不能杀死牛痘苗病毒感染的 H-2^b 细胞，这被称为 Zinkernagel-Doherty 现象。1975 年，Doherty 又发现，用淋巴细胞脉络膜脑膜炎病毒（lymphocyte-choriomeningitis virus，LCM 病毒）感染 H-2^d 小鼠，然后将其 Tc 取出，在体外只能杀伤 LCM 病毒感染的 H-2^d 单体型细胞，不能杀伤 LCM 病毒感染的 H-2^k 细胞。这些实验表明，Tc 必须在同时识别 MHC 抗原和病毒抗原的基础上才能完成对受感染靶细胞的杀伤。

由此确认 MHC 分子在免疫应答过程中是一种重要的抗原提呈分子，对识别抗原的 T 细胞起到一定约束作用，即抗原肽只有与 MHC 分子结合才能被相应的 T 细胞识别，并进一步引导 T 细胞介导的免疫应答。随着人们对 MHC 编码区结构的深入研究，MHC 编码分子更多的结构类型与生物学作用正在被不断揭示。

Doherty 和 Zinkernagel 因其对 MHC 生物学功能研究方面的卓越贡献获得 1996 年诺贝尔医学生理学奖。

第二节　人类 MHC 的基因组成

在不到一百年的时间里，人们在许多动物体内都陆续发现了 MHC 及其编码分子的存在。对不同的动物种类，MHC 及其编码产物有不同的称谓，小鼠的 MHC 及其编码分子称为 H-2 系统；人类 MHC 及其编码分子则称为人类白细胞抗原系统（human leucocyte antigen，HLA）。

一、HLA 复合体的定位与组成

人类的 HLA 复合体位于第 6 号染色体短臂 6p21.31。随着对人类第 6 号染色体短臂 DNA 测序工作完成，已鉴定出 224 个基因座位，功能基因有 128 个，其中 40% 与免疫有关。为何如此之多的基因座位集中于如此狭小的区域，原因尚不清楚。或许这样的排列可使功能相近的基因表达水平趋于一致。HLA 复合体中的基因包含四种类型。表达基因（expressed gene）：可转录成 mRNA，有一个稳定的开放阅读框（ORF）和蛋白产物；候选基因（candidate gene）：可转录成 mRNA，但 ORF 不明确，蛋白产物或有或无；沉默基因（silent gene）：有 mRNA 转录，无 ORF，亦无蛋白质表达；假基因（pseudogene）：无 mRNA 转录及相应蛋白质产物。

HLA 复合体中的基因依其在染色体上的相对位置可分为三个基因区，即 Ⅰ 类基因区、Ⅱ 类基因区和位于 Ⅰ 类和 Ⅱ 类之间的 Ⅲ 类基因区。（图 3-1）

（一）HLA Ⅰ类基因区

该基因区内存在多个基因，其中 HLA－A、HLA－B 和 HLA－C 被称为经典（classical）的 HLA Ⅰ类基因，又称 HLA Ⅰa 基因，编码 HLA Ⅰ类分子中的 α 链，广泛分布于各类有核细胞表面，具有高度的多态性，其中 HLA－A、HLA－B 表达最为丰富。其它基因还包括 HLA－E、HLA－F、HLA－G、HFE（HLA－H）、MIC－A、MIC－B 等。其中 HLA－E、HLA－F、HLA－G、HFE（HLA－H）属于非经典（nonclassical）MHC 基因，又称 MHC Ⅰb 基因。这些基因的产物结构与经典 HLA Ⅰ类分子类似，分布比较有限，多态性不高。另外还有许多属于无编码产物的沉默基因和假基因。HLA－E 可以提呈 HLA－A、HLA－B、HLA－C、HLA－G 的前导信号序列来源的 9 肽，给 NK 细胞的 CD94/NKG2 受体识别，以便 NK 细胞监控 HLA Ⅰ类分子的表达。HLA－G

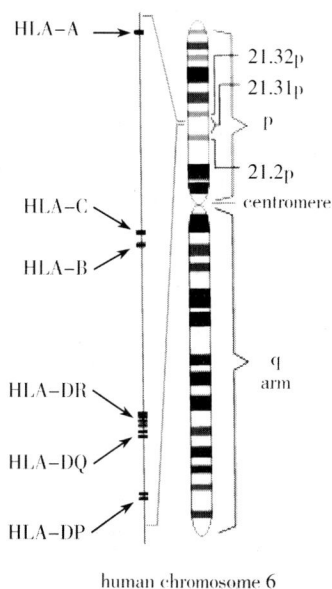

图 3－1　人类的 HLA 复合体

优先表达于胎盘滋养层细胞，与 NK 细胞表面抑制受体——免疫球蛋白样转录子 2（immunoglobulin－like transcript－2，ILT2）结合，参与维持母胎免疫耐受。HFE 可与转铁蛋白受体结合，参与铁的代谢。MIC－A 与 MIC－B（MHC class Ⅰ chain－related molecules）属于压力诱导基因，具有高度多态性，主要分布在上皮细胞系中，可被 NKG2D 分子识别，可以促进活化 NK 细胞。至于 HLA－F 的功能目前尚未明确。

除了以上介绍的基因座位外，一般还将结构和功能相近的 CD1 家族的编码基因也归于 MHC Ⅰ类链相关基因，但是它们并不位于 HLA 基因复合体所在的染色体区域内，而是位于 1 号染色体。

（二）HLA Ⅱ类基因区

该基因区内属于经典的 Ⅱ类基因有 DR、DP 和 DQ，DP、DQ 中的 DPA1 基因、DPB1 基因、DQA1 基因、DQB1 基因分别编码 HLA Ⅱ类分子中的 α 和 β 链。DR 中的 DRA 基因编码 HLA Ⅱ类分子中的 α 链；而 DRB 基因含有 DRB1、DRB3、DRB4、DRB5 四个功能基因，均能编码 β 链。不过通常采用 DRB1 编码产物和其他三种基因产物中的一种，这使 DR 座位产物的多态性显得尤为复杂。

另外，该区还表达 HLA－DM 基因，包括 DMA 和 DMB 两个基因座位，编码 α、β 链异二聚体；HLA－DO 基因，包括 DOA 和 DOB 两个基因座位，编码 α、β 链异二聚体，这些基因均属于非经典（nonclassical）MHC Ⅱ类基因，又称 MHC－Ⅱb 基因。

此外，该区还表达抗原处理相关转运蛋白（transporter associated with antigen processing，TAP）基因、巨大多功能蛋白酶体（large multifunctional proteasome，LMP）部分组成蛋白的编码基因（LMP2 和 LMP7）和 TAP 相关蛋白基因（TAP－associated protein， tapasin）。这些基因产物的功能详见后述。

（三）　HLA – Ⅲ类基因区

此基因区中的基因主要包括：补体 C2、C4、B 因子（BF）的基因，以及编码 TNF – α（LTA）、TNF – β（LTB），编码热休克蛋白（heat shock protein，HSP）HSPA1A，HSPA1B 和 HSPA1L 等。另外，Ⅲ类基因区还有一些与免疫无直接关联的基因座位存在，如编码 21 – 羟化酶 21OHA（CYP21A）和 21OHB（CYP21B）的基因等。

二、HLA 复合体的命名

具有高度多态性的 HLA 复合体的每一个基因座都含有数量庞大的复等位基因。尽管目前这些复等位基因的数目尚不能完全确定，但对于已发现的各基因座复等位基因仍需要给予统一的命名，以便生命科学基础研究和临床医学的应用。

早期的 HLA 复等位基因的发现与命名主要依赖编码蛋白质的抗原差异，分别通过血清学或细胞学免疫反应方法来加以鉴定。近年来，随着核酸测序技术的广泛应用，HLA 复等位基因的鉴定正越来越多的通过直接测定该基因的 DNA 序列而完成。

为了统一全球各地区、各实验室以及不同检测方法的鉴定结果，国际 HLA 研究协作会议制定了 HLA 基因的命名规则。该规则规定，每一个 HLA 基因都由以星号分隔的两部分来表述，星号前半部分以拉丁字母表示，指明该基因属于哪一个基因座位；星号后以阿拉伯数字表示，前两位数字代表原有的血清学类型，反映其抗原特异性，后几位数字代表在同一血清学类型下的基因型差异。如 HLA – A * 2901、HLA – A * 2902，其含义为：这两个基因都属于 HLA Ⅰ类基因 A 座位，血清型都为 HLA – A29，但可因基因存在的差异区分为 HLA – A * 2901、HLA – A * 2902 两种基因型。某些基因型可出现第五位阿拉伯数字，如 HLA – B * 67011、HLA – B * 67012，则表示同属 HLA – B * 6701 基因型的基因在个体间可以出现个别核苷酸的差异，但不影响其遗传学特征。

与 HLA Ⅰ类基因不同，HLA Ⅱ类基因则稍显复杂。因 HLA Ⅱ类基因属多基因性（polygeny）基因座，且其中有些基因产物显示血清型，有些则不显示血清型，因此除了显示血清型的基因座按上述原则命名外，不显示血清型的基因座星号后前两位数字仅代表序号。

新发现的非经典的 HLA 基因一般都不以血清学方法鉴定，所以，其星号后前两位数字也仅代表序号。

三、HLA 复合体的遗传特点

HLA 复合体在遗传上具有一些与其生物学意义关联的重要特征，例如单体型遗传、高度多态性、连锁不平衡等。

1. 单体型遗传　组成 HLA 复合体的众多基因在染色体上位置排列非常紧密，很少与同源染色体上对应位点的等位基因发生交换，是一组紧密连锁的基因群，构成了一个相对稳定的单体型（haplotype）。在遗传过程中，HLA 单体型作为一个完整的遗传单位由亲代传给子代。人类具有 23 对同源染色体，每对同源染色体包括 6 号染色体都分别来自于父亲和母亲。因此子女的 HLA 单体型也是一个源自父方，一个源自母方，通过随机组合而来。这样亲代与子代之间有且仅能有一个单体型相同。而在子代同胞之间比较 HLA 单体型的型别会出现三种可能性：二个单体型完全相同或完全不同的机率各占 25%；有一个单体型相同的机率占 50%。（图 3 - 2）

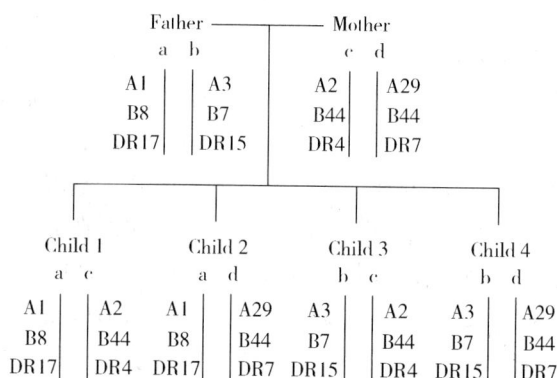

图 3 - 2　HLA 单体型遗传方式

2. 高度多态性　多态性（polymorphism）是指在一随机婚配的群体中，染色体同一基因座有两种以上基因型，可编码二种以上的产物的现象。导致 HLA 具有高度多态性的原因如下：①复等位基因（multiple alleles）的存在：我们通常把位于同源染色体上对应位置的一对基因称为等位基因（allele），而把在群体中不同个体间对应染色体同一座位的有差异的基因称为复等位基因，它来源于 HLA 复合体的突变，由于 HLA 复合体的每一基因座均存在为数众多的复等位基因，且各座位以单体型连锁，导致了多种多样的基因组合，产生了大量不同的单体型，这是 HLA 高度多态性的主要原因；②共显性（codominance）现象：一对等位基因同时编码并表达产物，称为共显性，HLA 复合体中每一个等位基因均为共显性，故都可能将其编码产物表达在细胞表面，从而大大增加了人群中不同 HLA 单体型的组合方式，导致了 HLA 表型的多态性。因此，除了同卵双生外，无关个体间 HLA 单体型完全相同的可能性就变得极小。（表 3 - 1）

表 3 - 1　人主要组织相容性复合体主要基因及等位基因数

Ⅰ类区域基因名称	等位基因数	Ⅱ类区域基因名称	等位基因数
HLA - A	1884	HLA - DRA1	7
HLA - B	2490	HLA - DRB1	1054
HLA - C	1384	HLA - DRB3 ~ 5	92
HLA - E	11	HLA - DQA1	47
HLA - F	22	HLA - DQB1	165
HLA - G	49	HLA - DPA1	34
		HLA - DPB1	155

Ⅰ类区域基因名称	等位基因数	Ⅱ类区域基因名称	等位基因数
		HLA – DOA	12
		HLA – DOB	13
		HLA – DMA	7
		HLA – DMB	13

3. 连锁不平衡　基因频率是指某一特定等位基因与该基因座中全部等位基因总和的比例。HLA 复合体各等位基因均有其各自的基因频率。根据统计学原理，若各座位的等位基因是随机组合构成单体型的话，则某一单体型型别的出现频率应等于该单体型各基因出现频率的乘积。但情况并非如此，某些基因较其它基因更多或更少地连锁在一起，从而出现连锁不平衡（linkage disepuilibrium）。例如，在北欧白人中 HLA – A1 和 HLA – B8 频率分别为 0.17 和 0.11。若随机组合，则单体型 A1 – B8 的预期频率为 0.17 × 0.11 ≈ 0.019。但实际所测得的 A1 – B8 单体型频率是 0.088 故 A1 – B8 处于连锁不平衡，实测频率与预期频率间的差值（△: 0.088 – 0.019 = 0.069）为连锁不平衡参数。连锁不平衡参数呈正值者，为正连锁不平衡；呈负值者，为负连锁不平衡。虽然产生连锁不平衡的机制目前还没有定论，但推测可能为自然选择所致。

第三节　人类 MHC 分子的结构与分布

借助于 X 射线衍射技术，1987 年 Bjorkman 等首先阐明了 HLA – A2 分子的立体结构。其后，其它 HLA Ⅰ、Ⅱ类分子的结构也陆续被确定。

一、HLA 分子的一般结构

HLA Ⅰ、Ⅱ类分子均为两条多肽链组成的糖蛋白，以膜分子形式表达于细胞表面。

（一）HLA Ⅰ类分子的结构

HLA Ⅰ类分子由两条多肽链组成，通过非共价键连接。其中重链由 MHC Ⅰ类基因编码，称为 α 链；轻链由位于第 15 对染色体 β2m 基因编码，称为 β2 微球蛋白（β2 – microglobulin，β2m）。α 链有三个结构域 α1、α2 和 α3。

HLA Ⅰ类分子的重链为一跨膜糖蛋白，分子量约为 44kDa。根据其各部分功能以及结构特点，α 链可依次分为肽结合区、免疫球蛋白样区、跨膜区以及胞浆区。（图 3 – 3）

1. 肽结合区（peptide – binding region）　包括 α 链氨基端的两个结构域 α1 和 α2，各含约 90 个氨基酸残基，α1 与 α2 有很高的同源性。人 α 链有一个 N – 连接的寡糖，位于 α1 和 α2 连接处。α2 区内有一个链内二硫键，两个半胱氨酸间约含 63 个氨基酸残基。α1 区第 60 ~ 80 位氨基酸残基和 α2 区第 95 ~ 120 位氨基酸残基的组成和排列顺序变化最大，是 Ⅰ类分子多态性的基础。

2. 免疫球蛋白样区（immunoglobulin - like region）　主要由 α 链的结构域 α3 构成，约含 90 个氨基酸残基，氨基酸组成十分保守，与 IgC 区同源。在二级结构上，α3 组成 Ig 样折叠（Ig fold），即七个 β 折叠股形成两个平面，由二硫键相连，与 Ig 的恒定区具有同源性。α3 结构域的氨基酸残基的组成和排列顺序比较稳定，是 α 重链的非多态部分（nonpolymorphic），经突变试验证实此区是 HLA Ⅰ 类分子与 CD8 分子相互作用的位置。

3. 跨膜区（transmembrane region）　位于 α3 结构域向着胞内的一侧，由 25 个疏水性氨基酸残基所组成，以 α 螺旋的形式穿过细胞膜的脂质双层结构，使 α 链能够镶嵌于细胞膜上。

4. 胞浆区（cytoplasmic region）　该区属于 Ⅰ 类分子位于细胞膜内的部分，由 30 个氨基酸残基构成，其序列高度保守，具有数个 cAMP 依赖的蛋白激酶（蛋白激酶 A，PKA）和 PP60 Src 酪氨酸激酶的磷酸化位点。此外，在羧基端含有一个谷氨酰胺残基，可以作为转谷氨酰胺酶转肽作用的底物。胞浆区的主要功能是通过与其它膜蛋白或细胞骨架成分之间的相互作用，参与细胞内外信息的传递。

Ⅰ 类分子的轻链称 β2 - 微球蛋白（$\beta_2$microglobulin，β2m），含 99 个氨基酸残基，分子量为 12kDa。其氨基酸排列与 Ig 恒定区序列同源。β2m 没有多态性，HLA - A、B、C 分子的 β2m 结构均一致。β2m 不参与同抗原的结合，与 α3 结合，通过和 α1、α2、α3 片段的相互作用，参与维持 Ⅰ 类分子天然构型的稳定，是 Ⅰ 类分子能够稳定表达在细胞膜表面并执行正常生理功能所必需的。由于 β2m 分子在细胞表面的数量远远大于 Ⅰ 类抗原分子的数目，故 β2m 可以 HLA Ⅰ 类分子的结合和游离两种形式存在。

（二）HLA Ⅱ 类分子的结构

HLA Ⅱ 类分子由两条多肽链组成，由 α、β 两条结构相似的链通过非共价键连接而成。Ⅱ 类分子 α、β 链是由 HLA 复合体中 Ⅱ 类基因的不同基因座位所编码。α 链分子量 34kDa，有两个 N - 连接寡糖，β 链 28kDa，有一个 N - 连接糖基化点。α、β 链各有两个结构域 α1、α2 及 β1、β2，每个结构域约含 90 氨基酸残基，除 α1 区外，α2、β1、β2 每个区还各含有一个二硫键。

Ⅱ 类分子的三维结构与 Ⅰ 类分子极为相似，也可分为肽结合区、免疫球蛋白样区、跨膜区及细胞质区。（图 3 - 3）

1. 肽结合区　包括 α 链的 α1 和 β 链的 β1 结构域，这些区域与 Ig 结构域无相似性，具有高度的多态性，组成肽结合区。

2. 免疫球蛋白样区　包括 α 链的 α2 和 β 链的 β2 结构域，其中与 Ig 恒定区相似，不具有多态性。此区是 HLA Ⅱ 类分子与 CD4 分子相互作用的位置。

3. 跨膜区　α2 和 β2 面向胞内侧有一个短的连接区，约含 25 个氨基酸残基，横跨细胞膜，使 Ⅱ 类分子能够镶嵌在细胞膜上。

4. 胞浆区　该区为 Ⅱ 类分子位于细胞膜内的部分，两条链各有 10 ~ 15 个氨基酸残基，可参与细胞内外信息的传递。

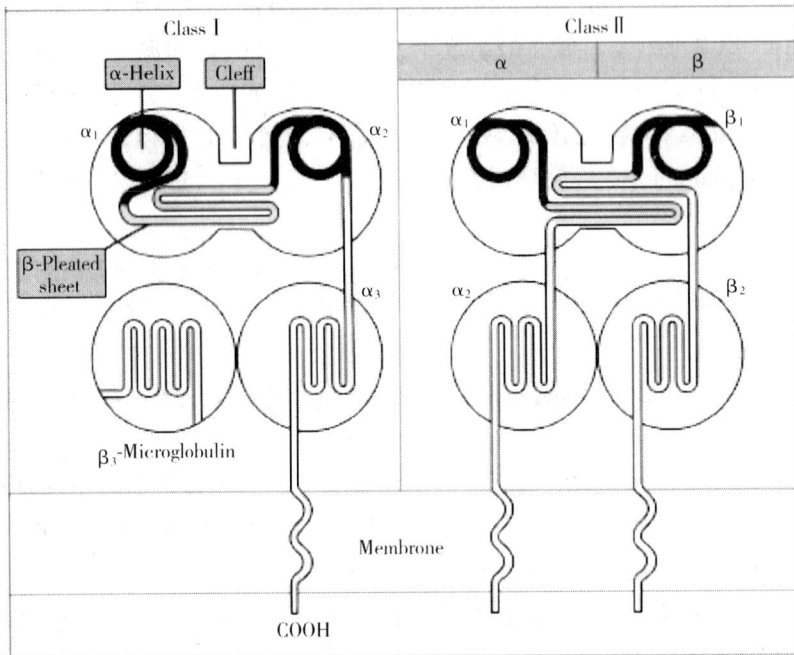

图 3-3 HLA 分子的结构

二、HLA 分子肽结合区

HLA 分子的肽结合区是其与抗原结合的关键区域，也是其呈现高度多态性的主要部位。

(一) HLA Ⅰ类分子的肽结合区

X 射线晶体衍射图显示，HLAⅠ类分子 α 链的 α1 和 α2 结构域远远突出于细胞膜外，位于分子的顶部，所组成的空间结构是与抗原结合并被 T 细胞受体（TCR）识别的部位。

与抗原结合部位的构象呈深槽状，由 α1 和 α2 结构域各 1 条 α 螺旋和四条 β 折叠所组成。两条 α 螺旋位于抗原结合部位上部形成两个侧面，八条 β 折叠位于下部形成底面。所构成的沟槽长约 2.5nm，宽 1.0nm，深 1.1nm，可结合 8~12 个氨基酸残基。整个凹槽两端封闭，其大小和形状适合于已加工处理的内源性抗原片段。

HLA Ⅰ类分子的多态性主要表现于形成两侧面的 α 螺旋结构和底部的 β 折叠片层上，且 HLA Ⅰ类分子的多态性导致其与不同的抗原肽的亲和力有差异。深槽内部氨基酸的侧链主要通过盐键、氢键与抗原多肽结合；位于深槽外部和表面的氨基酸是 TCR 识别的部位。（图 3-4）

(二) HLA Ⅱ类分子的肽结合区

HLA Ⅱ类分子以 α 链的 α1 结构域和 β 链的

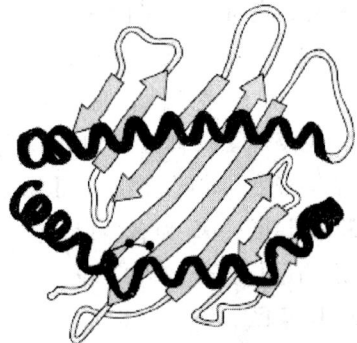

图 3-4 HLA Ⅰ类分子的肽结合区

β1 结构域组成肽结合区，与 HLA I 类分子的肽结合区相似，但这个凹槽两端显得更为开放，可容纳 8~30 个氨基酸组成的抗原肽。同 I 类分子一样，组成该区域的氨基酸种类和排列顺序的多态性导致其与不同的抗原肽亲和力有差异。

三、HLA 分子 – 抗原肽相互作用的分子基础

通过将不同 HLA 分子上结合的肽段进行洗脱测序，发现抗原肽和 HLA 分子的结合存在一定的规律，该规律主要体现为抗原肽与 HLA 分子结合的相对选择性。在组成抗原肽长链的氨基酸中，往往有若干个氨基酸与其对应的 HLA 分子的肽结合槽具有较强的亲和力，被称为锚着残基（anchor residue）。不同的 HLA 分子主要通过识别抗原肽中的锚着残基，来达到对不同抗原肽的选择性结合。当然，肽结合槽本身的大小、形状、带电荷的多少也对结合肽的选择有一定的影响。例如，人类 HLA – A2 所识别的 9 肽氨基酸长链，其中第 2 位的亮氨酸（L）和第 9 位处于 C 端的缬氨酸（V）即为锚着残基。我们可以把某一型别的 HLA 分子所识别的抗原肽氨基酸基序的共同特征用共同基序（consensus motif）来描述，如：xL * xxxxxxV *，其中 x 为在一定范围内任意的氨基酸，而 L 和 V 分别代表位于第 2 和第 9 位的锚着残基亮氨酸（L）和缬氨酸（V）。有时，我们还可以看到如 xY * xxxxxxV/L * 这样的基序，这表示该肽段的第二位锚着残基为酪氨酸（Y），而第 9 位的锚着残基可以有两种，可以是缬氨酸（V），也可以是亮氨酸（L），因为缬氨酸（V）和亮氨酸（L）均为疏水性氨基酸，结构比较相似，能够识别这种基序的 HLA 分子对这两者并不加以区别。（表 3 – 2）

表 3 – 2　抗原肽锚着残基分析 A * 0201

HLA 等位基因	抗原肽氨基酸残基组成									来源
A * 0201	S	L	L	P	A	I	V	E	L	蛋白磷酸酶
	T	L	W	V	D	P	Y	E	V	BCTI 蛋白
	L	L	D	V	P	I	A	A	V	IP – 30 信号肽
	Y	M	N	G	T	M	S	Q	V	酪氨酸酶
	M	L	L	A	L	L	Y	C	L	酪氨酸酶
	A	L	W	L	F	F	G	V	L	黑色素瘤抗原

由于抗原肽中参与构成锚着残基的氨基酸相对有限，而在某些位点的锚着残基甚至可以由结构相似的氨基酸互相替代，因此扩大了可以满足某型 HLA 分子所能识别的共同基序的抗原肽段的范围可以体现 HLA 分子对抗原肽识别的包容性（flexiblity），即 HLA 分子对抗原肽的选择并无严格的专一性，而是在一定范围内具有一定的自由度，因此，虽然在个体水平 HLA 型别相对有限，但对所能接触到的绝大多数的外源和内源性多肽都可以加以识别和提呈。

相反，抗原肽对所能识别它的 HLA 分子也体现了一定的包容性。已经发现，某些型别等位基因编码的 HLA 分子中可以识别相似的基序，我们把可以识别某个相似基序的 HLA 分子归为某个 HLA 超型（supertype）家族。也就是说，能够被某一 HLA 分子提

呈的抗原肽，也可以被同一超型家族的其他等位基因产物所识别，这就为设计适用于不同个体的多肽疫苗以及扩展器官移植供、受体选择范围提供了依据。

四、HLA 分子的分布

HLA I 类分子广泛分布于体内各种有核细胞表面，包括血小板和网织红细胞。除某些特殊血型外，成熟的红细胞一般不表达 I 类抗原。不同的组织细胞表达 I 类抗原的密度各异。外周血白细胞和淋巴结、脾细胞所含 I 类抗原量最多，其次为肝、皮肤、主动脉和肌肉。神经细胞和成熟的滋养层细胞不表达 I 类分子。I 类分子分布的广泛性保证了各种细胞均可将其内源性抗原提呈出来，尤其在抗病毒感染和抗肿瘤等方面起到重要作用。

HLA II 类分子主要表达在某些免疫细胞表面，如 B 细胞、单核/巨噬细胞，树突状细胞，激活的 T 细胞等，内皮细胞和某些组织的上皮细胞也可检出 HLA - II 抗原。另外，某些组织细胞在病理情况下也可异常表达 II 类分子。

HLA I 、II 类分子除了分布在细胞表面，也可出现于体液中，如：血清、尿液、唾液、精液及乳汁中均已检出可溶性 HLA - I 、II 类分子。

许多细胞因子能增加或减低 HLA 分子的表达。IFN - γ 是最强的诱导剂，IFN - α、IFN - β 和 TNF 也能增强 I 类分子表达，IL - 4 可增加静止 B 细胞 II 类分子的表达。而 IFN - β、TGF - β 和 IL - 10 则下调某些细胞 II 类分子的表达。另外，巨细胞病毒（CMV），乙肝病毒（HBV）和腺病毒 12（Ad12）皆能减少 HLA I 类基因的表达。

II 类反式激活蛋白（class II trans - activator，C II TA）是 IFN - γ 诱导 HLA 表达中的一个主导开关。由 IFN - γ 受体介导的细胞信号转导，可激活 C II TA 基因表达，C II TA 则通过转录复合物的相互作用使 HLA 基因活化。MHC II 类基因启动子区转录蛋白或 C II TA 编码基因产生突变可引起一种称为裸淋巴细胞综合征（bare lymphocyte syndrome，BLS）的免疫缺陷病。这类病人 HLA I 类分子表达良好，CD8$^+$T 细胞发育正常，但 II 类分子表达缺陷，仅少量 CD4$^+$T 细胞发育但不能被抗原激活。

第四节　人类 MHC 分子的免疫生物学作用

从上个世纪 70 年代发现了细胞毒性 T 细胞与靶细胞间相互作用的 MHC 限制性以来，我们对 MHC 的生物学作用有了更为深入的认识。

一、抗原提呈

HLA 复合体编码的分子在多个环节参与对抗原处理。不同的 HLA 经典分子参与不同来源的抗原肽的加工和提呈。外源性抗原在 APC 内被降解成免疫原性多肽，并与 HLA II 类经典分子结合成稳定的复合物，从而保证了多肽不被进一步降解为氨基酸，然后表达到 APC 表面，提呈给 CD4$^+$T 细胞识别。内源性抗原在靶细胞中需与胞浆中的巨大多功能蛋白酶体结合才能进一步分解为免疫原性多肽片段，后者再在 TAP 蛋白的参与下被转运到内质网腔与新合成的 HLA Ⅰ类经典分子结合，然后经高尔基体转运表达到 APC 表面，提呈给 CD8$^+$T 细胞识别（详见本章第五节）。

二、参与胸腺选择

在胸腺中早期 T 细胞发育为成熟 T 细胞要经历一个阳性选择的过程，也就是说早期 T 细胞通过与表达 HLA Ⅰ或Ⅱ类分子的胸腺上皮细胞发生接触，只有 TCR 能识别自身 HLA 分子的 T 细胞才能进一步分化成熟。幸存下来的 T 细胞接下去要经历一个阴性选择的过程，也就是在胸腺中经过阳性选择的早期 T 细胞如果能识别胸腺基质细胞表面具有的 MHC Ⅰ或Ⅱ类分子与自身抗原肽形成的复合物，就会发生凋亡而被清除；而余下的 T 细胞分别分化为成熟的 CD8$^+$或 CD4$^+$T 细胞（详见第六章）。

三、调控自然杀伤

HLA Ⅰ类分子可以与 NK 细胞表面的细胞杀伤受体结合，抑制或激活 NK 细胞的杀伤活性。因而由于 HLA Ⅰ类分子的表达减少、缺失或过度都可成为 NK 细胞活化并发挥清除效应的启动机制。（详见第七章）

四、MHC 约束性现象

所谓 MHC 约束性（MHC restriction）现象，是指只有相同 MHC 表型的免疫细胞之间才能发生相互作用的现象。具体来说就是 T 细胞在识别细胞提呈给它的抗原肽的同时，还需识别细胞上与抗原肽结合的 MHC 分子是否相同，这不仅发生在 Tc 和靶细胞间，也发生在 Mφ-Th，Th-B 等细胞之间。一般情况下，CD4$^+$T 细胞与抗原提呈细胞相互作用受 HLA Ⅱ类分子限制；CD8$^+$T 细胞与靶细胞的相互作用受 HLA Ⅰ类分子的限制。这种限制性的机制是：T 细胞通过其抗原识别受体，需同时识别异种抗原决定簇和自身 MHC 分子形成的复合物。

第五节　抗原提呈途径

如前所述，HLA Ⅰ类分子与Ⅱ类分子都是重要的抗原提呈分子，但其所提呈抗原的性质、荷载抗原的方式以及提呈对象都有很大区别，故自抗原肽的被加工、与 MHC 分子结合至被相应的 T 细胞所识别的过程，称为抗原提呈途径。通常将 HLA Ⅰ类分子参与的抗原肽提呈过程称为胞质溶胶途径；而将 HLA Ⅱ类分子参与的抗原肽提呈过程称为内体（溶酶体）途径。除了这两条抗原提呈的经典途径外，某些情况下，抗原提呈也可呈现非经典的方式。

一、抗原提呈的经典途径

抗原提呈的经典途径一般指内源性抗原经由 HLA Ⅰ类分子的提呈过程和外源性抗原经由 HLA Ⅱ类分子的提呈过程。内源性与外源性抗原的区分是根据它们在进入加工途径前所处的位置，即位于细胞内还是位于细胞外来确定的。任何抗原无论是自己的还是非己的，在胞质内加工都称为内源性抗原；而进入内体加工的都称为外源性抗原。

（一）内源性抗原的加工提呈过程

1. 内源性抗原肽的加工　内源性抗原肽在胞质中产生。在真核细胞中，蛋白质的合成是受严密调节的。每一种蛋白都处在不断转换和新陈代谢中。陈旧的蛋白不断地降解，被新产生的蛋白更新。内源性抗原在胞质内的降解过程与正常细胞内蛋白质转换的降解机制并无差别。内源性抗原的降解过程可分为内源性抗原泛素化和泛素化内源性抗原在蛋白酶体中降解两个步骤。泛素（ubiquitin）是一种小分子多肽。蛋白质在多种酶和 ATP 的作用下与多个泛素结合，使之泛素化。泛素的作用是引导与之结合的蛋白质进入蛋白酶体。

蛋白酶体（proteasome）是细胞内的一种大分子蛋白水解酶复合体，具有广泛的蛋白水解活性，20S 蛋白酶体的结构像一个中空的圆柱体，由四个圆环串接而成。圆环中央是一个贯穿纵长直径为 1~2nm 的孔道。每个圆环含有七个球形亚单位。圆柱体两端的两个圆环均含 o 亚单位，中间两个圆环均含 p 亚单位。真核细胞的蛋白酶体的每个 β 环各含三个催化亚单位（X、Y 和 Z）。蛋白酶体通常与其调节复合物构成组合体。调节复合物有 19S 和 11S 两种。11S 调节复合物（又称 PA28/REG）由 INF-γ 诱导产生。是使蛋白酶体转化为免疫蛋白酶体的关键调节复合物。

在 IFN-γ 诱导下，蛋白酶体中 X、Y 和 Z 三个亚单位分别被三个同源的亚单位替代，即 LMP7、LMP2 和 MECL-1。此时即形成了免疫蛋白酶体。LMP2 和 LMP7 分子能影响蛋白酶体降解生成的肽的特性，使蛋白酶体对碱性及疏水性残基下游肽键的水解作用增强。因为 MHC Ⅰ类分子结合的肽末端均为疏水性或碱性残基，所以 LMP2 和 LMP7 有利于蛋白酶体产生能与 MHC Ⅰ类结合的肽。而 IFN-γ 诱导的另一个产物 PA28/REG 与免疫蛋白酶体结合后也可影响蛋白酶体的切割特性，使产生的肽更适合与 MHC Ⅰ类分子结合。

如此，泛素化的内源性抗原进入免疫蛋白酶体孔道后，在蛋白水解酶的作用下降解。蛋白酶体中的蛋白水解酶能裂解 3~4 种不同类型的肽键。由免疫蛋白酶体降解后的抗原肽经 TAP 转运进入 ER 与 MHC Ⅰ类分子结合。

2. 内源性抗原肽的转运　MHC Ⅰ类分子在内质网腔中与抗原肽结合，因此，经免疫蛋白酶体降解产生的内源性抗原肽必须进入 ER 才能与Ⅰ类分子结合。这一转运过程是在一种称为 TAP 的转运蛋白的帮助下实现的。TAP 即抗原加工相关转运蛋白（transporter associated with antigen processing），由两个亚单位 TAP1 和 TAP2 组成，是一种位于 ER 膜上的跨膜蛋白，属 ABC 转运蛋白家族。每个亚单位反复穿越 ER 膜六次。TAP1 的两个穿膜段和 TAP2 的两个穿膜段在 ER 膜上围成一个孔道，胞质内的内源性抗原肽即通过这一孔道进入 ER 腔。TAPl 和 TAP2 近 C 端各有一个 ATP 结合部位，它能催化 ATP 降解，为 TAP 转运内源性抗原肽提供能量。（图 3-5）

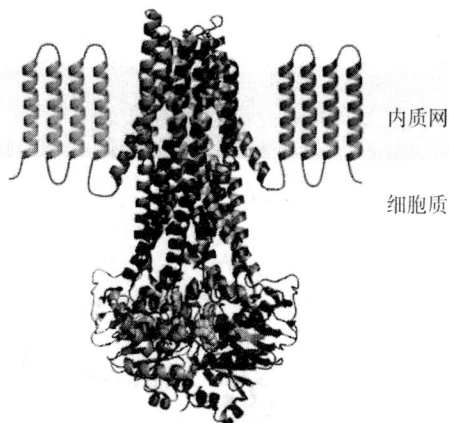

内质网

细胞质

图 3 – 5　TAP 的结构

内源性抗原肽在进入 ER 前，先与 TAP 结合，结合部位是在 TAP 穿膜段围成的孔道的胞质侧。在 TAP 膜内段中 ATP 结合结构域作用下，ATP 降解，孔道的胞质侧开放，内源性抗原肽进入孔道。TAP 对它所转运的肽的长度和肽的末端残基的性质有一定的要求。它选择性地转运 8 ~ 12 肽，这种长度正是 MHC Ⅰ类分子抗原结合槽所能容纳的最适长度。TAP 优先选择 C 端为碱性、极性或疏水性残基的肽，而这些残基也是与Ⅰ类分子结合肽的锚着残基。由此可见，TAP 特别适合于运输能与Ⅰ类分子结合的肽。

3. MHC Ⅰ类分子荷肽　MHC Ⅰ类分子的 α 链和 β 链（即 β2m）在粗面内质网中合成后被转运到光面内质网。α 链在到达 ER 后必须立即与伴侣分子结合。参与Ⅰ类分子加工的伴侣分子有多种，其中主要的有钙联蛋白（calnexin）、TAP 相关蛋白（tapasin）和钙网蛋白（calreticulin）。这些伴侣分子的作用是：①帮助 α 链正确折叠，与β2m 装配成Ⅰ类分子；②保护 α 链不被降解；③帮助Ⅰ类分子与 TAP 分子结合。TAP 与Ⅰ类分子的结合一方面促使 α 链和 β2m 进一步折叠，另一方面使通过肽转运孔道的内源性肽直接与Ⅰ类分子结合。大部分 MHC Ⅰ类分子是以这种方式结合抗原肽的。结合抗原肽后的Ⅰ类分子结构稳定，从 ER 进入高尔基体经糖化修饰后，通过胞吐空泡被转运到细胞表面，供 CD8 $^+$ T 细胞识别。（图 3 – 6）

（二）外源性抗原的加工提呈过程

1. 外源性抗原肽的加工　外源性抗原被 APC 摄取后，质膜将抗原包围，在胞质中形成空泡，称为内体（endosome）。内体的功能是运输和降解被摄入的外源性抗原，并且是 MHC Ⅱ类分子与抗原肽结合的场所。初形成的内体逐渐向胞质深部移动，移动过程中，内体逐渐成熟，最终成为溶酶体。在从初形成的内体到成为溶酶体的过程中，演绎成一系列连续变化的、结构不同的早期内体、中期内体和晚期内体等。这些不同阶段的内体在密度、pH 值、所含酶的种类、MHC Ⅱ类分子浓度、HLA – DM 分子浓度等方面是不同的，它们的超微结构也不一样。内体/溶酶体中均为酸性环境，含有各种能降解蛋白、糖类、脂类和核酸的酶。从早期内体向溶酶体演化的过程中，不同阶段内体中

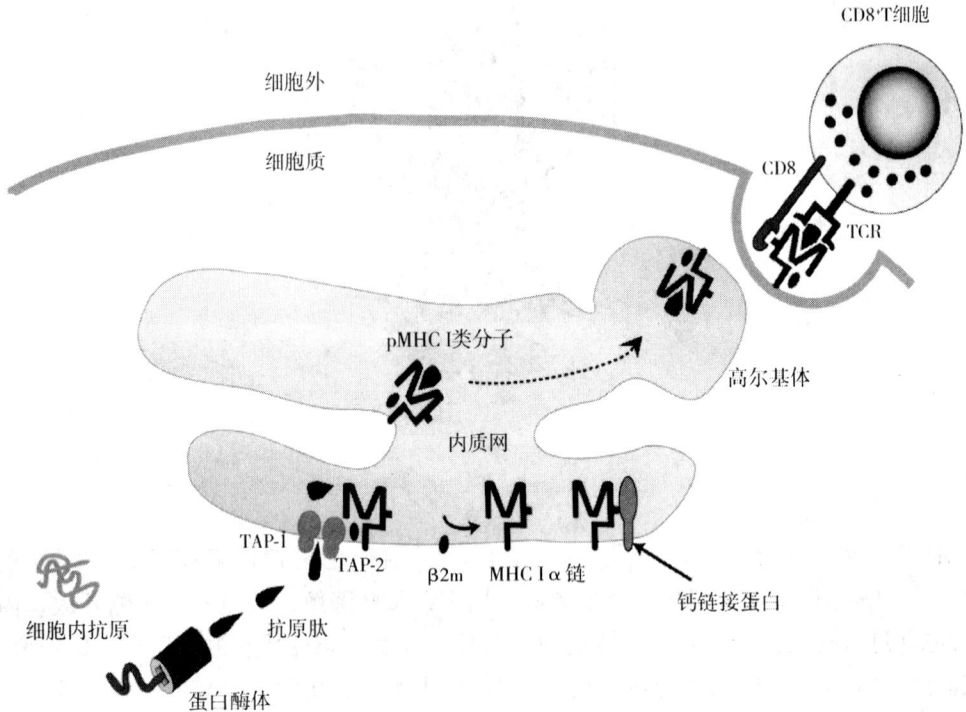

图 3 - 6　内源性抗原的加工提呈过程

的 pH 值逐渐降低，至溶酶体时达最低点。内体/溶酶体内的酸性环境为各种酶类提供了适宜的作用条件，也有利于 HLA - DM 与 Ⅱ类分子的相互作用。

在 APC 的内体/溶酶体中含有大量的在酸性环境下作用的酶，存在于溶酶体中的酶多达四十余种。内体/溶酶体中的蛋白酶按照作用方式的不同分为两类：第一类是内切酶，主要包括四种组织蛋白酶（cathepsin, Cath）：Cath D、Cath E、Cath L 和 Cath S，在外源性抗原加工中起重要作用的是 Cath L 和 Cath S；第二类是外切肽酶，外切肽酶中又分为组织蛋白酶和肽基二肽酶两类。其他还包括：IFN - γ 诱导的溶酶体醇还原酶，溶酶体关联膜蛋白（lysosomal - associated membrane proteins LAMPs），前者可以打开二硫键，后者参与酶定位、自噬和溶酶体形成。内体/溶酶体中蛋白酶的特异性不是很严格，各种蛋白酶可组成一个多重催化单位（multi - catalytic unit）。这意味着只要有足够的时间，大多数蛋白质和肽都能在内体中被彻底降解，这一点对于 MHC Ⅱ类分子与肽结合是十分重要的。MHC Ⅱ类分子需在蛋白质已部分降解而未被彻底降解之前，即表位产生之时，出现在适当的部位，使得内体/溶酶体中同时含有外源性抗原肽和 MHC Ⅱ类分子，才能完成外源性抗原肽的提呈。外源性抗原在内体/溶酶体中降解产生长度为 13 ~ 18 个甚至 30 个氨基酸的肽，并与适当的 MHC Ⅱ类分子结合。

2. MHC Ⅱ类分子转运　MHC Ⅱ类分子在从内质网向内体转运过程中，在 ER 腔合成 α 和 β 链，在经过部分糖基化后，配对、折叠形成异二聚体，通过 α 和 β 链中疏水的跨膜段插入 ER 膜。α 和 β 链装配成 MHC Ⅱ类分子的过程需有两种非多态性蛋白参与：第一种是钙联素（calnexin），其主要作用是保证 α 和 β 链在装配成Ⅱ类分子的过程中适当地折叠；第二种蛋白是Ⅰa 相关的不变链（Ⅰa – associated invariant chain），简称 Ii（图 3 – 7）。人 Ii 基因定位于第 5 号染色体，含八个外显子。Ii 是一种Ⅱ型膜蛋白，表达于 ER 膜上，其 N 端位于胞质内，C 端位于 ER 腔中。Ii 分子中有四个序列与Ⅱ类分子提呈抗原有关。第一个序列位于第 81 ~ 104 位，包含 24 个氨基酸残基，这一序列的特别之处是它能与所有 MHC Ⅱ类分子的抗原结合槽以不同程度的亲和力结合，所以称为与Ⅱ类结合的不变链肽段（class Ⅱ – associated invariant chain peptide，CLIP）。第二个序列位于胞质内的 N 端，与 Ii 引导Ⅱ类分子进入内体有关。第三个序列位于第 153 ~ 183 位，Ii 分子通过这一序列聚合成三聚体。最后一个序列只存在于 p41 分子中，Ii 基因的第六个外显子编码的结构域对 Cath L 具有强大的抑制作用，能促进内体中外源性抗原肽的产生，从而促进Ⅱ类分子的抗原提呈作用。

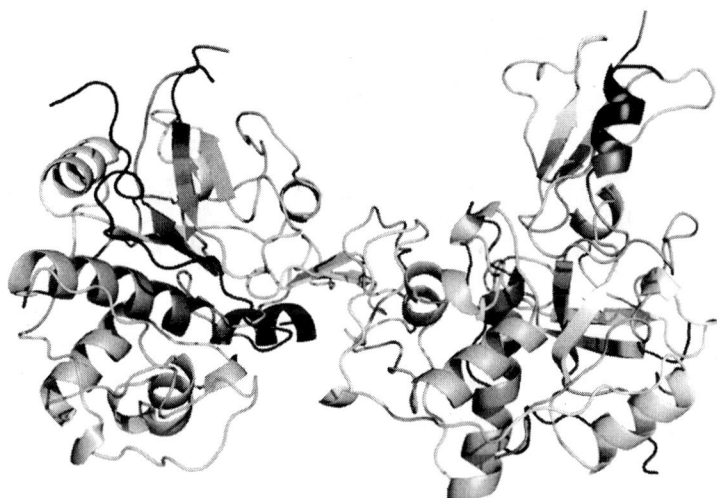

图 3 – 7　Ii（CD74）的结构

CLIP 几乎能与所有Ⅱ类分子的抗原结合槽结合，这是因为其锚着残基是甲硫氨酸和丙氨酸。甲硫氨酸能自由屈伸，而丙氨酸可以使 CLIP 与槽的不利接触减小到最低程度。CLIP 的这一特点使它在结合各种Ⅱ类分子时避免发生空间上的不协调，因而能与特异性各不相同的Ⅱ类分子结合的同时，又能与Ⅱ类分子保持一定程度的亲和力。Ⅱ类分子的 α 和 β 链在内质网中装配成Ⅱ类分子后，Ii 即通过 CLIP 与Ⅱ类分子结合，从而阻止Ⅱ类分子与 ER 中的内源性肽结合。在内质网中 Ii 以三聚体形式存在，三聚体中的每一个 Ii 各自通过 CLIP 与一个 αβ 二聚体结合，组成一个九聚体。九聚体在 Ii N 端胞质内序列的引导下，离开 ER，经高尔基体膜转运进入内体。

3. MHC Ⅱ类分子荷肽　Ii – MHC Ⅱ类分子九聚体进入内体后，在内体中蛋白水解酶 Cath L 和 Cath S，特别是后者的作用下逐步降解，最后剩下 CLIP 与Ⅱ类分子抗原结合槽相连。CLIP 占据了Ⅱ类分子的抗原结合槽，阻碍后者与内体中的外源性抗原肽结合。因此，只有使 CLIP 与Ⅱ类分子解离，Ⅱ类分子才能荷肽。

　　CLIP 与Ⅱ类分子的解离由内体中的 HLA – DM 分子执行（图 3 – 8）。HLA – DM 是非经典Ⅱ类分子，由一条 α 链和一条 β 链组成。α 链和 β 链的第 1 个结构域 αl 和 β1 不形成抗原结合槽，所以不能与肽结合。在 CLIP 与Ⅱ类分子解离之前，HLA – DM 与Ⅱ类分子先发生物理性结合。这一结合引起Ⅱ类分子构象改变，破坏了 CLIP 与抗原结合槽形成的非共价键，CLIP 因而从抗原结合槽解离。DM 分子则继续保持与Ⅱ类分子结合，以维持Ⅱ类分子的稳定性，直到有适当的外源性抗原肽进入抗原结合槽，DM 分子才与Ⅱ类分子脱离。HLA – DM 除了帮助Ⅱ分子结合肽外，还能与Ⅱ类分子/抗原肽结合，促使对Ⅱ类分子亲和力低的肽从Ⅱ类分子中解离，保证了Ⅱ类分子与亲和力较高的肽结合。DM 的这种选择作用称为 "editing"。现知，另一种非经典Ⅱ类分子 HLA – DO 分子对 DM 介导的肽交换有下调作用。

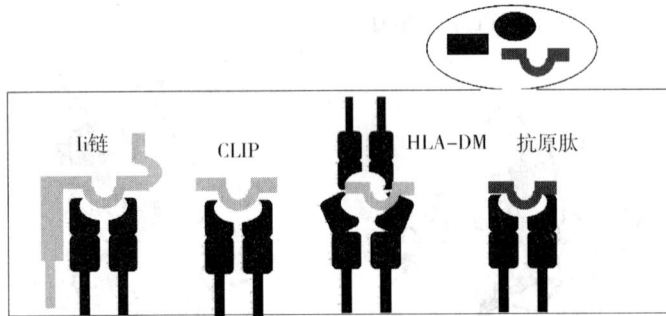

图 3 – 8　MHC Ⅱ荷肽过程

　　在内体中，Ⅱ类分子除了与已经降解的、具有适当长度的肽结合外，可能还存在另一种荷肽方式，即一个蛋白质或一个长的多肽在与一个或数个Ⅱ类分子的抗原结合槽结合后再在酶的作用下降解。这种荷肽方式有利于保护某些对酶敏感的决定簇不被破坏，并且使得Ⅱ类分子荷肽可在早期内体中进行，从而扩大了被提呈的决定簇的范围。

　　Ⅱ类分子荷肽过程结束后，通过胞吐空泡膜与细胞膜融合的方式表达于 APC 表面，供 CD4$^+$T 细胞识别。在细胞表面的中性环境下，Ⅱ类分子/抗原肽复合物形成一种更为紧密和稳定的状态，细胞外液中的肽很难置换Ⅱ类分子中的肽。（图 3 – 9）

二、抗原提呈的非经典途径

　　抗原提呈的非经典途径主要是指 MHC Ⅰ类分子提呈外源性抗原及 MHC Ⅱ类分子提呈内源性抗原以及 CD1 分子对脂类抗原的提呈。

（一）抗原交叉提呈

　　1. MHC Ⅰ类分子对外源性抗原的提呈　这一途径又称非经典Ⅰ类途径，其中涉及的机制包括：一为吞噬体 – 胞质溶胶（phagosome – cytosol）方式，即外源性抗原或抗原肽从内体中逸出，进入胞质，参与内源性抗原加工提呈途径，例如分枝杆菌抗原和肿瘤

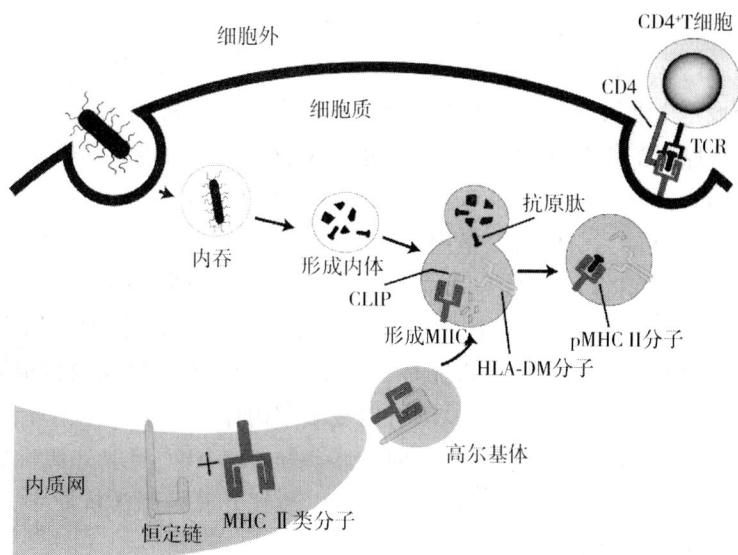

图3-9 外源性抗原的加工提呈过程

抗原可以通过这一途径被HLA Ⅰ类分子提呈,激发CD8$^+$CTL的产生;第二种机制为MHC Ⅰ类分子经ER和高尔基体直接进入内体,与外源性抗原肽结合并将其提呈到细胞表面;第三种机制为某些外源性蛋白可直接穿透细胞膜进入胞质;第四种机制为溶酶体中的外源性抗原肽经胞吐作用被释放到胞外,与细胞表面的MHC Ⅰ类分子结合。在上述的第一、第三种方式中,外源性抗原完全作为内源性抗原被加工和提呈,依赖蛋白酶体和TAP;而在第二、第四种方式中,外源性抗原的加工方式不变,被MHC Ⅰ类提呈。

2. MHC Ⅱ类分子对内源性抗原的提呈 可能的机制包括:自噬体(autophago-some)形成,即在应激情况下,胞质内出现自吞现象,产生包含蛋白质抗原的自噬体,自噬体与内体/溶酶体融合,使胞质蛋白进入外源性抗原加工和提呈途径,在这一途径中,内源性抗原完全以外源性抗原方式被加工和提呈;第二种机制为Ⅱ类分子在内质网腔中与内源性抗原肽结合;第三种机制为有些Ⅱ类分子可以在ER中与肽结合,这可能是因为这些Ⅱ类分子与Ii的亲和力低造成的,导致Ii不能覆盖Ⅱ类分子抗原结合槽,而将它暴露于内源性抗原肽,这种非经典途径可能导致自身免疫病的产生。在这过程中,内源性抗原的加工方式与经典途径是一致的。

(二) CD1提呈脂类抗原

1. CD1分子基因、结构与分布 CD1家族编码基因位于第1号染色体长臂1q23.1,长约170kbp,CD1复等位基因数量稀少,几乎没有多态性。人类CD1根据结构和组织分布等特征可分为2组,第1组包括CD1a、CD1b和CD1c分子,表达在皮质胸腺细胞、树突状细胞、B细胞亚群和皮肤朗格汉斯细胞;第2组只有CD1d分子,表达在胃小肠上皮细胞和造血细胞中。另外还有CD1e,只存在于胞内,不表达于细胞膜表面,属于中间分子。

CD1 分子结构与 MHCI 类分子类似，为异二聚体，重链包括 3 个胞外功能区（α1～3）、跨膜区和胞内区，在 α2 和 α3 功能区存在链内二硫键，轻链为 β2m。CD1 家族蛋白的抗原结合域是由非极性疏水氨基酸残基构成的空穴，有利于与脂质分子的结合，而不利于与蛋白抗原肽的结合，脂类分子的非极性部分位于空穴内，而极性基团即亲水部分暴露于抗原结合槽外或位于抗原结合槽入口处，供 TCR 识别。

2. CD1 分子的功能　CD1 可提呈内源性和外源性抗原，CD1a、CD1b 和 CD1c 提呈对象为 αβ 和 γδT 细胞，CD1d 的提呈对象为 NKT 细胞。不同的 CD1 分子其疏水性空穴的结构特征及配体结合能力各不相同，因此可以结合不同的脂类抗原、糖脂和脂肽。此外，CD1 分子可以在不同的内体间再循环，其中 CD1a 主要在早期内体循环，CD1b 和 CD1d 在晚期内体/溶酶体循环，而 CD1c 可以在早期内体和晚期内体循环，此种机制可以使 CD1 分子能在不同状态下接触到不同的脂类抗原。APC 摄取外源性脂类抗原后，其内体/溶酶体含有一些作用广泛的降解酶，可以裂解外源性脂类抗原中大的糖链，从而有利于与 CDl 分子结合。

CD1 重链在粗面内质网合成后被转运到光面内质网中，在不同阶段与相应的伴随分子结合，包括钙联蛋白（calnexin）、钙网蛋白（calreticulin），内质网蛋白 57（Erp57），然后与 β2m 结合，在脂类转运蛋白（lipid transfer proteins LTP）如微体甘油三酯转运蛋白（microsomal triglyceride - transfer protein MTP）、神经苷脂 - 2 激活蛋白（GM - 2 activator protein）、蛋白脂质微粒体（Saposin）等协助下与内体/溶酶体中的外源性脂类抗原或转位至内体囊泡中的内源性脂类抗原结合，再被转运至细胞表面。

拓展与思考

MHC 及其编码分子的发现，以及对其免疫生物学作用的探讨都是免疫学发展史上里程碑式的重大进展，这为现代免疫学的建立奠定了坚实的基础。可以毫不夸张地说，没有 MHC 及其编码分子的发现，就不可能有今天的免疫学。所以需要思考的第一点就是你对以上的表述有何认识？第二点，从生物进化的角度来看，MHC 的出现又意味着什么？第三点，从这个基因复合体的遗传特点上，你认为它对于生命进程和疾病发生具有什么样的意义？最后一点，你了解 MHC 免疫生物学作用以外的其他生物学作用吗？

（缪珠雷）

第四章　细胞因子

虽然细胞因子（cytokine，CK）的发现以及概念确立的时间并不长，但这一发现对于免疫学研究产生的推动作用却难以估量。如今，细胞因子所介导的包括免疫生物学作用在内的各种生物学作用已经在生命科学领域内受到高度关注。

第一节　细胞因子概述

细胞因子的概念由 Stanley Cohen 根据细胞因子的产生和作用特点于 1974 年首次提出。细胞因子是指一类由细胞分泌并作用于细胞且产生多种生物学效应的可溶性因子。这些可溶性因子往往介导了多种免疫细胞间的相互作用。

早期细胞因子定义为细胞分泌的小分子蛋白和多肽，这个界定显然很难与早于细胞因子发现的激素及神经递质加以区别。而将细胞因子界定为免疫细胞产生或只作用于免疫细胞的物质，这个界定又和许多事实相悖。因此，目前大多数国内外教科书对于细胞因子的定义都只能从细胞因子的作用方式出发，将细胞因子定义为主要采取自分泌与旁分泌的方式作用于自身或邻近细胞的可溶性分子。这种界定方式使得细胞因子与激素可以相互区分。但有些细胞因子也存在内分泌作用形式的特例。就其生物学本质而言，细胞因子及其受体的存在与作用形式是机体内细胞间信号传递的一种主要方式。

因此目前较为可行的细胞因子定义方式采用如下表述：细胞因子是细胞分泌的、具有多重生物活性的、主要采取自分泌与旁分泌作用方式的小分子蛋白和多肽。

一、细胞因子的发现与研究

细胞因子最初是对由细胞培养上清液内出现的某些可溶性因子的描述。世界上第一个发现的可以确定的细胞因子是干扰素。1957 年，英国生物学家 Alick lssacs 等人从流感病毒的鸡胚试验中发现病毒感染的细胞可产生一种因子，这种因子具有"干扰"流感病毒复制的作用，于是将这种因子称之为"interferon"，这便是干扰素。随后，人们在更多的离体细胞实验中陆续发现了许许多多具有多种生物学效应的可溶性因子，并根据其分泌细胞分类为淋巴因子、单核因子或生长因子等。随着蛋白质化学和相应分离技术的进步，人们开始认识到这些具有生物活性的可溶性因子是一些小分子蛋白和多肽，于是形成了细胞因子的概念。至 20 世纪 70 年代末，随着分子生物学技术的飞跃发展，人们已经可以对一些细胞因子进行 DNA 克隆，在基因水平上逐渐完成了对部分细胞因子的确认。并由此进一步提出了白细胞介素（interleukin，IL）的概念。目前已被确定基因序列的细胞因子不下数百种。部分细胞因子已通过基因工程技术制成生物制剂，供临床应用，如 IL－2、EPO、G－CSF、GM－CSF、IFN－γ 和 IFN－α 等。

二、细胞因子作用的方式与特点

作为细胞间信息沟通的主要途径，细胞因子具有其特殊的作用方式和独特的产生及工作特点。

（一）细胞因子的作用方式

细胞因子主要采用自分泌（autocrine）与旁分泌（paracrine）的形式体现其生物学活性。细胞因子及其受体的相互作用是在进化过程中形成的一种邻近细胞间信息传递与相互调节的有效方式，故以自分泌与旁分泌形式发挥生物学活性，具有极高的生物学效应。自分泌是指细胞因子的细胞分泌使其靶细胞"自给自足"的作用方式；而旁分泌则是指细胞因子的分泌细胞对极短距离内的靶细胞发挥生物学效应的"邻里互助"的作用方式。

大多数细胞因子的作用浓度仅为 pmol/L（10^{-12}mol/L），而其降解速度又远高于激素与神经提质，正是这种作用微量、消除迅速的特点，成为细胞因子自分泌与旁分泌作用方式的前提，也对细胞因子生物学活性的精微性提供了基本保证。不过有些细胞因子，如 TGF－β、IL－1 和 M－CSF 等，在高剂量时也可以内分泌（endocrine）形式作用于远端靶细胞。

细胞因子一般选择性的通过相应的细胞因子受体体现其生物学效应，因此由于细胞因子受体分布靶细胞的不同使同一细胞因子表现出多种生物学效应。大多数细胞因子具有受体特异性，但某些同源性细胞因子可共用一种受体，而许多同一亚家族的趋化性细胞因子往往可以通用一组受体。

（二）细胞因子的产生特点

细胞因子一般均为细胞合成低分子量的（15～30KD）可溶性蛋白或可溶性糖蛋白。但也有一定数量的细胞因子具有跨膜蛋白形式（如 TNF－α 与 LT－β）。

成熟的细胞因子有些以单体形式表现其生物学活性，有些则以二聚体或三聚体形式表现其生物学活性。二聚体形式的有 IL－10、IL－12、M－CSF、TGF－β、PDGF 等，三聚体形式的有 TNF－α 与 LT－α。

细胞因子在合成上一般无严格的细胞限定，因此具有多源和同源现象的存在，即一种细胞可以产生多种细胞因子，且一种细胞因子也可以由多种细胞产生。如 T 细胞可合成 IL－2、IL－3、IL－4、IL－5、IL－6、IL－9、IL－10、IL－13、IL－14 等；单核/巨噬细胞可合成 IL－1、IL－6、IL－8、IL－10、IL－15 等。而 IL－1 除由单核/巨噬细胞产生外，B 细胞、NK 细胞、成纤维细胞、内皮细胞、表皮细胞等在一定条件下也可合成和分泌。

多数的细胞因子基因都为诱导性表达，故细胞因子的分泌具有极强的时效性。细胞因子峰浓度往往取决于诱导因素的作用时间、细胞内的转录、合成时间、分泌水平与生物活性半衰期等。对已了解的细胞因子，人们仍然可以在实验条件下控制其峰浓度的出现，但在临床条件下就显得极为困难。仅少数细胞因子具有可储存的活性。

（三）细胞因子作用的共同特点

虽然细胞因子种类繁多，生物学活性差异极大。但其作用规律依然存在某些共性。这些共性包括：

1. 多效性（pleiotropy） 指一种细胞因子可作用多种不同类型靶细胞，产生多种生物学效应。例如，IFN－γ 作用于 APC，可上调有核细胞 MHC 分子的表达；作用于巨噬细胞，可活化巨噬细胞的杀灭作用；作用于 Th2 细胞，可产生抑制作用。

2. 丰余性（redundancy） 指几种不同的细胞因子可作用于同一种靶细胞，产生相同或相似的生物学效应。如 IL－2、IL－4、IL－9 和 IL－12 都能维持和促进 T 淋巴细胞的增殖；IL－4、IL－5、IL－6 等均可促进 B 细胞增殖和分化。

3. 拮抗性（antagonization） 是指不同细胞因子对同一靶细胞的作用可相互拮抗。如 IFN－γ 可活化巨噬细胞，而 IL－10 则抑制巨噬细胞活化。

4. 协同性（cooperation） 指一种细胞因子可强化另一细胞因子的功能。例如，低浓度 IFN－γ 或 TNF 单独应用均不能激活巨噬细胞，但联合使用则有显著激活作用。

5. 网络性（networking） 指细胞因子的生物学效应以网络形式发挥。例如，IL－1 促进 T 细胞 IL－2 的产生，IL－1、IL－2 促进 T 细胞分泌 IFN－γ，而 IFN－γ 又可活化巨噬细胞，形成更多的 IL－1。（图 4－1）

三、细胞因子的分类

细胞因子的分类随着人们对细胞因子作用的认识程度而发生演变。从这种演变过程中，反映的是人们对细胞因子认识程度的深化。

（一）以细胞因子来源进行分类

早期的细胞因子分类是依据细胞因子的来源，对于来源于免疫细胞的细胞因子被简单的划分为淋巴因子与单核因子，然后按其可以观察到的生物学效应再作相应命名，如淋巴细胞激活因子（LAF）、B 细胞激活因子（BAF）、移动抑制因子等。这样的分类疏忽了两个十分关键的要点，一是某种细胞因子在不同的实验观察系统中，往往产生不同的生物学效应，于是一种蛋白就有了许多不同的名称；二是有些细胞因子可以来源于多种不同的细胞，那么对其进行分类就会无所适从。所以这样的分类方法已经逐渐被淘汰。

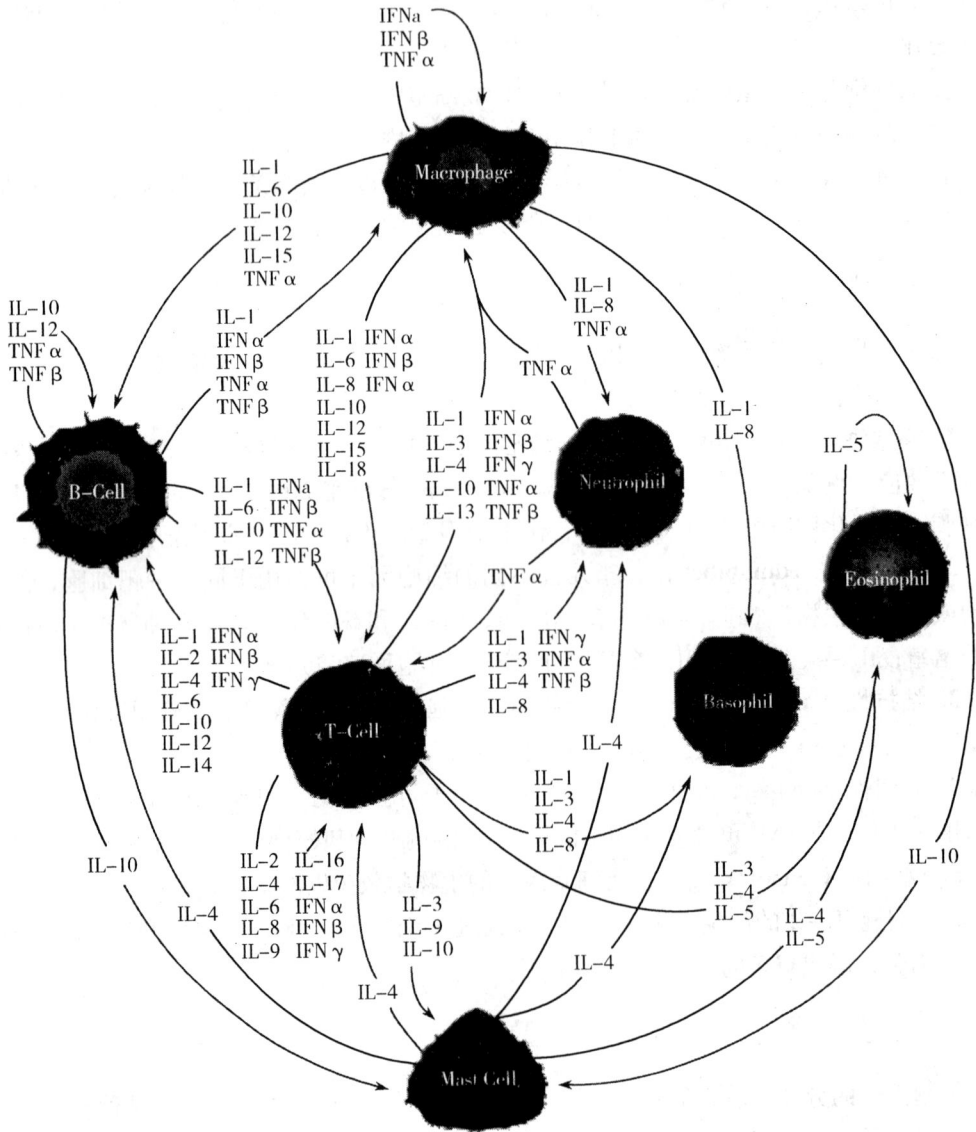

图 4 - 1　细胞因子作用的网络性

（二）以细胞因子的生物学作用进行分类

在了解了细胞因子的蛋白质本质后，人们开始从蛋白质结构及生物活性角度对细胞因子进行归类。沿用发现过程的历史命名，细胞因子约定俗成的被分为白细胞介素（interleukin，IL）、干扰素（Interferon）、肿瘤坏死因子（Tumor necrosis factor）、集落刺激因子（Colony - stimulating factor）、趋化性细胞因子（Chemokine）和生长因子（Growth factor）及转化生长因子（Transforming growth factor）六大类（详见本章第三节）。

（三）以细胞因子的化学结构进行分类

随着对各类细胞因子基因的克隆测序完成，人们对细胞因子的认识水平已经完全进入了分子结构层次。通过对所有发现的细胞因子的结构比对归类，以及对相应编码基因的测定，细胞因子在结构上的分类已经成熟。按其结构归类，现有细胞因子可分为趋化性细胞因子家族、肿瘤坏死因子家族、白细胞介素家族及生长因子等不同结构类型。

第二节　细胞因子的主要结构类型

如上节所述，细胞因子在结构上分为趋化性细胞因子家族、肿瘤坏死因子家族、白细胞介素家族及生长因子等不同结构类型。

一、趋化性细胞因子家族

趋化性细胞因子家族大部分成员在肽链中含有 4 个保守的半胱氨酸残基，根据其一级结构中第一、第二位置半胱氨酸残基的排列方式分为四个亚家族。每个亚家族又各自具有相应的受体，同一亚家族受体可以接受该亚家族所有成员作为配体，不同亚家族成员则不能共用受体。故按其结构类型，趋化性细胞因子家族分为：

1. CCL 亚家族　即第一、第二位置半胱氨酸残基相邻排列，以 Cys - Cys 表示。该亚家族已发现成员 28 种，分别以 CCL1 至 CCL28 命名。其中 CCL2，又名单核细胞趋化蛋白 - 1（MCP - 1）是该亚家族成员的主要代表。人 MCP - 1 基因位于第 17 号染色体，编码蛋白由 76 个氨基酸组成。其生物学活性主要表现为：①趋化、激活 T 细胞、单核细胞；②激活嗜碱性粒细胞；③促进 NK 细胞活化。

2. CXCL 亚家族　即第一、第二位置半胱氨酸残基间含有一个其他氨基酸，以 Cys - X - Cys 表示。该亚家族已发现成员 17 种，分别以 CXCL1 至 CXCL17 命名。（图 4 - 2）其中 CXCL8，即为原来的 IL - 8，是趋化性细胞因子 CXC 亚族成员的重要代表。人 IL - 8 基因位于第 4 号染色体。不同细胞来源的 IL - 8 可含有不同的氨基酸数量，单核细胞产生的 IL - 8 以 72 个氨基酸为主，而内皮细胞合成的 IL - 8 含 77 个氨基酸。IL - 8 的生物学活性主要表现为：①趋化、激活中性粒细胞；②趋化嗜酸性粒细胞；③趋化 T 细胞。

3. CX3CL 亚家族　即第一、第二位置半胱氨酸残基间含有 3 个其他氨基酸，以 Cys - XXX - Cys 表示。该亚家族目前仅发现 1 个成员，以 CX3CL1 命名。CX3CL1 也称为分形素（FLK），人 FLK 基因位于第 16 号染色体，编码蛋白由 373 个氨基酸组成。其生物学活性主要是：①趋化 T 细胞；②趋化单核细胞；③趋化 NK 细胞。

4. XCL 亚家族　该亚家族缺失 4 个保守的半胱氨酸残基中第一、第三位置的半胱氨酸残基，故以 X - Cys 表示。该亚家族目前发现 2 个成员，分别以 XCL1 至 XCL2 命名。其中 XCL1 也称为淋巴细胞趋化因子（LTN），人 LTN 基因位于第 1 号染色体，编码蛋白由 114 个氨基酸组成。其生物学活性主要是①趋化 T 细胞；②趋化 NK 细胞。（图 4 - 3）

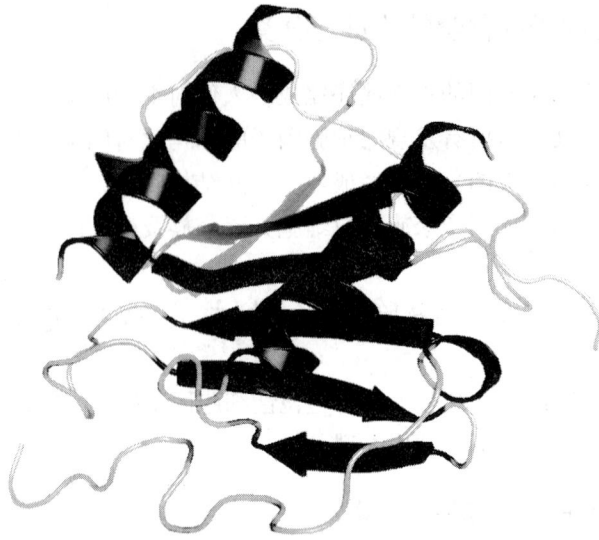

图 4 - 2 人 CXCL8（IL - 8）分子结构图

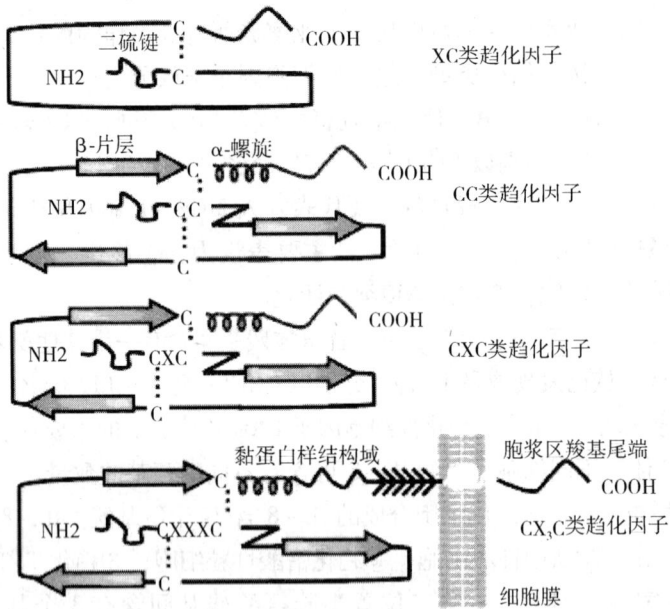

图 4 - 3 趋化性细胞因子结构分类示意图

二、肿瘤坏死因子家族

已发现的肿瘤坏死因子家族成员共有 13 种，其编码基因分别为 TNFA、TNFB/LTA、TN-FC/LTB、TNFSF4、TNFSF5/CD40LG、TNFSF6、TNFSF7、TNFSF8、TNFSF9、TNFSF10、TNFSF11、TNFSF13B、EDA。仅前三种基因编码产物为分泌型蛋白，其余均为膜蛋白。前三种基因编码的分泌型产物分别命名为 TNF - α、淋巴毒素 - α（LT - α 又称 TNF - β）、

淋巴毒素 - β（LT - β 又称 TNF - γ）、人 TNF 结晶体具有一个类似"jelly - roll"布局的拉长的反向平行 β 折叠片层夹心结构。

　　TNF - α 属于 MHC Ⅲ 类基因产物。人 TNF - α 基因位于第 6 号染色体，编码蛋白由 157 个氨基酸组成，分子量为 17kD。TNF - α 以同源三聚体形式为主要活性形式。TNF - α 的生物学活性主要是：①杀伤靶细胞，由 Ⅰ 型 TNF 受体介导靶细胞凋亡；②抑制与调节细胞的分化；③活化炎症细胞；④促进其他炎症因子分泌；⑤促进细胞增殖。（图 4 - 4）

　　LT - α 也属于 MHC Ⅲ 类基因产物。人 LT - α 基因位于第 6 号染色体，编码蛋白由 171 个氨基酸组成，分子量为 25kD，以同源三聚体为主要活性形式。LT - α 的主要生物学活性基本类同于 TNF - α，并可影响淋巴器官的形成。

图 4 - 4　人 TNF - α 分子结构图

三、白细胞介素家族

　　这是一个极为庞大且分支众多的蛋白质超家族。目前主要被归为 Ⅰ 型细胞因子家族、Ⅱ 型细胞因子家族、IL - 1 家族和 IL - 17 家族四组。

（一）Ⅰ 型细胞因子家族

　　Ⅰ 型细胞因子家族成员按其受体类型，再可分为五组。此家族成员在氨基酸数量和排列上存在很大差异，但在空间结构上均由两两平行的四个 α 螺旋（A ~ D）叠合而成。

　　1. IL - 2 组（受体含有 CD132）　其成员目前有 IL - 2、IL - 4、IL - 7、IL - 9、IL - 13、IL - 15、IL - 21。其中 IL - 2 是发现最早，也是最重要的一种细胞因子。人 IL - 2 基因位于第 4 号染色体，编码蛋白由 133 个氨基酸残基组成，分子量为 15.5kD。（图 4 - 5）IL - 2 分子含有 3 个半胱氨酸，分别位于第 58、105 和 125 位氨基酸，其中 58 位与 105 位半胱氨酸之间所形成的链内二硫键对于保持 IL - 2 生物学活性起重要作用。IL - 2 生物学活性主要表现为：①促进与维持 T 细胞增殖，并产生 IFN - γ、IL - 4、IL - 5、IL - 6、TNF - β 及 CSF 等淋巴因子；②促进 B 细胞增殖、分化，及免疫球蛋白合成；③诱导 CTL、NK、LAK 等多种杀伤细胞的分化及诱导穿孔素、TNF - α 等细胞毒性细胞因子的表达；④活化巨噬细胞，促进 IL - 1 的分泌。IL - 4 对于 B 细胞、T 细胞、肥大细胞、巨噬细胞和造血细胞都有免疫调节作用。

　　人 IL - 4 基因位于第 5 号染色体，大约为 10kb，含 4 个外显子和 3 个内含子。编码蛋白由 129 个氨基酸组成，分子量为 18 ~ 19kD。其生物学活性主要表现为：①促使活化 B 细胞增殖：IL - 4 曾被称为 B 细胞生长因子（BCGF）；②维持 T 细胞增殖：IL - 4 是 T 细胞自身分泌的生长因子，IL - 4 可单独维持 Th2 的增殖，虽在速度和程度上不及 IL - 2，但对 Th2 细胞的分化和增殖有不可替代的作用，促进 PHA 刺激 T 细胞释放 GM - CSF 和

G - CSF；③抑制巨噬细胞：IL - 4 对巨噬细胞的抑制活性仅次于 IL - 10，可抑制 IL - 1、IL - 6 和 TNF 分泌；④IL - 4 是肥大细胞的生长因子并与 IL - 3 协同作用，刺激肥大细胞增殖。

2. IL - 3 组（受体含有 CD131） 该组成员包括 IL - 3、IL - 5、GM - CSF。其中 IL - 3 又称为多重集落刺激因子。人 IL - 3 基因位于第 5 号染色体，编码蛋白由 133 个氨基酸组成，分子量为 15 ~ 25kD。其生物学活性主要表现为：①促进多能髓样干细胞的增殖和分化；②促进淋巴样前体细胞的增殖和分化；③促进炎症细胞的活化与促炎因子的分泌。

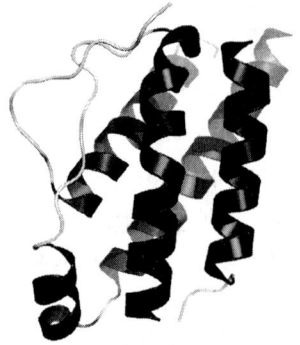

图 4 - 5　人 IL - 2 分子结构图

IL - 5 属于生物学活性谱较窄的细胞因子，是由 Th2 和激活的肥大细胞产生。人 IL - 5 基因位于第 5 号染色体，编码蛋白由 115 个氨基酸组成，以二聚体形式发挥生物学作用，其分子量为 4kD。IL - 5 的生物学活性主要表现为：①诱导 B 细胞分化为抗体分泌细胞，促进向 IgA 的转类；②协同 IL - 2 促进 CTL 分化；③活化嗜酸性、嗜碱性粒细胞，促进嗜酸性、嗜碱性粒细胞炎症介质的释放。

GM - CSF 是一种多功能集落刺激因子。人 GM - CSF 基因位于第 5 号染色体，编码蛋白由 127 个氨基酸组成，分子量依糖基化程度从 14.5 ~ 34kD 不等。GM - CSF 的生物学活性主要表现为：①刺激多种造血细胞的增殖分化，如促进巨噬细胞、中性粒细胞、嗜酸性粒细胞的集落形成，促进红系、巨核系祖细胞的分化，促进干细胞向树突状细胞的分化等；②促进与维持巨噬细胞、中性粒细胞、嗜酸性粒细胞的生物活性。

3. IL - 6 组（受体含有 CD130） 该组成员有 IL - 6、IL - 11、IL - 27、IL - 30、IL - 31 以及抑癌蛋白 M（OSM）、白血病抑制因子（LIF）、睫状神经营养因子（CNTF）、心营养素 1（CTF1）。其中 IL - 6 是长链组造血因子家族成员的代表（图 4 - 6）。人 IL - 6 基因位于第 7 号染色体，编码蛋白由 184 个氨基酸组成，分子量为 26kD。IL - 6 是一种具有多重免疫调节功能的细胞因子，其生物学活性主要表现为：①促进多种细胞增殖；②促进多种免疫细胞的分化；③加速炎症反应蛋白的合成；④诱导金属蛋白酶抑制剂的合成，以调节胶原等细胞外基质的降解。

图 4 - 6　人 IL - 6 分子结构图

4. IL - 12 组 该组成员为 IL - 12、IL - 23、IL - 27、IL - 35。其中 IL - 12 是由两个割裂的基因分别编码的两条肽链组成的异二聚体，分别称为 p35 和 p40。主要由单核/巨噬细胞产生。其生物学活性主要表现为：①刺激活化 T 细胞增殖；②促进 T 细胞极化为 Th1；③拮抗 IgE 的形成；④促进 IFN - γ 的形成。

5. 其他 I 型细胞因子组 该组成员包括 IL - 14、IL - 16、IL - 32、IL - 34。这组细

胞因子在结构上各自独立，因不能归入上述各组，故暂列一组。其中 IL-14 诱导 B 细胞增殖；IL-16 为重要的 T 细胞趋化因子；IL-32 可诱导 TNF 及 IL-8 等趋化因子的产生；而 IL-34 可能是一种重要的集落刺激因子。

（二）Ⅱ型细胞因子家族

Ⅱ型细胞因子家族成员在拓扑结构上类似于Ⅰ型细胞因子家族，只是肽链内含有五个 α 螺旋（A~E）。按其成员的结构差异，进一步划分为 IL-10 家族组和干扰素家族组。

1. IL-10 家族组　该组成员现有 IL-10、IL-19、IL-20、IL-22、IL-24、IL-26、IL-28、IL-29。如按受体划分，IL-10 与 IL-22 共享 IL-10Rα；IL-19、IL-20、IL-24、IL-26 的受体都是 IL-20R；而 IL-28、IL-29 共用 IL10-Rβ。其中 IL-10 是一种免疫抑制性细胞因子。人 IL-10 基因位于第 1 号染色体，编码蛋白由 160 个氨基酸组成，在结构上与 IFN-γ 非常相似，以同源二聚体形式存在，分子量为 35kD。IL-10 的生物学活性主要表现为：①抑制巨噬细胞、中性粒细胞的活化；②促进 B 细胞增殖与 IgA 的转类；③调节 Th1 与 Th2 细胞的平衡。

2. 干扰素家族组　该组成员依受体不同，又可分为Ⅰ型干扰素和Ⅱ型干扰素两类。

（1）Ⅰ型干扰素　已发现的Ⅰ型干扰素家族成员共有 16 种，其编码基因分别为 IFNA1、IFNA2、IFNA4、IFNA5、IFNA6、IFNA7、IFNA8、IFNA10、IFNA13、IFNA14、IFNA16、IFNA17、IFNA21、IFNB1、IFNK、IFNW1。编码产物分为 IFN-α、IFN-β、IFN-κ 和 IFN-ω 四类，除 IFN-α 有十多种亚型外，其余三类目前都只发现一种。其中 IFN-α 是一种对酸和热稳定的干扰素。人 IFN-α 基因位于第 9 号染色体，共有 14 个基因，可编码 14 种亚型的 IFN-α。成熟的 IFN-α 由 166 个氨基酸组成（IFN-α2 含 165 个氨基酸），分子量为 18.5kD。IFN-α 的生物学活性主要表现为：①诱导抗病毒蛋白的合成，以干扰病毒的基因转录或病毒蛋白组分的翻译；②抑制细胞增殖；③免疫调节，如活化 NK 细胞、促进 MHC-Ⅰ/Ⅱ类分子的表达等。

（2）Ⅱ型干扰素　也称 IFN-γ，目前仅发现一种。IFN-γ 是一种对酸和热不稳定的干扰素。人 IFN-γ 基因位于第 12 号染色体，编码蛋白由 143 个氨基酸组成，分子量为 40kD。IFN-γ 以同源二聚体形式存在，由两个亚单位结合而成，每个亚单位有六个 α 螺旋。IFN-γ 的生物学活性主要表现为：①IFN-γ 促进 APC 表达 MHC-Ⅱ类分子；②活化巨噬细胞、NK 细胞；③调节 Th1 与 Th2 细胞的平衡；④诱导抗病毒蛋白的合成，如诱导 2-5A 合成酶，进而活化 RNA 酶 L（RNaseL），降解病毒 RNA。（图 4-7）

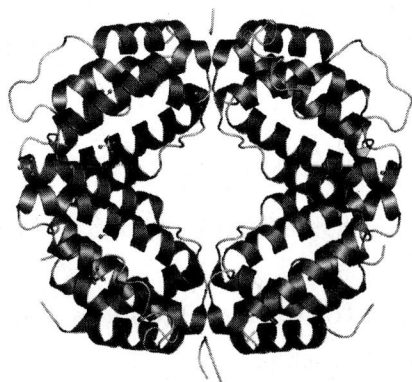

图 4-7　人 IFN-γ 分子结构图

（三）IL-1 家族

白细胞介素-1 家族成员属于免疫球蛋白超家族系列，在空间结构上是由 12 个 β 折叠片层组成的四面体，每一个面由 3 个 β 折叠片层构成。在一级结构上均具有 IL-1 签名样序列（signature-like sequence）Fx12FxSx6F/YL/I 作为该家族的特征。目前成员有 11 个，按编码基因序列分别是：IL-1α、IL-1β、IL-1Ra、IL-18、IL-36Ra、IL-36α、IL-37、IL-36β、IL-36γ、IL-38、IL-33。

IL-1α 与 IL-1β（图 4-8）是白细胞介素-1 家族的经典成员。人 IL-1α 与 IL-1β 的基因位于第 2 号染色体。IL-1α 由 159 个氨基酸组成，IL-1β 由 153 个氨基酸组成，分子量为 17.5kD。IL-1α 与 IL-1β 仅有 25% 同源性，但受体相同。IL-1α 与 IL-1β 的生物学活性主要是：①促进 T 细胞的活化、增殖、分化；②促进 B 细胞的增殖、分化与免疫球蛋白的合成；③刺激多能干细胞增殖；④增强 NK 细胞的杀伤活性；⑤促进多种免疫分子的基因表达；⑥活化血管内皮细胞；⑦调节神经内分泌功能。

图 4-8　人 IL-1β 分子结构图

IL-18 是活化巨噬细胞的产物。人 IL-18 的基因位于第 11 号染色体。IL-18 由 157 个氨基酸组成，分子量为 18.3kD。其生物学活性主要是：①诱导 IFN-γ 的形成；②促进向 Th1 细胞的极化；③诱导 FasL 的表达。

（四）IL-17 家族

IL-17 家族目前仅有两个成员，即 IL-17 与 IL-25。其结构为一同源或异源二聚体。其受体组成也有较大差异。人 IL-17 基因位于第 2 号染色体，系由活化的 Th 细胞分泌的一种分子量为 38kD 的糖蛋白。其生物学活性主要是：①激活成纤维细胞，启动 NFκB 信号通路，诱导 IL-6、IL-10、IL-8 等产生，增强 NO 的形成；②对调节性 T 细胞（Tr）形成拮抗性起调节作用；③激活单核/巨噬细胞，诱导 IL-6、IL-10、IL-1 Ra、PGE2 等产生。

四、生长因子

已发现的生长因子在分子结构上分属各个不同的家族，即成纤维细胞生长因子家族（FGF family）、表皮生长因子结构域家族（EGF-like domain family）、转化生长因子-β 家族（TGF-β family）、胰岛素样生长因子家族（IGF family）、血管内皮生长因子家族（VEGF family）等。

（一）成纤维细胞生长因子家族

成纤维细胞生长因子（Fibroblast growth factors，FGF）家族目前有 23 个成员，分别为 FGF1～FGF23。其中 FGF1～FGF10 为 FGFR 的配体组；FGF11～FGF14 为 FGF 同源因子组，不能与已知的 FGFR 结合；FGF15～FGF23 尚未完全了解。其中 FGF19、FGF21、FGF23 称为激素样因子。成纤维细胞生长因子家族成员也属于免疫球蛋白超家族系列，在结构上与白细胞介素－1 家族成员极为相似。是由 12 个 β 折叠片层组成的四面体，每一个面由 3 个 β 折叠片层构成。

FGF 家族成员广泛参与了胚胎发生、胚胎发育、创伤修复等病理生理过程，并与许多家族成员共同参与了 JAK－STAT 信号转导途径或受体酪氨酸激酶信号转导途径的激活过程，与机体免疫形成千丝万缕的联系。

（二）表皮生长因子结构域家族

表皮生长因子结构域是广泛存在于各类功能性蛋白结构中的一种常见结构域，约有 40 个氨基酸组成。属于该家族的生长因子包括：转化生长因子－α（TGF－α）、表皮生长因子（EGF）、肝素结合表皮生长因子样生长因子（HB－EGF）。

TGF－α 由巨噬细胞、脑细胞、角质细胞等产生，与表皮生长因子十分相似，且可与表皮生长因子受体结合，促进上皮细胞的发育，并对某些人类肿瘤有促进作用。

（三）转化生长因子－β 家族

属于转化生长因子－β（Transforming growth factor beta，TGF－β）家族的细胞因子有 TGF－β1、TGF－β2、TGF－β3、TGF－β1β2、GDNF、NTN、PSP 等，后三者又称为胶质细胞源性神经营养因子家族。该家族成员在一级结构上均带有 7 个保守的半胱氨酸残基，此 7 个半胱氨酸残基的间隔在所有转化生长因子－β 家族成员中几乎完全相同。

TGF－β 是一组多功能细胞因子。人 TGF－β1 的基因位于第 19 号染色体，TGF－β2 的基因位于第 1 号染色体，TGF－β3 的基因位于第 14 号染色体。位于三个不同染色体上的基因组成相同，都含有 7 个外显子，因此三者有很高的同源性。TGF－β 单体含有 110～140 个氨基酸，分子量为 12.5kD。TGF－β 以二聚体形式为主要活性形式，其中 TGF－β1、TGF－β2、TGF－β3 为同源二聚体，TGF－β1β2 为异二聚体。TGF－β 的生物学活性主要是：①抑制细胞增殖；②抑制 MHC－Ⅱ类分子表达；③抑制淋巴细胞的分化；④抑制 TNF－α、INF－γ 的产生；⑤促进组织修复。

（四）胰岛素样生长因子家族

胰岛素样生长因子（Insulin－like growth factor，IGF）家族目前有两个成员，即 IGF－1、IGF－2，均为分子内含 3 个二硫键的单肽链，约由 70 个氨基酸组成，分子量 6kD 左右。其生物学作用主要是与生长激素组成 IGF－生长激素轴，调节人体生长，其中 IGF－1 作用于成人，而 IGF－2 作用于胎儿。因参与神经－内分泌－免疫网络的调节，故也能对免疫系统发生影响。

（五）血管内皮生长因子家族

血管内皮生长因子（Vascular endothelial growth factor，VEGF）家族包括两支，一支

即为血管内皮生长因子家族，另一支衍生的亚家族为血小板源性生长因子（Platelet - derived growth factor，PDGF）家族。

1. 血管内皮生长因子家族 目前有五个成员，即 VEGF - A、VEGF - B、VEGF - C、VEGF - D、胎盘生长因子（PGF）。其分子量从 35 至 44kDa 不等。VEGF 与相应受体结合后，可激活胞内酪氨酸激酶，启动下游细胞信号级联，进而促使新生血管生长。此外 VEGF 还具有趋化作用和经 NO 促使血管舒张的作用。

2. 血小板源性生长因子家族 血小板源性生长因子家族目前有四个成员，即 PDGFA、PDGFB、PDGFC、PDGFD。PDGF 为一二聚体糖蛋白，有同二聚体与异二聚体两种形式。其生物学作用主要为促使细胞增殖分化，但也可经受体介导，促进新生血管生长。

第三节　细胞因子的主要功能类型

尽管对细胞因子的分类已经全面进入结构分类阶段，但以功能类型分类的方法还将长期应用。一是因为许多细胞因子的命名本身就源自功能，便于人们顾名思义；二是功能性分类有助于学习者理解细胞因子的作用，方便临床使用细胞因子制剂。故本节仍需从功能性分类角度对常用的细胞因子做一梳理。

一、白细胞介素

1979 年第二届淋巴因子国际会议首次提出了白细胞介素概念，此后逐渐规定只有蛋白质序列及其核酸编码序列完全确定的新发现细胞因子才可命名为白细胞介素，并按发现顺序排列。目前已命名至 IL - 38。但因细胞因子具有多效性之特点，许多 IL 不仅介导白细胞相互作用，还参与其它细胞的相互作用，如造血干细胞、血管内皮细胞、纤维母细胞、神经细胞、成骨和破骨细胞等的相互作用。下表列出的是已发现的白细胞介素的来源、靶细胞、作用受体及主要功能。（表 4 - 1）

表 4 - 1　已知白细胞介素一览

IL	来源	靶细胞	受体	主要功能
IL - 1	巨噬细胞、B 细胞、单核细胞、树突状细胞	辅助性 T 细胞、B 细胞、NK 细胞、巨噬细胞、内皮细胞等	CD121a/IL1 - R1、CD121b/IL1 - R2	通过提高 IL - 2 及其受体的产生共刺激 T 细胞的活化；促进 B 细胞的成熟与增殖；增强 NK 细胞的细胞毒作用；促使巨噬细胞产生 IL - 1、IL - 6、IL - 8、TNF、GS - CSF 及 PGE$_2$；诱导内皮细胞产生趋化因子、ICAM - 1 及 VCAM - 1 等促炎症因子；少量诱导急性期反应，大量诱导发热反应。

IL	来源	靶细胞	受体	主要功能
IL-2	Th1	T、B、NK 细胞、巨噬细胞、胶质细胞	CD25/IL-2RA、CD122/IL-2RB、CD132/IL-2RG	促进 T、B 细胞增殖分化；增强 NK 细胞和单核/巨噬细胞杀伤肿瘤和细菌的能力。
IL-3	活化的辅助性 T 细胞、肥大细胞、NK 细胞、内皮细胞、嗜酸性粒细胞	骨髓多能干细胞、肥大细胞	CD123/IL-3RA、CD131/IL-3RB	刺激造血干细胞增殖、分化；促进组胺的释放。
IL-4	Th2、肥大细胞、巨噬细胞、NK、NKT	B、T 细胞和肥大细胞、内皮细胞	CD124/IL-4R、CD132/IL-2RG	诱导 Th2 细胞；刺激 T、B 增殖；上调 MHC Ⅱ 类分子在 B 细胞核巨噬细胞上的表达；下调 IL-12 的产生从而抑制 Th1 的分化；增强巨噬细胞的吞噬作用；诱导 IgG1 和 IgE 的产生。
IL-5	Th2、肥大细胞、嗜酸性粒细胞	B 细胞、嗜酸性粒细胞	CD125/IL-5RA、CD131/IL-3RB	促进 B 细胞产生 IgA；嗜酸粒细胞增殖、分化。
IL-6	单核/巨噬细胞、Th2、成纤维细胞、树突状细胞、内皮细胞	B、T 细胞、造血干细胞	CD126/IL-6RA、CD130/IL-6RB	促进 B 细胞、T 细胞和髓样干细胞的增殖分化；介导炎症反应。
IL-7	骨髓、胸腺基质细胞	前 T 细胞、前 B 细胞	CD127/IL-7RA、CD132/IL-2RG	诱导淋巴样干细胞分化；促进 T、B 细胞发育。
IL-8	巨噬细胞、淋巴细胞、上皮细胞、内皮细胞	中性粒细胞、嗜碱性粒细胞、淋巴细胞	CXCR1/IL-8RA、CXCR2/IL-8RB/CD128	趋化和活化中性粒细胞。
IL-9	Th2 细胞	T 细胞、B 细胞	CD129/IL-9R	诱导胸腺细胞分化，促进肥大细胞增殖；与 IL-4 有协同作用。
IL-10	Th2、Tc、B 细胞、单核/巨噬细胞	巨噬细胞、B 细胞、肥大细胞、Th1 细胞、Th2 细胞	CD210/IL-10RA、CDW210B/IL-10RB	抑制小鼠产生 IFNγ 及人类产生 IL-2；下调单核/巨噬细胞、树突状细胞、产生细胞因子（包括 IL-12）及 MHC Ⅱ 类分子的表达；抑制 Th1 和 NK 细胞活化、产生细胞因子；促进 B 细胞分化。
IL-11	骨髓基质细胞	骨髓基质细胞	IL-11RA	促进前 B 细胞核局和巨核细胞的分化；诱导急性炎症。
IL-12	B 细胞、单核/巨噬细胞、树突状细胞	T、NK 细胞	CD212/IL-12RB1、IL-12RB2	活化 NK T 细胞；诱导 T 细胞向 Th1 分化的关键细胞因子；促进 Th1、CD8T 细胞、γδT 和 NK 细胞的增殖及 IFNγ 的产生；增强 CD8T 细胞和 NK 细胞的细胞毒作用。

IL	来源	靶细胞	受体	主要功能
IL-13	活化的 Th2 细胞、肥大细胞、NK 细胞	Th2 细胞、B 细胞、巨噬细胞	IL-13R	抑制巨噬细胞的活化和细胞因子的分泌；刺激 B 细胞增殖；上调单核细胞和 B 细胞上 CD23 和 MHC Ⅱ 类分子的表达；促进 IgG1 和 IgE 的转类；促进 VCAM-1 在内皮细胞的表达。
IL-14	T 细胞和某些恶性 B 细胞	活化的 B 细胞	未知	调控 B 细胞的生长增殖，抑制免疫球蛋白的分泌。
IL-15	单核/巨噬细胞（或被病毒感染后的巨噬细胞）、NK、T、B、树突状细胞	T、NK 细胞、活化的 B 细胞	IL-15RA	促进 T、NK 细胞增殖；刺激 B 细胞分泌细胞因子；增强 CD8$^+$T 细胞和 NK 细胞的细胞毒作用；刺激肠上皮细胞的生长。
IL-16	淋巴细胞、上皮细胞、嗜酸性粒细胞、Th、Tc	CD4$^+$T 淋巴细胞	CD4	CD4$^+$T、单核细胞和嗜酸性粒细胞的趋化因子；诱导 MHC Ⅱ 类分子的表达。
IL-17	Th17	上皮细胞、内皮细胞等	CDw217/IL-17RA、IL-17RB	促炎因子；刺激 TNF、IL-1β、IL-6、IL-8、G-CSF 的产生。
IL-18	巨噬细胞、树突状细胞	Th1、NK	CDw218a/IL-18R1	诱导 T 细胞产生 IFN-γ；增强 NK 细胞的细胞毒作用。
IL-19	单核细胞	未知	IL-20R	调控 Th1 的活化。
IL-20	活化的角质形成细胞和单核细胞	未知	IL-20R	调控角质形成细胞的增殖和分化；调节皮肤炎症反应。
IL-21	活化的 Th 细胞、NKT 细胞	所有的淋巴细胞、树突状细胞	IL-21R	调控造血作用；促进 NK 细胞的分化、B 细胞的活化、Th17 的分化；抑制 Th2 产生 IL-4。
IL-22	T	未知	IL-22R	抑制 Th2 产生 IL-4。
IL-23	树突状细胞（DC）	未知	IL-23R	促进 Th1 增殖和产生 IFNγ；诱导 Th17 的生成以及诱导巨噬细胞促炎因子的生成，如 IL-1、IL-6、TNF；抑制 CD8$^+$T 细胞的浸润。
IL-24	Th2、单核/巨噬细胞	未知	IL-20R	诱导 TNF、IL-1、IL-6 的产生；抗肿瘤方面有重要作用。
IL-25	Th1、单核细胞、巨噬细胞	未知	LY6E	诱导 IL-4、IL-5、IL-13 的产生和 Th2 相关的病理改变。
IL-26	T、NK	未知	IL-20R1	促进上皮细胞产生 IL-8、IL-10 和 CD54 的表达。

续表

IL	来源	靶细胞	受体	主要功能
IL－27	树突状细胞、单核细胞	未知	IL－27RA	诱导 Th1 细胞的反应；增加 IFN－γ 的产生；调节 T 和 B 淋巴细胞的活化。
IL－28	单核细胞、树突状细胞	未知	IL－28R	抗病毒感染作用中有重要作用；抑制病毒复制；活化 I 型干扰素。
IL－29	单核细胞、树突状细胞	未知	未知	有重要的抗微生物感染作用；抑制病毒复制；活化 I 型干扰素。
IL－30	抗原提呈细胞	未知	未知	IL－27 异二聚体的组成结构；调节 IL－12 对初始 T 细胞的作用；与 IL－12 协同刺激 IFN－γ 的产生。
IL－31	T 细胞	未知	IL－31RA	促进皮肤炎症反应。
IL－32	NK、T 细胞	未知	未知	促进炎症反应；有促进 T 细胞凋亡作用；诱导单核/巨噬细胞分泌 TNF－α、IL－8、CXCL2。
IL－33	树突状细胞、基质细胞	未知	未知	诱导 Th2 细胞产生细胞因子；介导嗜碱性粒细胞和肥大细胞的趋化性。
IL－34	基质细胞	未知	未知	刺激单核/巨噬细胞的增殖分化。
IL－35	调节性 T 细胞（Tregs）	未知	未知	刺激 Tregs 的增殖；抑制 Th1、Th2 和 Th17 的免疫效应。
IL－36	未知	未知	未知	调节树突状细胞（DC）和 T 细胞的效应。
IL－37（IL－1F）	PBMC、单核细胞及多种组织	单核细胞、树突状细胞、巨噬细胞和上皮细胞	IL－37b 与 IL－18Rα 结合	抑制前炎性细胞因子产生；抑制固有免疫。
IL－38	未知	PBMC、树突状细胞	IL－36Rα	抑制 Th7 应答；抑制 IL－17 和 IL－22 产生；促进 LPS 诱导的 IL－6 产生。

二、干扰素

继 1957 年发现干扰素后，20 世纪 60 年代，美国医生 Friedman 发现了干扰素对病毒的抑制作用主要是其干扰了病毒 mRNA 功能，从而抑制了蛋白质的合成。依据产生细胞及针对受体的不同，将干扰素分为两型。I 型干扰素由多个编码基因编码，现可确定的有 IFN－α 13 种、IFN－β 1 种、IFN－κ 1 种、IFN－ω 1 种，主要由白细胞和成纤维细胞合成。I 型干扰素以抗病毒为其主要生物学功效，兼具抑制细胞增殖与免疫调节作用。II 型干扰素可确定的仅有 IFN－γ 1 种，主要源自活化 T 细胞与 NK 细胞。II 型干扰素以免疫调节作用为主，兼具抗病毒功效。（表 4－2）

表 4 – 2　干扰素的类型及主要功能

IFN 类型	主要成员	主要功能
Ⅰ型	IFN – α（13 种亚型）、IFN – β、IFN – κ、IFN – ω	抗病毒；免疫调节；促进 MHC Ⅰ/Ⅱ类分子表达。
Ⅱ型	IFN – γ	抗病毒；激活巨噬细胞、NK 细胞；抗肿瘤和抗感染；促进 MHC Ⅱ类分子表达。

三、肿瘤坏死因子

1975 年 Carswell 等发现接种 BCG 的小鼠注射 LPS 后，血清中含有一种能杀伤某些肿瘤细胞或使体内肿瘤组织发生血坏死的因子，称其为肿瘤坏死因子。1985 年 Shalaby 把来源于单核/巨噬细胞的肿瘤坏死因子命名为 TNF – α，将活化 T 细胞产生的肿瘤坏死因子命名为淋巴毒素（lymphotoxin，LT）或 TNF – β。T 细胞产生的 LT 又具有分泌型与膜型两种，分泌型称为 LT – α，膜型称为 LT – β。TNF – α、LT – α、LT – β 分别由不同基因编码，但其 DNA 序列与氨基酸序列均有一定的同源性。TNF – α 的生物学活性除细胞毒作用外，尚具有调节细胞增殖、分化和参与炎症形成与调节的作用；LT – α、LT – β 除具有细胞毒活性外，尚对淋巴器官的形成产生影响并参与免疫调节过程。

四、趋化性细胞因子

趋化性细胞因子为一组小分子量（8 ~ 11kD）蛋白，是一群结构高度同源，功能基本相似，对不同靶细胞具有趋化作用的细胞因子，其受体属于 G 蛋白偶联受体超家族。如前所述，按其结构分为 CCL、CXCL、CX3CL、XCL 四个亚家族，共有成员近 50 种。（表 4 – 3）其中 CCL 亚家族以单核细胞为主要趋化对象；CXCL 亚家族以中性粒细胞为主要趋化对象；CX3CL 亚家族可以趋化 T 细胞、单核细胞；XCL 亚家族仅趋化淋巴细胞。

趋化因子除介导免疫细胞迁移外，还参与调解血细胞发育、胚胎期器官发育、血管生成、细胞凋亡等，并在肿瘤发生、发展、转移及病原微生物感染以及移植排斥反应等病理过程中发挥作用。

表 4 – 3　趋化性细胞因子的类型

趋化性细胞因子类型	主要成员
CCL 型	CCL1、CCL2（MCP – 1）、CCL3（MIP – 1α）、CCL4（MIP – 1β）、CCL5（RANTES）、CCL6、CCL7、CCL8、CCL9、CCL11、CCL12、CCL13、CCL14、CCL15、CCL16、CCL17、CCL18、CCL19、CCL20、CCL21、CCL22、CCL23、CCL24、CCL25、CCL26、CCL27、CCL28
CXCL 型	CXCL1（KC）、CXCL2、CXCL3、CXCL4、CXCL5、CXCL6、CXCL7、CXCL8（IL – 8）、CXCL9、CXCL10、CXCL11、CXCL12、CXCL13、CXCL14、CX-CL15、CXCL16、CXCL17
CX3CL 型	CX3CL1
XCL 型	XCL1、XCL2

五、集落刺激因子

能够刺激多能造血干细胞或不同发育分化阶段的造血干细胞增殖分化，并在半固体培养基中可形成相应细胞集落的细胞因子统称为集落刺激因子。多数集落刺激因子属于白细胞介素家族中Ⅰ型细胞因子家族成员。其重要成员按其基因序号分别为 CSF - 1，编码产物为单核/巨噬细胞集落刺激因子（M - CSF）；CSF - 2，编码产物为粒细胞 - 巨噬细胞集落刺激因子（GM - CSF）；CSF - 3，编码产物为粒细胞集落刺激因子（G - CSF）。此外，尚有干细胞生长因子（stem cell factor，SCF）、血小板生成素（thrombopopoietin，TPO）、红细胞生成素（erythropoietin，EPO）、IL - 3 等。一般集落刺激因子以其作用的靶细胞而得名，但有些集落刺激因子可对多种造血细胞系产生影响，故又称其为多重集落刺激因子（multi - CSF），如 SCF、IL - 3 等。

六、生长因子及转化生长因子

生长因子与转化生长因子是一组调节细胞生长与分化的蛋白质。根据其作用的靶细胞的不同，分别命名为表皮细胞生长因子（EGF）、血管内皮细胞生长因子（VEGF）、成纤维细胞生长因子（FGF）、神经生长因子（NGF）、血小板源性生长因子（PDGF）以及转化生长因子 - α 和转化生长因子 - β。生长因子受体多为受体酪氨酸激酶，故具有强烈的促进细胞增殖的作用。

TGF - α 是一小分子多肽，由巨噬细胞、脑细胞和表皮细胞产生，可诱导上皮发育，使多种细胞转化。TGF - α 与表皮生长因子的氨基酸顺序相似，可通过与细胞表面的表皮生长因子受体（EGFR）结合而起作用。与表皮生长因子受体的高亲和力结合，激发受体内在的酪氨酸激酶的活性，从而启动了信号转导级联，从而导致多种生物化学变化：细胞内钙水平上升；增加糖酵解与蛋白质合成；增加某些基因（包括表皮生长因子受体）的表达；最终导致 DNA 合成和细胞增殖。TGF - β 是一多功能蛋白质，可以影响多种细胞的生长、分化、凋亡及免疫调节等。转化生长因子 - β 属于转化生长因子 - β 超家族蛋白，包括三个亚型：转化生长因子 - β1，转化生长因子 - β2 和转化生长因子 - β3。转化生长因子 - β 可以与细胞表面的转化生长因子 - β 受体结合而激活其受体丝氨酸/苏氨酸激酶受体，信号传递可以通过 SMAD 信号通路或 DAXX 信号通路进行。

第四节 细胞因子的免疫生物学活性

细胞因子通过其受体在作用的靶细胞上引起一系列的生物化学改变，并进而引发细胞间的生物学事件。本节仅对发生于免疫细胞的主要生物学事件做一扼要归纳。

一、介导与调节免疫细胞的分化发育

在免疫细胞的生成环节中，细胞因子是不可或缺的因素，在由干细胞向各类免疫细胞的发育过程中，从多能干细胞发育为定向干细胞需要 IL－1、SCF、IL－3、IL－11、IL－6 等细胞因子，在定向干细胞向各造血细胞系前体细胞的发育过程中需要 IL－3 和 GM－CSF 等，而从前体细胞向成熟的血细胞分化的过程中更少不了多种集落刺激因子。如促进红细胞成熟的 EPO、促进血小板成熟的 TPO、促进髓系细胞成熟的 GM－CSF 与 G－CSF 以及促进淋巴细胞分化与成熟的 IL－7、IL－4、IL－2、IFN－γ 等。

在成熟的淋巴细胞受抗原刺激后所出现的增殖、分化过程中同样需要多种细胞因子的促进与支持，如活化后的 T 细胞需要 IL－2、IL－4 的支持以完成向效应细胞的分化。而活化后的 B 细胞则需依赖 IL－2、IL－4、IL－5、IL－6 转变为浆细胞分泌抗体。

此外，有些细胞因子在免疫器官的分化成熟中产生影响，如 LT－α、LT－β 基因剔除可导致小鼠淋巴结结构缺陷，脾脏结构紊乱，生发中心形成缺陷等。

二、介导与调节固有免疫

细胞因子是固有免疫应答的重要参与者与调节者，其作用表现为：

1. 促进固有免疫细胞活化　如 IFN－γ 和 TNF－α 可以促进巨噬细胞活化；IL－7、IL－12、IL－15、IL－18、IFN－γ、TNF－α、LT－α 可活化 NK 细胞。

2. 对病原体的直接作用　IFN－α、IFN－β 与各种细胞表面 IFN 受体结合则可启动细胞内抗病毒蛋白的合成，直接阻断病毒颗粒的形成。

3. 增强固有免疫细胞杀伤作用　如 IFN－γ 可激活单核/巨噬细胞对微生物的杀灭活性；IL－1、IFN－γ 与 IL－12 可增强 NK 细胞杀伤活性。

4. 调节固有免疫细胞活性　如 IL－10 和 TGF－β 可抑制 NK 细胞活化；抑制巨噬细胞产生细胞因子。

三、介导与调节适应性免疫

细胞因子在适应性免疫应答中发挥的促进与调节作用显得更为突出。

1. 促进淋巴细胞活化　IL－2 及其受体的表达在免疫活性细胞的活化过程中占据十分重要的地位。受抗原激活的 T 细胞依赖 IL－2 的自分泌作用实现自身的活化；而 IL－1、IL－9、IL－12、IL－15、IL－17、IL－18、TNF－α 等均可促进或协助 T 细胞的活化。IL－2 同时也是 B 细胞活化所需的重要细胞因子，并可扮演活化所需的第二信号。其他如 IL－1、IL－4、IL－5、IL－6、IL－9、IL－13、IL－14、IL－15 等均可促进或协助 B 细胞的活化。

2. 促进效应细胞的分化　处于抗原致敏初始阶段的 T 细胞，称为 Th0。Th0 在抗原与环境因素，特别是细胞因子的作用下，可形成两种生物活性差异极大且相互拮抗的致敏 T 细胞，即 Th1 与 Th2。由 Th0 向 Th1 或 Th2 分化的过程称为 T 细胞的极化（polarization）。多种细胞因子可对 T 细胞的极化过程产生调节。其中源于 APC 和 NK 细胞的 IL－12 与 IFN－γ 是促使 Th0 向 Th1 极化的主要细胞因子；来自 APC 及肥大细胞的 IL－6、IL－4 则是使 Th0 向 Th2 方向极化的主要因子。此外，致敏初始阶段的 T 细胞还可以在 IL－23 的作用下分化为 Th17，在 TGF－β 的作用下分化为 Treg。而 B 细胞则受

IL – 4 的促进得以活化增殖，并在 IL – 4、IL – 5 等作用下分化为浆细胞，形成类别转换以产生不同类别的抗体。

3. 增强 T 细胞的细胞毒效应 如 IL – 1、IFN – γ 与 IL – 12 可增强 CD8$^+$T 杀伤活性。IL – 12、IL – 15、IL – 18 等可通过对 IFN – γ 的诱生作用，间接提高细胞毒效应。而 IFN – α、IFN – β、IFN – γ、IL – 2 等细胞因子则可通过提高靶细胞表面 MHC Ⅰ、Ⅱ 类分子的表达，增强靶细胞的杀伤敏感性。

4. 产生直接细胞毒作用 TNF – α 与 LT – α 是 CD8$^+$T 细胞杀伤靶细胞的主要效应方式之一，TNF – α 与 LT – α 通过与靶细胞表面 TNF 受体的结合，可启动靶细胞的程序性死亡过程。

四、介导与调节炎症反应

细胞因子是炎症反应发生发展过程最主要的参与者和调节者。其表现为：

1. 激活炎症反应 IL – 1、IL – 6、IL – 8、TNF – α 等细胞因子被称为前炎症因子（pro – inflammatory cytokines），因其在炎症发生前对血管内皮细胞及各类炎症相关细胞（肥大细胞、单核/巨噬细胞等）的激活作用而促使炎症的发生与维持。

2. 炎症细胞趋化 众多的趋化性细胞因子可在炎症发生时，诱导各类炎症细胞向炎症区域趋化集中，促进炎症的发生与维持。

3. 炎症细胞激活 IL – 4 可活化肥大细胞，IL – 1、IFN – γ 可活化巨噬细胞，而 IL – 5 则活化嗜酸性粒细胞。许多集落刺激因子和趋化性细胞因子亦可不同程度激活各种炎症细胞。在大量炎症细胞激活时，细胞因子的过度产生，可形成"细胞因子风暴"（cytokine storm），成为引起多器官功能衰竭的重要病理因素。

4. 炎症调节 IL – 6 可刺激肝细胞分泌急性反应性炎症蛋白，以促进和调节炎症反应。IL – 1、TNF 可通过刺激血管内皮细胞表达黏附分子以促进渗出过程的发生。IL – 1、IL – 6、TNF – α 作为内源性致热原可作用于体温调节中枢，引起发热。

拓展与思考

从 1957 年发现第一个细胞因子至今的半个多世纪中，人们对细胞因子的认知速度以"突飞猛进"也不足以形容。但已获得的这些有关细胞因子的信息似乎依然不够令人满意，所以仍需要进一步思考以下这些问题：第一，根据已经获得的知识，你觉得利用细胞因子作为细胞间的信息沟通渠道，是生命体的一种原始交流方式，还是先进方式？第二，你觉得这样的沟通方式是否还有进化的可能，你如何理解？第三，你如何评价机体内的这个信息网络，尤其在了解了"细胞因子风暴"可能对人体造成严重危害这一事实之后。第四，面对临床细胞因子制剂的广泛应用，你觉得需要做好哪些未雨绸缪的准备？

（邢海晶 袁嘉丽 王 易）

第五章　免疫细胞膜分子

免疫细胞间的相互作用是免疫应答发生的基础。而免疫细胞间或细胞与介质间相互识别的基础是免疫细胞表面的膜分子。对于免疫细胞膜分子的研究有助于深入了解免疫应答的本质，也对临床疾病的诊断、预防和治疗具有十分重要的意义。

第一节　免疫细胞膜分子概述

免疫细胞膜分子中的绝大部分是膜内在蛋白（integral membrane protein）。在结构上这些膜蛋白分属于十多个蛋白质家族与超家族。在功能上这些膜蛋白通常表现为某种特定的受体或黏附分子（adhesion molecules，AM）。

一、膜内在蛋白的概念与分类

细胞膜由类脂双层结构与蛋白质共同构成，膜蛋白是细胞膜最为重要的组分，根据膜蛋白分离的难易及其与类脂双层固着的关系可分为两类：即膜内在蛋白（integral membrane protein）和膜外在蛋白（extrinsic membrane protein）。

（一）膜内在蛋白的概念

膜内在蛋白是指作为细胞膜固有成分的蛋白质分子。通常与膜脂双层的疏水核心紧密连接，需使用去垢剂才能使其与细胞膜分离的蛋白质。大部分膜内在蛋白贯穿于整个脂双层，两端暴露于膜的内外表面，也称为跨膜蛋白（transmembrane protein），跨膜蛋白可以单条 α 螺旋穿过脂双层，为单次跨膜蛋白；也可以多条 α 螺旋经数次折返穿过脂双层，为多次跨膜蛋白。

（二）膜内在蛋白的类型

根据 Singer 分类法（Singer classification），依据跨膜的次数和多肽链 N 端和 C 端的位置，可将膜内在蛋白分为六型（图 5-1）。其中 I 型与 II 型较为常见。

1. I 型　一次跨膜蛋白，多肽链的 N 端在胞膜外，C 端在胞内。大多膜蛋白属于此型，如免疫球蛋白超家族（IgSF）成员。

2. II 型　一次跨膜蛋白，多肽链的 C 端在胞膜外，N 端在胞内。此型也较为常见，如肿瘤坏死因子超家族和某些 C 型凝集素样超家族成员的分子。

3. Ⅲ型 一条多次跨膜的多肽链，跨膜次数可为二、三、四、五、六或七次，四次跨膜超家族（TM4 - SF）和七次跨膜受体超家族（STR - SF）分子较为常见。

4. Ⅳ型 由多个亚单位组成的跨膜通道。

5. Ⅴ型 一条多肽链以糖基磷脂酰肌醇（glycosylphosphatidylinositol，GPI）连接于细胞膜的脂质双层中，如 GPI 连接的 CD16、CD55 和 CD58 膜分子等。

6. Ⅵ型 一条多肽链的一端以 GPI 形式连接于胞浆膜，另一端一次或多次跨膜，如膜桥蛋白（ponticulin）。

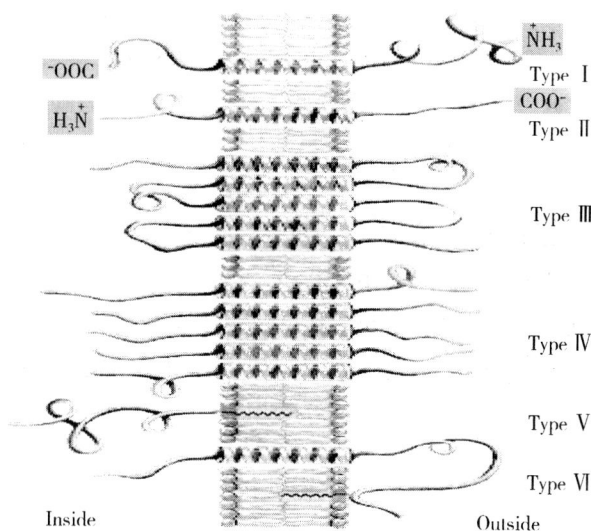

图 5 - 1 膜内在蛋白类型模式图

二、膜内在蛋白的结构类型

膜内在蛋白通常包括胞膜外区、跨膜区和胞浆区三部分。不同的膜分子其胞膜外区和胞浆区有各自独特的结构特征，与其功能特性相适应。

（一）膜内在蛋白胞膜外区的结构类型

根据膜内在分子胞膜外区的序列同源性、多肽链折叠方式或其基因外显子的编码方式，可分为不同的结构域（domain），具有相同结构域的分子有时可组成超家族（Superfamily，SF）。

1. 免疫球蛋白结构域（Immunoglobulin domain） 是免疫球蛋白折叠（Ig fold）形成的独特球形结构，由 90～110 个氨基酸残基组成。根据 β 片层中折叠股的组成、形成二硫键的 2 个半胱氨酸之间氨基酸的数目以及同 Ig V 区或 C 区同源的程度，IgSF 结构域可分为 V 组、C1 组和 C2 组。

2. Ⅲ型纤连蛋白结构域（fibronectin type Ⅲ，Fn3） 约由 100 个氨基酸残基组成，其 β 片层折叠与 IgSF 和细胞因子受体结构域相似，但在序列上并无明显同源性。在 Fn3

结构域 F 和 G β 折叠间通常有一个 WSXWS 保守基序。大多数情况下，有细胞因子受体结构域的分子同时有 Fn3 结构域；Fn3 结构域还广泛分布于神经系统，常与 IgSF 结构域相连。Fn3 主要存在于胞膜外区，但在整合素 β4 分子的胞浆区中有四个 Fn3 结构域。

3. 细胞因子受体结构域（cytokine receptor domain） 由 100 个左右氨基酸残基组成，常与 Fn3 结构域相连，其 β 折叠与 Fn3 和 IgSF C2 结构域相似。红细胞生成素受体超家族（HRS）分子的胞膜外区常常是由细胞因子受体结构域和 Fn3 结构域组成。

4. I 结构域 整合素家族成员是由 α 和 β 两条链组成的异源二聚体，某些 α 链中有一个插入序列，称为 I 结构域，该结构域同 vWF（von Willebrand factor）A 结构域的序列有同源性。

5. C 型凝集素结构域（calcium dependent lectin domain，CL） 其配体为碳水化合物。"C 型"的命名是由某些具有 C 型凝集素结构域的分子在结合碳水化合物时需要 Ca^{2+} 存在而得来。在选择素（selectin）分子中，C 型凝集素结构域与 EGF 和 CCP 结构域相连；但在其单独存在于胞膜外区时，常常以二聚体形式（CD69、CD72、CD94/NKG2、CD161）或三聚体形式（CD23）存在。

6. 补体调节蛋白（complement control protein，CCP）结构域 又称短同源重复序列（short consensus repeat，SCR）或 Shushi 单位，由多个重复的保守短同源序列组成。每个 SCR 约由 60~70 个氨基酸残基组成，SCR 间有 20%~40% 的同源性。所有的 SCR 均具有固定的保守骨架结构，即由四个保守的半胱氨酸（Cys）和其他保守氨基酸残基（脯氨酸、色氨酸、酪氨酸/苯丙氨酸和甘氨酸）所形成的一个独特结构单位。其中，C1－C4、C2－C3 间形成两个二硫键，构成一个 SCR 球状结构。CCP 常存在于补体调节蛋白中，但在不同分子中的数目相差悬殊。

7. 表皮生长因子（Epithelial growth factor，EGF）结构域 约由 40 个氨基酸残基组成，常与其它结构域相连。如在选择素分子中，EGF 结构域是在 C 型凝集素结构域和 CCP 结构域之间。

8. 肿瘤坏死因子超家族（TNFSF）结构域 约由 150 个氨基酸残基组成的同源序列，由 10 个 β 折叠组成，折叠成"薄卷饼（jelly roll）"样空间结构，形成与受体结合的部位。TNFSF 为 II 型膜分子，可通过蛋白水解酶的水解作用，从细胞膜上脱落形成可溶性的具有生物学活性的分子。如 TNF、LT、FasL。这个家族大多数成员分子可形成同源或异源三聚体，同三个相应膜受体结合。

9. 肿瘤坏死因子受体超家族（TNFRSF）结构域 约由 40 个左右氨基酸残基组成富含半胱氨酸的结构域（cysteine－rich domain，CRD）。每个 CRD 大都包含 6 个半胱氨酸，大多 TNFRSF 成员胞外区含有三或四个 TNFRSF 结构域。

10. 富含半胱氨酸清除剂受体（scavenger receptor cysteine－rich，SRCR）结构域 由约 110 个氨基酸残基组成的富含半胱氨酸的结构域。

11. 富含亮氨酸重复序列（leucine－rich repeat，LRR）结构域 由 24~29 个氨基酸残基组成，含有 5 或 6 个亮氨酸和某些其他氨基酸组成的特殊基序（x－L－x－x－L－x－Lx－x，L 为亮氨酸，x 为任意氨基酸），形成一个 β 折叠股和与之相互平行的一个

α 螺旋。

12. 连接（Link）结构域　约由 90 个氨基酸残基组成，可结合透明质酸，以 CD44 分子近 N 端的区域为其代表。

（二）膜内在蛋白的跨膜方式

膜内在蛋白根据其跨膜次数和多肽链的末端位置可分为六型，其中Ⅲ型属于多次跨膜蛋白，Ⅲ型蛋白的跨膜次数有二、三、四、五和七次等，尤以四次和七次跨膜分子为多。Ⅴ和Ⅵ型又不同于其他类型，以磷脂酰肌醇（GPI）形式连接于细胞膜。

1. 二次跨膜分子　CD36 分子的 N 端和 C 端都位于胞浆区，均较短，薄膜外区形成一个环，且高度糖基化。

2. 三次跨膜分子　成熟的 CD39 分子有三个疏水区域，推测是三个跨膜区，但其确切的结构尚不清楚。

3. 四次跨膜分子　四次跨膜分子组成四次跨膜超家族（TM4 – SF），又称 tetraspan 超家族。TM4 分子的 N 端和 C 端都位于胞浆区，胞膜外形成两个环，其中第二环在不同分子中长短不一，并具有糖基化位点。许多 TM4 分子的基因结构十分相似，不同种属间 TM4 分子有较高同源性，常与其它膜分子形成复合物（如 CD81/D19/CD21），介导多方面生物学功能。

4. 五次跨膜分子　CD47 为五次跨膜分子，又称整合素相关蛋白，胞膜外区 N 端有一个 IgSF V 样结构域。

5. 七次跨膜分子　七次跨膜分子组成七次跨膜超家族（seven – transmembrane superfamily, 7TM – SF/ STM – SF），又称 G 蛋白偶联受体（G protein – coupled receptor）或视红质（rhodopsin）超家族。7TM – SF 分子的跨膜区序列有很高的保守性，但 N 端、C 端和胞内第三环差别较大。大部分 7TM – SF 分子同 G 蛋白偶联，胞内第三环是与 G 蛋白结合的位置，不同分子可结合不同的 G 蛋白。大多 7TM – SF 分子在胞膜上表达的密度很低，且不同种属间有很高的同源性。趋化性细胞因子受体及 CD97 分子属于此家族成员。

6. GPI 连接膜分子　GPI 是胞膜上的组成成分，GPI 骨架上的乙醇胺通过酰胺键可连接多肽的 C 端，形成蛋白质分子定位于细胞膜上的"锚"。GPI 连接分子可以被磷脂酰肌醇磷脂酶 C（phosphatidylinosital phospholipase, PI – PLC）所切断，使其从细胞表面释放出来。一般认为，GPI 连接膜分子要比一般跨膜分子有更大的活动度，可能有利于同配体更快结合，并增强黏附强度。GPI 锚连接分子交联后往往可提供激活信号。有的 GPI 连接分子是 mRNA 不同剪接后的翻译产物，可同时有跨膜形式的分子，如 CD16、CD58 等。GPI 连接膜分子的胞膜外区结构大多为 IgSF。

（三）膜内在蛋白胞浆区的结构类型

多数膜分子的胞浆区参与信号转导，或同某些胞浆蛋白和细胞骨架蛋白相连，因此膜分子胞浆区存在着与此功能相适应的结构域或基序。

1. 蛋白酪氨酸激酶结构域/蛋白酪氨酸磷酸酶结构域   蛋白质的磷酸化和去磷酸化是机体调控蛋白质空间构象和生物活性的一种基本方式，分别由蛋白激酶（protein kinase）和蛋白磷酸酶（protein phosphatase）催化。蛋白激酶是能将磷酸供体分子转移到底物蛋白氨基酸受体的酶类。根据底物蛋白氨基酸残基的性质，蛋白激酶可分为五类：蛋白丝/苏氨酸激酶、蛋白酪氨酸激酶、蛋白组/赖/精氨酸激酶、蛋白半胱氨酸激酶、蛋白天冬/谷氨酸激酶。其中，蛋白酪氨酸激酶分受体型和非受体型两类。蛋白磷酸酶的作用与蛋白激酶相反，是催化磷酸化蛋白质分子的磷酸酯键发生去磷酸化反应的酶类。主要蛋白磷酸酶包括蛋白酪氨酸磷酸酶、蛋白丝/苏氨酸磷酸酶和双特异性磷酸酶。

蛋白酪氨酸激酶（protein tyrosine kinase，PTK）结构域是跨膜分子胞浆区固有的具有 PTK 活性的结构，即受体酪氨酸激酶（receptor tyrosine kinase，RTK）。当带有该结构域的膜分子与相应配体结合后，受体发生二聚体化和多聚体化，胞浆区 PTK 随即活化并使胞浆区特定酪氨酸发生磷酸化。含有 PTK 结构域的膜分子多为生长因子受体。胞浆区 PTK 的长度不一（260~360 个氨基酸残基），主要与是否有一个 70~100 氨基酸的激酶插入结构域（kinase insert domain）有关，在 PDGFR、M-CSFR 和 SCFR 分子胞浆区 PTK 结构域中存在激酶插入结构域，而且在不同种属中相当保守，可能参与调节 PTK 同底物或效应分子的相互作用。

蛋白酪氨酸磷酸酶（protein tyrosine phosphatase，PTP）结构域约由 250 个氨基酸残基组成，CD45 是最早发现有 PTP 的人类细胞分化分子（HCDM），胞浆区有两个 PTP 结构，近膜侧的有酶活性，远膜侧的无酶活性。另一个具有 PTP 的 HCDM 分子是 CD148。

2. 死亡结构域   死亡结构域（death domain，DD）是胞浆中约由 60~80 个氨基酸组成的同源结构域，可介导凋亡信号的传递，具有 DD 的分子组成了一个死亡受体家族（death receptor family）。CD 分子中 TNFR I 和 Fas 等分子的胞浆区含有 DD。

3. ITAM 和 ITIM 基序   ITAM 和 ITIM 分别是免疫受体酪氨酸激活基序（immunoreceptor tyrosine-based activation motif）和免疫受体酪氨酸抑制基序（immunoreceptor tyrosine-based inhibition motif）的缩写。免疫受体（immunoreceptor）是指主要表达于淋巴细胞（或其他免疫细胞），参与淋巴细胞对抗原选择性识别的膜受体，包括 TCR、BCR、NK 细胞受体、抗体 Fc 受体等。这些受体的胞浆区具有与信号转导关系密切的特殊序列，即 ITAM 和 ITIM 基序，是免疫受体传递活化信号和抑制信号的分子基础。

ITAM 是与免疫受体活化型信号传递有关的一段序列。以 2 个酪氨酸残基为中心，其基本形式为 Yxx（L/I）x11Yxx（L/I），即由约 11 个氨基酸残基分隔的 2 个 Yxx（L/I）序列。当其中 2 个酪氨酸残基发生磷酸化后，可以结合具有 2 个串联的 SH2 结构域（tandem SH2）的蛋白酪氨酸激酶分子，如 syk、ZAP-70 等，并引起后者的激活和活化信号的下传。ITAM 主要存在于 TCR 复合物的 CD3 各链，BCR 的 Igα 和 Igβ（即 CD79a 和 CD79b），NK 细胞受体 KIR、CD94/NKG2、Ly49、LIR 等家族的活化型受体，以及活化型 Fc 受体 FcγR II a/c、FcαR、FcεR 和 FcγR 等。

ITIM 是与免疫受体抑制性信号传递有关的一段序列，其中心有一个酪氨酸残基，基本形式是 I/VxYxxK/V。ITIM 主要存在于 NK 细胞受体 KIR、CD94/NKG2、Ly49、LIR

等家族的抑制性成员和 NKR – P1B，抑制性 Fc 受体（FcγR Ⅱ B）以及 CD22 等分子胞浆区。ITIM 发生酪氨酸磷酸化后可以结合 SHP – 1、SHP – 2、SHIP 等具有 2 个串联的 SH2 结构域的磷酸酶，并通过后者向胞浆中传递抑制性信号。

三、CD 分子与黏附分子的概念

位于免疫细胞表面的膜内在蛋白，作为抗原，往往能够被特定的单克隆抗体识别，因此根据国际白细胞分化抗原协作组会议（International workshop on human leukocyte differentiation antigens）的规定，凡可被相应单抗识别的膜内在蛋白，多被称为 CD 分子（详见后述）。而黏附分子（adhesion molecules，AM）这个概念主要用来描述膜内在蛋白在介导细胞间或细胞与细胞外基质（extracellular matrix，ECM）间相互接触和结合并传导相应信息的功能。

（一）CD 分子

最早使用的单克隆抗体是被用来识别人类 T 细胞上作为细胞表面标志（cell surface marker）的膜内在蛋白的，由于这些膜蛋白在不同分化阶段的 T 细胞上具有不同的表达格局，可以被视为不同发育阶段的标识物，故人们称其为人类白细胞分化抗原（Human Leukocyte Differitiation Antigen，HLDA）。为统一命名这些能够识别白细胞分化抗原的单抗，世界卫生组织（WHO）和国际免疫学会联合会（IUIS）组织的国际白细胞分化抗原协作组会议将这类单抗取名为分化群（cluster of differentiation，CD）。继而免疫学界又约定俗成的将由 CD 单抗识别的膜分子对应地称为 CD 分子。而随着这些单抗所识别的细胞谱系的不断扩大，以及被扩展使用至不同的实验动物，原有的 HLDA 渐渐显得名不副实，故有学者提出以人类细胞分化分子（Human cell Differitiation molecule，HCDM）取而代之，目前多用 CD 分子作为统称。

至 2010 年 3 月底被正式命名的 CD 分子达 363 个。有些 CD 分子还包含具有异质性的成员，一般用小写英文字母表示。如 CD1 可分为 CD1a、CD1b 和 CD1c，这三种分子分别由三个高度同源的基因所编码；CD45 可分为 CD45R、CD45RA、CD45RB 和 CD45RO，它们是同一基因的不同异型（isoform）。

CD 分子按其分布或性质大致划分为 T 细胞、B 细胞、NK 细胞、树突状细胞、内皮细胞、血小板、红细胞、基质细胞、髓样细胞、干细胞/祖细胞、非谱系、黏附分子、细胞因子/趋化性细胞因子受体和碳水化合物结构等 14 个组（表 5 – 1）。但是，此划分的特异性是相对的。实际上，许多 CD 分子的分布较为广泛；有的 CD 分子也可由不同的分类角度而归入不同组。如某些属于 T 细胞、B 细胞、髓系细胞或 NK 细胞组的 CD 分子实际上也是黏附分子。有一些膜分子虽然也具备识别性单克隆抗体，但因其特殊性，被明确屏除于 CD 命名之外。例如具有明显多态性（polymorphism）的 MHC 分子，以及具有多样性（diversity）的 TCR 和 BCR 等。

表 5-1　人 CD 分组（2005 年）

分组	主要 CD 分子
T 细胞组	CD2、CD3、CD4、CD5、CD8、CD28、CD152（CTLA-4）、CD154（CD40L）、CD272（BTLA）、CD278（ICOS）、CD294（CRTH2）
B 细胞组	CD19、CD20、CD21、CD40、CD79a（Igα）、CD79b（Igβ）、CD80（B7-1）、CD86（B7-2）、CD267（TACI）、CD268（BAFFR）、CD269（BCMA）、CD307（IRTA2）
NK 细胞组	CD16、CD56（NCAM-1）、CD94、CD158（KIR）、CD161（NKR-P1A）、CD314（NKG2D）、CD335（NKp46）、CD336（NKp44）、CD337（NKp30）
髓样细胞组	CD14、CD35（CR1）、CD64（FcγRⅠ）、CD256（APRIL）、CD257（BAFF）、CD312（EMR2）
树突状细胞组	CD85（ILT/LIR）、CD273（B7DC）、CD274-CD276（B7H1-B7H3）、CD302（DCL1）、CD303（BDCA2）、CD304（BDCA4）
内皮细胞组	CD105（TGF-βRⅢ）、CD106（VCAM-1）、CD140（PDGFR）、CD144（VE 钙黏素）、CD299（DCSIGN-related）、CD309（VEGFR2）、CD321（JAM1）、CD322（JAM2）
血小板组	CD36、CD41（整合素 αⅡb）、CD42a-CD42d、CD51（整合素 av）、CD61（整合素 β3）、CD62P（P 选择素）
红细胞组	CD233-CD242
基质细胞组	CD292（BMPR1A）、CD293（BMPR1B）、CD331-CD334（FGFR1-FGFR4）、CD339（Jagged-1）
干细胞/祖细胞组	CD133、CD243
非谱系组	CD30、CD32（FcRⅢ）、CD45RA、CD45RO、CD46（MCP）、CD55（DAF）、CD59、CD252（OX40L）、CD279（PD1）、CD281-CD284（TLR1-4）、CD289（TLR9）、CD305（LAIR-1）、CD306（LAIR-2）、CD319（CRACC）
黏附分子组	CD11a-CD11c、CD15、CD15s（sLe^x）、CD18（整合素 β2）、CD29（整合素 β1）、CD49a-CD49f、CD54（ICAM-1）、CD62E（E 选择素）、CD62L（L 选择素）、CD324（E-钙黏素）、CD325（N-钙黏素）、CD326（EpCAM）
细胞因子/趋化因子受体组	CD25（IL-2Rα）、CD95（Fas）、CD116-CDw137、CD178（FasL）、CD183（CXCR3）、CD184（CXCR4）、CD195（CCR5）、CD261-CD264（TRAIL-R1-TRAIL-R4）
碳水化合物结构组	CD15s（sLe^x）、CD60a-CD60c、CD75、CDw327-CDw329（siglec 6、7、9）

（二）黏附分子

黏附分子（adhesion molecules）是指介导细胞间或细胞与细胞外基质（extracellular matrix，ECM）间相互接触、结合和信号转导的一类膜分子，大多为糖蛋白，少数为糖脂。通常以配体-受体形式发挥作用。黏附分子具有广泛的生物学功能，尤其在免疫生物学方面的作用，主要参与细胞的识别、活化、细胞的伸展和移动、细胞的增殖和分化，是免疫应答、炎症发生、血栓形成、肿瘤转移以及创伤愈合等一系列重要生理和病理过程的分子基础。

目前按黏附分子的结构特点可将其分为以下五类：整合素家族（integrin family）；免疫球蛋白超家族（immunoglobulin superfamily, IGSF）；选择素家族（selectin family）；黏蛋白样血管地址素（mucin - like vascular addressin）；钙黏素或钙依赖的细胞黏附分子家族（Ca^{2+} - dependent cell adhesion molecule family, Cadherin）。此外还有一些其它未归类的黏附分子。

第二节 免疫细胞膜分子的结构类型

免疫细胞膜分子以 I 、II 型跨膜蛋白为多。按其结构特征多可归属于下列蛋白质超家族。

一、IL-1 受体/Toll 样受体超家族

IL-1 受体/Toll 样受体超家族（interleukin - 1 receptor and Toll like receptor super-family, IL-1R/TLRSF）成员具有高度同源的胞浆区，可通过相似的途径激活细胞内信号转导，因此又称其为 Toll/IL-1 受体同源区（Toll/IL-1 receptor - homologous region, TIR）。该区域的 135~160 位氨基酸的核心序列中包含三个含保守氨基酸残基的区域，称为 1、2、3 框（box）。三个保守区域间的序列可变，使得仅 20%~30% 序列具有保守性。该区的基本功能是通过同型蛋白间的相互作用，与其下游同样带有 TIR 结构的信号接头蛋白（MyD88、Mal、TICAM-1）相互作用，进行细胞内信号转导（图 5-2）。

IL-1R/TLRSF 包括 TLR 和 IL-1R 亚家族，其中 TLR 包括 TLR1-10 和 RP105，共11 个成员。均为 I 型跨膜蛋白，可分为胞外区、跨膜区和胞浆区三部分。胞外区由富含亮氨酸的重复序列（Leucine - rich repeat, LRR）组成，整个胞外结构弯曲成马鞍状，其 LRR 部分构成配体结合区，介导对多种病原微生物及其产物的识别；其胞内段为保守的 TIR 结构域。

IL-1R 亚家族包括孤儿受体（orphan receptor）、IL-1R 和 IL-18R，主要识别 IL-1 和 IL-18 等细胞因子。IL-1R 亚家族胞外区为三个 Ig 样结构域，与 Toll 分子没有相似性，但二者胞浆区都带有 TIR，使二者同源性保持在 20%~30%。

二、清道夫受休家族

清道夫受体（Scavenger receptors, SR）家族是吞噬细胞表面的一组异质性分子，可识别经氧化或乙酰化修饰的低密度脂蛋白（Low - density lipoprotein, LDL）、革兰阴性菌 LPS，革兰阳性菌的磷壁酸等多聚阴离子，也可识别由细胞膜内侧翻转到膜外侧的磷脂酰丝氨酸。根据其结构特征可分为 SR-A、SR-B、SR-C 三类。

SR-A 主要表达在巨噬细胞表面，可优势结合氧化修饰的 LDL（oxidized LDL, ox-LDL）或乙酰化修饰的 LDL（acetylated LDL, acLDL）。包括：SR-A1、SR-A2、SR-A3 和胶原样巨噬细胞受体（MARCO）等成员。SR-A 成员在结构上较类似，是由一个

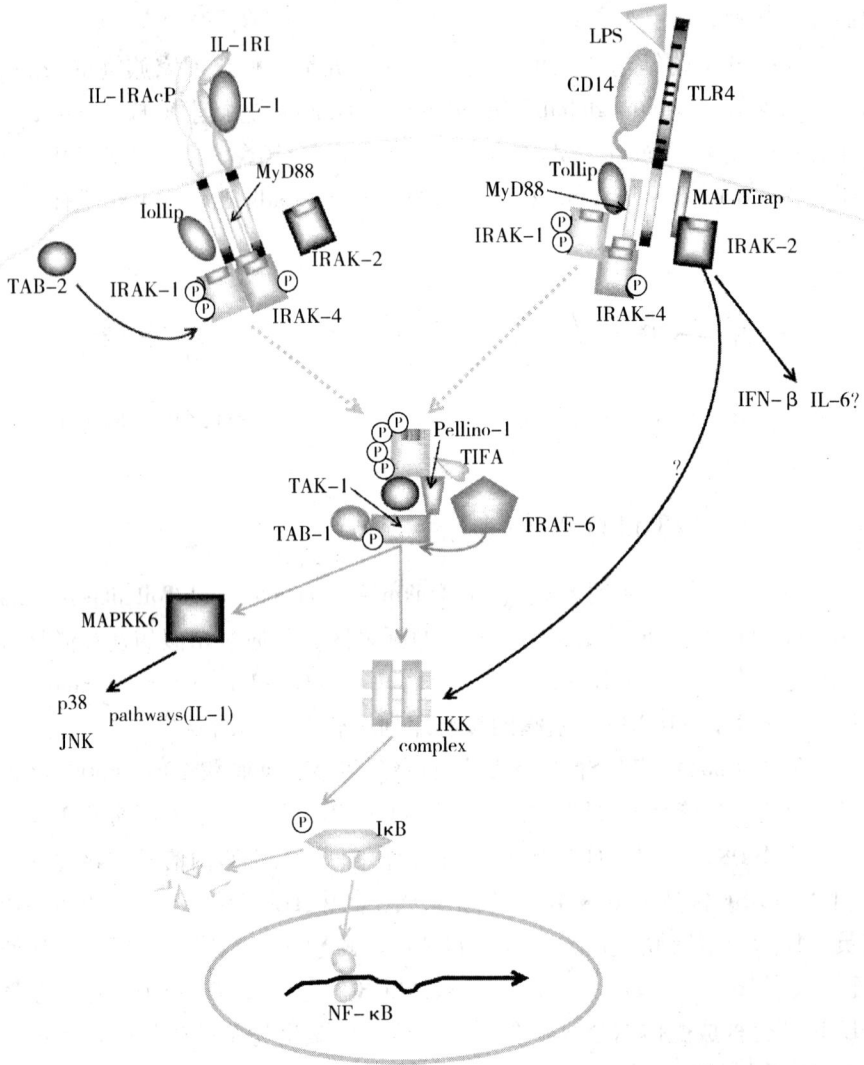

图 5-2 IL-1 受体/Toll 样受体超家族共同的接头蛋白和下游信号转导通路

半胱氨酸连接的二聚体和一个非共价结合的单体组成三聚体的 II 型跨膜蛋白，单体分子量大约 80 kDa，由五或六个结构域组成（图 5-3）。I：N 末端胞浆域；II：跨膜域；III：间隔域；IV：α 螺旋卷曲域（alpha-helical coiled-coil domain）；V：胶原蛋白样域（collagen-like domain）；VI：C 末端富含半胱氨酸清除剂受体（SRCR）域。其 IV 域与三聚体形成有关；V 域与配体结合密切相关；VI 域由 110 个氨基酸组成的富含半胱氨酸的结构域，可能与防御功能有关。各成员的结构也有不同，如：SR-A1（SCARA1 或 MSR1），有 VI 域，但是 SR-A2（SCARA2）缺乏 VI 域，SR-A3 有截断的 VI 域，而 MARCO 同时具有 VI 域和 V 域，SR-A4（COLEC12）和 SRA5 还尚不清楚。

SR-B 包括 CD36 和 SR-B1（SCARB1）等，是 oxLDL 的受体。其成员有两个跨膜域，并且集中表达于特殊的浆膜结构-细胞膜穴样内陷（caveolae）。SR-B1 除了识别

oxLDL，也识别 LDL 和高密度脂蛋白（high‑density lipoproteins，HDL），参与 HDL 的代谢。其成员还有 SCARB2、SCARB3 或 CD36。CD36 参与对凋亡细胞吞噬过程的细胞黏附，并参与长链脂肪酸的代谢。CD36 缺陷小鼠其动脉粥样硬化的损伤程度减轻。SR‑C 是 I 型膜蛋白。另外一些能够识别 oxLDL 的新成员，也陆续被发现，比如具有独特的 N 末端黏液素样结构域（a unique N‑terminal mucin‑like domain.）的 CD68 分子，以及从动脉血管内皮细胞中分泌到的凝集素样氧化低密度脂蛋白受体‑1（LOX‑1），表达于巨噬细胞和动脉血管平滑肌细胞上，也参与动脉粥样硬化的形成。

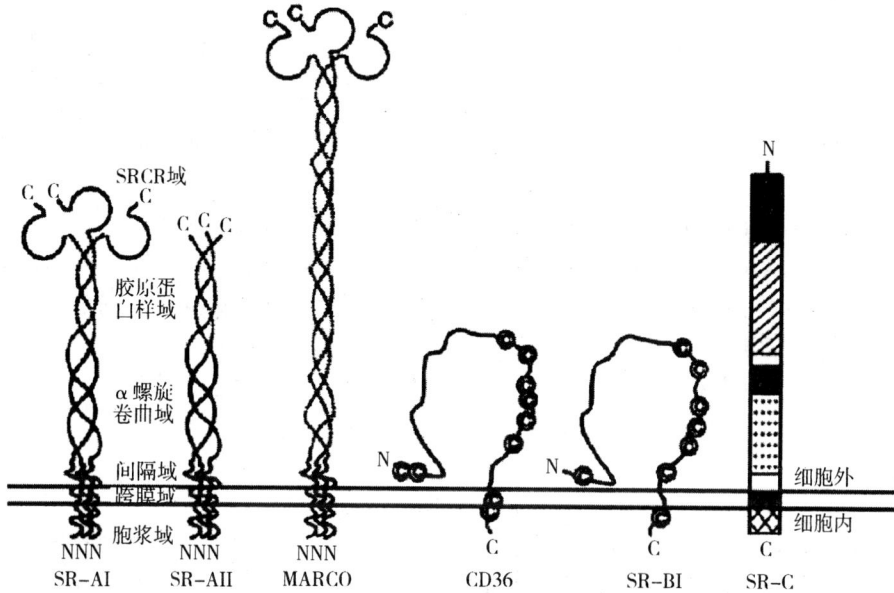

图 5‑3　主要的清道夫受体家族成员结构模式图

三、免疫球蛋白超家族

免疫球蛋白超家族（immunoglobulin superfamily，IgSF）泛指机体内存在的一群与免疫球蛋白编码基因和氨基酸组成有较高同源性的蛋白质分子，在进化上源于同一祖先基因。其结构特点是具有 V 组、C1 组或 C2 组的 Ig 样结构域。每个 Ig 结构域（或称 Ig 折叠）中有 2 个 β 片层（β‑pleated sheet），每个片层包含 3~5 个反平行的折叠股。每个折叠股有 5~10 个氨基酸残基。绝大多数 IgSF 结构域的 2 个 β 片层之间有一对保守的二硫键连接，使之形成稳定的球状结构。每个折叠片层的核心是由 A、B、E、D 和 G、F、C β 折叠股组成。在 V 样结构域中多了一对 C' 和 C″β 折叠股。

人细胞膜分子约三分之一属于 IgSF，再加上具有 Ig 样折叠的 Fn3 结构域和细胞因子受体结构域的分子，则超过一半。因此 IgSF 是免疫膜分子中最为庞大的一个家族，主要包括，黏附分子和细胞因子受体、抗原特异性受体（TCR 和 BCR）、MHC I 类和 II 类分子等。在参与细胞间相互识别、相互作用的黏附分子中，大多数属于 IgSF 成员，它们的配体多为整合素分子或其它 IgSF 成员。（表 5‑2）

表 5 - 2   免疫球蛋白超家族（IgSF）黏附分子的种类、分布和识别配体

IgSF 黏附分子	主要分布细胞	配体	功能
LFA - 2（CD2）	T、Thy、NK	LFA - 3（IgSF）	T 细胞活化
LFA - 3（CD58）	广泛	LFA - 2（IgSF）	细胞黏附
CD4	Th、Thy	MHC II（IgSF）	Th 细胞辅助受体、HIV 受体
CD8	CTL、Thy	MHCI（IgSF）	CTL 辅助受体
CD28	Tsub	CD80、CD86（IgSF）	提供 T 细胞协同刺激信号
CTLA - 4（CD152）	Ta	CD80、CD86（IgSF）	抑制 T 细胞活化
B7 - 1（CD80）	APC	CD28、CD152（IgSF）	提供 T 细胞协同刺激或抑制信号
B7 - 2（CD86）	APC	CD28、CD152（IgSF）	提供 T 细胞协同刺激或抑制信号
ICAM - 1（CD54）	广泛	LFA - 1、Mac - 1（整合素）	细胞间黏附；鼻病毒受体
ICAM - 2（CD102）	En、Pt、Ly	LFA - 1、Mac - 1（整合素）	细胞间黏附
VCAM - 1（CD106）	En、Ep、DC、Mac	α4β1、α4β7（整合素）	淋巴细胞黏附；活化和协同刺激
MadCAM - 1	HEV	α4β1、α4β7（整合素）、选择素 L	淋巴细胞归巢
PECAM - 1（CD31）	En、Pt、Ly、My	PECAM - 1（IgSF）、αvβ3（整合素）	细胞黏附；内皮细胞连接
NCAM（CD56）	NK、Tsub、Neur	NCAM（IgSF）	免疫细胞和神经细胞黏附
PTA - 1（CD226）	NK、Ta、M、Pt	CD155、CD112（IgSF）	细胞、黏附、杀伤；血小板活化
Tactile（CD96）	NK、Ta	CD155（IgSF）	NK 细胞杀伤
PVR（CD155）	En、Ep、肿瘤	CD226、CD96（IgSF）	细胞黏附、杀伤；脊髓灰质炎病毒受体
CD112	En	CD226	细胞黏附、杀伤；内皮细胞连接；单纯疱疹突变株受体

注：APC：抗原提呈细胞；CTL：杀伤性 T 细胞；DC：树突状细胞；En：内皮细胞；Ep：上皮细胞；HEV：高内皮小静脉；ICAM：细胞间黏附分子；LFA：淋巴细胞功能相关抗原；Ly：淋巴细胞；M：单核细胞；Mac：活化单核细胞；Mad - CAM - 1：黏膜地址素细胞黏附分子 - 1；My：髓样细胞；NCAM：神经细胞黏附分子；Neur：神经细胞；NK：自然杀伤细胞；PECAM - 1：血小板内皮细胞黏附分子 - 1；Pt：血小板；PTA - 1：血小板 T 细胞活化抗原 - 1；PVR：脊髓灰质炎病毒受体；Ta：活化 T 细胞；Th：辅助性 T 细胞；Thy：胸腺细胞；Tsub：T 细胞亚群；VCAM - 1：血管细胞黏附分子 1。

四、补体调节蛋白家族

补体调节蛋白（regulators of complement activation，RCA）家族成员的结构特点是，其胞外区均由多个保守的短同源重复序列（short consensus repeats，SCR）组成。每个 SCR 约由 60 个氨基酸残基组成，SCR 间有 20% ～40% 的同源性。在不同

分子中的 SCR 数目不同。RCA 家族成员包括补体受体和补体调节蛋白等。（详见补体章节）

五、整合素家族

整合素家族（integrin family）均是由 α 和 β 两条链经非共价键连接而成的异二聚体（heterodimer）（图 5 - 4）。α、β 链（或称亚单位）均为 I 类跨膜蛋白，由胞膜外区、胞浆区、跨膜区三部分组成。其胞浆区一般较短，可能和细胞骨架相连；跨膜区富含疏水氨基酸；膜外区氨基酸末端球形部相连，共同构成整合素分子识别配体的结合位点。电镜下可见整合素家族成员由一个球状头部和向下伸展的两条跨膜的杆状结构组成。

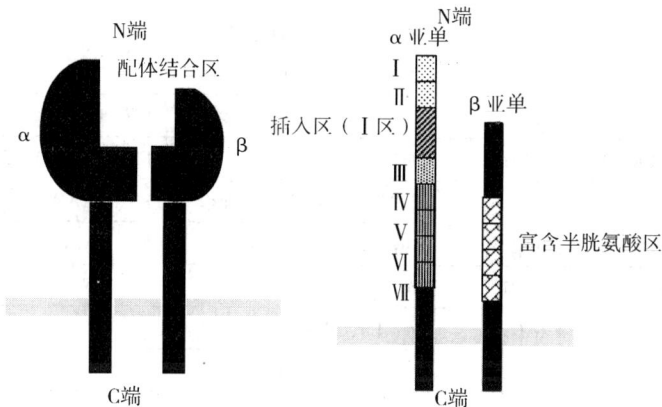

图 5 - 4　整合素分子的结构示意图

其 α 链胞膜外区包含 7 个保守的重复序列，部分 α 链的第 II 和 III 重复序列有 I 结构域（图 5 -4）。靠近 N 端的 3 个或 4 个重复序列中含有 Asp - X - Asp - X - Asp - Gly - X - X - Asp 或类似结构，与二价阳离子（Mg^{2+}）结合有关，并与 β 亚单位 N 端共同构成整合素分子的配体结合部位，与配体结合的特异性和亲和力有关。β 链胞膜外区也带有 4 个富含半胱氨酸的重复序列，靠近 N 端的约 40 ~ 50kDa 氨基酸残基通过链内二硫键紧密折叠在一起。不同的 α 链或 β 链氨基酸组成和序列有不同程度的同源性，目前已经确定有 14 种 α 亚单位和 8 种 β 亚单位，大部分 α 亚单位只能结合一种 β 亚单位。迄今所知，整合素家族成员有 20 余种，根据其 β 亚单位的不同，可分为 8 个亚家族（表5 -3）。β1 组，也称 VLA（Very late appearing antigen）亚家族，包括：VLA - 1 ~ VLA - 6，可表达于多种类型细胞表面。由于该家族成员在丝裂原或抗原激活 T 细胞后 2 ~4 周才出现，故而得名。其配体各异，某些成员有多种配体，且可因表达细胞不同而结合不同配体。β2 组，也称白细胞整合素（leukocyte integrin）亚家族或白细胞黏附分子（leukocyte cell adhesion molecule）亚家族，包括 LFA - 1（CD11a/CD18）、Mac - 1（CD11b/CD18）、P150/95（CD11c/CD18）三个成员，均局限在白细胞上表达。LFA - 1 可参与 CTL、NK 细胞和 LAK 细胞的杀伤效应；参与 Th 细胞对外来抗原和丝裂原刺激的增殖反应；参与粒细胞及单核/巨噬细胞介导的 ADCC；参与白细胞定位、渗出和迁移，以及淋巴细胞向外周淋巴结归巢等。Mac－1 即补体受体 CR3，分布于多形核白细胞（PMN）、单核/巨噬细胞和某些淋巴细胞表面，参与补体结合和调理吞噬，并在 PMN 和单核细胞黏附于内皮细胞过程中发挥重要作用。P150/95 即补体受体 CR4，亦可结合 iC3b，主要分布于单核细胞、PMN 和某些活化淋巴细胞表面，参与黏附、迁移、趋化和吞噬作用。β3 组，也称细胞黏附素（cytoadhesin）亚家族，主要成员 gpⅡb/Ⅲa：高表达于血小板表面，主要作为 FB 受体，也可与 FN、vWF 和 TSP 低亲和力结合，使血小板黏附和凝集；VNR 则分布于大多间质细胞，可与多种配体结合，参与细胞间相互作用。

表 5－3　整合素家族成员、结构、分布和配体

整合素亚家族	成员	结构	分布	配体
β1 组 （VLA 组）	VLA－1	α1β1	M、Ta、NK、神经细胞、黑素瘤、平滑肌	CO、LN
	VLA－2	α2β1	L、M、Pt、Rb、En、黑素瘤	CO、LN
	VLA－3	α3β1	M、T、B	FN、LN、CO、EP
	VLA－4	α4β1	L、Thy、Mo. Eo、肌细胞	FN、VCAM－1、OPD、MadCAM－1
	VLA－5	α5β1	Thy、T、M、Pt、Ba	FN、invasin
	VLA－6	α6β1	Thy、T、M、Pt、Ep	LN、FN
	VNR－β1	αvβ1	Pt、En、Meg	FN、OPD
	α7β1	α7β1	黑素瘤、肌细胞	LN
	α8β1	α8β1	平滑肌细胞、肺泡间质细胞	FN、OPN、VN、腱生蛋白
	α9β1	α9β1	PMN、皮肤	ADAM、OPN、FN、VEGF、VCAM－1
	α10β1	α10β1	软骨细胞、纤维组织	CO
	α11β1	α11β1	肿瘤细胞	CO
β2 组 （白细胞黏附组）	LFA－1	αLβ2	L、My	ICAM－1、2、3
	Mac－1	αMβ2	My、NK	iC3b、Fg、X 因子、ICAM－1
	P150/95	αXβ2	My、NK、Ta、Ba	Fg、iC3b、ICAM－1
	αDβ2	αDβ2	Leu、Mac	ICAM－3
β3 组 （细胞黏附素组）	gpIIbIIIa	αⅡbβ3	Pt、En、M、Mac、PMN	Fg、FN、vWF、TSP、VN
	VNR－β3	αvβ3	广泛、Pt、Rn、NK、Mac、PMN、平滑肌、破骨细胞	VN、Fg、vWF、TSP、FN、LN
β4 组	α6β4	α6β4	表皮细胞、Ep、En、雪旺细胞	LN、EP
β5 组	VNR－β5	αvβ5	Fb、某些肿瘤细胞	VN、FNOPD
β6 组	αVβ6	αvβ6	某些肿瘤细胞	FN

续表

整合素亚家族	成员	结构	分布	配体
β7 组	α4β7	α4β7	黏膜淋巴细胞、NK、Eos	FN、VCAM-1、MadCAM-1
	αEβ7	αEβ7	肠道黏膜淋巴细胞、IEL	E-cadherin
β8 组	αVβ8	αvβ8		未知

注：B：B 细胞；Ba：活化 B 细胞；En：内皮细胞；Eos：嗜酸性粒细胞；Ep：上皮细胞；Fb：成纤维细胞；L：淋巴细胞；Leu：白细胞；M：单核细胞；Mac：忽视细胞；Meg：巨核细胞；My：髓样细胞；NK：自然杀伤细胞；PMN：多形核细胞；Thy：胸腺细胞；CO（collagen）：胶原；LN（laminin）：层黏连蛋白；FN（fibronectin）：纤连蛋白；EP（epiligrin）：表皮整联配体蛋白；OPD（osteopontin）：骨桥蛋白；Fg（fibrinogen）：血纤维蛋白原；TSP（thrombospondin）：血小板反应蛋白；VN（vitronectin）：玻连蛋白；VCAM-1：血管细胞黏附分子 1；MadCAM-1：黏膜地址素细胞黏附分子；invasin：侵袭素；ICAM-1：细胞间黏附分子 1；vWF：von Willebrand factor；E-cadherin：钙黏素 E

六、选择素家族

选择素家族（Selectin family）的基本结构特点是多为 I 型跨膜蛋白，由胞膜外区、跨膜区和胞浆区组成。家族各成员的胞膜外部分有较高同源性，均由三个结构域构成。①其胞外远膜端（约 120 个氨基酸残基）为钙离子依赖的 C 型凝集素结构域（CL），可以结合碳水化合物基团，是其配体的结合部位；②紧邻 CL 是表皮生长因子样结构域（EGF），约含 35 个氨基酸残基，可维持选择素分子构型，不直接参加配体结合；③其胞外近胞膜端由多个短同源重复序列（SCR）组成。各种选择素分子的跨膜区和胞浆区没有同源性（图 5-5）。选择素分子的胞浆区与细胞内骨架相连，失去胞浆部分的选择素分子虽仍可结合相应配体，却失去其介导细胞间的黏附作用。

目前已发现的选择素家族有三个成员：白细胞选择素（leukocyte-selectin，选择素 L）、血小板选择素（plate-selectin，选择素 P）和内皮细胞选择素（endothelium-selectin，选择素 E），是根据最初发现相应选择素分子的三种细胞命名。

1. 选择素 P（CD62P） 属跨膜糖蛋白，通常储存在内皮细胞的分泌颗粒（Weibel Palade 小体）中，当内皮细胞受到凝血酶或组胺等刺激，则迅速表达在内皮细胞表面。主要参与介导白细胞与内皮细胞的起始黏附。其与白细胞表面的配体结合后，即可开始介导白细胞滚动，并将其锚定（tethering）在内皮细胞上，此效应需要血小板活化因子（PAF）的协同作用，才能诱导稳定的黏附作用。选择素 P 亦可存在于静止的血小板中，经刺激活化后迅速分布于血小板表面，并借此与不同类型白细胞结合。

2. 选择素 E（CD62E） 表达主要局限于活化的内皮细胞，介导 PMN 与内皮细胞的起始黏附作用。还可介导单核细胞和静止的 CD4$^+$ 记忆性 T 细胞黏附于被细胞因子活化的内皮细胞。此外，嗜酸性和嗜碱性粒细胞亦可表达选择素 E 的配体。选择素 E 介导的黏附作用既不依赖白细胞活化，也无需白细胞整合素参与。最近发现，选择素 E 可作为皮肤血管地址素（vascular addressin），与位于皮肤炎症局部的记忆性 T 细胞表达的皮肤淋巴细胞归巢受体（homing receptor）、皮肤淋巴细胞相关抗原（cutaneous lymphocyte-associated antigen. CLA）结合，介导此类 T 细胞特异性归巢。

3. 选择素 L（CD62L）　是一种高度糖基化的膜蛋白，主要表达于 PMN、单核细胞和某些淋巴细胞表面，有异质性，在不同细胞表面其分子量各异。可介导 PMN 和淋巴细胞起始黏附于活化内皮细胞表面，还可作为特异性归巢受体介导某些淋巴细胞亚群归巢于外周淋巴器官。白细胞表面选择素 L 的表达和丢失，可在很多程度上影响白细胞的功能活性。

图 5-5　选择素分子的结构模式图

表 5-4　选择素家族的组成、分布及其相应配体

	表达细胞	靶细胞	功能	配体
选择素 P	活化血管内皮细胞、血小板、巨核细胞	PWN、单核细胞、淋巴细胞亚群	介导白细胞或单核细胞与内皮细胞、血小板黏附	SLe^x、PSGL-1
选择素 E	细胞因子活化的内皮细胞（主要为毛细血管后静脉，在 IL-1、TNF 化后表达）	PWN、单核细胞、淋巴细胞亚群	介导白细胞与内皮细胞黏附；白细胞向炎症区迁移；肿瘤细胞转移	SLe^x、CLA、ESL-1、PSGL-1、CD103
选择素 L	白细胞、活化后下调	淋巴结高内皮小静脉、活化的内皮细胞	介导白细胞与内皮细胞黏附；向炎症区迁移；淋巴细胞归巢和再循环	SLe^x、Mad-CAM-1^x、CD34、Gly-CAM-1

注：CLA：皮肤淋巴细胞相关抗原；ESL-1：选择素 E 配体-1 蛋白；GlyCAM-1：糖基化依赖的细胞黏附分子 1；PSGL-1：选择素 P 糖蛋白配体-1；sLe^x：唾液酸化的路易斯寡糖^x。

七、钙离子依赖的细胞黏附分子家族

钙离子依赖的细胞黏附分子家族（Ca^{2+} dependent cell adhesion molecules，Cadherin）又称钙黏素家族（Cadherin）。是由 Takeichi 最早发现一种介导细胞间相互聚集的黏附分子，在有 Ca^{2+} 存在时，可以抵抗蛋白酶的水解作用，故得名。钙黏素家族成员均为单链糖蛋白，属 I 型膜蛋白，约由 723~748 个氨基酸构成。不同的钙黏素分子在氨基酸水平上有 43%~58% 的同源性，由胞膜外区、跨膜区和胞浆区组成。其胞膜外区有数个重复结构域，并具有钙离子结合位点，近膜的结构域中 4 个保守的半胱氨酸残基，而 N 端的 113 个氨基酸残基构成配体的结合部位，介导同型黏附。其胞浆区高度保守，并与细胞内骨架相连，靠近 C 端的结构对于其介导的细胞黏附可能具有重要作用，因为去除此部分结构虽可与配体结合，但却丧失了介导细胞间黏附的作用。推测可能是由于失去与细胞内骨架的连接，而不能向胞浆内传递信号导致的。

目前已知钙黏素家族成员共有三个：E - Cadherin（表达于成人上皮细胞）、N - Cadherin（表达于成人神经、肌肉组织）和 P - Cadherin（表达于胎盘和上皮组织，但在发育阶段的其他组织亦可见）。E - Cadherin 也被称作 Uvomorulin、L - CAM 或 Cell - CAM120/80。不同的 Cadherin 分子在体内有其独特的组织分布，它们的表达随细胞生长、发育状态不同而改变。

八、黏蛋白样血管地址素分子家族

黏蛋白样血管地址素（mucin - like vascular addressin）分子家族，又称黏蛋白样家族，是一组富含丝氨酸和苏氨酸的糖蛋白，是最新归类的一类黏附分子，其分子具有大量外延结构，从而可为选择素提供唾液酸化的糖基配位，是选择素分子结合的配体。

该家族成员主要包括三类：即 CD34、糖酰化依赖的细胞黏附分子 - 1（glycosylation dependent cell adhesion molecule - 1，GlyCAM - 1）和 P 选择素糖蛋白配体（P - selectin glycoprotein ligand - 1，PSGL - 1）。

九、细胞因子受体超家族

细胞因子受体超家族（cytokine receptor family，CKRF），又称造血细胞因子受体超家族（hemopoietic cytokine receptor superfamily）。按胞外段结构及氨基酸序列相似性，其家族成员又可划分为Ⅰ型细胞因子受体家族，或称红细胞生成素受体超家族（erythropoietin receptor superfamily，ERS）和Ⅱ型细胞因子受体家族，或称干扰素受体家族（interferon receptor family，INFRF）。

ERS 成员胞膜外区含约 200 氨基酸构成的同源区，其同源区靠近 N 端有一个细胞因子受体结构域，含有 4 个高度保守的半胱氨酸残基，Cys1 与 Cys2 间以及 Cys3 与 Cys4 间形成二硫键。近膜 C 端为Ⅲ型纤连蛋白结构域，具有特征性 WSXWS 基序（W 代表色氨酸，S 代表丝氨酸，X 代表任一个氨基酸）。干扰素受体家族成员的结构与红细胞生成素受体家族相似，但 N 端和近膜处分别含有 2 个保守性的半胱氨酸残基。

ERS 成员根据其结构域的构成，可分为：①一个细胞因子受体家族结构域和一个Ⅲ型纤连蛋白结构域组合，如 GM - CSFR、IL - 3R、IL - 5R、IL - 9R、IL - 13R 的 α 链、IL - 2R、IL - 15R 的 β 链、IL - 2R、IL - 4R、IL - 7R、IL - 9R、IL - 15R 的 γ 链等；②两个细胞因子受体家族结构域和两个Ⅲ型纤连蛋白结构域组合，如 IL - 3R、IL - 5R、GM - CSFR 的 β 链和 TPOR；③一个免疫球蛋白样结构域、一个细胞因子受体家族结构域和一个Ⅲ型纤连蛋白结构域组合，如 IL - 6R、IL - 11R 的 α 链；④一个免疫球蛋白样结构域、一个细胞因子受体家族结构域和四个Ⅲ型纤连蛋白结构域组合，如 G - CSFR 和 IL - 6R、IL - 11R、LIFR、CNTF 的共用链；⑤一个免疫球蛋白样结构域、两个细胞因子受体家族结构域和四个Ⅲ型纤连蛋白结构域组合，如 LIFR 的 α 链。干扰素受体家族成员包括 IFN - α/βR、IFN - γR、IL - 10R、IL - 22R、TFR（组织因子受体）等。

十、肿瘤坏死因子受体超家族

肿瘤坏死因子受体超家族（tumor necrosis factor receptor superfamily，TNFRSF），也称神经生长因子受体（nerve growth factor receptor，NFGFR）超家族，或称为Ⅲ型细胞因子受体家族。成员都是Ⅰ型跨膜蛋白，其胞外段具有特征性的 3~6 个富含半胱氨酸残基的重复结构域。TNFR 一般以三聚体形式存在。其配体为Ⅱ型跨膜蛋白或这些蛋白的可溶性产物，这些配体在结构上均与 TNF 不同程度同源，因而被称为 TNFSF。根据 TNFRSF 成员胞膜外区结构域的数量与排列，以及胞浆区的信号转导结构分为多种不同类型，其中 TNFRⅠ胞膜外区含四个肿瘤坏死因子受体超家族结构域，胞浆区含一个死亡结构域（death domain，DD），可诱导凋亡。其成员包括 CD120a、CD95（Fas），配体为 TNF-α、LT-α。TNFRⅡ具有类似 TNFRⅠ的胞膜外区结构，但胞浆区缺乏 DD，主要介导 T 细胞的活化与增殖。其成员包括：CD120b、CD40、CD27、CD30、CD134、CD137。此外，神经生长因子受体、CD40 和 Fas 也属肿瘤坏死因子超家族。目前已发现 20 多个 TNFRSF 成员，多数配体已确定，还有少数尚未发现。

十一、趋化性细胞因子受体家族

趋化性细胞因子受体家族属 G-蛋白偶联受体，由七个疏水性的跨膜区组成。也称为七次跨膜受体超家族（seven predicated transmembrane domain receptor superfamily，STRSF）。趋化性细胞因子受体家族成员以不同趋化性细胞因子亚族为其配体，每个趋化性细胞因子亚家族各自具有相应受体，即同一亚家族受体可以接受该亚家族所有成员作为配体，不同亚家族成员则不能共用受体。趋化性细胞因子按结构分为 CCL、CXCL、CX3CL、XCL 四个亚家族（详见第四章），故其受体也相应分为四类。（表 5-5）

表 5-5 主要趋化因子受体及其配体

家族	受体成员	配体
CCR	CCR1	CCL3（MIP-1α）、CCL4（MIP-1β）、CCL6、CCL8、CCL9、CCL14、CCL15、CCL16、CCL23
	CCR2A/B	CCL2（MCP-1）、CCL7、CCL8、CCL11、CCL13、CCL16
	CCR3	CCL11、CCL13、CCL15、CCL24、CCL26、CCL28
	CCR4	CCL17、CCL22
	CCR5	CCL4（MIP-1β）、CCL5（RANTES）、CCL8、CCL11、CCL13、CCL16
	CCR6	CCL20
	CCR7	CCL19、CCL21
	CCR8	CCL1、CCL16
	CCR9	CCL25
	CCR10	CCL27、CCL28
CXCR	CXCR1	CXCL6、CXCL8（IL-8）
	CXCR2	CXCL1（KC）、CXCL2、CXCL3、CXCL5、CXCL6、CXCL8（IL-8）

续表

家族	受体成员	配体
	CXCR3	CXCl4、CXCL9、CXCL10、CXCL11
	CXCR4	CXCL12
	CXCR5	CXCL13
	CXCR6	CXCL16
	CXCR7	CXCL11、CXCL12
CX3CR	CX3CR	CX3CL1
XCR	XCR1	XCL1、XCL2

第三节 免疫细胞膜分子的功能类型

免疫细胞膜分子就其功能而论大致可以分为模式识别受体、抗原受体、细胞杀伤受体与死亡受体、抗体受体、细胞因子受体、补体受体、黏附分子等类型。其中，除抗原受体与补体受体在本书第二章及第六章详细讨论外，其余类型均在此节加以叙述。

一、模式识别受体

模式识别受体（PRRs）是广泛分布于 DC、单核/巨噬细胞、B 细胞等 APC 表面，以及上皮细胞、肥大细胞、成纤维细胞表面的一组识别"危险信号"——模式分子的膜分子。

（一）主要类型

目前发现可稳定表达于巨噬细胞表面的 PRR 已超过 50 种。PRR 依其结构主要归为五个不同的蛋白质家族，即 Toll 样受体（Toll like receptor，TLR）、C 型凝集素受体（C-type lectin receptor，CLR）、NOD 样受体（NOD-like receptor，NLR）、RIG 样解旋酶受体（RIG-like helicase receptor，RLR）和清道夫受体（Scavenger receptors，SR）。根据存在形式，PRR 可分为膜型与分泌型两类，这两类受体既有分布于细胞表面及细胞外者，也有分布于胞质内膜性结构表面或游离于胞质内者。

1. Toll 样受体 是最重要的一种 PRRs，因其与果蝇中抗菌相关的 Toll 蛋白同源而得名。可通过识别病原体特有的多种 PAMP 来介导固有免疫细胞的活化。TLR 存在于多种物种，人类已发现有 11 种，分别为 TLR1～TLR11。主要表达于巨噬细胞、树突状细胞、B 细胞和某些 T 细胞等多种免疫细胞，可以同型或异型二聚体形式存在，如 TLR1/TLR2、TLR2/TLR6、TLR3/TLR3 或 TLR4/TLR4。其分布和配体各不相同，多数 TLR 表达于细胞膜表面，识别细菌的肽聚糖、脂多糖、脂蛋白、分枝杆菌的脂阿拉伯甘露聚糖、酵母多糖、鞭毛等；也有少数（如 TRL3、TLR7/8/9）位于细胞质中的膜性结构（胞质内体膜和吞噬溶酶体膜）上，来识别和结合细胞内病毒 RNA 或细菌来源的非甲基化 DNA，诱导 I 型干扰素产生，参与抗病毒免疫（图 5 - 6）。

所有 TLR 都具有相似的基本结构特征，属于 I 型跨膜蛋白，由 3 个主要部分组成：富含亮氨酸的胞外段、跨膜段和含 TIR 结构域的胞内段。其胞外段的 LRR 区域，呈马蹄形，是配体识别部位。其胞内段的 TIR 结构域负责募集同样带有 TIR 的接头蛋白——髓样分化因子 88（myeloid differentiation primary response gene 88，MyD88）、含 TIR 功能区的接头蛋白（TIR domain - containing adapter protein，TIRAP）和含 TIR 的接头分子 - 1（TIR - containing adaptor molecule - 1，TICAM - 1）。通过 TIR 间的相互作用，介导受体和接头蛋白间的结合。当 TLR 与相应配体结合，可通过 MyD88 依赖和非依赖机制激活 NF - κB、AP - 1 或干扰素调节因子（interferon - regulated factor，IRF）等转录因子，诱导前炎性因子、共刺激分子和趋化因子的表达，对于固有免疫和适应性免疫激活都具有重要意义。

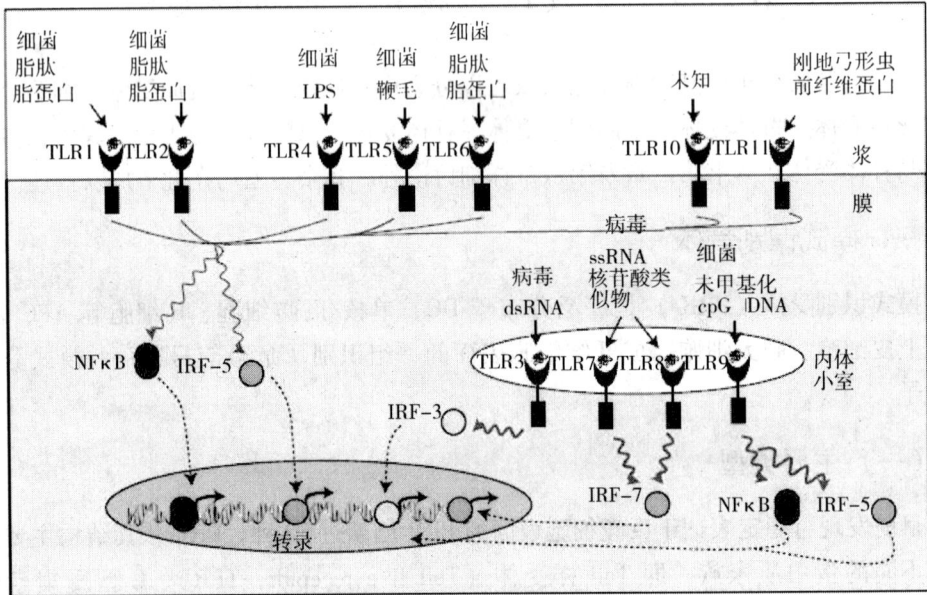

图 5 - 6　TLR 家族成员及其配体

2. C 型凝集素受体　是一类能够识别病原生物体来源的糖类配体的 PRR。其家族成员的胞外区带有糖识别结构域（Carbohydrate recognition region，CRD）和钙离子结合位点。成员包括甘露糖受体、DC - SIGN（Dendritic cell - specific intercellular adhesion molecule 3 grabbing nonintegrin）、Dectin - 1、Dectin - 2、Mincle 等。CLR 家族成员具有多种类型，有些成员的配体尚不清楚，多以真菌来源 PAMP（如 β - 葡聚糖和甘露糖）为配体。其与配体结合，可诱导多种信号转导，通过 Syk 或 raf - 途径，最终导致 NF - κB 激活，并进一步介导微生物感染或组织损伤后的固有免疫和炎症反应。目前认为 CLR 可以识别多数真菌，在抗真菌免疫中起重要作用。

甘露糖受体（mannose receptor，MR）是最早发现的巨噬细胞表面的 CLR。为单链跨膜分子，结构不同于甘露糖结合凝集素，其胞外段含有两种结构：①八个 C 型凝集素结构域连续排列，负责配体的内吞和转运；②远膜端是富含胱氨酸的凝集素结构域，识别硫酸化的糖类偶联物。

3. NOD 样受体　与 TLR 和 CLR 不同，并不存在于细胞质膜或细胞内膜性结构表面，而是一组可溶性蛋白，主要存在于细胞内。NOD 指结合核苷酸的寡聚结构域（nucleotide – binding oligomerization domain），NOD1 分子是最早发现的 NLR 家族成员。NLR 可以识别那些成功侵入细胞内的病原体来源的 PAMP，启动固有免疫。

典型的 NLR 成员由三类功能不同的结构域组成：①N 端含有一个效应结构域，是可介导蛋白 – 蛋白相互作用的基序（motif），负责在激活后募集和结合下游的作为接头蛋白或效应分子的蛋白酶或蛋白激酶，主要由两种成分组成：胱天蛋白酶招募结构域（caspase recruitment domain，CARD）和热蛋白结构域（pyrin domain，PYD）；②中段为 NLR 成员共有的特征性寡聚化结构域，称为 NACHT，是 NAIP（神经元凋亡抑制蛋白）、CⅡTA、HET – E 和 TP1 的缩写；③C 端为亮氨酸重复基序（LRRs），此结构域是与 TLR 胞外段相同的结构域，是识别病原体来源 PAMP 的感受器。有些 NLR 成员分子的 LRR 和 NACHT 间还有一个 NACHT 相关结构域（NACHT associated domain，NAD）；在 N 端也可以连接其它效应结构域，如 BIR 结构域（baculovirus inhibitor of apoptosis protein repeate domain）和 AD 结构域（acidic activation domain）。

NLR 家族可分为五个亚家族，即：①NLRA（含 AD 结构域）：成员有Ⅱ类反式激活因子（class Ⅱ transactivator，CⅡTA）；②NLRB（含 BIR 结构域）：成员有 NAIP；③NLRC（含 CARD 结构域）：成员有 NOD1，NOD2，NLRC3，NLRC4，NLRC5；④NLRP（含 PYD 结构域）：成员有 NLRP1 ~ NLRP14；⑤NLRX（原属 NLRC 成员，因 N 端缺乏与其他成员的同源性而单列）：成员有 NLRX1（NOD5）。目前，仅少数 NLR 成员的配体被鉴定出，如 NALP3 和 NOD2 结合胞壁酰二肽（MDP）、NOD1 结合内消旋二氨基庚二酸（Meso – DAP）。

NLR 被认为是以一种自我抑制的状态存在，因为其 N 端结构域折回并被 C 端的 LRR 区域覆盖，从而阻止了其 N 端与相应下游接头蛋白的相互作用。当 C 端 LRR 与相应配体识别和结合，则将此抑制性结构解除，使其 N 端释放出来，从而允许 NLR 以 CARD – CARD 或 PYD – PYD 同型作用的方式募集下游带有 CARD 或 PYD 结构域的接头蛋白 RIP – 2（NFκB 激活激酶，NFκB – activating kinase）或 caspase 家族蛋白酶，并进一步寡聚化。促进 IL – 1β 前体蛋白活化和炎症体（inflammasome）的形成。

4. RIG 样解旋酶受体　是最近发现的一组蛋白质，可以作为细胞内病毒来源产物的感受器。与 NLR 相似，RIR 存在于细胞质内，可以结合病毒来源的双链 RNA，并被其激活。RLR 家族成员的基本结构是：C 端为带有 DexD/H 框的 RNA 解旋酶结构域，参与 RNA 结合和 ATPase 功能；而 N 端是效应结构域 CARD，可以以同型互作的方式与带有 CARD 结构域的接头蛋白 IPS1（又称 MAVS、VISA 和 CARDIF）结合，进一步激活 NFκB 和 IRF3/7，诱导Ⅰ型干扰素产生，参与抗病毒效应。

RLR 主要有三个家族成员：视黄酸诱导基因 1（retinoic acid inducible gene – 1，RIG）、黑色素瘤分化基因 5（melanoma differentiation gene – 5，MDA – 5）和 LGP2（laboratory genetics and physiology 2），在结构上具有相似性，除 LGP2 外都带有效应结构域 CARD。与 TLR3 和 TLR7/8/9 不同，RLR 并不仅仅表达于树突状细胞等免疫细胞，而是可以表达于各种病毒感染的细胞，具有重要的抗病毒作用。RLR 可与 TLR 和 NLR 相互影响，共同构成抗病毒的全面防线。目前，已确认 RLR 参与识别新城疫病毒、水疱性口角炎病毒、仙台病毒、副黏液病毒、流感病毒和日本脑炎病毒等多种病毒。

5. 清道夫受体 是一类以多聚阴离子和乙酰化低密度脂蛋白为配体的 PRR。含有 SRA、SRB 和 SRC 三个亚家族。清道夫受体参与多种外源性物质和体内垃圾的清除。它们参与对病原体的识别和清除，同时也对丢失唾液酸的衰老红细胞和某些凋亡细胞的清除。例如：在动脉粥样硬化损伤中，血管壁上巨噬细胞质膜上表达的清除剂受体可大量的摄取氧化低密度脂蛋白，变为泡沫细胞，并分泌多种炎性细胞因子，加速动脉粥样硬化的发展。而清道夫受体 CD14 参与革兰阴性菌脂多糖（lipopoly saccharide endotoxin，LPS）的识别，其缺失与中毒性休克有关。LPS 可被 LPS 结合蛋白（LPS - binding protein，LBP）识别和结合，并进一步被 CD14 捕获，从而激活 TLR4 通路。另外一些能够识别 oxLDL 的新成员，也陆续被发现，比如具有独特的 N 末端黏液素样结构域的 CD68 分子，以及从动脉血管内皮细胞中分泌的凝集素样氧化低密度脂蛋白受体 - 1（LOX - 1），它们表达于巨噬细胞和动脉血管平滑肌细胞上，也参与动脉粥样硬化的形成。

（二）主要免疫生物学意义

1. 参与固有免疫的激活和适应性免疫的调节 固有免疫细胞可凭借其表面的 PRR 识别和结合病原体来源的 PAMP 和宿主来源的损伤相关分子模式（damage associated molecular pattern，DAMP），并进一步被激活，发挥杀伤活性。引发的胞内信号通路最终导致转录因子 NFκB 的激活，调控细胞因子和趋化因子等一系列重要免疫分子的表达和释放，促发进一步的适应性免疫应答活动。故 PRR 又是联系固有免疫和适应性免疫的桥梁，参与对适应性免疫活化的调节。静止状态的固有免疫细胞，其 NF - κB 通常与其抑制性因子 IκB 结合，使其核酸定位信号结构域被遮蔽而转位抑制。当 PRR 与 PAMP 相结合，IκB 被磷酸化而降解，而 NFκB 释放并自由转位入核，初始化靶基因的转录过程。除了 NFκB，其它转录因子也参与 PRR 的激活效应，比较重要的是 PRR 下游的干扰素调节因子（interferon - regulated factor，IRF）。IRF 活化导致多种具有抗病毒效应的炎性介质（IFN、IL -1β、L -6、IL -12 和 TNFα）和趋化因子（IL -8）合成和释放，从而募集中性粒细胞，共同辅助巨噬细胞介导免疫杀伤效应。在抵御病原生物入侵和维持机体平衡中都起到了重要作用。其中，TLR - 3、6/7/8 以及 NLR 和 RLR 主要参与病毒识别；其他 TLR 可识别细菌和真菌；CLR 则对真菌具有很好的识别能力。

2. 参与危险信号的识别以及损伤和死亡细胞的清除 损伤和死亡细胞都可以释放损伤相关分子模式（DAMP）与相应 PRR 结合，诱导免疫细胞活化并形成对死亡细胞的清除。DAMP 包括：凋亡细胞的磷脂酰丝氨酸（PI）以及 HSP60、HMGB1、S100 钙结合蛋白家族成员和细胞因子 IL -1α 和 IL -33 等。这些 DAMP 可与 TLR 家族成员结合（如 HMGB1 与 TLR4 结合、PI 与 SR 结合、IL -1α 及 IL -33 与 IL -1R 结合等），进一步激活免疫细胞，清除衰老、损伤和死亡细胞。通常单一的 DAMP 或 PAMP 激活的固有免疫应答较为缓和，但当感染引起细胞死亡，并诱导产生和释放 DAMP 时，DAMP 与 PAMP 叠加所形成的强烈诱导可促发激烈的免疫应答反应。这即是"危险信号学说"产生的基础。

3. 参与炎症诱导 炎症体（inflammasome）是由胞浆 PRR 参与组装的，介导促炎症蛋白酶 caspase–1 活化的多蛋白复合物，是固有免疫系统的重要组成部分。最终启动前炎性因子 IL–1β 和 IL–18 的分泌，以及诱导细胞发生特征性炎性死亡（pyroptosis）。炎症体能够识别病原体来源的 PAMPs 以及宿主来源的 DAMPs，并进一步招募和激活 caspase–1。活化的 caspase–1 水解前体 IL–1β 和 IL–18，使其形成成熟的细胞因子，进一步介导炎症反应。已确定有多种炎症小体参与了针对病原体的宿主防御，病原体也已进化出多种机制来抑制炎症体的活化。目前研究较清楚的炎症体有 NLRP1、NLRP3、IPAF 和 AIM2，前三个都是由 NLR 家族成员参与组装和诱导激活的，AIM2 是目前发现唯一一个非 NLR 家族成员形成的炎症体。NLRP3 炎症体形成可受 PAMP 如金黄色葡萄球菌 α 毒素、白色念珠菌、酿酒酵母、仙台病毒、流感病毒等激活，也可受 DAMP 如细胞外 ATP、细胞外葡萄糖、单钠尿酸盐（monosodium urate，MSU）结晶、焦磷酸钙二水合物（calcium pyrophosphate dihydrate，CPPD）、明矾、胆固醇或环境刺激物二氧化硅、石棉、紫外线和皮肤刺激物等激活。这些物质可导致 ROS 产生。NLRP1 可识别炭疽芽孢杆菌来源的致死性毒素和胞壁酰二肽。IPAF 可感受鼠伤寒沙门菌、绿脓杆菌和单核细胞增多性李斯特菌来源的鞭毛蛋白。

4. 参与病理损伤 PRR 介导的生物学活性，在某些条件下，参与病理损伤以及疾病的发生。例如：血管壁上巨噬细胞表达的清除剂受体可大量的摄取氧化低密度脂蛋白，通过分泌多种炎性因子，促进动脉粥样硬化损伤的形成和发展。又如：脓毒性休克、炎症性肠病、类风湿性关节炎、系统性红斑狼疮以及成人呼吸窘迫综合征等局部或全身性炎症反应。此外，已经发现 NLR 家族成员中某些基因的突变，会促进炎症的发生使机体抗感染能力下降，从而导致某些遗传性疾病，如克隆病、Blau 综合征、Muckle Wells 综合征、慢性新生儿神经、皮肤及关节综合征（CINCA）、裸淋巴细胞综合征（BLS）和脊柱肌肉萎缩（SMA）等。

二、抗体受体

存在于免疫细胞表面的各类 Fc 受体（Fc receptor，FcR）是一组介导免疫效应作用和免疫调节作用的重要膜分子。

（一）主要类型

较为重要的 FcR 包括 FcγR（FcγRⅠ、FcγRⅡ和 FcγRⅢ）、FcεR（FcεRⅠ和 FcεRⅡ）以及 FcαR（表 5–6）。多数的 FcR 有相似的结构，属于 IgSF 成员。FcR 的 α 链是其结合链，可与其相应配体特异结合，通过跨膜区与 γ 链二聚体形成复合体，γ 链是信号转导链，胞浆区带有 ITAM 基序，在激活细胞过程中起关键作用。还有一些受体 α 链既带有自己的 ITAM 基序，而另一些则带有 ITIMs 基序，传递抑制性信号。

表 5－6　各种免疫球蛋白 Fc 受体的生物学性质

	FcγR I（CD64）	FcγR II（CD32）	FcγR III（CD16）	FcαR I（CD89）	FcεR I	FcεR II（CD23）
结构特点	IgSF	IgSF	IgSF	IgSF	IgSF	C 型凝集素家族
亚型种类	Ⅰa、Ⅰb1、Ⅰb2、Ⅰc	Ⅱa1、Ⅱa2、Ⅱb1、Ⅱb2、Ⅱb3、Ⅱc	Ⅲa、Ⅲb	Ⅰa、Ⅰb	－	Ⅱa、Ⅱb
特异性	IgG3 = IgG1 > IgG4、不结合 IgG2	Ⅱa：IgG3 > IgG1 > > IgG2、IgG4；Ⅱb：IgG3 = IgG1 > IgG4 > > IgG2	IgG1 = IgG3 > > IgG2、IgG4	IgA1 = IgA2	IgE	IgE
细胞表达	单核/巨噬细胞、DC、中性粒细胞和嗜酸性粒细胞（诱导表达）	Ⅱa：单核/巨噬细胞、中性粒细胞、血小板、郎罕细胞；Ⅱb：B 细胞、单核/巨噬细胞；Ⅱc：单核/巨噬细胞、中性粒细胞、B 细胞	Ⅲa：单核/巨噬细胞、NK 细胞、γδT 细胞；Ⅲb：中性粒细胞、嗜酸性粒细胞（诱导表达）	中性粒细胞、单核/巨噬细胞、嗜酸性粒细胞、枯否细胞、一些 DC	肥大细胞、嗜碱细胞、郎罕细胞、激活的单核细胞	Ⅱa：B 细胞；Ⅱb：B 细胞、T 细胞、单核/巨噬细胞、嗜酸性细胞
功能	吞噬；氧化爆发；ADCC；释放细胞因子；抗原提呈	吞噬；氧化爆发；脱颗粒；ADCC；释放细胞因子；抗原提呈；负调节抗体表达（Ⅱb）	Ⅲa：吞噬；氧化爆发；脱颗粒；ADCC；释放细胞因子；抗原提呈。Ⅲb：脱颗粒；ADCC	吞噬；氧化爆发；脱颗粒；ADCC；释放细胞因子	脱颗粒；ADCC；释放细胞因子	吞噬；抗原提呈；调节抗体表达；ADCC

（二）主要免疫生物学作用

FcR 表达于不同细胞表面，以不同类或亚类 Ig 为配体，参与介导不同类型 Ig 的免疫生物学功能，其中介导杀伤效应和反馈性调节抗体生成是其最重要的免疫效应。

1. 介导杀伤效应　位于吞噬细胞、NK 细胞和嗜酸性粒细胞表面的 FcR 可以通过与相应的 Ig 结合，通过介导调理吞噬和 ADCC 效应，在不同情况下，发挥对颗粒型抗原以及靶细胞的吞噬杀伤和细胞毒效应。如：组成性表达于单核/巨噬细胞和 DC 的高亲和力 FcγR I，可介导 ADCC、调理吞噬和颗粒性抗原的清除；而低亲和力 FcγR II 也可与免疫复合物或靶细胞结合，介导巨噬细胞、中性粒细胞和嗜酸性粒细胞的调理作用、呼吸爆发和 ADCC 效应，发挥对靶细胞的杀伤；NK 细胞通过 FcγRⅢa 介导 ADCC，杀伤肿瘤细胞和病毒感染细胞；FcγRⅢb 则促进中性粒细胞的胞内杀伤功能。IgE 也可通过与高亲和 FcεRⅠ结合，诱导快速的炎症反应，介导 IgE 依赖的 ADCC 和吞噬作用。FcαR 则可结合血清型和分泌型 IgA，介导吞噬和 ADCC 效应，发挥对黏膜感染细菌的杀伤效应。

2. 反馈性调节抗体生成　有趣的是，作为 FcR 配体的产生细胞，B 细胞的功能活性也受到 FcR 介导的信号的调控。首先，作为抑制性受体，表达于 B 细胞表面的 FcγRⅡb1，可与 BCR 交联，负反馈性的抑制活化的 B 细胞。另外，CD23 对 B 细胞合成 IgE 具有重要的调节作用，被水解产生的可溶性 CD23（sCD23），可诱导 B 细胞定向分化为 mIgE⁺B 细胞，促进 IgE 合成，而高浓度 CD23 则抑制 IgE 产生。CD23 来源的 B – BCGF，作为 B 细胞生长因子，也可促进 B 细胞增殖。

三、细胞杀伤受体与死亡受体

细胞杀伤受体和死亡受体都是参与介导细胞死亡的受体，但二者的分布和杀伤机制各不相同。

（一）主要类型

细胞杀伤受体通常位于 NK 细胞表面，受相应配体激活形成对自然杀伤机制的调节；死亡受体广泛分布于各类靶细胞表面，受相应配体诱导激活后，直接诱导细胞凋亡。

1. 细胞杀伤受体　参与 NK 细胞激活和杀伤功能的受体按其最终效应分为两类，即激活性 NK 受体（killer activating receptors，KARs），胞内段带有 ITAM 或者可招募带有 ITAM 的分子，可激发 NK 细胞杀伤作用；抑制性 NK 受体（killer inhibitory receptors，KIRs）胞内段带有 ITIM，能够抑制 NK 细胞杀伤作用。这两类受体在结构组成和配体种类上呈现错综复杂的关系。NK 细胞杀伤相关受体在结构上可分为：凝集素样受体（包括 CD94/NKG2 家族、NKR – P1 家族和 Ly49 家族）和免疫球蛋白样受体，包括杀伤细胞免疫球蛋白样受体家族（killer cell Ig – like receptor，KIR）、自然杀伤活性受体家族（natural cytotoxicity receptor，NCR）和白细胞免疫球蛋白样受体家族（leukocyte Ig – like receptor，LIR）。按其配体类型可分为 MHC Ⅰ类分子、MHC Ⅰ类分子相关蛋白（MHC class I chain – related，MIC）及非 MHC 编码蛋白。下表列出了目前发现的主要 NK 细胞杀伤相关受体的类型与性质。（表 5 – 7）

表 5 – 7　NK 细胞杀伤相关受体的类型与性质

配体类型	NK 细胞受体结构类型	KAR 成员	KIR 成员
MHC Ⅰ类分子	凝集素样受体	Ly49D、Ly49H	Ly49A、Ly49B、Ly49C、Ly49E、Ly49F、Ly49G、CD94/NKG2A

配体类型	NK 细胞受体结构类型	KAR 成员	KIR 成员
	免疫球蛋白样受体	KIR3DS1、　KIR2DS3、KIR2DS5、　KIR2DS1、KIR2DS2、　KIR2DS4、KLRD1/KLRC2、ILT1、ILT7、ILT8、LIR6a	KIR3DL3、　KIR2DL3、　KIR2DL2、KIR2DL1、KIR3DL1、KIR2DL5A、KIR2DL5B、　KIR3DL2、　KLRD1/KLRC1、　ILT2、　ILT3、　ILT4、ILT5、LIR8
MIC 分子	凝集素样受体	CD94/NKG2C、NKG2D	CD94/NKG2A
非 MHC 编码蛋白	凝集素样受体	CD161c（NK1.1，NKR–P1）	CD161b
	免疫球蛋白样受体	CD244、CD226、NKp30、NKp44 、NKp46	

2. 死亡受体

凋亡是免疫系统介导细胞死亡的主要方式，参与免疫细胞的发育、激活诱导的细胞死亡（AICD）、NK 细胞和杀伤性 T 细胞的细胞毒效应等。如果凋亡机制异常，将导致淋巴细胞增多性综合征、自身耐受遭到破坏而引起自身免疫病。死亡受体是介导凋亡的关键细胞膜分子。

死亡受体属于 TNF 受体超家族的亚家族成员，包括 Fas（CD95）、TNFR1 和 TRAIL 等。这些受体的胞内段带有死亡结构域（death domain，DD），当与其相应配体（FasL、TNF、DR4/DR5）结合时，可导致带有这些受体的细胞发生程序性死亡（programed cell death，PCD）。尤其 Fas 作为重要的死亡受体，在外周耐受和免疫自稳中起到了重要的作用。Fas 是 I 型跨膜糖蛋白，其胞膜外区有三个糖识别结构域（CRD），其胞内段与 TNFRI 有 68 个氨基酸的同源序列，即 DD 结构域，将其与同样带有 DD 结构域的接头蛋白及其下游信号通路联系起来。Fas 高表达于人活化的淋巴细胞和 HTLV‑1、HIV、EBV 等病毒感染的淋巴细胞；低表达于胸腺细胞。通常以膜结合形式存在，也有可溶性形式。其配体 FasL 为 II 型跨膜糖蛋白，表达于活化 T 淋巴细胞和 NK 细胞，介导其细胞毒效应。

（二）主要免疫生物学作用

细胞杀伤受体可介导对 NK 细胞活化和细胞毒作用的调节，而凋亡受体激活凋亡信号可介导细胞发生凋亡。

1. 调节 NK 细胞的活化和细胞毒作用　NK 细胞表面的激活性 NK 受体和抑制性 NK 受体共同调节 NK 细胞的活化和细胞毒效应。NK 细胞是否能被激活取决于这两类受体信号间的平衡。当抑制性 NK 受体的配体缺失，失去对激活性 NK 受体信号的抑制，或激活性 NK 受体信号强于抑制性 NK 受体，则细胞活化；反之则抑制。例如：病毒可诱导其感染的宿主细胞下调经典 MHC I 类分子，而使病毒感染细胞失去对 NK 细胞的抑制，则激活 NK 细胞；当细胞处于应激状态或 DNA 损伤状态时，尽管仍能表达经典

MHC I 类分子，但其非经典 MHC I 类相关分子（MIC A/B）表达上调，这些分子几乎不表达于正常细胞，而是作为激活性 NK 受体的配体激活 NK 细胞。故当细胞被感染或处于应激和损伤状态时，都可能激活 NK 细胞。当 NK 细胞被有效激活后，可以分泌多种细胞因子（尤其是 IFNγ）参与免疫应答的调节；更为重要的是可以通过 Fas – FasL 途径、TNF – TNFR 途径和穿孔素 – 粒酶途径，诱导靶细胞凋亡，发挥细胞毒效应。

2. 激活凋亡信号 当 Fas 或 TNFR 与它们相应的三聚体配体结合使其受体三聚体化而改变构象，并进一步招募同样带有 DD 结构域的接头蛋白 FADD，FADD 的 N 端含有死亡效应结构域（death effect domain，DED），可通过 DED – DED 相互作用与其下游信号蛋白含胱天蛋白酶 – 8（cysteine containing aspartate specific protease，caspase – 8）或 Caspase – 10 结合，形成由死亡配体 – 死亡受体 – FADD – caspase – 8/10 组成的死亡诱导的信号复合体（death – induced signaling complex，DISC）。在 DISC 中 caspase – 8 被水解而活化。活化的 caspase – 8 通过两种可能的途径传递信号：①直接作用于下游效应 caspases（caspases – 3、6、7），激活的效应 caspase 作用于胞内死亡相关底物，导致细胞发生凋亡；②通过水解 Bid，启动线粒体途径，线粒体外膜通透性改变，内膜中细胞色素 C 释放，与凋亡蛋白酶激活因子 1（apoptosis protease activating factor – 1，Apaf – 1）、前体 caspase – 9（procaspase – 9）和 ATP 在胞质内形成多蛋白复合体，即凋亡体（apoptosome）。在凋亡体内，procaspase – 9 的 caspase 招募结构域（caspase recruitment domain，CARD）与 Apaf – 1 的 CARD 结合而被活化，进一步激活效应 caspase，诱导凋亡发生。凋亡细胞通常会发生浆膜改变，最显著地变化就是正常表达于浆膜内面的一种磷脂成分 – 磷脂酰丝氨酸（PI）暴露在浆膜外面。这种变化可以吸引巨噬细胞，促其对凋亡细胞的清除。（图 5 – 7）

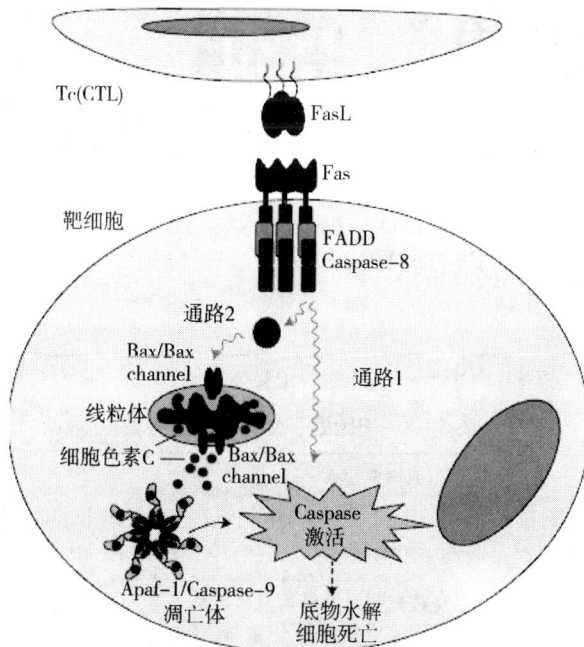

图 5 – 7 死亡受体依赖的凋亡信号通路

四、细胞因子受体

细胞因子受体是以细胞因子为配体的一组具有重要生物学作用的膜蛋白。与相应细胞因子特异性结合，决定了细胞因子的生物学活性。作为跨膜蛋白，细胞因子受体一般由胞膜外区、跨膜区和胞浆区组成。

多数细胞因子受体为异二聚体，其 α 链具有特异性，是与配体—细胞因子互补结合的结合链，β 链用于传递信号，是信号传导链。如 IL-1R、IL-3R、IL-4R、IL-5R、IL-7R、IL-10R、IL-13R、IL-18R、IFN-γR、GM-CSFR 等。有些细胞因子受体可由三条肽链构成，如 IL-2R、IL-6R、IL-11R、IL-15R、TNFR I 等。也有一些细胞因子受体为单一肽链构成，如 EPOR。传导链对细胞因子也具有一定结合能力，如 IL-2R 与 IL-15R 的 α 链是结合链，其 β 链和 γ 链为共用的信号传导链。当单一 α 链与细胞因子选择性结合时呈现低亲和力，而与 β 链和 γ 链一起结合时则呈高亲和力。

（一）主要类型

根据肽链的氨基酸序列和结构特征，细胞因子受体可分为免疫球蛋白超家族、细胞因子受体超家族、肿瘤坏死因子受体超家族和趋化性细胞因子受体家族（图5-8）。

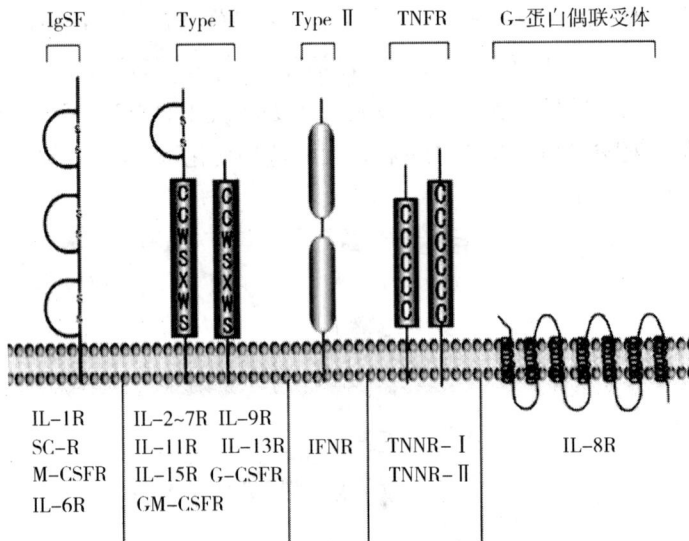

图5-8 细胞因子受体家族分类

表5-8 细胞因子受体的主要类型

家族	类型或结构特点	成员举例
免疫球蛋白超家族	胞膜外区有一个或多个免疫球蛋白样结构域，胞浆区有一个特定的信号转导结构。	IL-1R I 、IL-1R II 、IL-18 Rα、IL-18 Rβ、IL-16 R
	胞膜外区有多个免疫球蛋白样结构域，胞浆区有酪氨酸激酶结构域。	M-CSFR、SCFR、PDGFR 和 FGFR

续表

家族	类型或结构特点	成员举例
	胞膜外区既有免疫球蛋白样结构域，又有细胞因子受体家族结构域或Ⅲ型纤连蛋白结构域。	G－CSFR、IL－11Rα、IL－6R、IL－11R、OSMR、LIFR、CNTFR
细胞因子受体超家族	红细胞生成素受体超家族	IL－2R、IL－3R、IL－4Rγ、IL－5R、IL－6R、IL－7Rγ、IL－9R、IL－11R、IL－13R、IL－15R、GM－CSFR、G－CS-FR、LIFR、CNTF
	干扰素受体家族	IFN－α/βR、IFN－γR、IL－10R、IL－20R、IL－22R、TFR
肿瘤坏死因子受体超家族		TNFRⅠ、TNFRⅡ、神经生长因子受体、CD40、Fas
趋化性细胞因子受体家族		CXCR1~6、CCR1~10、XCR1、CX3CR

（二）主要免疫生物学作用

1. 形成细胞间信息交流　细胞因子受体以细胞因子为配体，而细胞因子的生物学效应又是通过细胞因子受体介导的信号转导来实现的。细胞因子主要以可溶性形式存在，由多种细胞产生。细胞因子作为重要的介质，与细胞膜表面分布广泛的细胞因子受体结合并相互作用，成为介导细胞间信息交流的重要方式。细胞因子具有高效性，细胞因子受体具有高灵敏性，飞克（femtogram）数量级的细胞因子与高亲和力受体结合，即可发挥效应，从而导致靶细胞行为和功能发生改变。

细胞因子受体信号传导链的胞内段带有特殊的可介导蛋白－蛋白相互作用的结构域或磷酸化位点，可招募适宜的接头蛋白，导致细胞因子受体亚单位二聚体或多聚体的形成，利于信号快速地向细胞内传递。进而激活胞内的多种信号蛋白的级联反应，最终导致转录因子激活、新基因产物的转录和生物合成，介导不同的生物学效应。

部分细胞因子受体间存在着共用链现象，使得这些细胞因子在生物学活性上往往显示高度的相似性。如 IL－6R、IL－11R、OSMR、LIFR、CNTFR 具有共同的信号传导链 CD130 分子；而 IL－3R、IL－5R、GM－CSFR 则以 CD131 作为共同的信号传导链；IL－4R、IL－7R、IL－9R 共用 CD132 作为信号传导链；IL－2R 与 IL－15R 以 CD122 与 CD132 的复合物作为信号传导链。此外，还有一种独特的共用链现象，即一种细胞因子受体的结合链，成为另一种细胞因子受体的信号传导链。如 IL－4R 的 α 链（CD124）在 IL－13R 中作为信号传导的 β 链。

2. 介导各类信号转导过程　配体诱导同源性或异源性细胞因子受体亚单位的二聚体形成是细胞因子诱导的信号转导的主要模式。细胞因子受体通常通过两条途径激活下游信号分子，即 JAK（Janus kinase）－STAT（signal transducers and activators of transcription) 途径和 Ras – MAP 激酶途径。Ras 是膜结合型的小 G 蛋白，可以在多种刺激下被激活，参与细胞增殖分化。这里仅就 JAK – STAT 途径加以详述。

细胞因子受体超家族成员缺乏催化性结构域，但其可组成性地与一个或多个 JAK 分子关联。哺乳动物中，JAK 家族共有四个成员，即 JAK1，JAK2，JAK3 和酪氨酸激酶 2（tyrosine kinase 2，Tyk2）。当细胞因子诱导受体二聚化，则与受体相关的 JAK 相互磷酸化而活化，进一步促使受体胞浆尾特殊的酪氨酸位点磷酸化，从而为下游 STAT 家族成员建立了结合位点，STAT 分子通过其 SH2 结构域，被招募并与细胞因子受体形成复合体，当其被 JAK 磷酸化后，即形成二聚体，与细胞因子受体分离，转位入核，STAT 二聚体与靶基因 DNA 启动子元件相互作用，激活多种基因转录，促进细胞进入有丝分裂（图 5 – 9）。细胞因子通常可雇佣多种 STAT 分子执行生物学效应，使得细胞因子受体介导的效应更为丰富。JAK 也可通过与 src 家族激酶作用，通过 Ras – MAP 激酶途径发挥作用。一些细胞因子也可以激活磷脂酰肌醇 3 – 激酶（PI3K）和磷脂酶 C（PLCγ）途径发挥作用。

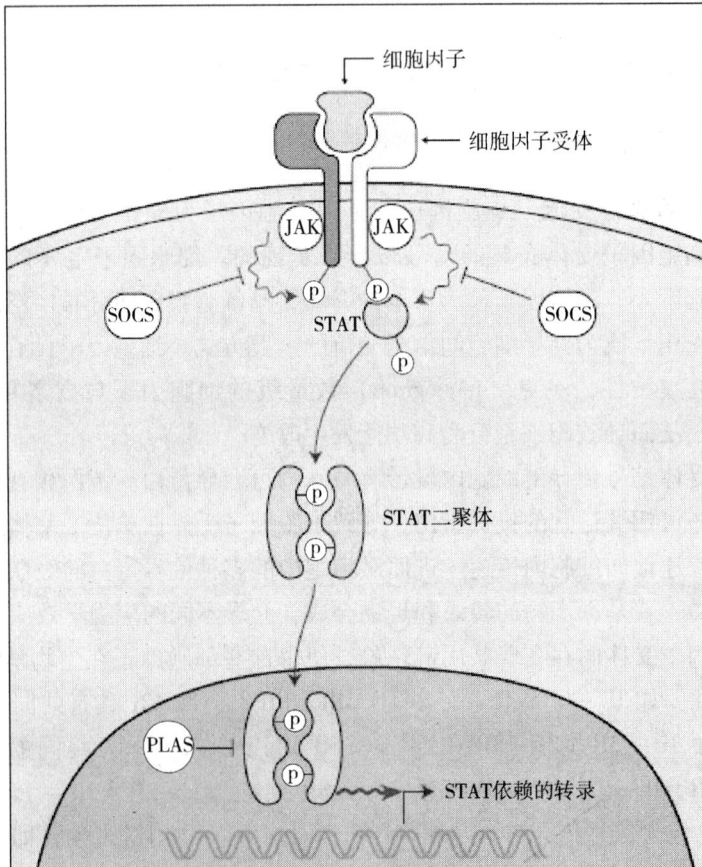

图 5 – 9　细胞因子受体介导的 JAK – STAT 通路

细胞因子信号抑制因子（suppressor of cytokine signaling，SOCS）和激活的 STAT 蛋白抑制因子（protein inhibitor of activated STAT，PIAS）家族成员可下调 JAK – STAT 信

号。SOCS 蛋白通过 STAT 依赖方式被诱导，是经典的负反馈抑制机制。SOCS 家族有八个成员，CIS（cytokine - inducible src homology domain 2［SH2］- containing）和 SOCS1 ~ SOCS7，通过不同机制下调细胞因子信号。SOCS 可与 JAK 及 Vav 等其他信号蛋白相互作用，通过泛素 - 蛋白酶体途径促进其降解，发挥抑制作用；也可与 JAK 蛋白上的 SH2 结构域结合位点相作用，阻止 JAK 与其下游分子结合；一些 SOCS 家族成员（如 CIS）也可直接与细胞因子受体上的 STAT 结合位点相作用，阻止 STAT 分子的招募。PIAS 家族有四个成员：PIAS1，PIAS3，PIASX 和 PIASY，可以通过阻止 STAT 与靶基因 DNA 启动子元件结合，来抑制 STAT 诱导的转录激活。JAK - STAT 途径也可被其他机制调控，如抑制 JAK 蛋白的酪氨酸磷酸酶活性等。

五、黏附分子

黏附分子是免疫系统中的一群非常重要的膜分子，是细胞间信息传递的重要物质基础。多以配体 - 受体相互作用的方式形成各类细胞生物学效应。

（一）主要类型

目前黏附分子主要包含以下五类：整合素家族、免疫球蛋白超家族、选择素家族、黏蛋白样血管地址素和钙黏素或钙依赖的细胞黏附分子家族（详见第二节）。此外还有一些其它未归类的黏附分子。（表 5 - 9）

表 5 - 9　黏附分子的主要类型

家族	结构特点	成员举例
整合素家族	由 α 和 β 两条链经非共价键连接而成的异二聚体	VLA - 1 ~ VLA - 6、LFA - 1、Mac - 1、P150/95、gpⅡb/Ⅲa
免疫球蛋白家族	具有 V 组、C1 组或 C2 组的 Ig 样结构域	ICAM - 1、ICAM - 2、ICAM - 3、VCAM - 1、MadCAM - 1、
选择素家族	胞膜外区高度同源的 I 型跨膜蛋白，均含三个结构域：CL、EGF、CPP	选择素 L、选择素 P、选择素 E
黏蛋白样血管地址素	一组富含丝氨酸和苏氨酸的糖蛋白，其分子具有大量外延结构，可为选择素提供唾液酸化的糖基配位	CD34、GlyCAM - 1、PSGL - 1
钙黏素或钙依赖的细胞黏附分子家族	由 723 ~ 748 个氨基酸构成的 I 型膜蛋白。胞膜外区有数个重复结构域和钙离子结合位点，近膜结构域有 4 个保守半胱氨酸残基，N 端的 113 个氨基酸残基介导同型黏附	E - Cadherin、N - Cadherin、P - Cadherin
未归类的黏附分子		CD44、MAd、MLA

（二）主要免疫生物学作用

黏附分子具有广泛的生物学作用，不同的黏附分子其功能各异。除了可介导多种免疫生物学功能，还参与生殖与胚胎发育；参与细胞发育、分化、附着及移动；参与伤口愈合和血栓形成；参与肿瘤的浸润和转移；参与对其他生物活性物质的调节等。在此仅就其主要的免疫生物学作用加以详述。

1. 参与炎症反应白细胞与血管内皮细胞的黏附和渗出　炎症过程的一个重要特征就是白细胞黏附、穿越血管内皮细胞，向炎症部位渗出。黏附分子则是炎症过程中白细胞与血管内皮细胞黏附的物质基础。下表列举了参与这一过程的黏附分子。（表 5 – 10）

表 5 – 10　参与白细胞与血管内皮细胞黏附的黏附分子

炎症细胞受体	血管内皮配体	分布细胞
CD11a/CD18	CD54、CD102、CD50	内皮细胞、淋巴细胞、单核细胞
CD11b/CD18	CD54	内皮细胞、淋巴细胞、单核细胞
CD11c/CD18	血纤维蛋白	内皮细胞、淋巴细胞、单核细胞
CD49d/CD29	CD106	淋巴细胞、单核细胞
CD62L	CD62E、CD62P	内皮细胞、淋巴细胞、单核细胞
CD15s	CD62E、CD62P	内皮细胞

不同黏附分子参与不同白细胞的渗出以及渗出过程的不同阶段。由于血液不断流动，因此白细胞与血管内皮细胞的相互黏附作用有其特殊的过程。包括白细胞沿血管壁滚动的起始黏附以及随后的稳定黏附和穿越内皮细胞。

以中性粒细胞（PMN）渗出过程为例（图 5 – 10）。静止的 PMN 高表达 CD15s，而血管内皮细胞不表达其相应配体，故 PMN 在血管内流动，不与血管壁黏附。但在炎症反应的初始阶段，经组织中巨噬细胞和肥大细胞释放的 IL – 1、TNF 等炎性因子和趋化因子的诱导，血管内皮细胞表达选择素 E、P 和 ICAM – 1 等，继而介导黏附。首先，PMN 表面的 CD15s 与内皮细胞表面的选择素 E 结合，介导中性粒细胞与血管内皮细胞的起始黏附，并将 PMN 锚定在内皮细胞上，该黏附是可逆的。接着，在血管内皮细胞表面的膜结合 IL – 8 等趋化因子的诱导下，黏附于内皮细胞的 PMN 活化，LFA – 1（CD11a/CD18）表达上调，LFA – 1 与其内皮细胞上的配体 ICAM – 1 结合，介导随后发生的稳定黏附。参与稳定黏附的分子，还有 LFA – 1/ICAM – 2、Mac – 1/ICAM – 1、VLA – 4/VCAM – 1、CD44 及其配体、P150/95 及其配体等。稳定黏附后，黏附于内皮细胞的 PMN 上 CD15s 脱落，使细胞间黏附作用减弱，利于 LFA – 1 介导 PMN 穿越内皮细胞。白细胞的移动与细胞骨架蛋白的重排相关，而 LFA – 1/ICAM – 1 结合可引起级联反应介导此重排。淋巴细胞的黏附、渗出过程可能遵循同样的模式，只是所涉及的黏附分子及激活机制有所不同。

细胞因子在白细胞选择性渗出过程中同样具有重要作用。不同炎症具有不同类型的炎细胞浸润，如急性炎症以中性粒细胞浸润为主，慢性炎症以淋巴细胞浸润为主，Ⅰ型超敏反应性炎症以嗜碱性粒细胞的选择性渗出为主，迟发型超敏反应性炎症则以单核细胞、T 细胞浸润为特征。黏附分子在不同类型白细胞表达的差异以及细胞因子对黏附分

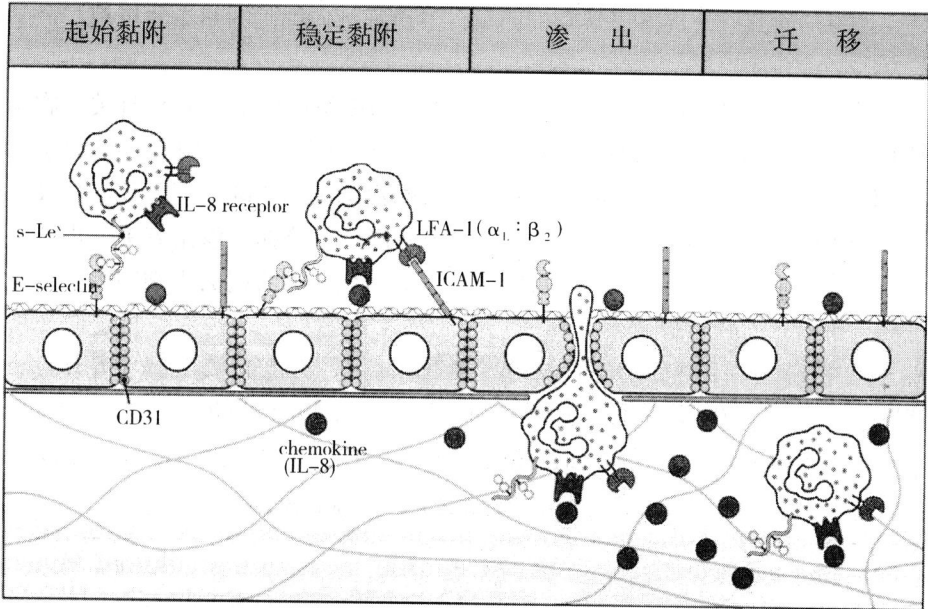

| 起始黏附 | 稳定黏附 | 渗 出 | 迁 移 |

图5-10 中性粒细胞黏附、穿越血管内皮细胞过程的模式图

子表达的调节作用是诱导免疫细胞选择性渗出的重要因素。如活化 T 淋巴细胞产生的细胞因子 IL-4 和 IFN-γ 作用于血管内皮细胞可以选择性地诱导黏附分子 VCAM-1 的表达，而 VCAM-1 的配体 VLA-4 只在淋巴细胞、嗜酸性粒细胞、嗜碱性粒细胞中表达，在中性粒细胞中不表达，因此 IL-4 和 IFN-γ 可以选择性地促进除中性粒细胞以外的白细胞的黏附作用，在免疫性炎性疾病中发挥重要作用。此外，IL-8、GM-CSF 和 PAF 等膜结合细胞因子也可能是导致白细胞选择性渗出的重要因素。

2. 参与介导淋巴细胞归巢 淋巴细胞归巢（homing）是淋巴细胞的定向迁移，包括淋巴干细胞向中枢淋巴器官归巢、成熟淋巴细胞向外周淋巴器官归巢、淋巴细胞再循环以及淋巴细胞向炎症部位的渗出。其分子基础是淋巴细胞上称之为淋巴细胞归巢受体（lymphocyte homing receptor，LHR）的黏附分子与相应血管内皮细胞上地址素（addressin）的相互作用。淋巴细胞归巢是一个多黏附分子参与，并受各种因素调节的复杂过程。而且不同黏附分子参与不同淋巴细胞的选择性归巢过程。

选择素 L 是决定淋巴细胞向外周淋巴结选择性归巢的归巢受体，其相应配体为特异性表达于外周淋巴结的血管地址素（peripheral lymphonode vascular addressin，PNAd）。选择素 L 与 PNAd（主要包括 CD3 和 GlyCAM）上的硫酸盐化、岩藻糖化的碳水化合物结合，介导淋巴细胞与外周淋巴结血管内皮细胞的起始黏附；而 LFA-1/ICAM-1、ICAM-2 及 CD44/MAd 分子参与随后的稳定黏附与穿越血管内皮细胞过程。整合素 α4β7 分子是淋巴细胞向派氏结定向迁移的归巢受体，其配体是派氏结的静脉高内皮细胞高水平专一表达的黏膜血管地址素（mucosal vascular addressin，MAd）。CD44 及 LFA-1分子作为淋巴细胞归巢受体与其配体 MAd 和 ICAM-1/ICAM-2 的相互作用；也参与淋巴细胞向派氏结的归巢过程，但它们与 α4β7 不同，除参与淋巴细胞向派氏结归巢外，还参加向其它外周淋巴器官的归巢。淋巴细胞向脾脏的归巢的机理与分子基础尚不清楚。

T 细胞前体表达的 CD44 和选择素 L 可能与其向中枢淋巴器官归巢有关。胸腺血管内皮细胞表达的 EA1 分子，也可作为地址素参与 T 细胞向胸腺归巢。整合素 α6β1、α6β4 对 T 细胞前体的黏附也起重要作用。记忆 T 细胞高表的 LFA - 1、ICAM - 1、α4 - integrin、LFA - 3、CD44 等黏附分子，与其向炎症部位的选择性渗出有关。皮肤炎症部位的血管内皮细胞高表达选择素 E，可与向皮肤选择性归巢的记忆 T 细胞表达的皮肤淋巴细胞相关抗原（CLA）结合，是 CLA 阳性记忆 T 细胞向皮肤炎症部位定向迁移的分子基础。此外，VLA - 4/VCAM - 1、LFA - 1/ICAM - 1、ICAM - 2 间的相互作用也与淋巴细胞向皮肤炎症部位归巢有关（表 5 - 11）。黏膜组织中的淋巴细胞表达一种称为 MLA（mucosal lymphocyte antigen）的表面抗原，可能与淋巴细胞向肠道黏膜的归巢过程有关。

表 5 - 11　参与淋巴细胞归巢的黏附分子

淋巴细胞归巢受体（表达细胞）	血管内皮 "地址素"	归巢作用
选择素 L	PNAd（HEV）	参与向外周淋巴器官归巢
CLA（Tm）	E - selectin（活化内皮细胞）	参与向皮肤炎症部位归巢
LFA - 1（广泛，Tm）	ICAM - 1/ - 2	参与多种归巢过程
VLA - 4（淋巴细胞）	VCAM - 1	参与炎症部位归巢
CD44（广泛，Tm）	MadCAM - 1	参与向炎症部位和 MALT 归巢过程
α4 β7（黏膜淋巴细胞）	MadCAM - 1（肠淋巴结和 PP 结 HEV）、VCAM - 1	参与向 MALT 归巢

注：PNAd：外周淋巴结地址素；HEV：高内皮小静脉；CLA：皮肤淋巴细胞相关抗原；MadCAM - 1：黏膜地址素细胞黏附分子 1；Tm：记忆性 T 细胞

淋巴细胞归巢过程中黏附的激活机制也与中性粒细胞渗出过程类似。趋化因子可以激活淋巴细胞与组织血管内皮细胞的黏附作用，与淋巴细胞的选择性归巢有关。淋巴结或炎症组织血管内皮细胞表面表达的膜结合型巨噬细胞炎症蛋白 - 1（macrophage inflammatory protein - 1，MIP - 1），作用于 CD8$^+$T 细胞使其 VLA - 4 表达上调，使 VLA - 4 与血管内皮细胞 VCAM - 1 分子间黏附作用增强。趋化因子家族的 RANTES 对记忆 T 细胞具有选择趋化作用。淋巴细胞表面黏附分子（如 CD2、CD3、CD15、CD31 和 VLA - 4 等）与配体结合后，也可通过多种机制影响黏附分子间的亲和力。

3. 参与免疫细胞的识别和活化　免疫细胞接受抗原刺激后的活化过程中，除了需要对特异性抗原的识别，还需要多种黏附分子的相互作用，作为辅助受体和共刺激分子为免疫细胞活化提供辅助信号。在 T 细胞和 APC 以及 CTL 和靶细胞间相互作用中提供共刺激信号的黏附分子有：CD4/MHCII类分子、CD8/MHCI 类分子、LFA - 1/ICAM - 1、CD2/CD58、CD28/CD80 或 CD86、ICOS/B7 - H2（B7 homologue2）或 ICOSL（Ligand for ICOS）等。黏附分子的相互作用利于免疫细胞间紧密接触，且可向细胞内传递活化的共刺激信号，并利于杀伤细胞的细胞毒作用的有效发挥。如果缺乏共刺激信号，则可使 T 细胞不能被激活，反而导致呈现无能（anergy）状态。静止的 B 细胞可通过 LFA - 1

（CD11a/CD18）/ICAM－1（CD54）、LFA－2（CD2）/ LFA－3（CD58）、CD40/CD40L 等黏附分子间相互作用于 T 细胞识别，活化 T 细胞的同时接受 T 细胞的共刺激信号，促进 B 细胞活化。

黏附分子除了促进细胞活化、增殖和分化外，有的黏附分子还发挥负调节作用。如活化 T 细胞表面 CD152（CTLA－4）与 APC 表面 CD80 或 CD86 分子结合，可对已活化 T 细胞产生抑制作用，防止免疫应答的过度活化。

4. 参与细胞内信号传导 细胞间或细胞－基质间黏附分子介导的相互作用并不仅限于细胞的黏附和附着，还参与向细胞内传导胞外黏附分子相互作用的信号。多种黏附分子的胞内段带有与细胞信号转导相关的功能性基团。酪氨酸磷酸化是细胞内信号传导的一个重要途径，某些黏附分子的胞内段带有酪氨酸激酶结构域，参与信号传导。如 CD4 分子具有受体型酪氨酸激酶，与其相应配体结合后，可介导酪氨酸磷酸化，引起胞内的级联反应和信号传导。某些黏附分子的胞内段还带有 ITAM 基序，参与介导免疫细胞活化。如 CD3 分子带有 ITAM 基序，可辅助 TCR 传递 T 细胞活化的第一信号。另外，一些黏附分子（如 CD95 分子）带有死亡结构域，参与介导凋亡信号的传导。

黏附分子所传导的信号也可作为一种辅助因素，协同其它刺激因素的作用，如 α3β1、α4β1、α5β1、α6β1 和 αLβ2 与配体的作用，可以协同 TCR/CD3 介导的淋巴细胞增殖和细胞因子产生。单核细胞及中性粒细胞表面整合素分子与配体的作用也参与诱导细胞产生炎症因子的过程。此外，整合素分子也与某些细胞内的酪氨酸磷酸化发生有关。如整合素分子 αⅡbβ3 的表达并与相应配体结合是血小板内酪氨酸磷酸化发生的必要条件，αⅡbβ3 不表达或其与配体间作用被阻断均可阻碍血小板内的酪氨酸磷酸化过程。但 αⅡbβ3 单独作用并不足以引起酪氨酸磷酸化，而只是作为其它刺激活化因素的必要辅助条件。

5. 参与调节免疫细胞凋亡 大多细胞必须与胞外基质黏附才能增殖，即"锚定依赖"。细胞一旦与基质分离，即发生凋亡。整合素和配体结合可有效阻止凋亡，其机制涉及多个细胞生理调节过程。包括：整合素聚集、FAP 形成、FAK 酪氨酸磷酸化、RAS 活化、进而抑制 MAPK 级联反应，激活 RAS－RAF－MEK－ERK 信号通路，促进细胞增殖，抑制细胞凋亡。

拓展与思考

关于免疫细胞膜分子的研究与描述是近年来免疫学向纵深方向发展的前导。随着这部分知识的不断完善，免疫应答活动的细节被一一刻画，免疫细胞的活动不再是孤立的生物学事件。因此在完成此章学习之后，请试着思考：第一，可以从哪些角度评价研究免疫细胞膜分子的意义？第二，在已有膜分子描述的基础上，能否设想或推论细胞膜分子还存在哪些可能的生物学作用？第三，结合临床医学实践，你觉得通过对这部分知识的学习会对你今后的研究有哪些启迪？

（刘 丹）

第六章　免疫细胞

免疫细胞（immunocyte）是参与免疫应答或与免疫应答有关的细胞及其前体。对于其组成的认识目前仍处于探索阶段，每每会有新的免疫细胞涌现。近年来，随着固有免疫应答概念的提出与强化，免疫细胞也按其在免疫应答过程中所担当的不同角色分为固有免疫细胞和适应性免疫细胞；通常将单核/巨噬细胞、树突状细胞、NK细胞、NKT细胞、γδT细胞、B1细胞、中性粒细胞、嗜酸性粒细胞、嗜碱性粒细胞、肥大细胞划入固有免疫细胞；而将T淋巴细胞和B淋巴细胞划入适应性免疫细胞。这种划分的主要依据是这些细胞对刺激物的感受方式和反应方式。这些免疫细胞无论在固有免疫应答还是适应性免疫应答中均发挥重要作用。

第一节　免疫细胞概述

免疫细胞的"身世"与"族谱"是免疫细胞分类的主要依据，也是讨论与研究免疫细胞生物学作用的一个重要前提。而明晰各类免疫细胞的发生与分化机制，则更助于理解这些免疫细胞在免疫应答中所扮演的角色。本章即以此作为叙述重点。

一、免疫细胞的起源与谱系

长期以来骨髓一直被认为是所有免疫细胞的发源地，由骨髓中的多能造血干细胞发育形成了相应的定向造血干细胞：即多潜能前体细胞（multipotent progenitor，MPP）和定向肥大细胞前体（mast cell progenitor，MCP），再由定向造血干细胞演进为各种前体细胞，如共同淋巴系祖细胞（Common lymphoid progenitor，CLP）、共同髓系祖细胞（Common myeloid progenitor，CMP），最终经各类特定器官微环境的参与，发育为淋巴细胞单核/巨噬细胞、树突状细胞、肥大细胞以及各种粒细胞（图绪－2）。不过近来的研究发现，在形态学上或功能上相似的某些功能性细胞群体，可能有着不同的谱系起源。而较晚发现的存在于黏膜相关淋巴组织、肝、脾、腹膜脂肪组织中的谱系标志不清的免疫细胞（Lineage－Negative Cells，LNC）则尚难以确定其来源和发生路径。

随着固有免疫应答概念的引入，部分非骨髓起源的细胞也逐渐被接纳进入免疫细胞行列，如覆盖体表与开放管腔表面的上皮细胞，组成血管壁的内皮细胞等。作为参与固有免疫的细胞，上皮细胞可表达多种模式识别分子，经诱导还可表达 MHC Ⅱ类分子，并可独立完成固有免疫应答过程。而血管内皮细胞也积极参与了免疫应答过程。

二、免疫细胞的分类与分化

骨髓起源的经典免疫细胞主要分成共同髓系祖细胞与共同淋巴系祖细胞两大系列。

（一）共同髓系祖细胞

共同髓系祖细胞再可进一步分化为粒细胞/单核细胞前体细胞（Granulocyte - macrophage progenitor，GMP）与红细胞/巨核细胞前体细胞（Megakaryocyte - erythroid progenitor，MEP）。由前者发育成为单核/巨噬细胞和各类粒细胞以及髓样树突状细胞；由后者衍生为红细胞与血小板。

1. 单核/巨噬细胞　在特定细胞因子作用下，骨髓中的 GMP 经原单核细胞、前单核细胞分化发育为单核细胞并进入血流，存留数小时至数日后，移行到全身组织器官分化为巨噬细胞。巨噬细胞广泛分布于全身各处，在不同部位中存留的巨噬细胞由于局部微环境的差异，其形态及生物学特征也有所不同，故名称各异，如肝脏的枯否细胞、脑部的小胶质细胞、骨组织的破骨细胞、肺泡巨噬细胞等。巨噬细胞寿命较长，在组织中可存活数月。

2. 粒细胞　GMP 在粒细胞集落刺激因子（G - CSF）作用下形成中性粒细胞，在 GM - CSF、IL - 5、IL - 3 和 IL - 5、TGF - β 刺激下，分别分化为嗜酸性粒细胞和嗜碱性粒细胞前体，然后再形成成熟的嗜酸性粒细胞和嗜碱性粒细胞。

3. 红细胞与血小板　MEP 在红细胞生成素（EPO）和干细胞因子（SCF）存在的条件下，可进一步形成红细胞集落形成单位，并发育为红细胞；在血小板生成素（TPO）和其他造血生长因子（如 IL - 6，IL - 11）存在条件下，体外可形成巨核细胞集落形成单位，最终发育为血小板。

（二）共同淋巴系祖细胞

共同淋巴系祖细胞可继续分化为 NK/T 前体细胞与 B 前体细胞两支，前者进入胸腺内发育形成 T 细胞、胸腺 NK 细胞、NKT 细胞、胸腺淋巴样树突状细胞；在胸腺外发育形成 NK 细胞与淋巴样树突状细胞。后者在骨髓内发育形成 B 细胞与淋巴样树突状细胞。

1. T 淋巴细胞　由骨髓进入胸腺的 T 细胞前体称为胸腺细胞（thymocyte），胸腺细胞经皮质浅层、皮质深层及髓质区移行发展。胸腺微环境是诱导并调控细胞分化发育的关键因素，在胸腺基质细胞（胸腺上皮细胞、树突状细胞、巨噬细胞等）及其表达的黏附分子、分泌的胸腺激素和细胞因子（如 IL - 1 G - CSF IL - 12 GM - CSF TNF - α IFN - α）构成的胸腺微环境内，胸腺细胞逐渐分化成熟，建立起能特异性识别各种抗原的 T 细胞库。成熟的 T 细胞库具有两个特性：①TCR 识别抗原的 MHC 限制性，即

T 细胞不仅特异性识别抗原肽，同时识别抗原肽 – MHC 分子复合物；②对自身抗原的耐受性，表现为能够特异识别非己抗原，对自身抗原不应答，这是因为 T 细胞在胸腺内发育阶段经历了阳性选择（positive selection）与阴性选择（negative selection）的缘故。

（1）TCR 表达   位于胸腺皮质的早期胸腺细胞不表达 CD4 和 CD8 分子，称为双阴性细胞（double negative cell，DN）。DN 细胞需经历 TCR 的发育和成熟才能转变为双阳性细胞（double positive cell，DP），同时表达 CD4 和 CD8 分子。TCR 基因重排是 TCR 表达的重要步骤，通常 TCR 基因的重排起于 TCRγ 链与 δ 链，由 TCRγδ 链重排成功而形成的成熟 T 细胞，即为 γδT。不再进入稍后的阳性选择与阴性选择。但大部分 T 细胞会遭遇 TCRγδ 链基因重排失败，此时即启动 TCRβ 链基因的重排，若 β 链基因重排成功则可诱导 TCR 的 α 链前体 pTα（gp33）和 CD3 的表达，并与 β 链组成 pTCR，诱导细胞进一步扩增，同时 pTCR 可诱导 CD8 和 CD4 基因活化，使细胞分化为 pre – TCR⁺ DP 细胞，再诱导 TCRα 链基因重排，待 TCRα 链基因重排完成，则关闭 pre – Tα 和 RAGs 基因，结束 TCR 基因重排过程，形成 αβT。期间 TCRβ 链基因重排失败，即导致细胞凋亡。

（2）阳性选择   当 TCR 基因重排完成后，T 细胞已分化成为 DP 细胞。此时若 T 细胞 TCRαβ 能与胸腺基质细胞表面 MHC Ⅱ 类分子或 MHC Ⅰ 类分子以适当的亲和力结合，经 MHC 分子选择后，便可继续分化为 CD4⁺ 或 CD8⁺ 的单阳性细胞（single positive cell，SP），此即阳性选择。阳性选择时，DP 细胞如与 MHC Ⅰ 类分子相互作用，则 CD8 分子表达上调，而 CD4 分子表达下调直至丢失，最终分化为 CD8⁺ T 细胞；如与 MHC Ⅱ 类分子结合，则 CD4 上调，而 CD8 下调直至丢失，分化为 CD4⁺ T 细胞。如 DP 细胞不能与自身 MHC Ⅰ 类分子或 Ⅱ 类分子结合，则发生细胞凋亡（apoptosis）被克隆清除。通过阳性选择的 CD4⁺CD8⁻ T 细胞和 CD4 CD8⁺ T 细胞分别具有识别自身 MHC Ⅱ 类和 MHC Ⅰ 类分子的能力，即 T 细胞获得了抗原识别的 MHC 限制性。也即阳性选择赋予了 T 细胞识别自身 MHC 分子与抗原肽复合物的能力。

（3）阴性选择   经阳性选择的 SP 细胞，既包括识别非己抗原的特异性克隆，也包括识别自身抗原的自身反应性克隆，此时 T 细胞需再次经历阴性选择过程。T 细胞若能识别胸腺皮质与髓质交界处的树突状细胞（DC）和巨噬细胞（Mφ）表面的自身肽与 MHC Ⅰ 类分子复合物或自身肽与 MHC Ⅱ 类分子复合物，即发生凋亡而致克隆清除。不能识别该复合物的 T 细胞则能继续发育。由此，T 细胞获得对自身抗原的耐受性。（图 6 – 1）

胸腺细胞在胸腺内只有经历 TCR 成熟、阳性选择和阴性选择这些复杂的发育过程，才能发育为成熟的单阳性 T 细胞，并获得自身耐受性和 MHC 限制性识别能力，离开胸腺，进入外周免疫器官。

2. NK 细胞   由共同淋巴系祖细胞分化而成的 NK/T 前体细胞。如不发生 TCR 基因重排，则可在骨髓（或胸腺）中分化发育为 NK 细胞，IL – 15 在 NK 细胞发育和分化中起关键作用。其分化成熟经历原 NK 细胞（CD34⁺/CD34⁻ CD122⁻）、前 NK 细胞（CD122⁺ IL – 15Rα⁺ CD161⁻）、未成熟 NK 细胞和成熟 NK 细胞（CD122⁺ CD56⁺ 或

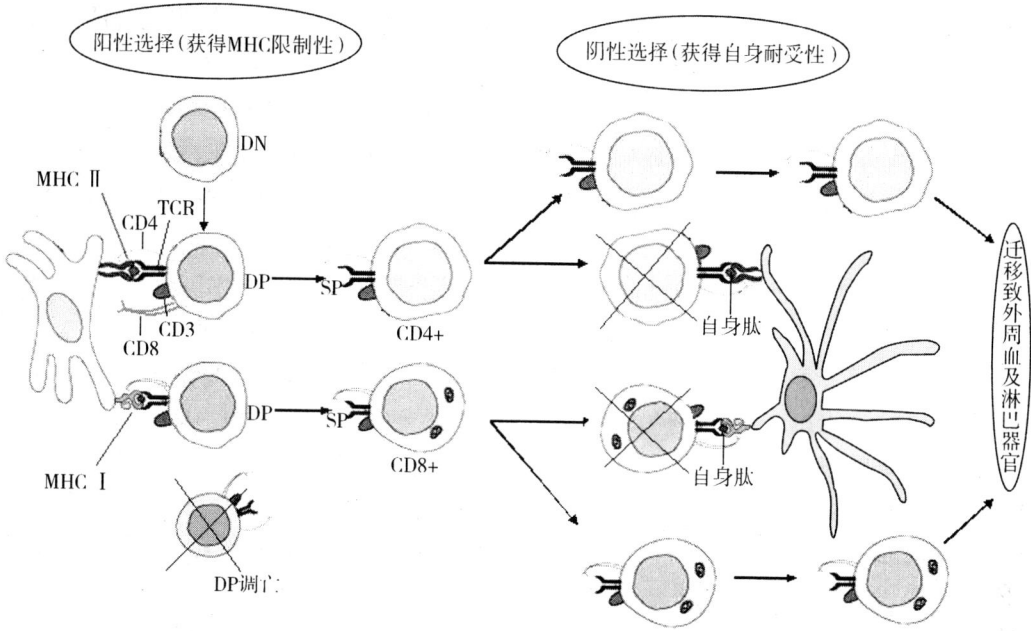

阳性选择(获得MHC限制性)　阴性选择(获得自身耐受性)

图 6-1　T 细胞在胸腺中的阳性选择和阴性选择

CD16$^+$/CD16$^-$ CD161$^+$) 等不同阶段。成熟的 NK 细胞主要分布于人和动物的脾脏及外周血中，表达杀伤抑制性受体和杀伤激活性受体。而未成熟 NK 细胞仅表达杀伤抑制性受体。NK 细胞分化成熟的细节尚未能完全披露。令人倍感兴趣的是 NK 细胞也存在自身耐受现象，这个现象被认为和 NK 细胞杀伤抑制性受体库的扩展相联系，但具体的自身耐受形成机制尚无定论，目前流行的"自我丧失"（missing self）假说不足以对此给出满意的解释。（图 6-2）

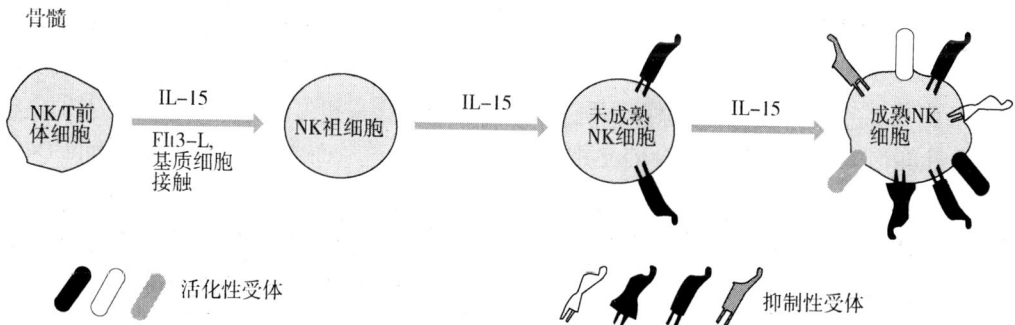

图 6-2　NK 细胞分化示意

3. B 淋巴细胞　骨髓造血微环境（hemopoietic inductive microenviroment，HIM）是促使共同淋巴系祖细胞分化为 B 细胞前体的必要条件。B 细胞前体在骨髓特定微环境中，经有序严密地调控，经历早期原 B 细胞（early - pro - B cell）、晚期原 B 细胞（late - proB cell）、前 B 细胞（pre - B cell）、未成熟 B 细胞（immature B cell）等多个发育阶段而成为成熟 B 细胞。骨髓基质细胞表达的细胞因子和黏附分子是 B 细胞发育的必要条件。如基质细胞表达膜型 SCF（mSCF）与早期发育的 B 细胞上 c－kit（SCF 受体，CD117）结合，可为早期分化发育提供刺激信号；基质细胞分泌的 IL－7 是诱导晚期祖 B 细胞向前 B 细胞发育的关键细胞因子；基质细胞分泌的基质细胞衍生因子 1（SDF－1）是早期 B 细胞趋化的重要因子。而 BCR（Ig）基因的重排成为 B 细胞不同发育阶段的重要标志。

（1）BCR 表达　早期原 B 细胞（表型为 B220^{low}CD43$^+$）首先开始 Ig 重链 V 区胚系基因 D－J 重排，随后晚期原 B 细胞发生 V－DJ 重排。到达前 B 细胞阶段，VDJ 重排完成，可表达完整 μ 链，但还不能合成完整的 Ig 分子，不表达 BCR，亦不具有任何功能。但此时 μ 链可与替代轻链 λ5/VpreB 共同组成 pre－B 受体，此时 CD43 丢失。虽然 Pre－B 受体的配体还不清楚，但此阶段是 B 细胞发育中的一个重要关卡（checkpoint）。在重排 μ 链基因的诱导下，Ig 轻链（κ 链或 λ 链）V 区基因开始发生 VJ 重排。随后产生轻链，形成 SmIgM$^+$ 的未成熟 B 细胞。待 μ 链外的其他 Ig 重链也开始表达，使 B 细胞可同时表达 SmIgM 和 SmIgD 时，即成为成熟 B 细胞。

（2）阴性选择　当进入 SmIgM$^+$ 的未成熟 B 细胞阶段时，BCR（mIgM）已经发育成熟，具有抗原识别能力。未成熟 B 细胞克隆的 BCR 与骨髓细胞表面的自身抗原发生结合，则该细胞发育被阻滞，但其 Ig V 区基因经诱导可发生重排，称为受体编辑（receptor edit）。被阻滞的未成熟 B 细胞通过受体编辑过程可改变其抗原识别特性，成为对自身抗原无反应性的克隆而继续发育成熟。若受体编辑失败，则该细胞克隆将发生凋亡而被清除。此即 B 细胞的阴性选择过程。部分受阴性选择后的 B 细胞克隆亦可不发生凋亡，呈现对抗原刺激的不反应状态，这被称为无能（anergy）。决定克隆清除或克隆无能的主要因素是受体交联信号的强度。强信号诱导克隆清除；而弱信号诱导克隆无能。

（3）阳性选择　B 细胞的阳性选择系由成熟 B 细胞经抗原激活后所发生的生物学事件。进入淋巴结滤泡部位的成熟 B 细胞受抗原刺激后活化，细胞增殖的同时可发生体细胞高频突变（即 BCR 基因突变，导致 BCR 抗原结合亲和力发生改变的过程），突变后的 B 细胞凡能与滤泡树突状细胞（FDC）表面抗原以低亲和力结合或不能结合者即发生凋亡；凡能与抗原高亲和力结合的 B 细胞则表达 CD40，从而与活化 Th 细胞表面 CD40L 结合而免于凋亡，继续发育分化，这一过程即为阳性选择。免于凋亡的细胞克隆或分化将可分泌高亲和力抗体的长寿命浆细胞迁移至骨髓，或分化为记忆 B 细胞定居于外周，当再次遇到相同抗原时，产生快速高效的回忆反应。B 细胞的阳性选择不但促进抗体亲和力成熟，且同时伴有 Ig 的类别转换。

由于 B 细胞的克隆选择分别发生于未成熟阶段和成熟阶段，据此，通常将 B 细胞的分化成熟分为抗原非依赖和抗原依赖两个阶段。（图 6－3）

（三）谱系交叉的树突状细胞

树突状细胞（DC）即可源自共同髓系祖细胞（CMP），也可源自共同淋巴系祖细胞（CLP）。前者称为髓系 DC（myeloid dendritic cell，mDC），后者称为淋巴系 DC（lymph-

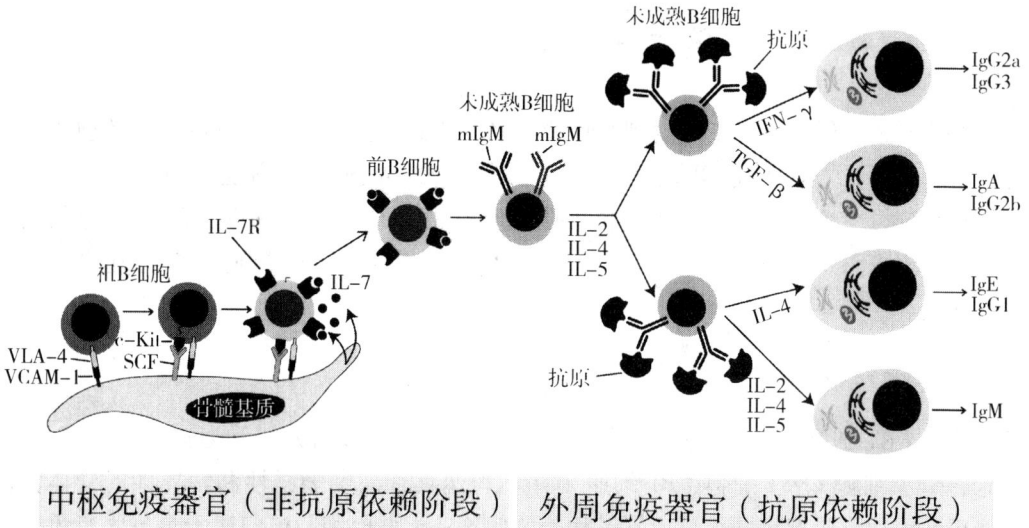

图 6-3　B 淋巴细胞分化和成熟的两个阶段

oid - derived dendritic cell, lDC) 或浆细胞样 DC (plasmacytoid dendritic cell, pDC)。

1. 髓系 DC　mDC 多数由 CMP 在 GM - CSF 和 TNF - α 诱导下分化形成, 少数可由外周血中单核细胞演变而来。处于非淋巴组织阶段的 mDC 称为未成熟 DC, 未成熟髓系 DC 形态多为星形, 低水平表达 MHC Ⅱ类分子, 缺乏刺激 T 细胞所需的共刺激分子, 但捕捉抗原能力很强。未成熟 DC 在捕捉抗原的同时, 受趋化性细胞因子, 如巨噬细胞炎症蛋白 (MIP)、活化 T 细胞所分泌的趋化因子 (RANTES)、单核细胞趋化蛋白 (MCP) 等作用, 通过淋巴管和血循环迁移至局部淋巴结。在此过程中, DC 可大量增殖, 分泌各种细胞因子, 同时伴随结构和功能改变, 逐渐成熟。随着 DC 发育成熟, 其表面受体表达改变, 渐丧失捕获抗原能力, 处理抗原能力亦降低。而逐渐高表达 CCR7、CXCR4 等受体, 对淋巴结区高浓度 CXC 亚类趋化性细胞因子 (SDF - α、MIP - 3β 等) 反应性明显增强, 使 DC 向淋巴结 T 细胞区迁移。此时 DC 高表达 MHC Ⅰ类和Ⅱ类分子。完成迁移的 DC 即停止合成 MHC Ⅱ类分子, 但稳定高表达抗原肽 - MHC Ⅱ类分子复合物、黏附分子 (如 ICAM - 1) 和多种共刺激分子 (如 CD80、CD86、CD40 等), 故具有极强的抗原提呈能力。成熟 DC 可分泌 IL - 12, 尤其在 CD40L 作用下, 能分泌各类细胞因子, 有效激活静息 T 细胞发生初次免疫应答。

2. 淋巴系 DC　由 CLP 分化形成的 lDC 具有多种分化环境, 一部分在骨髓内直接演变为 lDC, IL - 3 与 CD40L 在 lDC 的分化、成熟过程中具有重要意义。另一部分 lDC 是在胸腺环境中由 NK/T 前体细胞演化而成。有关 lDC 的演化细节目前尚不得而知。

DC 的分化成熟受包括细胞因子、黏附分子、局部微环境以及抗原性质等多种因素调控。细胞因子中的 GM - CSF、TNF - α 等可起到促分化作用; IL - 1、IL - 6、IL - 12 等起到辅助成熟作用; IL - 10 则可抑制 DC 成熟。

第二节　固有免疫细胞

如前已述，依据免疫细胞对刺激物的感受方式和反应方式，以及在不同类型免疫应答中所起作用，习惯上将 NK 细胞、NKT 细胞、γδT 细胞、B1 细胞、单核/巨噬细胞、树突状细胞、中性粒细胞、嗜酸性粒细胞、嗜碱性粒细胞、肥大细胞划入固有免疫细胞，此节将形态学上归属淋巴细胞的 NK 细胞、NKT 细胞、γδT 细胞、B1 细胞划入固有淋巴细胞。

一、固有淋巴细胞

较之 αβT 细胞与 B2 细胞所执行的严格抗原识别 – 激活方式和记忆细胞形成，NK 细胞、NKT 细胞、γδT 细胞、B1 细胞则并不表达具有高度多样性和特异性的受体，也不能于激活后形成记忆性免疫应答过程。这使这一类淋巴细胞被归属于参与固有免疫应答的细胞群体。不过正是由于这一类淋巴细胞的存在，在固有免疫与适应性免疫之间形成了一种"无缝"链接。

（一）NK 细胞

自然杀伤细胞（Natural killer cell）是一群缺乏抗原受体的淋巴细胞，因其具有细胞毒效应，无需抗原致敏就能自发地杀伤靶细胞而得名。如前述 NK 细胞与 T 细胞具有共同的前体细胞，故 NK 细胞与 T 细胞，尤其是 CD4$^-$CD8$^+$ T 细胞具有极为相似的效应方式，只是不表达 TCR、BCR 以及 CD4 和 CD8 分子。在 NK 细胞表面替代抗原受体的是一类称为细胞杀伤受体的膜分子（其类别和生物学作用详见第五章）。已有的研究表明，NK 细胞是一群异质性的细胞群体，其膜分子的表达存在差异，而这些差异有可能和 NK 细胞类群的不同生物学作用相联系，随着 NK 细胞在免疫活动中所显现的作用被更多的揭示，有关 NK 细胞的分群和生物学作用的差异问题正受到更多的关注。

NK 细胞的活化及所产生的多种生物学效应，多数与细胞杀伤受体中杀伤细胞活化受体（killer activatory receptor，KAR）与杀伤细胞抑制受体（killer inhibitory receptor，KIR）两者的表达及相互间的平衡密切关联（也和靶细胞上这两类受体的配体表达关系密切）。而 NK 细胞表面的 Fc 受体（CD16）亦可因抗体的介导致使细胞激活，并成为抗体清除抗原的重要延伸。

活化的 NK 细胞因其细胞毒作用而具有抗感染、抗肿瘤作用；NK 细胞的抗感染作用表现为对受感染细胞的直接杀伤作用，以及释放 IFN – γ、TNF – a、IL – 2、IL – 5、GM – CSF 及 M – CSF 等细胞因子的间接作用。NK 细胞的抗肿瘤作用则表现为因肿瘤细胞表面 KIR 配体表达减少而引起的 NK 细胞激活。此外成熟 NK 细胞所分泌的 IFN – γ、TNF – α、IL – 2、GM – CSF、M – CSF 和 IL – 5 等多种细胞因子，对 T 细胞、B 细胞、骨髓干细胞等均起免疫调节作用。尤其是在 Th1/ Th2 平衡调节中，NK 细胞来源的 IFN – γ具有举足轻重的意义。

（二）NKT 细胞

NKT 细胞是一类既表达 TCR，又表达 NK 细胞杀伤受体的淋巴细胞，分布于骨髓、肝脏和胸腺等处。NKT 细胞与经典 T 细胞一样经历胸腺发育过程，所不同的只是主导其阳性选择和阴性选择过程的不是 MHC 分子，而是 CD1 分子。

NKT 细胞表达的 TCR，属于 αβ 型，但其 α 链缺少多样性，仅 β 链具有多样性，故称之为"半恒定式"（semi - invariant）。主要识别由 CD1 分子提呈的糖脂和脂类抗原，如半乳糖胺神经酰胺鞘糖脂（α - galactosylceramide，α - GalCer）等，因不受 MHC 限制，其 CD4、CD8 分子的表达不均一，多数为 DN 细胞，少数为 CD4$^+$ 细胞或 CD8$^+$ 细胞。NKT 细胞的 NK 细胞杀伤受体以 C 型凝集素家族的 CD161c（NK1.1）为主要代表。也可表达 CD94/NKG2C、NKG2D 及 KIR 家族成员的受体。故其激活配体为非 MHC 分子的压力诱导型配体为主（如溶酶体糖脂等）。（图 6 - 4）

NKT 细胞激活具备固有免疫应答的特征，在受到抗原刺激后，克隆迅速扩增，3 天后即达到高峰，不经分化即可发挥效应。除产生细胞毒作用外，活化的 NKT 细胞可分泌大量 IL - 4、IFN - γ、GM - CSF、IL - 13 等细胞因子和趋化因子，介导 T 细胞、NK 细胞以及树突状细胞的活化与分化。为适应性免疫应答的形成奠定基础。

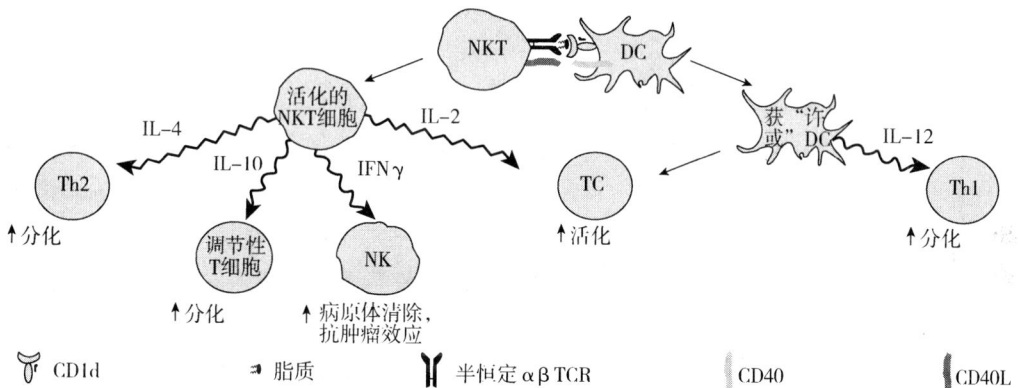

图 6 - 4　NKT 细胞的生物学作用

（三）γδT 细胞

胸腺内 T 细胞前体在成功完成 γδ 链重排后，形成的 T 细胞即为 γδT 细胞。此类细胞多为 DN 细胞和 CD8αα$^+$ 细胞。主要分布于皮肤及黏膜免疫系统中，胸腺及淋巴结亦有少量分布。γδT 细胞在胸腺发育过程中也要经历阳性选择和阴性选择过程，但其诱导配体目前尚不十分清楚。

TCRγδ 既能够以类似模式识别受体（PRR）的方式识别相应配体（通常无需 APC 的加工处理与提呈），也可以接受 APC 以非经典 MHC Ⅰ 类分子（MHC Ⅰb 或 CD1）提呈的抗原。γδT 细胞表面也可表达 NK 细胞杀伤受体（如 NKG2D），并被认为是潜在的活化共刺激信号。

活化的 γδT 细胞呈现功能上的异质性，部分 γδT 细胞充当细胞毒性 T 细胞（γδTc），而有些 γδT 细胞则演化为辅助性 T 细胞（γδTh1、γδTh2）。近来报道显示，部分 γδT 细胞也可以成为调节性 T 细胞（γδTreg）。此外活化的 γδT 细胞还具有类似炎症细胞产生趋化因子和组织修复因子的作用。活化的 γδT 细胞较之 αβT 细胞有更快的增殖速度，且在抗原持续存在时，可形成二次增殖，但不形成免疫记忆。故在再次感染中其防御功能不及 αβT 细胞。（图 6-5）

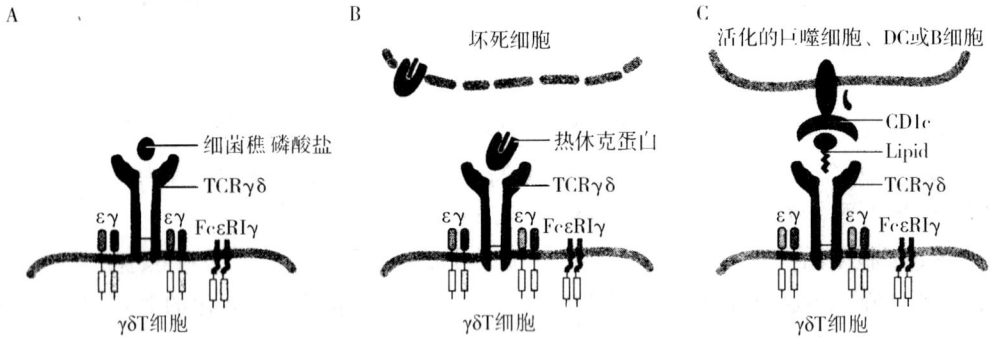

图 6-5　γδT 细胞的识别模式

（四）B1 细胞

长期以来，B1 细胞是被作为非骨髓起源的 B 细胞而加以认定的。但近来的研究显示，B1 细胞可以被界定为 CD20$^+$CD27$^+$CD43$^+$CD70$^-$，CD5$^+$ 或 CD5$^-$ 的一类细胞群体。这类细胞以自发分泌"多特异性"（polyspecificity）抗体而有别于经典的 B 细胞。B1 细胞主要分布于胸腹腔，少量分布在淋巴结与脾脏。

与经典的 B 细胞相比，B1 细胞 BCR 类型以 mIgM 为主，较少表达 mIgD。其膜分子中高表达 CD11b，低表达 CD21、CD23 和作为 B 细胞同种型标志的 CD45R。对 B1 细胞的 BCR 基因序列分析显示，其重排过程因缺少 N 区插入和体细胞突变等构成多样性的重要因素参与，故"细胞库"的多样性显得十分有限。作为非骨髓起源的 B 细胞，B1 细胞存在着尚不清楚的特殊再生方式，但这种方式不能形成免疫记忆。

B1 细胞产生的大量自发分泌性天然抗体，是机体早期固有免疫的重要组成，可针对多种细菌的脂多糖形成防御作用。近来研究显示，依据 CD5 的表达与否，B1 细胞又可进一步划分为 B1a（CD5$^+$）与 B1b（CD5$^-$）两个亚群。前者在骨髓内不能发现其前体细胞，而后者能够于骨髓内发现其前体细胞。进一步研究提示，B1a 是大量自发性天然抗体的产生源头，而 B1b 主要形成由 TI 抗原诱导的各类"广谱"抗体，如针对博氏疏螺旋体和肺炎链球菌的"多特异性"抗体。

二、树突状细胞

1973 年 Steinman 和 Cohn 在小鼠脾脏发现具有树枝状突起的独特形态的细胞，并将之命名为树突状细胞。按谱系起源，DC 分 mDC 与 lDC 两支，mDC 表达模式识别分子

TLR2、TLR4、（也少量表达 TLR3、TLR7），以分泌 IL-12 为主。尚可分为 CD14$^+$ CD1a$^-$ 与 CD14$^-$ CD1a$^+$ 两个亚群，其在分布、分化途径和生物学作用上亦有较大区别。lDC 则表达模式识别分子 TLR7、TLR9，以分泌 IFN-α 为主。

（一）DC 的分布与命名

DC 的生物学作用往往因其分布部位而异，其形态也会有所不同。故目前仍沿用其分布部位来加以描述。按组织学分类，可分为：①非淋巴样组织 DC，包括朗格汉斯细胞和间质 DC，在分化上属未成熟 DC；②循环 DC，包括外周血 DC 和隐蔽细胞，在分化上属 DC 成熟的中间阶段；③淋巴样组织 DC，包括滤泡 DC、并指状 DC 和胸腺 DC，在分化上属成熟 DC。

1. 朗格汉斯细胞（Langerhans cell，LC）　是位于表皮和胃肠道上皮的未成熟 DC，其膜分子高表达 MHC Ⅰ、Ⅱ类抗原和 FcγR、C3bR，胞质内含特征性 Birbeck 颗粒。皮肤中活化的 LC 很少，通过体外培养经 GM-CSF、IL-4 刺激而活化后，其发生如下变化：MHC Ⅱ类分子和 CD40 表达上调；隐蔽的突起展开且数量和长度增加；胞内酸性细胞器和 Birbeck 颗粒减少甚至消失；特征性 CD1a 标记可能消失。LC 具有较强吞噬能力和抗原提呈能力。皮肤 LC 功能受神经-内分泌调控，提示神经末梢可能与其分布有关。

2. 间质性 DC（interstitial DC）　主要是分布在心脏、肝脏、肾脏、肺脏等实质器官间质毛细血管附近的未成熟 DC，其高表达 MHC Ⅱ类分子，具有不规则膜突起。间质 DC 也可分布于骨骼肌和大血管内皮下，可能与动脉粥样硬化发生有关。分布于消化道、呼吸道和泌尿生殖道黏膜的间质 DC 即黏膜 DC，是一群特殊的 DC，也称为哨兵细胞（sentinel cell），其形态和表面标志随环境不同而各异。例如，口腔黏膜 DC 表达 CD1a，含 Birbeck 颗粒；直肠 DC 表达 CD1a；气管、支气管、肺泡、大肠、小肠、阴道和宫颈黏膜 DC 高表达 MHC Ⅱ类抗原。亦可分布于某些免疫赦免区，如巩膜、角膜、虹膜及松果体等处。

3. 循环 DC（circulating DC）　包括外周血 DC（peripheral blood dendritic cell）和隐蔽细胞（veiled cell，VC）。前者指血液中的 DC，主要包括来自骨髓的 DC 前体细胞和经血循环迁移、携带抗原的 LC 及间质 DC；后者为输入淋巴管和淋巴液中迁移形式的 DC，分布在全身淋巴管中。VC 来源十分广泛，机体受感染、损伤等刺激后，全身各器官 DC 均迁移至淋巴管中成为 VC，故此群细胞的标志和形态各异，但一般均高表达 MHC Ⅱ类分子。VC 的生物学功能为：较强的摄取抗原能力；能在体外自发与 T 细胞形成 DC-T 细胞簇；可激活未致敏 T 细胞，启动初次免疫应答。

4. 滤泡状 DC（follicular dendritic cell，FDC）　是参与再次免疫应答的主要抗原提呈细胞。FDC 可能由间质 DC 迁移至淋巴滤泡而形成，其表面具有树枝状突起，主要分布于淋巴结、脾脏和肠相关淋巴组织（MALT）B 细胞区的初级和次级淋巴滤泡中，是一种非迁移性细胞群体。FDC 不表达 MHC Ⅱ类分子而高表达 FcR 和 CD35（CRl）、CD21（CR2），可与抗原-抗体复合物和（或）抗原-抗体-补体复合物结合，但并不发生内吞，使抗原长期滞留在细胞表面（数周、数月、甚至数年），从而参与记忆性 B 细胞产生和维持。FDC 周围聚集的 B 细胞能识别和结合被 FDC 滞留、浓缩的复合物形式的抗原，并经加工处理后提呈给 Th 细胞，有效激发再次免疫应答。另外富含 B 细胞的次级淋巴滤泡生发中心有一种表达 MHC Ⅱ 类分子的 DC，即 GCDC（germinal centre dendritic cell），是一种能迁移的细胞，可到达 T 细胞区并激活 T 细胞。

5. 并指状 DC（interdigitating DC，IDC） 是参与初次免疫应答的主要抗原提呈细胞，由皮肤朗格汉斯细胞移行至淋巴结衍生而来，分布于淋巴组织胸腺依赖区和次级淋巴组织中，其表面缺乏 FcR 和 C3bR，但富含 MHC Ⅰ 类和 Ⅱ 类抗原。IDC 通过其突起与周围 T 细胞密切接触，可有效将抗原提呈给特异性 T 细胞。多数 IDC 易发生凋亡，为短寿命；少量 IDC 为长寿 APC，可能与维持 T 细胞免疫记忆有关。

6. 胸腺 DC（thymic dendritic cell） 即胸腺并指状细胞，约占骨髓来源胸腺细胞的 0.1%，主要位于胸腺皮质/髓质交界处和髓质部分。胸腺 DC 与外周淋巴器官 IDC 均主要来源于骨髓，但二者表面标志不完全一致。人胸腺 DC 高表达自身抗原、MHC Ⅱ 类分子和 CD11，其主要功能是参与 T 细胞在胸腺的阴性选择，通过清除自身反应性 T 细胞而诱导中枢自身耐受。胸腺 DC 生命周期很短，仅 $2 \sim 3$ 周。

以分布命名的 DC，可随其迁移而发生改变。如摄取抗原的朗格汉斯细胞经输入淋巴管，称为"隐蔽细胞"，然后迁入引流淋巴结的副皮质区，在此部位即称为并指状 DC。

（二）DC 的生物学功能

1. 抗原提呈 DC 捕获可溶性抗原的途径包括：受体介导的内吞作用，即借助膜表面不同受体，如 TLRs、FcRs、甘露糖受体等捕获低浓度抗原；也可以借助强大的液相吞饮功能，在极低抗原浓度情况下有效摄取抗原；吞噬作用，摄取大颗粒或微生物；FDC 还可长期储存捕获的抗原，从而维持记忆性 B 细胞克隆水平。一般而言，未成熟 DC 摄取抗原能力较强。DC 对抗原的加工和处理过程包括：将摄入的外源性蛋白质抗原，在富含 MHC Ⅱ 类分子的细胞区室（MⅡC）中被降解成多肽，并与 MHC Ⅱ 类分子结合成复合物表达于 DC 表面，提呈给 CD4$^+$ T 细胞；少数抗原通过胞质的 TAP 依赖途径或内体的 TAP 非依赖途径循 MHC Ⅰ 类分子途径提呈给 CD8$^+$ T 细胞；DC 摄取的外源性脂类或糖脂类抗原主要通过 CD1 途径被 DC 加工和提呈。

2. 参与 T、B 细胞的分化发育和激活 在胸腺，DC 作为重要的胸腺间质细胞，对 T 细胞在胸腺中的选择过程起重要作用。DC 表面高表达 MHC Ⅱ 类分子，DP 细胞在 TCR 重排后识别 DC 表面的自身 MHC 分子，通过阳性选择而存活；进入胸腺髓质的 SP 细胞，通过识别 DC 表面自身肽 - MHC 分子复合物而经历阴性选择。在免疫应答过程中，DC 除了提供初始 T 细胞活化所需的抗原刺激信号（第一活化信号）外，也通过膜表面的共刺激分子，如 CD40L、CD134L 等提供共刺激信号（第二活化信号）。已经发现，mDC 与 lDC 两类细胞在诱导初始 Th0 向 Th1/Th2 定向分化中起不同作用。mDC 主要诱导初始 Th0 向 Th1 定向分化，lDC 主要诱导初始 Th0 向 Th2 定向分化，并受到 Th1/Th2

的反馈调节，其作用的详细机制尚不明确。位于外周淋巴器官 B 细胞依赖区的 FDC 可参与 B 细胞发育、分化、激活。例如：可参与 B 细胞膜表面高亲和力 Ig 表达和 V 基因重排；促进生发中心淋巴细胞对抗原产生特异性反应；促进静止 B 细胞表达 B7 分子，并发挥抗原提呈功能；通过释放可溶性因子直接调节 B 细胞生长与分化；促进细胞因子诱导的 CD40$^+$B 细胞生长和分化；人外周血 DC 表达类似 CD40L 的分子，参与 B 细胞激活。

3. 诱导和维持免疫耐受　DC 除了在胸腺中参与 T 细胞的阴性选择，通过排除自身反应性克隆在中枢免疫耐受的建立中发挥重要作用外，还在外周免疫耐受的形成过程中起关键性作用。静息状态下，骨髓来源的未成熟 DC 经血液、非淋巴组织向淋巴组织 T 细胞区迁移的过程中，不断捕获自身抗原（包括死亡的自身细胞和内环境的其他蛋白），并因此诱导相应 T 细胞产生耐受。其可能的机制之一为类似于胸腺髓质 DC 参与的 T 细胞阴性选择，通过摄取自身抗原的 DC，将所处理的自身抗原肽提呈给相应自身反应性 T 细胞，并诱导该细胞克隆发生凋亡。第二种可能的机制是，接受抗原刺激的未成熟 DC 通过诱导调节性 T 细胞产生，后者可分泌具有负调节作用的 IL - 10，参与外周耐受的建立。未成熟 DC 诱导外周耐受需摄入一定量自身抗原；其次未成熟 DC 表面的 DC - SIGN 与静止 T 细胞表面的 ICAM - 3 结合，可提供自身反应 T 细胞激活信号；同时摄取自身抗原的未成熟 DC 本身可分泌 IL - 10，有助于耐受的诱导；此外未成熟 DC 所介导的外周耐受具有可逆性。因此未成熟 DC 通过以上机制可以有助于机体对那些未能进入中枢免疫系统的自身抗原形成耐受。

4. 参与维持免疫记忆　位于外周淋巴器官 B 细胞依赖区的 FDC 高表达 FcR、CR 等受体，有利于持续附着一定量抗原，并通过长时间刺激记忆 B 细胞，使其保持免疫记忆。此外，外周淋巴器官 T 细胞依赖区中有极少量长寿 IDC，可能与 T 记忆细胞形成和维持有关。

此外，DC 自身的摄取与形成各类细胞因子的能力，本身就是一种清除病原生物的机制，故 DC 也是固有免疫防御中的一个重要环节。

三、单核/巨噬细胞

20 世纪 70 年代 Van Furth 提出了单核/巨噬细胞系统（mononuclear phagocytic system，MPS）这一概念。MPS 包括骨髓前单核细胞（pre - mono cyte）、外周血单核细胞（monocyte，Mon）和各种组织巨噬细胞（macrophage，MΦ）。作为固有免疫细胞，Mon 和 MΦ 具有十分广泛的免疫生物学功能。

（一）单核/巨噬细胞表达的膜分子

1. 模式识别受体　单核/巨噬细胞的细胞膜与细胞质内分布着绝大多数类型的模式识别受体（PRR），这可能意味着这类细胞是在进化过程中最先承担接受"危险"信号的使命。单核/巨噬细胞可表达的主要 PRR 归纳如下表。（详细内容见第五章）（图 6 - 1）

表 6-1   单核/巨噬细胞表达的主要模式识别受体

受体类型	名称	配体
CD206	甘露糖受体（MR）	甘露糖
CD14	LPS 受体	LPS 结合蛋白
TLR 家族	Toll 样受体	LPS-CD14 复合物
SR 家族	清道夫受体、磷脂酰丝氨酸受体	LDL、胶原蛋白、血小板反应蛋白、磷脂酰丝氨酸
整合素αV β3	纤连蛋白受体	纤连蛋白

在上述这些 PRR 中，CD14 分子可以作为单核/巨噬细胞的重要表面标志，并可成为这个系统成员成熟过程的一个参考坐标。近年来，有学者将单核细胞分为三个亚群，即经典单核细胞（classical monocyte）群，其标志是高表达 CD14，不表达 CD16；非经典单核细胞（non-classical monocyte）群，其标志是低表达 CD14，高表达 CD16；中间型单核细胞（intermediate classical monocyte）群，其标志是高表达 CD14，低表达 CD16。这个分群实质是显示了单核细胞的成熟过程，其中低表达 CD14，高表达 CD16 的非经典单核细胞是成熟度最高的群体，只有这群细胞在微生物的相应配体激活下，才能产生大量的前炎症因子（如 TNF、IL-12 等），并高表达程序性死亡因子-1（programmed cell death-1，PD-1），PD-1 的表达可引起 IL-10 的分泌并诱导形成 Th2 细胞。对 T 细胞的活化产生调节。

2. Fc 受体与补体受体   单核/巨噬细胞膜分子的另一类界定性标志是诸如 CD16、CD64 一类的 Fc 受体和 MAC-1 一类属于整合素家族成员的补体受体，这些膜分子的表达与介导由抗体和补体驱动的调理作用密切关联。

3. CD68   这是一个普遍表达于巨噬细胞表面的膜分子，与吞噬及吞噬后的溶酶体转运息息相关。

此外，作为重要的 APC，巨噬细胞表面还高表达 MHC 分子与共刺激分子。

（二）单核/巨噬细胞的生物学功能

1. 吞噬、杀灭作用   单核/巨噬细胞可有效吞噬、消化外来抗原（如病原微生物、不溶性颗粒）和内源性物质（如损伤或死亡的宿主细胞、细胞碎片及活化的血栓等）。单核/巨噬细胞首先在某些趋化性细胞因子作用下向炎症灶或抗原侵入的场所趋化，然后与抗原发生黏附，并伸出伪足包围被黏附的抗原，继而伪足融合内陷形成吞噬体（phagosome），吞噬体再与溶酶体融合形成吞噬溶酶体（phagolysome），溶酶体中的抗菌和细胞毒物质，如：活性氧、NO、各种蛋白酶（溶菌酶和蛋白水解酶等）能破坏或水解消化吞噬的病原体等异物，最后通过胞吐作用（exocytosis）排除裂解后形成的小分子物质，或通过复杂的加工过程将其提呈给 T 细胞。巨噬细胞膜表达 Fc 受体和补体受体，并可通过调理作用促进吞噬功能。

2. 炎症反应形成与调节作用   单核/巨噬细胞在某些趋化性细胞因子作用下，可定向移动穿越毛细血管内皮细胞间隙而达到炎症灶，发挥生物学功能。单核/巨噬细胞具有活跃的分泌功能，可分泌多种因子参与炎症反应的形成与调节。这些因子包括：IL-1、IL-6、IL-8、IL-12、IFN-γ、TNF-α、G-CSF、GM-CSF 和 TGF-β 等细胞因子；C1~C9、B 因子、D 因子、P 因子等补体成分；凝血因子 V、Ⅶ、Ⅸ、X、凝血酶原、纤溶酶原激活物、纤溶酶原等凝血因子；防御素（defensin）、前列腺素、白三烯、血小板活化因子、ACTH、内啡肽等生物学活性产物；溶酶体酶、溶菌酶、髓过氧化物酶、活性氧中间物、活性氮中间物等杀菌物质。使单核/巨噬细胞在炎症反应的形成与调节中具有十分重要的位置。此外，单核/巨噬细胞还可通过分泌透明质酸酶、弹性蛋白酶、胶原酶、TNF 等细胞因子，α2-巨球蛋白、α1-蛋白酶抑制剂、血浆纤溶酶和胶原酶抑制剂、血浆纤溶酶原活化抑制剂等酶抑制剂、参与组织的修复和重建。

3. 抗原提呈作用 通过吞噬（phagocytosis）、胞饮（pinocytosis）、受体介导的胞吞作用（receptor-mediated endocytosis）等方式摄取抗原。进入胞内的抗原被加工、处理后，以抗原肽-MHC Ⅱ类分子的形式表达于巨噬细胞表面，提呈给 $CD4^+T$ 细胞。此外，在抗原呈递过程中单核/巨噬细胞产生的 IL-1 也是辅助性 T 细胞活化不可缺少的刺激信号。

4. 介导免疫效应作用 单核/巨噬细胞可通过参与免疫调理、ADCC 等参与体液免疫或受 Th1 招募参与细胞免疫的效应阶段，发挥清除靶抗原、杀伤靶细胞的作用。

5. 免疫调节作用 单核/巨噬细胞可通过摄取、加工处理、提呈抗原启动免疫应答；分泌多种具有免疫增强作用的细胞因子（如 IL-1、IL-12、TNF-α 等）促进免疫细胞活化、增殖、分化和产生免疫效应分子等途径促进免疫应答。亦可通过由过度活化的巨噬细胞转变为抑制性巨噬细胞，来分泌前列腺素、TGF-β、活性氧分子等免疫抑制性物质来抑制免疫细胞活化、增殖或直接杀伤，从而发挥负调节作用。

四、其他固有免疫细胞

参与免疫应答活动的其他固有免疫细胞还包括各种粒细胞和肥大细胞。

（一）粒细胞

白细胞根据形态不同可分为颗粒白细胞和无颗粒白细胞两大类，颗粒白细胞（粒细胞）因其细胞核呈分节状，故又称为多形核白细胞（polymorpho-nuclear leukocytes）。粒细胞由骨髓干细胞分化而来，发育成熟后进入外周血液中，虽然寿命短暂，在血液中仅存在数小时，但其分化更新速度较快，以补充所需。根据其胞浆颗粒对染色剂不同的反应，可将粒细胞分为嗜酸性粒细胞、嗜碱性粒细胞、中性粒细胞三种。

1. 嗜酸性粒细胞 细胞质中具有嗜酸性颗粒，颗粒内含有过氧化物酶和酸性磷酸酶等大量水解酶。细胞表面表达多种趋化因子受体和补体受体。嗜酸性粒细胞对蠕虫类寄生虫具有较强的杀伤作用，在 IgG 和 C3b 的参与下黏附于虫体上，对寄生虫起到毒性及杀伤作用，这是体内抑制寄生虫的重要途径。

2. 嗜碱性粒细胞 是血液中含量最少的白细胞。细胞质内的嗜碱性颗粒含有组胺、肝素、血清素、白三烯等。细胞表面表达高亲和力 $Fc\varepsilon R$ 和 C3aR、C5aR。可参与炎症反应、抗肿瘤免疫应答以及介导 I 型超敏反应。

3. 中性粒细胞　在急性损伤和感染后 30min，中性粒细胞即在趋化因子作用下到达损伤局部。通过 PRR 识别相应病原体分子模式，进而被激活。激活后的中性粒细胞即开始吞噬，其胞质中含有许多细小颗粒，颗粒中包含酸性磷酸酶、过氧化物酶、蛋白酶、防御素、溶菌酶和胶原酶等多种杀菌物质，可形成对病原体的杀灭作用。

（二）肥大细胞

肥大细胞主要分布在各黏膜及组织中，如皮肤、呼吸道、消化道和各器官结缔组织等。肥大细胞与嗜碱性粒细胞具有相似的特点，细胞质中含有嗜碱性颗粒，内含有组胺、肝素、血清素等。除此，肥大细胞尚可产生种类极为丰富的细胞因子，包括从 IL – 1 至 IL – 6、TNF 以及可对中性粒细胞与嗜酸性粒细胞产生趋化作用的炎症因子。故从某种意义上说，组织内的肥大细胞起到了炎症反应的"开关"作用。肥大细胞还表达多种细胞因子受体，如 IL – 1R、IL – 4R、IL – 5R、IL – 6R、IL – 12R、IL – 13R、TNF 等，在参与免疫调节和炎症反应中同样承担重要作用。

第三节　适应性免疫细胞

此节讨论的适应性免疫细胞仅限定于经典意义上的 T 淋巴细胞（αβT 细胞）和 B 淋巴细胞（B2 细胞）。

一、T 淋巴细胞

成熟的 T 淋巴细胞具有很大异质性，表现为膜分子的表达差异和生物学作用的不同。正是这些生物表现型迥异的 T 细胞群体构成了适应性免疫应答的核心。

（一）T 淋巴细胞表达的膜分子

1. TCR – CD3 复合物　TCR 是 T 细胞特异性识别和结合抗原的受体，通常与 CD3 分子组成 TCR – CD3 复合体，表达于所有 T 细胞表面，是成熟 T 细胞的特征性标志。CD3 分子是由 γ、δ、ε、ζ、η 五种多肽链组成六聚体，二者共同完成 T 细胞抗原识别和信号转导的功能。TCR 识别 MHC – 抗原肽复合物，而与 TCR 密切结合的 CD3 分子则辅助 TCR 传递抗原识别的活化刺激信号。构成 TCR 的两条肽链的胞浆区很短，不具备转导活化信号的功能。所以，TCR 识别到的特异性抗原识别信号，必须通过 CD3 分子才能向细胞内传递。

每个 T 细胞表面约有 3000 ~ 30000 个 TCR 分子。TCR 是由 α 和 β 链或 γ 和 δ 链构成的异二聚体。根据 TCR 组成的不同，可分为 TCRαβ 和 TCRγδ 两种类型。体内大多数 T 细胞为 TCRαβ，仅少数为 TCRγδ。二者相比较，不仅组成受体多肽链的结构不同，而且具有这两种类型受体 T 细胞的分布、表型、发育以及功能也有差别。构成 TCR 的每条链可分为胞外区、疏水的跨膜区和一个短的胞浆区尾部。胞外区部分折叠成膜远端的

可变区（V 区）和膜近端的恒定区（C 区），且与 Ig 的 V 区和 C 区结构相似，属于 IgSF
成员。TCRα 和 β 链分别由 V－J－C 及 V－D－J－C 基因片段重排后所编码，形成特异
性各不相同的 TCR 分子，由此决定 TCR 的多样性和 T 细胞识别抗原的特异性，可对环
境中千变万化的抗原产生特异性识别。TCRγ 和 δ 链的基因重排与 TCRαβ 相似，不同之
处在于 γ 和 δ 基因座上 V 基因片段较少，但 TCRγδ 具有更丰富的连接多样性。TCR 的跨
膜区有带正电荷的氨基酸残基（如赖氨酸和精氨酸等），可以与 CD3 分子 γ、δ 和 ε 链跨
膜区中带负电荷的谷氨酸或天冬氨酸形成盐桥，进而形成 TCR－CD3 复合体。氨基酸分析
显示，TCRγ 链与 β 链同源性较高，而 TCRδ 链与 α 链同源性较高。（图 6－6）

  CD3 分子由 γ、δ、ε、ζ、η 五种肽链组成的
六聚体均为跨膜蛋白。此六聚体是由三个二聚体
组合而成，多以 γε、δε、ζζ 形式存在，少量 CD3
分子是由 γε、δε、ζη 组成。CD3 亚基间以及 CD3
和 TCR 间，都是通过非共价键连接。CD3 分子的
结构特点为胞浆区特长，含有免疫受体酪氨酸活
化基序（immunoreceptor tyrosine－based activation
motif，ITAM），该基序由 17 个氨基酸残基组成，
包括两个酪氨酸－X－X－亮氨酸（X 为任意氨基

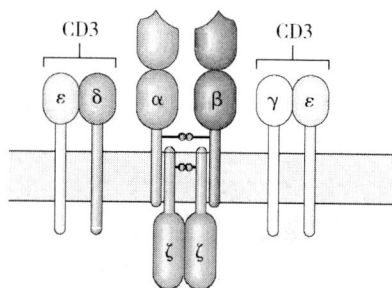

图 6－6 TCR－CD3 复合体模式图

酸）样的保守序列。ITAM 是 CD3 分子向胞内传导活化信号的基础。当 TCR 识别并结合
MHC 分子提呈的抗原肽，会导致 ITAM 所含酪氨酸残基被 T 细胞内的酪氨酸蛋白激酶
P56^{lck}磷酸化，并与其它具有 SH2 结构域的酪氨酸蛋白激酶（ZAP－70 等）结合，并产
生活化级联反应，活化相关酶，将抗原识别信号传入胞内，为 T 细胞提供活化的第一信
号。因此，CD3 是参与 TCR 信号转导的关键分子，TCR 肽链缺陷或缺失，将导致 T 细
胞活化缺陷。CD3 的主要功能是转导 TCR 识别抗原所产生的活化信号，同时稳定 TCR
的结构。CD3 分子主要表达于成熟 T 细胞表面，可作为 T 细胞的表面标志，用于外周血
中成熟 T 细胞的检测。

  2. TCR 共受体—CD4、CD8 CD4 分子为单链跨膜糖蛋白，属 Ig 超家族。主要表
达于部分 T 细胞和胸腺细胞；亦表达于某些 B 细胞、神经细胞、人和大鼠的单核/巨噬
细胞上。CD4 分子胞膜外区共有 4 个 Ig 样结构域，其中远膜端的 2 个结构域能与 MHC
Ⅱ类分子的非多态区结合，通过 CD4 分子与 MHC Ⅱ类分子结合，增强 Th 细胞和抗原
提呈细胞（APC）之间的相互作用，辅助 TCR 传递抗原识别信号。所以，CD4 分子又
被称为 Th 细胞活化的共受体（co－receptor）。另外，CD4 分子还参与 TCR 识别抗原所
产生的活化信号的转导，因其胞浆区直接与酪氨酸蛋白激酶 Src 家族成员 P56^{lck}相连。T
细胞受刺激后，CD4 与 MHC Ⅱ类分子相互作用，激活 P56^{lck}，使胞内酪氨酸磷酸化水
平增加，以辅助信号转导。

  CD8 分子是由 α 和 β 肽链藉二硫键连接的异源二聚体，有时也可组成 α/α 同源二
聚体，属 Ig 超家族。CD8 分子表达于部分 T 细胞和胸腺细胞，CD8α/α 分子可表达于
αβT 细胞、γδT 细胞和部分 NK 细胞。CD8 分子 α 和 β 肽链的胞膜外区各含一个 Ig 样结

构域，能够与 MHC Ⅰ类分子的 α3 结构域结合，通过 CD8 – MHC Ⅰ分子复合物，有助于稳定 Tc 细胞和 APC 之间的相互作用，并辅助 TCR 识别抗原，故 CD8 分子是 CTL 细胞激活的共受体。另外，CD8 分子还参与 TCR 识别抗原所产生的活化信号的转导，因其胞浆区也与 P56^{lck}相连。P56^{lck}激活后，可催化使 CD3 分子中的 ITAM 基序的酪氨酸残基磷酸化，启动 MHC Ⅰ分子限制性 T 细胞应答。

3. 共刺激分子—CD28、CD154、CD278、CD2   T 细胞的活化除依赖 TCR – CD3 复合体识别抗原肽传递信号外，还要依赖于细胞表面其它膜分子的协同作用。这些起协同作用的膜分子称为共刺激分子。

CD28 分子是由双肽链通过二硫键组成的同源二聚体，属于 IgSF 成员。每条链的胞外区都有一个 Ig 样 V 区。表达于 90% CD4$^+$T 细胞和 50% 的 CD8$^+$T 细胞。此外，浆细胞和部分活化的 B 细胞也可表达 CD28。活化的 T 细胞 CD28 表达上调。CD28 的配体是 B 细胞和 APC 表面的 B7 家族，包括 B7.1（CD80）、B7.2（CD86）。CD28 分子与 B7 分子结合产生共刺激信号（co – stimulation signal），为 T 细胞提供活化的第二信号，促进 T 细胞的增殖、分化及 IL – 2 合成。如缺乏共刺激信号，则 T 细胞活化终止，并向无能（anergy）表型转化。除了 CD28 和 B7，其它的黏附分子（CD2 – CD58 等）间的相互作用，也可为 T 细胞活化提供活化的共刺激信号。

CD154，即 CD40 配体（CD40 Ligand，CD40L），也称 gp39、肿瘤坏死因子相关激活蛋白（TNF – associated activation protein，TAAP），属于 TNFSF 成员。主要表达于活化的 CD4$^+$T 细胞及部分活化的 CD8$^+$T 细胞和 γδT 细胞。还表达于活化的嗜碱粒细胞、肥大细胞、NK 细胞、某些单核细胞以及活化 B 细胞。静止淋巴细胞不表达 CD40L，当 T 细胞活化后 CD40L 表达，并与 B 细胞或其他 APC 表面的相应受体 CD40 结合，产生双向效应。一方面，产生共刺激信号，辅助 B 细胞活化，为 B 细胞活化提供最重要的第二信号，或者促进其它 APC 的进一步活化和 B7 分子表达；另一方面，也促进 T 细胞的活化。

CD278，也称为诱导性共刺激分子（inducible co – stimulator，ICOS），仅诱导性表达于活化的 T 细胞（主要为 Th 细胞）表面，与 CD28 有同源性。人 ICOS 的配体是 B7 – H2（B7 homologue 2）或称 ICOSL（ligand for ICOS）。初始 T 细胞主要依赖 CD28 提供共刺激信号，ICOS 则在 CD28 之后起作用，上调 T 细胞表达 CD40L，并促进活化的 T 细胞产生多种细胞因子，促进 T 细胞增殖。因此，ICOS 主要参与 T 细胞活化。

CD2 分子又称淋巴细胞功能相关抗原 – 2（lymphocyte function associated antigen – 2，LFA – 2）。人的 CD2 可表达于 95% 成熟 T 细胞、50%～70% 胸腺细胞、多数 NK 细胞及部分恶变 B 细胞，但正常 B 细胞不表达，因此，CD2 分子也是 T 细胞的重要标志之一。CD2 分子是 IgSF 成员，其胞外段有两个 Ig 样结构域，一个 V 区和一个 C 区。CD2 的配体是 CD58。CD58 分子又称淋巴细胞功能相关抗原 – 3（lymphocyte function associated antigen – 3，LFA – 3）。CD58 分子广泛分布于 T 细胞、B 细胞、单核细胞、树突状细胞、中性粒细胞、血小板和红细胞等表面，也表达于非造血细胞如上皮细胞、内皮细胞、成纤维细胞等表面。表达于 APC 或靶细胞上的 CD58 分子可与 T 细胞表面的 CD2 分子相互作用，加强 T 细胞与 APC 或靶细胞之间的黏附；是组成"免疫突触"必不可少的一对黏附分子。另外，也可通过向 T 细胞提供协同刺激，促进 T 细胞激活。如缺乏 CD58 表达的肿瘤细胞可抵抗 CTL 的杀伤而逃避机体的免疫监视。另外，CD2 也可参与胸腺细胞和胸腺上皮细胞间的相互作用，与胸腺细胞的分化成熟有关。

4. 负调节分子—CD152　又称细胞毒性 T 细胞活化抗原 – 4（CTL activation antigen – 4，CTLA – 4），与 CD28 相同，都为 IgSF 成员，也是由两条肽链经二硫键连接的同源二聚体。其胞浆区具有 $I/V_x Y_{xx} L$ 基序，是免疫受体酪氨酸抑制基序（immunoreceptor tyrosine – based inhibition motif，ITIM）。ITIM 中的酪氨酸被磷酸化后，可与蛋白酪氨酸磷酸酶（SHP – 1）和肌醇 5 – 磷酸酶结合，向活化的 T 细胞传递抑制信号。与 CD28 相同，CTLA – 4 的天然配体也是 APC 上 B7 分子，包括 B7.1（CD80）、B7.2（CD86）。但不同的是，CTLA – 4 与 B7 的亲和力显著高于 CD28 与 B7 间的亲和力；并且 CD152 主要表达于活化 T 细胞，而不表达于静止 T 细胞，当 T 细胞活化后，CTLA – 4 表达，并与 CD28 分子竞争结合 B7 分子，而后向活化的 T 细胞传导抑制信号，防止 T 细胞的过度活化，对 T 细胞的活化发挥负调节作用。这是机体调控免疫应答强度的一个重要的反馈机制。

5. 启动活化分子—CD45　为单链跨膜蛋白分子，表达在所有白细胞上，故又叫白细胞共同抗原（leukocyte common antigen，LCA）。其显著特点是存在结构和分子量不同的异构型（isoform）。用单抗可将 CD45 异构型分为 CD45RA、CD45RB、CD45RC 和 CD45RO 等几种。根据 CD45 分子异构型体表达的不同，可将 T 细胞分为 CD45RA$^+$ 初始 T 细胞和 CD45RO$^+$ 记忆性 T 细胞。CD45 属于膜结合的蛋白酪氨酸磷酸酶（PTP）家族成员，胞内段 2 个功能区具有 PTP 活性，CD45 的去磷酸化作用是 T 细胞活化启动阶段的关键点。

此外，T 细胞尚可表达 MHC 分子、凋亡相关分子（如 CD95）、细胞因子受体等多种膜分子。

（二）T 淋巴细胞的不同生物表型及其功能

参与适应性免疫应答的 αβT 细胞按膜分子的表达类型，主要分为 CD4$^+$T 细胞和 CD8$^+$T 细胞；按生物学作用分为辅助性 T 细胞（Th）、细胞毒性 T 细胞（Tc）和调节性 T 细胞（regulatory T cell，Tr）；按激活状态分为初始 T 细胞、效应 T 细胞和记忆 T 细胞。

1. CD4$^+$T 细胞和 CD8$^+$T 细胞　外周成熟 T 细胞分为：①CD4$^+$T 细胞，为 MHC Ⅱ类分子限制性 T 细胞，功能上主要分为 Th、Tr 两群；②CD8$^+$T 细胞，为 MHC Ⅰ类分子限制性 T 细胞，功能上主要为 Tc。

2. 辅助性 T 细胞、细胞毒性 T 细胞和调节性 T 细胞　就活化后 T 细胞的生物学作用而言，可粗略分为产生间接效应作用并辅助其他效应细胞激活的 Th，产生直接细胞毒作用的 Tc 和主要表现抑制性调节作用的 Tr 三大类。

（1）Th　膜分子表型多为 CD4$^+$T 细胞，按激活后分泌细胞因子的格局，Th 又可分为：①Thl：分泌 IL – 2、IFN – γ、IL – 12 和 TNF – β/α 等类型的细胞因子，辅助或促进

Tc、NK 细胞、巨噬细胞的活化和增殖，形成以细胞毒作用为主导的细胞免疫效应，所分泌的细胞因子可抑制 Th2 的活化及效应作用；②Th2：分泌 IL - 4、IL - 5、IL - 6 和 IL - 10 等类型的细胞因子，辅助 B 细胞增殖并产生不同类别的抗体，形成以抗体生物学作用主导的体液免疫效应，所分泌的细胞因子可抑制 Th1 的活化及效应作用；③Th17：为近年发现的一类 Th，以分泌 IL - 17、IL - 17F、IL - 21、IL - 22 为特征，可刺激多种细胞产生 IL - 6、IL - 1、TNF、GM - CSF 等前炎症因子，在炎症形成过程中起主导作用，其增殖依赖于巨噬细胞分泌之 IL - 23，但受 Th1、Th2 型细胞因子的抑制。（表 6 - 2）

表 6 - 2　人类 Th1 和 Th2 细胞主要生物学特性

特性	Th1 细胞	Th2 细胞
细胞因子分泌		
IFN - γ	+ + +	-
TNF - β	+ + +	-
IL - 2	+ + +	+
TNF - α	+ + +	+
GM - CSF	+ +	+ +
IL - 3	+ +	+ +
IL - 6	+	+ +
IL - 10	+	+ + +
IL - 13	+	+ + +
IL - 4	-	+ + +
IL - 5	-	+ + +
细胞因子的调节作用		
IL - 2	上调	上调
IL - 4	下调	上调
IFN - γ	上调	下调
IL - 10	下调	上调
主要功能		
细胞毒作用	+ + +	-
参与迟发型超敏反应	+ +	-
辅助体液免疫	+	+ +

（2）Tc　膜分子表型多为 CD8$^+$T 细胞，经抗原受体介导产生特异性细胞毒作用，其机制为：①分泌穿孔素（perforin）及颗粒酶（granzyme）介导靶细胞凋亡；②分泌肿瘤坏死因子、淋巴毒素（lymphotoxin，LT）等与靶细胞表面的相应受体结合，启动靶细胞凋亡；③通过高表达 FasL 导致 Fas 阳性的靶细胞凋亡。

（3）Tr　膜分子表型多为 CD4$^+$T 细胞，具有抑制性免疫调节功能。以转录因子 Foxp3 为其细胞特征。可抑制性调节其他效应性 T 细胞的活化与增殖。其调节机制与诱导 T 细胞表面负调节分子表达、分泌抑制性细胞因子以及调控 APC 作用有关。

3. 初始 T 细胞、效应 T 细胞和记忆 T 细胞 以有否接受抗原刺激及是否处于增殖阶段划分，可将 T 细胞分为：①初始 T 细胞（naive T cell，Tn），即未经抗原激活的 T 细胞，高水平表达 CD62L 和 CD45RA；②效应 T 细胞（effective T cell，Te），即经抗原激活的所有功能类型 T 细胞，高水平表达高亲和力 IL-2 受体，以及 CD44 和 CD45RO；③记忆 T 细胞（memory T cell，Tm），即经抗原激活后再次回复静止状态的 T 细胞，表达 CD44 和 CD45RO，Tm 有较长存活期，再度接受抗原刺激时，可迅速活化并分化为效应 T 细胞，成为介导再次免疫应答的主要效应细胞。

二、B 淋巴细胞

B 细胞既是适应性免疫应答中承担体液免疫的核心细胞，同时也担负抗原提呈和部分免疫调节作用。

（一）B 淋巴细胞表达的膜分子

1. BCR-CD79a/b 复合物 BCR 又称膜免疫球蛋白（membrane immunoglobulin，mIg），通常与 CD79a 和 CD79b 分子组成 BCR-CD79a/CD79b 复合体，表达于所有 B 细胞表面，是成熟 B 细胞的主要标志。CD79a/CD79b 是由 CD79a（Igα）和 CD79b（Igβ）二条肽链组成的异源二聚体，与 TCR-CD3 复合体功能相类似，BCR 识别抗原，而与之密切结合的 CD79a/CD79b 则辅助 BCR 传递抗原识别的刺激信号，共同完成 B 细胞抗原识别和信号转导的功能。

不同分化阶段 B 细胞表达的 SmIg 种类不同，未成熟 B 细胞仅表达 mIgM；初始 B 细胞同时表达 mIgM 和 mIgD，故 mIgM 和 mIgD 是成熟 B 细胞共有的表面标志；活化和记忆 B 细胞 mIgD 表达消失，记忆性 B 细胞可表达 mIgG、mIgA 和 mIgE。因为 mIgM 和 mIgD 的胞浆区只有 3 个氨基酸（KVK），不可能单独把胞膜外的刺激信号传递到细胞内，故需要 Igα/Igβ 来完成抗原识别信号转导。BCR 一方面作为特异性识别和捕捉抗原的结构，与抗原特异性结合，产生 B 细胞活化的第一信号；另一方面，BCR 结合抗原后，可通过胞吞作用将 BCR 结合的抗原内化（internization），经过加工、处理，提呈给 T 细胞，BCR 的内化则不需要 Igα/Igβ 的参与。

CD79a/CD79b 是由 CD79a（Igα）和 CD79b（Igβ）二条肽链组成的异源二聚体。CD79a 和 CD79b 分别为 47kDa 和 37kDa 糖蛋白，胞膜外区氨基端处均有一个 Ig 样结构域，属于 IgSF 成员。二者在胞外区的近胞膜处藉二硫键相连，形成异二聚体。并通过非共价键与 SmIg 连接，形成 BCR-CD79a/CD79b 复合物（图 6-7）。其编码基因分别称为 mb-1 和 B29。二者均可作为蛋白酪氨酸激酶的底物，可能与 BCR 信号转导有关。与 CD3 分子的作用类似，CD79a/CD79b 因其胞浆区含有 ITAM 基序，被磷酸化后可与多种胞浆蛋白的 SH2（src-homology 2）功能区结合，介导信号转导。可以作为 BCR 的辅助结构，协助其将抗原识别信号向胞内转导，为 B 细胞活化提供第一信号；另外还可以参与 Ig 从胞内向胞膜的转运，因为无 mb-1 基因表达的 B 细胞的 Ig 只表达于胞浆，

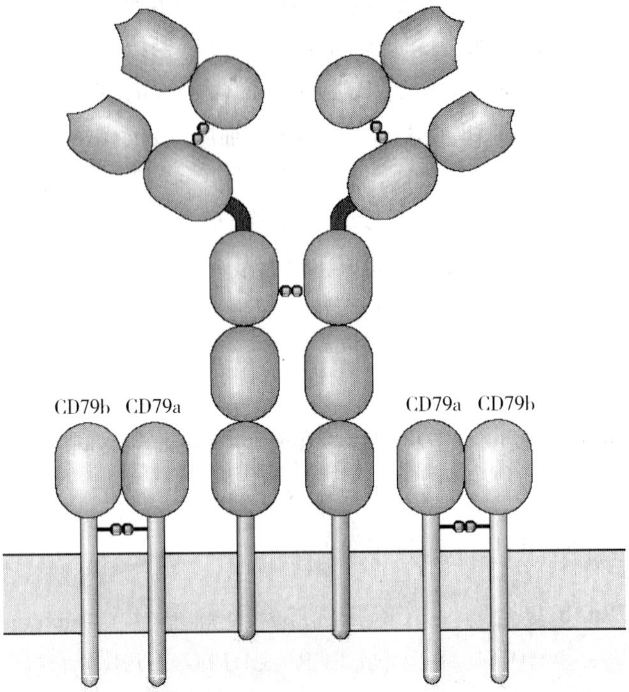

图 6 – 7　BCR – CD79a/CD79b 复合体

而不能表达于胞膜。

2. 激活辅助受体—CD19/CD21/CD81/CD225 复合物　成熟 B 细胞表面的 CD19、CD21、CD81 和 CD225 分子，以非共价形式相连，组成 B 细胞活化的共受体，可以调节 BCR 活化的阈值，增强 B 细胞对抗原刺激的敏感性。其中，CD19 为一跨膜糖蛋白，属 IgSF 成员。分布于除浆细胞外不同发育阶段的 B 细胞和滤泡树突细胞（FDC），也是鉴定 B 细胞的重要标志之一。CD21 即 Ⅱ 型补体受体（CR2），是补体 C3 裂解片段 C3d、C3dg 和 C3bi 的受体，也是 EBV 的受体，CD21 为单链跨膜糖蛋白，表达于成熟 B 细胞、滤泡树突细胞，以及鼻咽部和宫颈的上皮细胞，也是 B 细胞的重要标志之一。CD81 分子为四次跨膜蛋白，广泛表达于 T 细胞、B 细胞、巨噬细胞、DC 细胞、NK 细胞、胸腺细胞和嗜酸性粒细胞等。CD81 发挥信号传导功能与共受体复合物密切相关。

双重抗原识别（dual antigen recognition）模型认为：BCR 与抗原结合后，CD19 和 CD21 相互接近，使得抗原既可与 BCR 结合，也可通过补体片段 C3d 与 CD21 胞外区结合，导致 BCR 与 CD19/CD21/CD81/CD225 共受体复合物交联，从而促进 B 细胞活化。但是 CD21 胞浆区无酪氨酸残基，不能转导信号，信号由 CD19 转导。CD19 分子胞浆区有 9 个保守酪氨酸残基，可与酪氨酸激酶结合而被磷酸化，加强跨膜信号转导，促进 B 细胞活化和增殖。此共受体可明显增强 B 细胞对抗原刺激的敏感性，可使 B 细胞活化信号增强 1000 倍。同时，该共受体还可以降低 BCR 的内化作用，延长 BCR 接受刺激信号的时间。

3. 共刺激分子—CD40、CD80/CD86 CD40 属于肿瘤坏死因子受体家族（TNFRSF），为 I 型跨膜糖蛋白，主要表达于成熟和不成熟 B 细胞、树突状细胞、活化 T 细胞、胸腺上皮细胞和某些肿瘤细胞等。CD40 是 B 细胞表面最重要的共刺激分子，其配体为表达于活化 T 细胞表面的 CD154（CD40L）。T 细胞活化后，CD40L 表达上调，与 B 细胞的 CD40 相互作用，是 B 细胞活化第二信号的主要来源。而且对 T 细胞应答和 APC 功能的发挥、Ig 产生和类别转换以及记忆 B 细胞分化等方面也都十分重要。

CD80（B7-1）/CD86（B7-2）表达在活化 B 细胞及其他抗原提呈细胞表面，是 CD28 和 CTLA-4 的配体，属重要的共刺激分子。CD80/CD86 与 CD28 相互作用，为 T 细胞激活提供共刺激信号；CD80/CD86 与 CTLA-4 相互作用，则主要抑制 T 细胞活化。

4. 负调节受体 CD22 特异性表达于 B 细胞，是 B 细胞的抑制性受体，能负调节 CD19、CD21、CD81 共受体。CD22 分子胞内端含有免疫受体酪氨酸抑制基序（ITIM），B 细胞活化导致 ITIM 发生磷酸化，进而招募酪氨酸磷酸酶，催化 BCR 下游信号转导分子去磷酸化，从而参与 B 细胞活化的精确调控。

5. Fc 受体与补体受体 多数 B 细胞表达 FcγRII（CD32），活化的 B 细胞此受体表达明显增多，分化晚期又下降。B 细胞通过 BCR 识别抗原-抗体复合物，在免疫复合物的作用下，BCR 与 FcγRII 发生交联，由 FcγRII 引发抑制信号，从而抑制 B 细胞分化与抗体生成。B 细胞还表达 FcαR、FcμR 和 FcεRII（CD23）。CD23 具有介导 B 细胞活化、增殖和分化的功能，还参与调节 IgE 的产生和抗原的加工、提呈等多种功能。

B 细胞可表达 CR1（CD35）和 CR2（CD21）。CR1 也称 C3b 受体，主要见于成熟 B 细胞，在 B 细胞活化后表达增高，CR1 与相应配体结合可促进 B 细胞活化。CR2 也称 C3d 受体，同时为 EB 病毒受体。

此外，B 细胞尚可表达 MHC 分子、凋亡相关分子、细胞因子受体等多种膜分子。

（二）B 淋巴细胞的不同生物表型及其功能

B 细胞的不同生物表型研究早期集中于 CD5+ B 细胞，在对 B1 细胞进行界定后，近年来又在 CD5+ B 细胞中发现了与 Treg 功能相近的 Breg 细胞。

1. 效应性 B 细胞和调节性 B 细胞 活化后的 B 细胞可产生不同的异质性功能群体，目前发现的主要是：①效应性 B 细胞：其主要生物学作用是经转类后，可分化成为能分泌各种 Ig 的浆细胞；②调节性 B 细胞：除分泌抗体外，尚产生 IL-10、TGF-β1 等调节性细胞因子，可产生调节 Th1/Th2 平衡，抑制前炎症因子形成，诱导活化 T 细胞凋亡，经 APC 作用抑制 CD4+ T 细胞活化，激活 Treg、NKT 细胞和抑制 DC 激活等生物学作用。

2. 初始 B 细胞、浆细胞和记忆 B 细胞 以有否接受抗原刺激及是否处于增殖阶段划分，可将 B 细胞分为：①初始 B 细胞（naïve B cell，Bn）初始 B 细胞带有三种不同类型的 BCR，即 mIgM、mIgG 和 mIgD（或 mIgM、mIgA 和 mIgD），经抗原激活后，一部分初始 B 细胞分化为短寿浆细胞，分泌早期抗体（IgM），多数 B 细胞在生发中心经历体细胞高频突变与类别转换形成长寿浆细胞与记忆 B 细胞；②浆细胞（Plasma cell，PC）由 B 细胞经抗原激活后分化形成，其表面 mIg 消失，胞浆内形成大量粗面内质网，可大量合成特异性抗体，事实上，浆细胞分为两类，短寿浆细胞由初始 B 细胞经抗原激活后在外周即刻产生抗体，长寿浆细胞需由生发中心进入骨髓后方能长期存活，并成为再次应答中的主要效应细胞；③记忆性 B 细胞（memory B cell，Bm）一部分完成体细胞高频突变与类别转换的 B 细胞可分化为记忆性 B 细胞，滞留于淋巴滤泡或参与淋巴细胞再循环，再次应答时，经抗原激活后快速分化为浆细胞。

拓展与思考

　　读完此章后，一个关系复杂的免疫细胞"社会"已经展现在眼前，面对这个有点复杂的"细胞社会"，试思考如下问题：第一，你觉得可以用什么样的方式来比喻机体免疫细胞的工作方式？第二，你觉得在阅读内容繁多的免疫细胞介绍时存在哪些困惑？第三，在本章的学习中，你获得哪些有助于你今后研究与工作的启迪？第四，你觉得已有的这些关于免疫细胞的发现还有哪些欠缺？你能推论一下，下一个关于免疫细胞的发现会是什么吗？

（王　易）

第七章　免疫应答

　　免疫应答（immune response）是进化过程赋予生物体的一种精妙的生理性应答活动，它具有准确、高效、可调控等一系列反应生物简并原则的特性。对于这一应答过程的认识与理解不仅是免疫学基本知识学习中不可或缺的环节，也是窥探生命科学奥秘的重要途径。

第一节　免疫应答概述

　　应答一词的本义是指对于刺激的反应。可见当免疫应答这一概念被提出时，人们就将免疫视作是一种刺激-反应活动。不过我们今天所讨论的免疫应答已经不是一个简单的反射活动，而是整个免疫系统复杂的工作机制上的一个核心生物学事件。这个事件对生命进程的重要意义，已经在免疫学家两百年来的探索与实践中得以证实。

一、免疫应答的概念

　　早期免疫学界曾将机体对抗原作出的刺激-反应活动当做免疫应答活动的全部。但在探索有关 T 细胞识别抗原的机制过程中，人们开始意识到，这个概念可能过于简单。随着 DC 的发现与模式识别机制的揭晓，免疫学家们逐渐认识到机体对抗原的加工处理过程也是免疫应答的重要组成。这一重要的免疫活动主要是在固有免疫阶段展开，并与适应性免疫连成一体。就防御机制而言，固有免疫细胞的模式识别是一切免疫应答活动的起始，且可独立于适应性免疫之外。

　　基于这些认识，人们逐渐将免疫应答分成了固有免疫应答与适应性免疫应答两部分。并试图重新定义免疫应答这一生物学事件的内涵与外延。上世纪 70 年代"危险信号"学说提出之后，免疫应答这一生物学事件的发生，越来越被认作是对一切外源及内源的"有害"信号的一种识别与清除的生理应答活动。

二、免疫应答的类型与特点

　　依据识别与反应的不同特点，将免疫应答分为固有免疫与适应性免疫两种类型，这种分类方法已然成为免疫学界的一种主流观点。这两种免疫应答在分子基础和作用方式上的不同可见于表绪-1 的归纳。

（一）固有免疫应答及其特点

固有免疫应答是生物体在长期种系进化过程中逐渐形成的一系列天然防御机制，这种应答以分子模式为主要识别对象，由胚系基因编码受体所感知并引发直接清除作用。固有免疫应答对外源性物质的清除作用是非特异性的，不形成免疫记忆，也不产生免疫耐受。

1. 识别对象　分子模式为固有免疫应答的主要识别对象。包括作为外源性危险信号的病原体相关分子模式（pathogen – associated molecular patterns，PAMPs），多为病原生物所共有的结构恒定、进化保守的生物分子，如脂多糖（lipopolysaccharide，LPS）、脂磷壁酸（lipoteichoicacid，LTA）、肽聚糖（peptidoglycan，PGN）、病毒、细菌的核酸等，以及作为内源性危险信号的损伤相关分子模式（damage – associated molecular patterns，DAMPs）：机体受损或坏死组织细胞内的胞浆蛋白、核蛋白、代谢分子等，例如高迁移率组蛋白 B1（high mobility group box 1 protein B1，HMGB1）、热休克蛋白（heat-shock protein，HSP）、尿酸结晶、ATP 等。

2. 识别受体　参与固有免疫应答的细胞通常以模式识别受体（PRRs）为其主要识别受体，包括 Toll 样受体、清道夫受体及甘露糖受体等，这类受体多为胚系基因编码。多数参与固有免疫应答的细胞几乎总是处于活化或近活化状态，一旦识别成功，便迅速形成应答效应。

3. 效应方式　固有免疫应答的效应形式包括：吞噬细胞产生的吞噬杀灭作用、以补体系统激活所产生的体液抗感染作用、干扰素分泌细胞所产生的抑制病原体作用、一些未明谱系的自然辅助细胞（natrual helper cell）介导的 II 型免疫反应以及炎症过程。

（二）适应性免疫应答及其特点

适应性免疫应答是 T、B 淋巴细胞通过 TCR/BCR 抗原激活后形成效应产物并清除抗原的过程。这种应答以抗原表位为识别对象，由重组基因编码受体 TCR/BCR 所感知，应答过程中 T、B 细胞对抗原的识别和清除是特异性的，可形成免疫记忆（immune memory），并产生免疫耐受（immune tolerance）。

1. 识别对象　抗原是参与适应性免疫应答的 T、B 淋巴细胞的主要识别对象。这一识别建立在抗原受体与抗原表位的结构高度匹配的基础之上，即抗原识别的特异性。

2. 识别受体　T、B 淋巴细胞均表达抗原受体。其中 BCR 可选择性识别天然抗原表面存在的对应表位；TCR 则选择性识别由 APC 提呈的各类抗原肽。

3. 效应方式　T 细胞或 B 细胞经抗原刺激后，需经一定诱导期方可形成效应产物，如各类细胞因子、颗粒酶、穿孔素、抗体等。故适应性免疫应答过程可人为划分为抗原识别、细胞增殖及抗原清除三个阶段。适应性免疫应答的效应形式分为由 T 细胞介导的炎症与特异性细胞毒作用（细胞免疫）和由 B 细胞介导的抗体所表现的各类生物学效应（体液免疫）。

三、免疫应答的格局

"格局"指免疫应答的作用方式与效应模式。固有免疫应答与适应性免疫应答之间存在着极大差异，而这种差异又恰恰是两者互补、相互协调的前提。

（一）固有免疫应答的格局

固有免疫应答按效应产物类型与作用发生时间分为两阶段：

1. 早期体液因子作用阶段　该阶段自病原体或异物进入机体 0～4 小时作出响应，依赖预存的以及即刻生成的抗病原体效应成分，如抗微生物肽、溶菌酶、补体、细胞因子、急性期蛋白等发挥清除效应。

2. 早期细胞作用阶段　覆盖自病原体或异物进入机体 4～96 小时，该阶段内吞噬细胞识别病原体并活化，吞噬功能增强，释放一系列前炎症因子；感染压力以及宿主细胞的自我丢失激活 NK 细胞；固有样淋巴细胞通过各自所识别的分子活化，完成对病原体的清除。

当病原体进入机体 96 小时前后，承担固有免疫应答的细胞因抗原提呈作用，启动适应性免疫应答。

（二）适应性免疫应答的格局

适应性免疫过程中，机体对抗原应答结局截然不同，出现正向应答和负向应答两种结局。而由于免疫记忆现象的形成，T、B 淋巴细胞对初次接触的抗原与再次接触相同抗原表现出初次应答和再次应答两种不同的效应模式。

1. 正向应答与负向应答　正向应答是指通常情况下抗原刺激机体所激发的对该抗原特异性清除的过程。接受抗原刺激的 T、B 淋巴细胞经历活化、增殖、分化途径并最终形成效应细胞以清除抗原。负向应答是指在某些特殊条件下，抗原进入机体对其所诱导的该抗原特异性的免疫无反应的过程。这是由于识别抗原的 T、B 淋巴细胞不复存在或活化阶段受阻，最终未能形成效应细胞所致，因此，负向应答又称免疫耐受。其中由于缺乏合适识别克隆而引起的负向应答，称为中枢耐受，这是因为对抗原的识别克隆在中枢免疫器官的"阴性选择"过程中被剔除所导致。而由于活化受阻所引起的负向应答，称为外周耐受，通常是因为 T、B 淋巴细胞激活过程所需的启动信号未能充分协调所致。

2. 初次应答与再次应答　在适应性免疫应答中，由于免疫记忆现象的形成，T、B 淋巴细胞对初次接触的抗原与再次接触相同抗原表现出不同的效应模式，将前者称为初次应答（primary response），后者称为再次应答（secondary response）。初次应答的特点为初始细胞活化的阈值较高，对双信号的要求较为严格，只有树突状细胞才能活化初始 T 细胞等；细胞活化、增殖、分化的时间较长；抗体（效应 T 细胞）的形成水平较低，亲和力较低，维持时间较短。再次应答其特点与初次应答明显不同。表现为记忆细胞活化的阈值较低，对协同刺激信号的要求并不严格，除树突状细胞外的其它抗原提呈细胞也能活化记忆 T 细胞等；记忆细胞活化、增殖、分化迅速；抗体（效应 T 细胞）的再次应答水平较高，亲和力高，维持时间较长。初次应答与再次应答的这种差异，以体内特异性抗体的变化最为显著，故又称为抗体产生的一般规律。这一规律对临床开展免疫诊断、免疫预防具指导意义。（表7-1）

表7-1　初次免疫和再次免疫应答特性的比较

特性	初次免疫	再次免疫
所需抗原量	高	低
抗体产生的诱导期	长	短
高峰浓度	低	高
维持时间	短	长
Ig 类别	主要为 IgM	IgG、IgA 等
亲和力	低	高
特异性	低	高

第二节　固有免疫应答

对"有害"信号（通常为突破屏障系统的病原体）的识别是固有免疫应答启动的始因。借助固有免疫分子和固有免疫细胞活化所形成的固有免疫应答，机体可清除病原体。此过程可分为早期体液因子作用和早期细胞作用（包括吞噬细胞、NK 细胞、固有免疫细胞、早期炎症反应等）两个阶段。

一、早期体液因子作用

早期体液因子作用阶段发生于自病原体或异物进入机体的 0~4 小时，以补体系统的激活和效应为代表（详见第二章）。另外，炎症性细胞因子（proinflammatory cytokine）、急性期反应蛋白（acute-phase protein）、抗微生物肽（antimicrobial peptides，AMP）等都是此阶段的重要作用物质。

（一）炎症性细胞因子

炎症性细胞因子，也称为前炎症因子。主要由固有免疫细胞分泌的促进炎症发生的一类细胞因子组成，包括 TNF-α、IL-1β、IL-6、TGF-β、IL-8、IL-10 等。其中出现最早、最重要的炎性介质为 TNF-α，具有激活中性粒细胞和淋巴细胞，使血管内皮细胞通透性增加，调节其他组织代谢活性并促使其他细胞因子合成和释放的作用。IL-6 则可诱导 B 细胞分化和产生抗体，并诱导 T 细胞活化、增殖、分化，参与机体的免疫应答，是炎性反应的促发剂。IL-8 是炎症细胞的主要趋化性细胞因子，可趋化中性粒细胞、T 淋巴细胞和嗜酸性粒细胞，并可促进中性粒细胞脱颗粒，释放弹性蛋白酶。

固有免疫应答促使早期炎症性细胞因子的产生，可诱导肝脏产生急性期蛋白，为应答局部募集炎症细胞，促进抗病毒物质（如干扰素等）的形成，并为激活参与适应性免疫应答的 T、B 淋巴细胞的活化做好准备。

（二）急性期反应蛋白

受炎症性细胞因子诱导，在血清中浓度可迅速成百倍升高的活性蛋白称为急性期反应蛋白（APP）。除直接或间接形成抗病原体作用外，急性期反应蛋白主要参与炎症反应的发生与调节过程。表 7-2 归纳了各类 APP 的免疫生物学作用。

表 7-2　主要急性期反应蛋白及其免疫生物学作用

急性期反应蛋白	免疫生物学作用
C-反应蛋白（C-reactive protein，CRP）	调理作用
血清淀粉样蛋白 P 组分（Serum amyloid P component）	调理作用
血清淀粉样蛋白 A（Serum amyloid A）	募集免疫细胞、激活细胞外基质降解酶类
补体成分	调理作用、裂解病原体、趋化作用
甘露糖结合蛋白（MBL）	激活补体
凝血因子	限制病原体、趋化作用
血纤维蛋白溶酶原	降解血栓
α2-巨球蛋白	抑制凝血、纤溶
储铁蛋白（Ferritin）	抑制病原体的铁利用
肝杀菌肽（Hepcidin）	促进转铁蛋白内化、阻止细胞内储铁蛋白与铁的解离
血浆铜蓝蛋白	促进储铁蛋白与铁的结合、抑制病原体的铁利用
结合珠蛋白（Haptoglobin）	结合血红蛋白、抑制病原体的铁利用
α1-酸性糖蛋白（α1-acid glycoprotein，AAG）	结合类固醇
α1-抗胰蛋白酶	丝氨酸蛋白酶抑制剂、下调炎症反应
α1-抗胰凝乳蛋白酶	丝氨酸蛋白酶抑制剂、下调炎症反应

（三）抗微生物肽

AMP 是生物体内经诱导产生的一种具有抗菌活性的小分子多肽，多数是从昆虫体内分离获得，通常小于 60 个氨基酸残基（绝大多数是 L 型氨基酸），大多数带正电荷，具有两亲性，多数情况下是和靶细胞膜作用。这些抗微生物肽在病原微生物入侵时发挥着重要作用，是固有免疫的重要组成部分。抗微生物肽通常表现出机体对外来病原体的快速反应机制，常常是在几分钟之内作出响应，具有广谱的抗击靶细胞或微生物的作用，包括革兰阳性菌、革兰阴性菌、真菌、寄生虫、有包膜病毒和肿瘤细胞等。而且，它们的抗菌活性可以得到机体中不同阳离子肽的协同

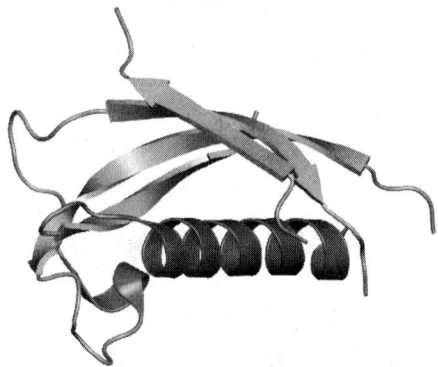

图 7-1　人抗菌肽结构示意

和增强。

抗微生物肽通常利用表面电荷的差异嵌入靶细胞膜，并使之去极化、或改变膜的通透性与细胞的渗透压，进而导致病原体的自溶。人体内存在的抗微生物肽，有近年发现的人防御素（Human defensin）、人抗菌肽（Cathelicidin）（图7-1）等。

（四）其他抗病原体物质

溶菌酶（lysozyme）又称胞壁质酶或 N－乙酰胞壁质聚糖水解酶，是一种低分子量不耐热的蛋白质，广泛存在于人体的眼泪、唾液、鼻黏液、乳汁等体液和分泌液以及吞噬细胞溶酶体中。溶菌酶能裂解细菌细胞壁的组成成分肽聚糖中 N－乙酰葡糖胺和 N－乙酰胞壁酸之间的 β-1，4 糖苷键，从而破坏肽聚糖，使细胞壁不溶性黏多糖分解成可溶性糖肽，导致细胞壁破裂、内容物逸出而使细菌溶解，故革兰阳性菌对溶菌酶杀菌作用敏感。此外，溶菌酶还可与带负电荷的病毒蛋白直接结合，与 DNA、RNA、脱辅基蛋白形成复盐，使病毒失活。因此，溶菌酶具有抗菌、消炎、抗病毒等作用。

乙型溶素（β-lysin）是在血浆凝固时由血小板释放的一种赖氨酸衍生物，乙型溶素可作用于革兰阳性菌（链球菌除外）的细胞膜，产生非酶性破坏作用，但对革兰阴性菌无效。

二、吞噬细胞的激活与效应

由吞噬细胞激活所产生的吞噬与杀灭作用是固有免疫应答中最为基础，最为重要的效应机制。

（一）吞噬细胞对分子模式的识别

吞噬细胞的激活始于模式识别受体识别分子模式（PAMPs/DAMPs）。这包括：①位于细胞膜上的大部分 Toll 样受体（TLRs）、清道夫受体及甘露糖受体等对病原体细胞表面 PAMPs 的识别，例如 TLR4 识别革兰阴性菌的脂多糖（LPS），TLR1/TLR2 和 TLR2/TLR6 识别革兰阳性菌的磷壁酸，TLR5 识别鞭毛，清道夫受体能识别乙酰化的低密度脂蛋白、脂多糖、磷壁酸及磷脂酰丝氨酸（凋亡细胞重要的表面标志），甘露糖受体能与病原体细胞壁糖蛋白和糖脂分子末端的甘露糖和岩藻糖残基结合，参与吞噬病原体；②位于细胞质内体上的 TLRs、胞质内的视黄酸诱导基因1样受体（RLRs）和 NOD 样受体（NLRs）等对病原体细胞表面 PAMPs 的识别。例如 TLR3 识别病原体的双链 RNA、TLR7 识别病原体的单链 RNA、TLR9 识别病原体的双链 DNA、RLRs 识别病毒 RNA、NLRs 识别肽聚糖的降解物及病毒的 ssRNA 等。

（二）吞噬细胞的吞噬、杀灭机制

激活后的吞噬细胞可通过胞摄作用和吞噬作用摄取病原体。继而形成吞噬体。吞噬体与溶酶体融合形成吞噬溶酶体，并通过下列机制杀灭与降解摄入的病原体。

1. 氧依赖杀伤机制 主要指经呼吸爆发过程形成的活性氧中间物（Reactive oxygen

intermediates，ROI），如过氧化氢、单态氧、超氧阴离子等，和经一氧化氮合成酶催化精氨酸形成的活性氮中间物（Reactive Nitrogen intermediates，RNI），如一氧化氮、亚硝酸盐等，这些氧化剂可干扰病原体代谢，对病原体产生杀灭作用。ROI、RNI 的氧化作用对组织细胞亦可形成损伤，故吞噬细胞通常可产生中和这些反应性物质的酶类，以调节这种杀伤机制。

2. 非氧依赖杀伤机制 包括溶酶体中溶菌酶对革兰阳性菌细胞壁的破坏，多种水解酶对病原体的消化降解，糖酵解产生的酸性环境对病原体的抑制、杀灭以及防御素、乳铁蛋白介导的杀灭作用等。

3. 胞外陷阱机制 中性粒细胞尚可经胞外陷阱（neutrophil extracellular traps，NETs）抑制病原体感染。NETs 主要由核质形成并释放到细胞外，其中含有去浓缩的染色质、某些颗粒（如丝氨酸蛋白酶）及胞质蛋白。释放到胞外的 NETs 能与细菌结合，降解细菌的毒性物质，并通过高浓度的丝氨酸蛋白酶杀死病原体。NETs 是由死亡中性粒细胞释放的，在细胞受到病原体刺激后 2～3 小时出现；或是由未损伤的中性粒细胞分泌，在病原菌刺激中性粒细胞数分钟后形成。NETs 是中性粒细胞的一种有效降低机体细菌载荷并控制炎症反应的方式。（图 7-2）

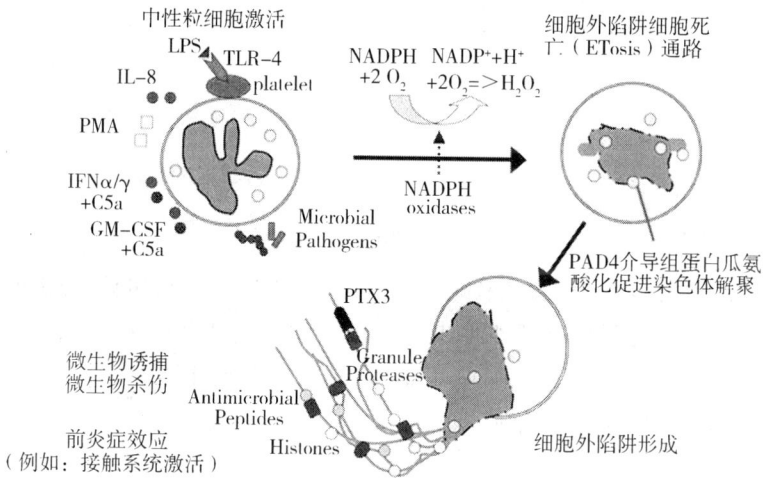

图 7-2 胞外陷阱发生机制

三、固有淋巴细胞的激活与效应

NK 细胞、NKT 细胞、γδT 细胞、B1 细胞均因其对病原体可形成迅速且直接的识别与应答而跻身固有免疫应答行列。

（一）NK 细胞的激活与作用

NK 细胞具有的细胞杀伤受体，可识别受病原体侵袭的靶细胞，并因此激活。NK 细胞的识别/激活机制目前被归为"丧失自我"与"诱导自我"两类方式。前者是指受病原体侵袭的靶细胞不能表达作为 NK 细胞抑制信号的正常膜分子（通常是 MHC I 类分子）而致使 NK 细胞激活；后者是指受病原体侵袭的靶细胞因应激（stressed）而表达 MIC – A 与 MIC – B 等正常细胞不表达或低表达的分子而致使 NK 细胞激活。实质上 NK 细胞的识别/激活是其细胞表面激活性细胞杀伤受体与抑制性细胞杀伤受体两者相互平衡的结果。（图 7 – 3）

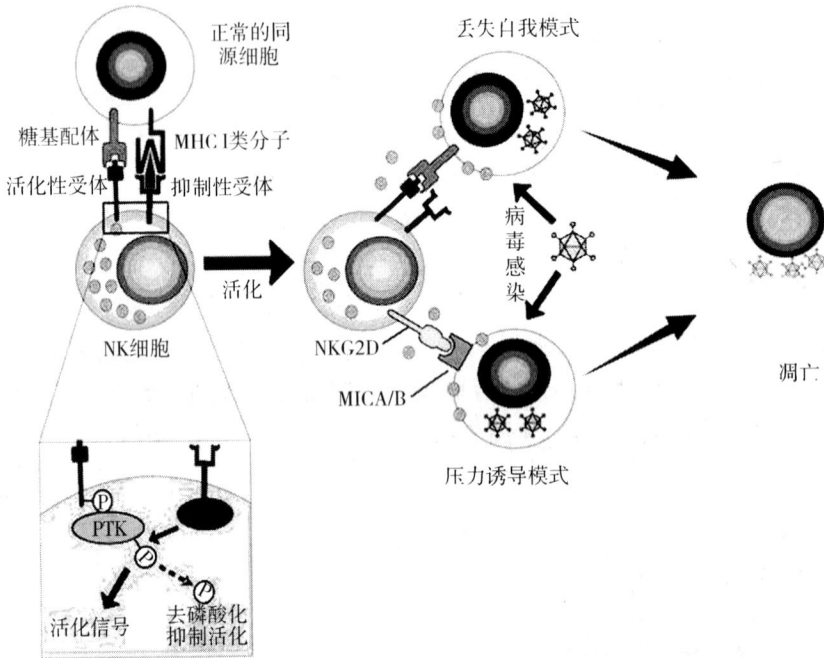

图 7 – 3 NK 细胞的识别与活化

活化后 NK 细胞的细胞毒作用机制为：①通过释放穿孔素和颗粒酶引起靶细胞溶解；②通过 Fas/FasL 途径引起靶细胞凋亡；③释放细胞因子 TNF – α，诱导靶细胞凋亡。除杀伤作用外，活化的 NK 细胞可通过分泌及释放 IFN – γ、TNF – a、IL – 2、IL – 5、GM – CSF 及 M – CSF 等细胞因子上调适应性免疫应答。

（二）NKT 细胞的激活与作用

NKT 细胞的激活可能存在两种不同的方式，一是类似 NK 细胞的"诱导自我"型激活；二是由 TCR 识别 APC 表面 CD1d 分子提呈的糖脂和脂类抗原所引起的激活。其具体的激活机制目前尚不十分明了。但其激活过程较经典的 T 细胞激活要短暂、迅捷得多，3 天后即达到高峰。

活化后的 NKT 细胞以类似 NK 的细胞毒作用发挥效应。并通过分泌细胞因子参与免疫调节，NKT 细胞活化后 1 ~ 2h 内就可以合成大量 IL – 4、IFN – γ、IL – 2 和 IL – 10。IL – 4 促进邻近的 αβTh0 细胞分化为 Th2 细胞；IL – 2 和 IFN – γ 则促进 NK 细胞或 Tc 细胞活化；IL – 10 有助于调节性 T 细胞的分化。活化的 NKT 细胞还能够调节 DC 和 NK 细胞的活化，当 NKT 细胞 TCR 识别 DC 表面 CD1d 提呈的抗原后，NKT 细胞表面

CD40L 上调，与 DC 的 CD40 受体结合后促进 DC 活化。这表明，NKT 细胞在参与固有免疫应答的同时，为适应性免疫应答的发动起到"穿针引线"的作用。

（三）γδT 细胞的激活与作用

γδT 细胞的激活类似 NKT 细胞，既有 NK 样的"诱导自我"型激活，也有 TCR 识别抗原而引起的激活。所不同的是 γδT 细胞的 TCR 除接受 APC 经非经典 MHC Ⅰ 类分子或 CD1 提呈的脂类抗原外，尚可直接识别小分子的非肽类天然抗原。

活化的 γδT 细胞呈现功能上的异质性，其中一部分形成 γδTc，产生细胞毒作用，其余部分则发挥多种免疫调节效应，并因其效应类型的差异，形成 γδTh1、γδTh2 和 γδTreg。与 NKT 相似，γδT 细胞在固有免疫应答与适应性免疫应答间起了桥梁作用。

（四）B1 细胞的激活与作用

非骨髓起源的 B1 细胞是主要的天然抗体（不经抗原诱导）的产生细胞。这类天然抗体具有广谱的识别针对性（类似模式识别受体），可针对多种细菌的脂多糖形成防御作用，因而成为固有免疫应答的重要组成。

受抗原诱导的 B1 细胞，其激活方式也有别于经典的 B 细胞，通常 B1 细胞由 TI 抗原激活，这些抗原主要由病原体的细胞壁成分和分泌物构成（如脂多糖、荚膜多糖等）。TI 抗原按其激活方式分为两型：TI－1 型可结合 B 细胞表面丝裂原结合蛋白并提供抗原表位与 BCR 结合，进而激活 B1 细胞；TI－2 型主要依赖多个重复表位同时与多个 BCR 结合，导致 BCR 发生交联，直接活化 B1 细胞。

四、早期炎症反应

属于病理学范畴的炎症反应实质上是免疫应答活动的一个综合表现。其中炎症反应的早期（或称急性期）阶段，可视作是上述各类固有免疫应答机制的集合体，故应列入固有免疫应答范畴（晚期炎症反应则涉及适应性免疫应答）。

早期炎症反应可划分为血管反应期与急性细胞反应期两个阶段，前者是指炎症细胞渗出的发生机制，后者是指炎症细胞渗出的过程与结果。

（一）血管反应期

以充血和血管通透性升高为主要表现的血管反应期是所有炎症反应的共同病理生理基础。而这一炎症肇始阶段的出现，是多种免疫细胞与免疫分子"共同努力"的结果。肥大细胞的脱颗粒及介质释放是血管反应期形成的最主要始动因素。肥大细胞释放的组胺、缓激肽、白三烯等炎症介质，加上局部组织内各种固有免疫细胞产生的炎症性细胞因子（TNF、IL－1 等）可导致血管内皮细胞收缩、血管内皮细胞骨架重构、血管内皮细胞损伤等病理改变，这些直接导致了血管反应期的形成，为其后的急性细胞反应期形成做好了准备。

（二）急性细胞反应期

在血管通透性升高的同时，由于炎症性细胞因子与各类趋化性细胞因子的作用，血管内皮细胞表面的黏附分子表达发生有利于炎症细胞渗出的改变（详见第五章），导致炎症细胞的边集、附壁和游出，进而实现炎症细胞浸润的病理改变。这一病理改变的发生则使以清除有害因子为目的的免疫应答活动充分地具备了形成条件。前述所有的免疫细胞活化即免疫分子生物学作用的形成，都依赖急性细胞反应期所形成的这一特殊病理环境。

2002 年时 Tschopp 研究小组发现的"炎性小体"（inflammasome）被认为是早期炎症反应发生的重要分子基础。由多种蛋白质组成的炎性小体，分子量约 700 KDa，能够识别病原相关分子模式（PAMPs）或者宿主来源的损伤相关分子模式（DAMPs），招募和激活促炎症蛋白酶 Caspase – 1。活化的 Caspase – 1 切割 IL – 1β 和 IL – 18 的前体，产生相应的成熟细胞因子。炎性小体的活化还能够诱导细胞的炎症坏死（pyroptosis），诱导细胞在炎性和应激等病理条件下死亡。故无论从形成机制还是实际效应角度考虑，病理学范畴的早期炎症反应与免疫学范畴的固有免疫应答实是同一生物学事件的不同叙述"版本"。

第三节   适应性免疫应答

适应性免疫应答主要由能够特异性识别抗原的 T、B 淋巴细胞完成。通常划分为抗原识别、淋巴细胞活化与抗原清除三个阶段。根据参与免疫应答和介导免疫效应的组分和细胞种类不同，适应性免疫应答可分为 T 细胞为主介导的细胞免疫（cellular immunity）和 B 细胞为主介导的体液免疫（humoral immunity）。

一、T 细胞介导的免疫应答

T 细胞介导的免疫应答包括从抗原激活初始 T 细胞至抗原被效应 T 细胞清除的全过程。

（一）抗原识别阶段

T 细胞膜表面 TCR 与 APC 表面的抗原肽 – MHC 复合物特异性结合称为抗原识别（antigen recognition），是 T 细胞活化的首要环节。抗原识别实质为携带有抗原肽 – MHC 复合物的 APC 移入淋巴结皮质区，通过趋化因子作用，"寻找"抗原特异性 T 细胞克隆，并提呈抗原信息的过程，其中涉及一个"试错"历程。

1. APC 与 T 细胞的非特异结合   进入淋巴结皮质区的初始 T 细胞首先通过其表面的一组黏附分子（LFA – 1、CD2、ICAM – 3 等）与 APC 上的对应受体（ICAM – 1、CD58、LFA – 3 等）发生可逆的局部结合，可使 T 细胞表面 TCR 与 APC 上的抗原肽 – MHC复合物有合适的环境进行试配。如果 TCR 与抗原肽 – MHC 复合物不能形成特异性的结合，APC 即与 T 细胞解离"各奔东西"；一旦 TCR 与抗原肽 – MHC 复合物形成特异性的结合，即可进入 APC 与 T 细胞的特异结合阶段。

2. APC 与 T 细胞的特异结合 当 TCR 与 APC 表面抗原肽 – MHC 复合物形成特异性的结合后，通过细胞骨架的运动促使膜分子的重新分布，形成有多对的 TCR 与抗原肽 – MHC 复合物汇聚成簇，周围环形分布众多黏附分子相互结合的免疫突触（immunological synapse，IS）（表 7 – 3）。

免疫突触的形成，有助于增强 TCR 与抗原肽 – MHC 复合物相互作用的亲和力以及促进 T 细胞信号转导分子的相互作用、信号通路的激活、细胞内亚显微结构极化。事实上，免疫突触也存在于 T 细胞 – B 细胞、T 细胞 – 靶细胞的相互作用中，参与发挥多个免疫生理过程。

表 7 – 3 免疫突触形成的三个阶段

阶段	免疫分子的相互连接	多肽 – MHC 复合体的转运	免疫突触的形成
特点	黏附分子结合 CD4/8 阻止 T 移动 TCR 识别抗原	TCR – 肽 – MHC 向交接面中心移动 – 中央束 ICAM – 1 重新分布 – 外围环状结构	运输过程中丢失部分肽 – MHC 和 ICAM – 1 中央束锁定
发生或维持时间		第 1 阶段 5 分钟后	持续 1 小时以上

（二）淋巴细胞活化阶段

T 细胞的活化既需要抗原刺激这一特异性的活化信号，又需要共刺激分子提供的非特异性的活化信号，即所谓"双信号学说"。当 APC 与 T 细胞的特异结合后，位于免疫突触中的多对黏附分子间的相互作用不仅提供了抗原信号转导的环境条件，同时也提供了 T 细胞活化的辅助信号。

1. CD4$^+$T 细胞的活化 CD4$^+$T 细胞接受外源性抗原肽与 MHC Ⅱ类分子形成的复合物作为特异性活化信号（第一信号）。树突状细胞、单核/巨噬细胞、B 细胞作为专职 APC 既可组成性地表达 MHC Ⅱ类分子，又都表达具有代表性的 CD80/CD86 等共刺激分子。这就意味着当 CD4$^+$T 细胞接受抗原刺激这一特异性的活化信号的同时，也可以得到非特异性的共刺激信号（第二信号），满足活化所需的"双信号"。因此，初始 CD4$^+$T 细胞一般总是可以率先顺利活化，并成为整个适应性免疫应答过程的"启动者"。

2. CD8$^+$T 细胞的活化 CD8$^+$T 细胞接受内源性抗原肽与 MHC Ⅰ类分子形成的复合物作为特异性活化信号，而能提供此类抗原信号的细胞远比专职 APC 来得广泛（几乎所有的有核细胞都能表达 MHC Ⅰ类分子，并都可提呈内源性抗原肽）。

CD8$^+$T 细胞活化主要发生在下面两种情况中：一是提呈的抗原信号来自专职 APC，与前述 CD4$^+$T 细胞相同，活化所需的"双信号"同时得到满足，可以顺利活化；二是提呈的抗原信号来自靶细胞，这些细胞一般不能表达 CD80/CD86 等共刺激分子，于是CD8$^+$T 细胞缺乏活化需要的第二信号——共刺激信号，如果此时邻近有已活化的

CD4$^+$T细胞，可以通过其释放的细胞因子诱导靶细胞表达共刺激分子，或直接刺激 CD8$^+$T 细胞有关受体（如 IL–2 与 CD8$^+$T 细胞表面 IL–2R 的结合）完成活化。如缺乏来自活化 CD4$^+$T 细胞提供的帮助，CD8$^+$T 细胞就将处于"无能"状态，并可能发生凋亡，导致免疫耐受。这也是效应 CD4$^+$T 细胞被称为辅助性 T 细胞（Th）的原因之一。

3. 细胞因子促进 T 细胞的充分活化　IL–1、IL–2、IL–6、IL–12 等多种细胞因子也参与 T 细胞增殖和分化过程，其中 IL–2 是 T 细胞充分活化所必需的细胞因子。活化的 APC 可分泌 IL–1、IL–6，可促进静止 T 细胞表达 IL–2R。经自分泌或旁分泌作用，IL–2 与 T 细胞表面 IL–2R 结合，介导 T 细胞增殖和分化。由于静止 T 细胞 IL–2R 的表达量少、亲和力低，而活化后的 T 细胞 IL–2R 大量表达且亲和性高，故 IL–2 可选择性促进经抗原活化的 T 细胞增殖。

4. T 细胞活化的胞内分子机制　因 TCR 的胞内部分较短，T 细胞需借助于 CD3 分子及 CD4/CD8 分子和 CD28 等分子的辅助，才能将胞外抗原识别信号传递至细胞内部，使转录因子活化，转位到核内，活化相关基因，从而实现 T 细胞活化的信号转导（signal transduction）（图 7–4）。

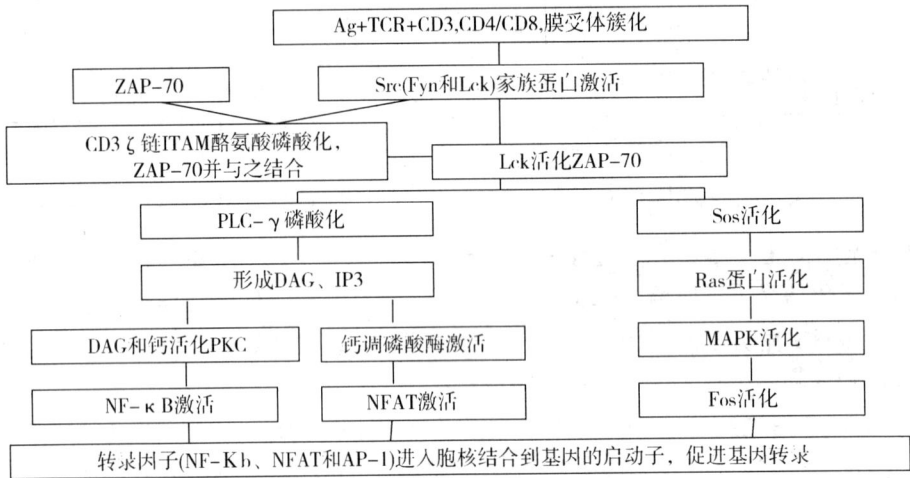

图 7–4　TCR 活化信号的胞内转导途径

（1）膜受体及信号转导分子的多聚化　膜受体 TCR 与相应抗原肽结合后可引起自身位置及构型改变，使随机分布的膜受体以 TCR–肽–MHC 为中心发生聚集，此为 TCR 交联。由于受体交联一方面可开放细胞膜离子通道，引起胞外 Ca^{2+} 内流并升高胞内离子浓度，启动胞内信号转导，同时可使分隔的受体胞内段相互接触，分别激活与其偶联的不同家族的蛋白酪氨酸激酶（protein tyrosine kinase，PTK）。

（2）PTK 活化与信号转导　TCR 活化信号传向胞内时，首先在 PTK 作用下，使 CD3 分子胞浆区免疫受体酪氨酸活化基序（immunoreceptor tyrosine–based activation motifs，ITAM）发生磷酸化。胞内带有 SH2（Src homology 2）结构域的 ZAP–70 分子则与 CD3 分子的已被磷酸化的 ITAMs 结合。CD4/CD8 携带的 p56^{Lck} 再促使 ZAP–70 磷酸化而活化。活化的 ZAP-70 进而使下游接头蛋白（LAT、SLP-76）磷酸化。继而，分别可循 PKC 途径、Ca^{2+} 途径和 MAP 激酶等途径将信号转至核内。

（3）转录因子及靶基因活化　上述激酶磷酸化的级联反应，使 T 细胞内的转录因子（DNA 结合蛋白）NFAT、NF-κB、AP-1 及 Oct-1（Octamer binding protein，Oct-1）等转入细胞核内，将细胞活化信号传入核内，并通过转录因子调控涉及细胞增殖及分化的细胞基因。在 T 细胞活化初期约 30 分钟，转录因子和原癌基因开始表达；T 细胞中的多种细胞因子及其受体基因在 4 小时后转录水平明显升高；14 小时左右表达与细胞分裂有关的转铁蛋白分子。

与 T 细胞活化相关的基因有近百种，包括细胞因子基因和细胞因子受体基因、细胞原癌基因、分化抗原基因及 MHC 分子基因。由于 T 细胞活化信号转导的级联反应的复杂性导致了构成 T 细胞应答的多样性。细胞因子基因的转录活化，使细胞分泌大量细胞因子，这些细胞因子作用于相应受体，进一步活化与细胞增殖和分化相关的基因，促使细胞进入分裂周期，进行细胞克隆性扩增，并向具有不同功能的效应细胞方向分化。

IL-2 作为 T 细胞自分泌生长因子，其基因的转录对于 T 细胞的活化是必需的，故 IL-2 基因的转录调节可作为 T 细胞活化期间细胞因子转录调节的原型。T 细胞胞质内信号转导级联反应后，转录因子发生磷酸化而去抑制，并穿过核膜进入核内，结合到 IL-2 基因调控区的增强子上，从而启动 IL-2 基因的表达。目前临床使用的免疫抑制剂，如环孢菌素 A 和 FK506 等阻止 NF-AT 核转位，从而阻止 IL-2 基因转录，发挥免疫抑制效应。

5. T 细胞的增殖、分化　活化后的抗原特异性 T 细胞受抗原、APC 类型及周围环境中细胞因子的作用可发生极化（polarization）。即 $CD4^+$ T 细胞从初始激活的 Th0 经极化转变为 Th1 或 Th2，并产生相应的细胞因子；初始 $CD8^+$ T 细胞可通过 Th 细胞依赖性或 Th 细胞非依赖性途径增殖和分化为细胞毒 T 淋巴细胞。

活化后的 T 细胞一般需经历扩增、收缩、记忆三个时相。①扩增相：活化后的 T 细胞在无抗原刺激的条件下 4~5 天可持续分裂 7~10 个轮次，分化为效应细胞（Th 或 Tc），使 T 细胞数量增高；②收缩相：当抗原急剧下降后，数量较大的效应 T 细胞可通过 AICD 等途径，出现激活诱导的细胞凋亡与细胞因子撤退性的细胞凋亡，使克隆 T 细胞群体变小；③记忆相：有部分侥幸逃脱前面两种凋亡的 T 细胞会转入静止状态，成为记忆 T 细胞。记忆 T 细胞分为两类：效应性记忆 T 细胞（T_{EM}）：居于炎症组织内，完成即刻起效的快速应答活动；中枢性记忆 T 细胞（T_{CM}）：居于淋巴结副皮质区，在抗原再次刺激下重新分化为效应细胞。

（三）抗原清除阶段

经细胞增殖、分化后形成的效应 T 细胞，除可辅助其他免疫细胞活化外，还主要参与抗原的清除。

1. $CD4^+$ T 细胞的效应　$CD4^+$ 效应 T 细胞（Th）可分泌 IFN-γ、TNF 及其他致炎因子，激活巨噬细胞并诱导炎症反应。通过这样的效应可以破坏与抗原结合的组织，达到清除抗原的目的。CD4$^+$效应 T 细胞所产生的这些效应作用可以形成一种特定的病理反应格局，称为迟发型超敏反应（delayed – type hypersensitivity，DTH）性炎症。

2. CD8$^+$T 细胞的效应 CD8$^+$效应 T 细胞（Tc）可高效、特异性地杀伤胞内寄生病原体（病毒、某些胞内寄生菌等）的宿主细胞、肿瘤细胞等靶细胞，而不损害周围正常组织。CD8$^+$效应 T 细胞可通过多种机制杀伤靶细胞。

（1）穿孔素/颗粒酶途径 穿孔素亦称细胞溶素（cytolysin），在 Ca^{2+} 存在的情况下，穿孔素在靶细胞膜聚合，形成跨膜通道，使靶细胞膜出现大量的小孔，水分子进入靶细胞内，导致渗透压发生改变，细胞因渗透性溶解而死亡。颗粒酶属丝氨酸蛋白酶，它随 CD8$^+$效应 T 细胞脱颗粒而出胞，循穿孔素在靶细胞膜所形成的孔道进入靶细胞，通过激活凋亡相关的胱天蛋白酶（caspase）系统而介导靶细胞凋亡。

（2）Fas/FasL 途径 CD8$^+$效应 T 细胞可高表达膜 FasL，与靶细胞表面的 Fas 结合，可通过激活胞内 caspase 系统，导致 caspase 活化的 DNA 酶（CAD）产生并进入胞核，将靶细胞的基因 DNA 切成片段，诱导靶细胞发生不可逆性凋亡。Fas/FasL 途径在介导生理情况下 AICD 效应、下调免疫应答中发挥重要作用。

（3）TNF – TNFR 方式 激活的 CD8$^+$效应 T 细胞还可分泌 TNF 等细胞因子，可与靶细胞表面的 TNFR 结合，并继而通过级联反应激活凋亡相关的酶系统，诱导靶细胞凋亡。

Tc 在杀伤靶细胞的过程中自身不受伤害，可连续杀伤多个靶细胞，且一般不破坏旁邻正常组织细胞。

二、B 细胞介导的免疫应答

B 细胞介导的免疫应答此处主要是指经典 B 细胞（B2）经抗原激活至分化为浆细胞产生抗体，并由抗体介导清除抗原的全过程。

（一）抗原识别阶段

1. 对 TD – Ag 的识别 TD – Ag 一般是天然蛋白抗原，可以被 B 细胞的 BCR 直接识别（为第一信号）。BCR 识别抗原的特点有：① BCR 不仅识别蛋白质抗原，还能识别多肽、核酸、多糖类、脂类和小分子化合物；②BCR 可特异性识别完整抗原的天然构象，或识别抗原降解所暴露的表位的空间构象；③BCR 识别的抗原无需经 APC 的加工和处理，也无 MHC 限制性。BCR 对抗原的直接识别不能使 B 细胞进入活化状态，还需要 B 细胞通过抗原内化、加工处理，将抗原肽提呈给 T 细胞后，获得由 Th 提供的活化第二信号。

2. 对 TI – Ag 的识别 TI – Ag 是具有多个重复抗原表位的抗原，如某些细菌多糖、多聚蛋白及脂多糖等。根据激活 B 细胞的方式，TI – Ag 可分成 TI – 1 和 TI – 2 两类。

（1）TI – 1 抗原 具有有丝分裂原成分，高浓度 TI – 1 丝裂原与 B 细胞的丝裂原结合蛋白结合，可诱导多克隆 B 细胞增殖和分化；低浓度时，则可显示其抗原特性，仅激活表达特异性 BCR 的 B 细胞。B 细胞针对低浓度 TI – 1 抗原产生应答，使机体在胸腺依赖性免疫应答发生前（即感染初期）即可产生特异性抗体，而无需 Th 致敏与扩增。

（2）TI-2 抗原 多属荚膜多糖等成分，具有许多重复性抗原表位。TI-2 抗原通过其重复表位广泛交联 B 细胞表面 mIg，直接激活 B 细胞。表位密度在 TI-2 抗原激活 B 细胞中可能起决定性作用，太低则不足以激活细胞；太高则会使细胞变为无应答性。B 细胞对 TI-2 抗原的应答模式为机体提供了一种针对有荚膜保护层结构病原体的快速而特殊的免疫反应。

（二）淋巴细胞活化阶段

1. B 细胞的活化 经 TD-Ag 激活的 B 细胞也遵循"双信号激活"准则。

（1）第一活化信号 B 细胞应答的第一步是 BCR 对抗原的特异性识别及两者的结合，引起 BCR 交联，通过 CD79a/CD79b 向细胞内发出第一活化信号，即抗原特异性信号。共受体 CD19、CD21、CD81、CD225 与 BCR 发生交联，一方面可降低 BCR 内化的作用，延长经由 BCR 的刺激信号的作用时间；另一方面可把 CD19"拉近"BCR，明显降低抗原激活 B 细胞的阈值，可使 B 细胞对抗原刺激的敏感性大大提高。

（2）第二活化信号 针对 TD-Ag 的抗体产生必须有 Th 参与。在此过程中，B 细胞自 BCR 特异性结合抗原获得第一信号，并从活化的 Th 获得第二信号：①T 细胞活化后诱导性表达 CD40L，CD40L 与 B 细胞上的 CD40 结合可为 B 细胞活化提供最强的第二信号；②Th 也通过分泌细胞因子对 B 细胞起重要辅助作用，如 Th1 分泌的 IL-2、IFN-γ 及 Th2 分泌的 IL-4、IL-5、IL-6 等细胞因子均参与了 B 细胞激活、增殖与抗体的产生（尤以 Th2 作用重要）。此外，B 细胞亦作为 APC 通过 MHC Ⅱ类分子向特异性 Th 提呈外源性抗原肽，并通过 CD80 与 CD28 的相互作用活化 Th。B 细胞和 Th 表面黏附分子的相互作用加强了两种细胞间的结合，促进了相互活化。失去活化的 Th 细胞的辅助，B 细胞的进一步活化也被抑制。

2. B 细胞的增殖和分化 活化的 B 细胞一部分在淋巴结髓质增殖、分化为短寿命浆细胞，分泌早期抗体（IgM）；另一部分进入淋巴结的淋巴滤泡，形成生发中心。在生发中心经历体细胞高频突变（somatic hypermutation）、受体编辑（receptor editing）、Ig 的类别转换（class switch）等发育过程，形成浆细胞和记忆性 B 细胞。

生发中心产生的浆细胞大部分迁入骨髓，并在骨髓基质细胞支持下成为长期、持续性提供高亲和力抗体的来源，故又称为长寿命浆细胞。浆细胞是 B 细胞分化的终末细胞，能分泌大量抗体，但已不能与抗原起反应，也失去与 Th 细胞相互作用的能力。记忆 B 细胞为长寿细胞，再次与同一抗原相遇时可迅速活化产生抗体，在再次免疫中发挥作用。

（三）抗原清除阶段

抗体是 B 细胞介导的免疫应答中形成的主要效应物质。由浆细胞分泌的抗体可通过中和作用、调理作用、ADCC、激活补体系统活性等机制清除抗原性异物（详见第一章）。

拓展与思考

　　免疫应答是构成免疫现象的核心生物学事件。而此章的学习，可视为对全部免疫细胞与免疫分子生物学作用的一个总结。下列问题在读完此章后需要引起思考：第一，当免疫应答被分成固有免疫应答与适应性免疫应答两部分探讨时，你觉得其必要性如何？合理性如何？第二，你对固有免疫应答概念的提出和固有免疫应答的界定作何评价？第三，比较固有免疫应答与适应性免疫应答，你有哪些与教材不同的观点与看法？第四，对于如何定义免疫应答，你有哪些建设性的意见？

（王莉新　刘永琦　王易）

第八章　免疫调控

有机体的生存是以其有序性作为前提的，所以高等生物作为细胞的"联合王国"必然存在维持有序性所必需的调节机制。免疫现象何能例外？此章即对免疫调控予以探讨。

第一节　免疫调控概述

前面各章对免疫系统的组成成分及工作机制进行了充分的介绍。然而使种类繁多的细胞与分子能够"共聚一堂"、"相互合作"的生理机制却是人们至今尚不能完全知晓的。以下讨论只算是管中窥豹，而关于免疫调控的深入理解还有待人类的不断研究。

一、免疫调控概念的界定

我们所谓的免疫调控可以从免疫现象发生的调控和免疫应答过程与结果的调控两个角度加以考量。

（一）免疫现象发生的调控

机体免疫现象的发生至少受到以下四个层面调控机制的影响。

1. 免疫细胞个体生物学行为的调控　诸如 T、B 细胞的激活、B 细胞向浆细胞的分化、抗体转类的形成、激活后凋亡的发生等，这一层次的调控是指单个细胞发生生物学事件所受到的调控影响。

2. 免疫细胞群体生物学行为的调控　这一层次的调控是指多细胞互作而发生的生物学事件所受到的调控影响，诸如 APC 的抗原提呈与 T、B 细胞的识别、Th0 细胞向不同方向效应细胞的分化、DC 与 T、B 细胞的互作等生物学事件。

3. 免疫细胞发生与分化过程的调控　这一层次的调控是指各类成熟免疫细胞在分化过程中所受到的调控影响。

4. 免疫细胞环境因素的互作　这一层次的调控可指在环境理化因素（如营养、温度、湿度、电离损伤、失重等）及病原体侵袭等外界因素作用下，免疫细胞应对这些因素过程中所受到的调控影响。

（二）免疫应答过程与结果的调控

如果将"免疫调控"一词仅仅局限于免疫应答发生过程与形成结果所受到的调控影响，则需分解为：①对于是否形成应答的调控影响；②对于所形成的应答格局的调控影响；③对于应答过程各时相内生物学事件发生的调控影响；④对于应答程度和结局的调控影响。这样的"免疫调控"概念是基于一个狭义的层面。而多数教科书对免疫调节（immunoregulation）一词不予界定，这使得其边界甚为模糊，讨论也就不得要领。本章讨论涵盖免疫调控广义与狭义的两个层面。

二、机体与环境的相互作用

任何一个独立的生命体，其生存与发展都不能孤立于环境之外，这就决定了机体内的所有调控机制也同样不能离开所处环境这样一个大背景。换一个角度来看，机体内的种种调控是为了促进机体适应环境，所以机体内的调控可视为是环境所使然，正如中国传统文化所谓"天人合一"的道理一样。

因此我们不得不将机体与环境的相互作用归纳到免疫调控的概念之内。至于机体与环境的相互作用仍需要考虑如下两个层面的问题。

（一）病原体

免疫调控不能发生于孤立封闭的环境中，而对于开放环境中的免疫调控首先要面临的问题是病原体。在病原体作用下，免疫调控的指向与结果往往会与免疫系统本身的防御使命相偏离，由此可引起持续性感染、自身免疫病、肿瘤等不良后果。因此，许多临床疾病也许是免疫调控所造成的一种被动的结局。而现有的免疫学知识对此尚不能做出合理的解释，还需在病原生物学领域的研究中深入挖掘，揭示病原体对免疫调控的作用机制。

（二）超有机体

超有机体（superorganism）原意是指社会性生物群体（如蚂蚁、蜜蜂等）组成的具有高度分工、组织严密的生物集群，后将其概念扩展为受集体意志支配而采取一致行动的生物群体。依照这个定义，许多生物学家认为人体由 10^{13} 个细胞组成，这个庞大的生物集群完全有资格称作"超有机体"。另外，人体与共生的微生物（数量达 10^{14} 个，种类估计有 100 万种）相互之间也同样构成一个超有机体。而我们机体的免疫调控就是这样一个超有机体的"一致行动"。脱离开这个超有机体，我们所观察到任何一个部分的免疫调控都是片面的，不能反映整体。

基于上述认识，本章讨论的免疫调控分为免疫应答的体内调控和免疫应答的环境影响两方面。

第二节 免疫应答的体内调控

免疫应答的体内调控可按免疫系统的组成分为基因水平、细胞水平、分子水平和整体水平等。

一、基因水平的调控

细胞 microRNA 除了发挥基因免疫的作用（详见绪论），还是在基因水平上实施免疫调控的重要机制。

microRNA（miRNA）是广泛存在于真核细胞内的非编码 RNA，由基因组 DNA 编码转录。转录后的非编码 RNA 长达数百至数千个核苷酸，成为初级 miRNA。经核糖核酸酶Ⅲ（Rnase Ⅲ）剪切后形成 65 个核苷酸的发夹状前体 miRNA，在转运蛋白 5 的帮助下，进入细胞质。在细胞质内，受另一 Rnase Ⅲ（Dicer）的加工，生成 19～23 个核苷酸的成熟双链 miRNA。成熟 miRNA 解聚后，其引导链与 AGO 蛋白结合参与组成 RNA - 诱导沉默复合体（RNA - induced silencing complex，RISC）。RISC 可选择性识别目标 mRNA，阻断其翻译或使其降解。这一机制成为细胞内转录后调控的重要手段，也是表观遗传调控的一种构成方式。

（一）固有免疫细胞的 miRNA 调控

1. 巨噬细胞的 miRNA 调控 miR - 155 受转录因子 AP - 1 和 NF - κB 的激活，可负反馈调控这两个转录因子激活的其他编码产物（主要是炎症相关因子），故 miR - 155 与同一族群的 miR - 146 等在炎症反应调控中起重要作用，也在固有免疫和适应性免疫的平衡中具有重要意义。

2. NK 细胞的 miRNA 调控 NK 细胞的杀伤受体以 MICA/B 作为激活配体，靶细胞表面 MICA/B 的表达直接调控 NK 细胞的杀伤活性，目前已发现 miR - 372、miR - 373 等可下调 MICA/B 的表达，从而间接调控 NK 细胞杀伤活性。

（二）适应性免疫细胞的 miRNA 调控

1. T 细胞的 miRNA 调控 miR - 155 可促进 Th0 向 Th1 的分化，抑制 miR - 155 可促进 Th2 的生成，miR - 155 也同时参与调控 Treg 的维持；miR - 326 则可促进 Th0 向 Th17 的分化。

2. B 细胞的 miRNA 调控 miR - 155 可促进活化的 B 细胞向浆细胞分化，并参与抗体转类调节。

二、细胞水平的调控

作为超有机体，细胞群体间的互作是免疫调控的核心。此处按发挥调节作用的细胞主体分述如下：

（一）固有免疫细胞的调节作用

1. DC　DC 除作为唯一可激活初始 T 细胞的 APC 外，尚可通过其表面黏附分子与 MHC 分子的作用促进 T、B 细胞的分化发育。在 Th0 向 Th1/Th2 定向分化中不同的 DC 具有不同的调节作用。DC 释放的可溶性因子可直接调节 B 细胞生长与分化，增强细胞因子诱导的 CD40 促进 B 细胞生长和分化的能力。接受抗原刺激的未成熟 DC 可诱导调节性 T 细胞产生，间接参与外周耐受的建立。位于外周淋巴器官 B 细胞依赖区的 FDC 可以通过高表达 FcR、CR 等受体，有利于持续附着一定量抗原，通过长时间刺激记忆 B 细胞，使其保持免疫记忆（详见第六章）。

2. NK、NKT 细胞　NK 细胞可分泌 IFN-γ、TNF-α、IL-2、GM-CSF、M-CSF 和 IL-5 等多种细胞因子，对 T 细胞、B 细胞、骨髓干细胞等均起调节作用。尤其是在 Th1/Th2 平衡调节中，NK 细胞来源的 IFN-γ 具有举足轻重的意义。NKT 细胞可分泌 IL-4、IFN-γ、GM-CSF、IL-13 等细胞因子和趋化因子，介导 T 细胞、NK 细胞以及树突状细胞的活化与分化。

3. 单核/巨噬细胞　除作为 APC 直接激活 T 细胞外，尚可通过分泌 IL-1、IL-12、TNF-α 等细胞因子促进免疫细胞活化、增殖、分化和产生免疫效应分子从而促进免疫应答。也可由过度活化的巨噬细胞转变为抑制性巨噬细胞，通过分泌前列腺素、TGF-β、活性氧分子等免疫抑制性物质来抑制免疫细胞活化、增殖或直接杀伤而产生负调节作用。

（二）T 细胞的调节作用

由胸腺发育的成熟 T 细胞具有不同的生物学表型，受抗原激活的效应 T 细胞同样具有不同的生物学表型，目前研究认为，这些生物学表型的差异主要源自某些特征性转录因子的表达（如 T-bet 之于 Th1，GATA3 之于 Th2，RORγt 之于 Th17，Foxp3 之于 Treg）。这些转录因子可启动染色质重塑（chromosome remodeling），以形成表观遗传学的调控"印记"。

不同生物学表型的 T 细胞群也形成不同的调节作用，按这些调节作用的正负，T 细胞被分为 Th（产生正向调节）与 Tr（产生负向调节）两大类。

1. Th1　是由转录因子 T-bet"塑造"的一种 T 细胞生物学表型，此型 T 细胞以分泌 IL-2、IFN-γ、IL-12 为特征。其调节作用主要是维持活化的 T、B 细胞的增殖，促进 Th0 向 Th1 的分化，增强 NK 细胞杀伤活性，激活单核/巨噬细胞，促进 APC 的抗原提呈作用，诱导浆细胞的抗体转类（形成 IgG），拮抗 Th0 向 Th2 的分化。（图 8-1）

2. Th2　是由转录因子 GATA3"塑造"的一种 T 细胞生物学表型，此型 T 细胞以分泌 IL-4、IL-5、IL-10、IL-13 为特征。其调节作用主要是促进 Th0 向 Th2 的分化，刺激肥大细胞增殖，诱导浆细胞的抗体转类（形成 IgE），促进炎症细胞渗出，拮抗 Th0 向 Th1 的分化。（图 8-1）

3. Th17　是由转录因子 RORγT"塑造"的一种 T 细胞生物学表型，此型 T 细胞

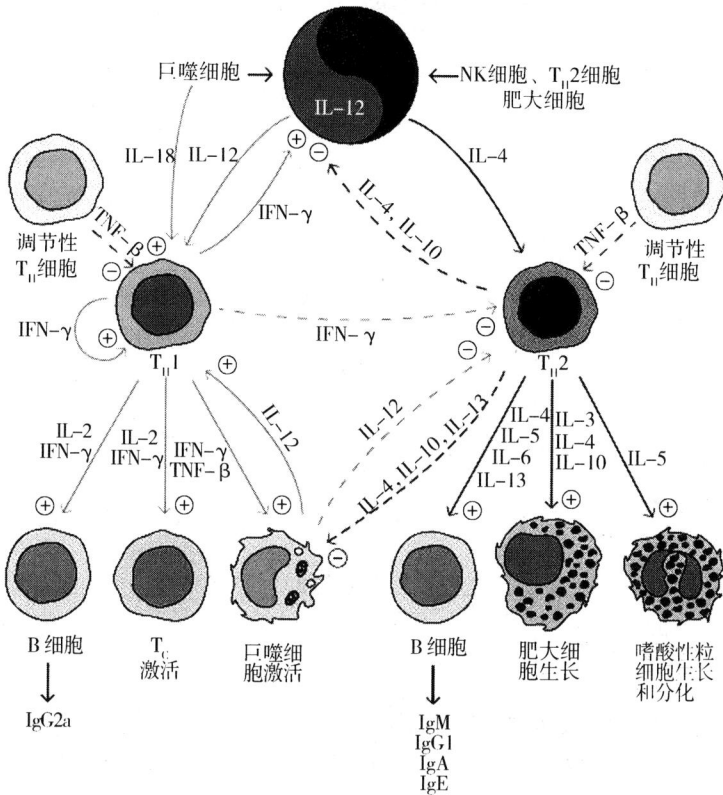

图 8-1 Th1/Th2 的调节作用

以分泌 IL-17、IL-23、IL-1、IL-6、TNF 为其特征。其调节作用主要是激活炎症细胞，促进炎症因子（TNF、IL-1β、IL-6、IL-8、G-CSF）产生，诱导内皮细胞表达炎症细胞渗出相关的黏附分子，诱导形成三级淋巴器官，诱导炎症急性期反应与发热反应。

4. Treg 是由转录因子 Foxp3 "塑造"的一种 T 细胞生物学表型，此型 T 细胞以分泌 IL-10、TGF-β 为其特征。其调节作用主要是：①通过细胞表面 CTLA-4 和膜 TGF-β 直接作用于靶细胞的相应受体，来阻断靶细胞 CD25 表达和细胞因子（IL-2）分泌，从而抑制靶细胞增殖；②通过分泌 IL-10 和 TGF-β 等抑制性细胞因子发挥免疫抑制效应；③通过下调 APC 表面 CD80/86 及 MHC Ⅱ 分子表达，来抑制 APC 的抗原提呈功能，从而间接抑制 CD4$^+$T 或 CD8$^+$T 细胞活化、增殖。

外周中 Treg 有两个来源，一是在胸腺内发育成熟的 Foxp3$^+$CD4$^+$T 细胞，称为自然调节性 T 细胞（naturally occurring regulatory T-cells, nTregs）；二是在外周经抗原激活后转化为 Foxp3$^+$ 的 T 细胞，称为诱导性调节性 T 细胞（inducible regulatory T-cells, iTregs）。这群 iTregs 又有以分泌 IL-10 为主的 Tr1 和分泌 TGF-β 为主的 Th3 之不同。此外 Foxp3$^+$ CD8$^+$T 细胞和 Foxp3$^+$γδT 细胞也具有相同调节作用。nTregs 与 iTregs 的区别，可能是前者以细胞间直接接触形式完成调节作用，后者以旁分泌细胞因子形式完成调节作用。

不同生物学表型的 T 细胞群体，在调节作用中的协同与拮抗构成了免疫应答活动的

可控性与平衡性，成为生理性免疫应答的保障基础。（图 8-2）

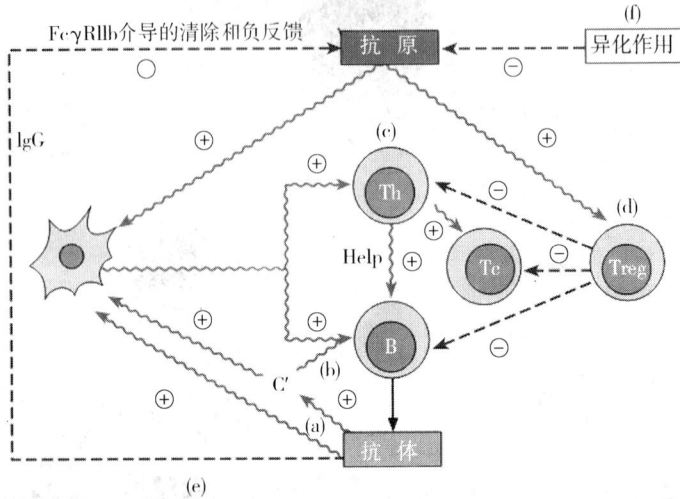

图 8-2　适应性免疫应答的细胞调节作用

（三）细胞激活的负调控

免疫应答活动以细胞激活为其发生基础，但效应目标清除后，被激活的细胞亦需回归寂静才不致使其殃及无辜。此类调控即为细胞激活的负调控。其调节形式有：

1. 激活诱导凋亡（Activation - induced cell death，AICD）　受抗原激活的 T、B 细胞可同时表达膜分子 Fas（CD95）与 FasL（CD178），这可使带有 Fas 的细胞经信号转导激活 caspase - 8 介导的程序性死亡，导致活化细胞的凋亡。

2. 被动性细胞凋亡（passive cell death，PCD）　也称为忽略性细胞凋亡，是指细胞因子依赖的活化 T 细胞进入细胞增殖周期后，因所依赖的细胞因子（如 IL - 2、IL - 4、IL - 7、IL - 15 等）撤退而引起的细胞凋亡。与 AICD 相同，被动性细胞凋亡也是限制免疫细胞过度激活的一种反馈性调节。

3. 抑制性协同信号表达　活化 T 细胞 24 小时后可诱导性表达 CTLA - 4，这一黏附分子可与 CD28 竞争结合 CD80，并使 CD80 提供的共刺激信号阻断，诱导活化 T 细胞进入"无能"状态。

三、分子水平的调控

免疫分子的调控实际上是细胞水平调控的一个组成或延伸，但诸如抗原、抗体、补体和来源广泛的细胞因子的调控作用，在细胞水平的调控中很难进行可界定的讨论，因此只能在分子水平的调控中加以叙述。

（一）抗原的调节作用

抗原含量变化引起的"负反馈"调节现象是指体内的免疫效应产物随抗原浓度的改变而发生的平行变化。其机制可分为：

1. Fc 阴性信号作用　B 淋巴细胞上某些类型的 Fc 受体能够传导抑制信号。当抗原刺激免疫系统形成了大量的抗体之后，过量的抗体就会与 B 淋巴细胞上的抗原受体结合同一个抗原，结合了抗原的抗体再和 B 淋巴细胞上的抑制型 Fc 受体结合，原来受到抗原刺激的 B 淋巴细胞受到抑制而不再激活。

2. Tc 杀伤后负信号作用　系指活化 Tc 在杀伤靶细胞后，因失去抗原信号支持而停止增殖的调节机制。

（二）补体与抗体的调节作用

1. C3d 增强作用　与抗原结合的 C3d 可结合 B 细胞激活辅助受体（见第六章）中 CD21（CR2），以增强 B 细胞激活信号的转导。

2. 独特型 – 抗独特型网络　是体内平衡性调节的典型代表。这个调节机制的理论基础是每一种抗体或抗原受体上都存在有独特型决定簇，在识别外来抗原的同时，其自身也可被抗独特型抗体或携有针对该独特型抗原受体的淋巴细胞所识别，使得体内的每一个淋巴细胞克隆在受到抗原激活后都不会造成无限增殖的恶果，使免疫应答活动始终维持在可以控制的水平，为维持淋巴细胞克隆间的平衡和机体的免疫稳定性提供了坚实的基础。（详见第一章）

此外，Fc 阴性信号作用亦可视为抗体的一种负反馈调节形式。

（三）细胞因子的调节作用

细胞因子在固有免疫应答与适应性免疫应答中都产生极为重要的调节作用。诸如促进各类免疫细胞的活化、增强细胞毒作用、促进效应细胞的分化以及对炎症发生、发展的调控等（详见第四章）。

四、整体水平的调控

免疫应答活动的调节不仅来自免疫系统内部，也可受到其他生理系统的调控，尤其是神经 – 内分泌系统。

（一）Blalock 模型

上世纪 60 年代，心理学家与免疫学家一起构建起一门新的边缘学科——心理神经免疫学（Psychoneroimmunology），并以许多有趣的实验揭示了人们的情绪与心理活动对免疫系统的影响。通过条件反射实验证实了免疫系统的运作是受到大脑皮层的高级神经活动控制的。基于这些实验，美国阿拉巴马大学的生理学教授 Blalock 提出了一个颇为新颖的生物学模型假说，这个模型假说认为机体的免疫系统在本质上也是一个感觉器官，只不过解剖学上原来的那些经典的感觉器官——眼、耳、鼻、舌、身是用来感受"识别性刺激"的（所谓的"识别性刺激"主要是指声、光、热、力、电等物理性刺激），而作为感觉器官的免疫系统则是用来感受"非识别性刺激"——抗原的。这两类不同的刺激信号所引起的反应都将被输入中枢神经系统，并通过神经—内分泌—免疫网络产生信息交换，从而形成维持内环境稳定的整体调控。这一假说比较令人满意的解释了神经—内分泌系统对机体免疫活动所产生的影响和调节机制，但由于某些实验的局限性和面临问题的复杂性，使得人们对神经—内分泌—免疫网络中的许多具体细节和各系统间信息交流的来龙去脉依然缺乏足够的了解，所以到目前为止，尚未出现可以通过对神经—内分泌—免疫网络的调节来干预机体免疫活动的有效治疗手段。

（二）神经－内分泌系统对免疫系统的影响

早期的神经－内分泌－免疫网络研究主要集中于神经－内分泌系统对免疫系统的影响方面。能够提供的实验依据包括：①神经末梢对免疫器官的支配：多数的免疫器官都受到植物神经纤维的支配：并接受不同类型的神经递质（表8－1）；②神经递质对免疫细胞的影响，实验表明，在许多免疫细胞表面具有神经递质受体（表8－2），提示这些免疫细胞可能接受神经递质的影响；③内分泌激素对免疫细胞的作用，一些实验结果显示多种肽类激素可以在不同环节上对不同的免疫细胞产生调节作用（表8－3）。

表8－1　免疫器官上的神经分布

器官	神经类别	神经递质
骨髓	肽能纤维	P 物质
胸腺	交感、副交感纤维	L－ENK、VIP、NPY、NE
脾脏	交感、副交感纤维	M－ENK、CCK、NT、SP
淋巴结	交感、副交感纤维	Ach、NE、SP、VIP

表8－2　免疫细胞上的神经递质受体

受体	分布
肾上腺素	淋巴细胞、粒细胞、单核/巨噬细胞、血小板
多巴胺	B 细胞
乙酰胆碱	淋巴细胞、胸腺细胞、干细胞
5－羟色胺	T 细胞
组织胺	T 细胞、B 细胞

表8－3　内分泌激素对免疫细胞的影响

激素	对免疫细胞的影响
HCG	抑制淋巴细胞增殖
TSH	抑制淋巴细胞增殖
PRL	促进抗体分泌
HGH	促进 T 细胞 DNA 合成
ACTH	促进淋巴细胞增殖
胰岛素	促进抗体分泌
生长介素	促进 T 细胞分泌

（三）免疫系统对神经-内分泌系统的影响

包括 Blalock 在内的一些学者的研究表明免疫系统可以对神经-内分泌系统产生影响，其影响的机制有：①细胞因子作用：如由免疫细胞合成的 IL-1、IL-6、TNF 等炎症因子可以通过下丘脑-垂体-肾上腺轴，刺激糖皮质激素的合成，再由糖皮质激素抑制炎症细胞的活性，形成负反馈调节；②免疫激素与免疫递质作用：一些免疫细胞也能够合成内分泌激素与神经递质，如 FSH、LH、GH、PRL、ACTH 等激素和 β-END、VIP、SP 等神经递质。由免疫细胞分泌的激素类物质称为免疫激素，由免疫细胞分泌的神经递质类物质称为免疫递质，这些免疫激素与免疫递质都可作用于相应的靶器官，而影响神经-内分泌系统。

（四）神经-内分泌-免疫网络学说

Blalock 模型的提出最终形成了神经-内分泌-免疫网络学说。此学说将免疫系统视作整个生命体巨系统中的一个开放的子系统，而不是一个孤立的、封闭的生物系统。与机体的其他生理系统之间保持着"你中有我，我中有你""不分彼此"的水乳交融关系。尤其在机体最主要的几个调控系统——神经、内分泌、免疫系统间组成了一个关系密切的联系网络。尽管尚没有充分的实验依据，但神经-内分泌-免疫调节已被揭示与炎症有关（图8-3）。

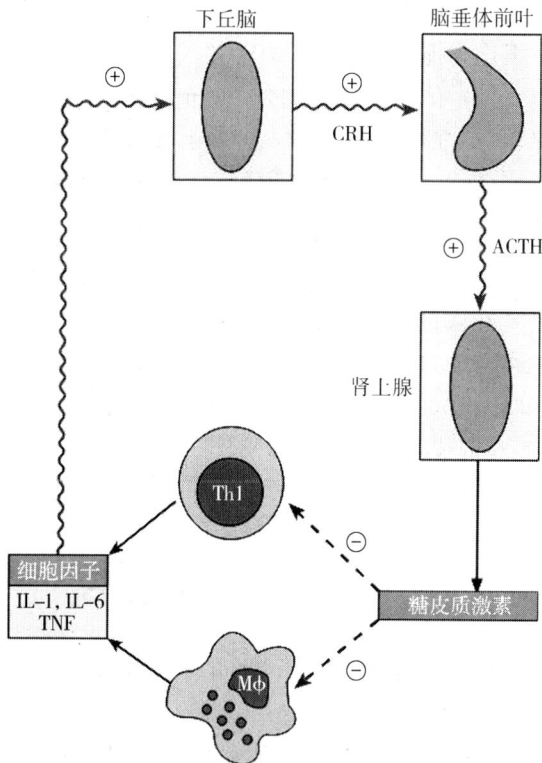

图8-3 细胞因子-内分泌激素调节网络

神经－内分泌－免疫网络学说的提出对解释免疫应答活动的调节具有非常重要的意义，首先，其揭示了免疫系统的开放性，其次它证实了高级神经系统整合作用对免疫功能的影响且为免疫干预提供了新的方向与方法。

第三节 免疫应答的环境影响

如前所述，人类生命活动是在多样的环境中展开的，故不能不受到环境因素的影响，免疫活动亦不例外。

一、自然环境的影响

自然环境对免疫应答的影响，可以表现对个体免疫应答的影响与对群体免疫应答水平的影响两个方面。

（一）自然环境对个体免疫应答的影响

病原体无疑是影响个体免疫应答过程中的一个重要因素，除了毒性作用，侵袭力之外，病原体的增殖速率是影响免疫应答的一个宏观因素。增殖速率快的病原体可以突破固有免疫的"封锁"，并可在适应性免疫充分激活前取得数量优势，导致机体损伤，但由于其增殖速率快也给机体提供了足够的抗原信号，可以使免疫细胞充分激活，最终以免疫细胞的增殖速度压倒病原体的增殖速度而告终，此即为急性感染。增殖速率慢的病原体可以其不致使机体损伤为掩护，躲过固有免疫的识别，并拖延适应性免疫激活的时间，致使其可以长期寄居宿主体内，并形成多样的免疫逃逸方式，此即为慢性感染。一般而言慢性感染可以导致免疫应答产生更多障碍，并可损害免疫系统自身。

营养素也是影响个体免疫应答的一个重要因素，蛋白质与热能的缺乏可导致免疫应答减弱（由于蛋白质合成障碍使免疫效应物质减少），这对于抵御感染显然不利，但另一方面限制热能摄入可以有效降低自身免疫病的损害程度。各种维生素和微量元素的缺乏都可能对免疫应答带来麻烦，如锌缺乏，可以致使Th0向Th2分化，降低免疫接种的效果，削弱吞噬细胞的吞噬能力，影响NK细胞的活化；铁缺乏则可影响中性粒细胞的呼吸爆发；多元不饱和脂肪酸可以减少前炎症因子的产生；维甲酸可以促进Th2与Treg的分化，但可阻止Th17的形成。

环境污染也可对个体免疫应答发生影响，一个明显的例子是受多氯联苯污染海区的象海豹被发现死于无毒性的犬瘟热病毒感染。

（二）自然环境对群体免疫应答水平的影响

病原体的选择作用是影响群体免疫应答水平的一个重要因素。人群的个体差异同样也反映在其免疫应答的指向性与应答程度上，因此对同一病原体的识别与反应能力可造成明显的个体间易感性与抵抗性的差异。例如趋化因子受体CCR4与CXCR5的变异可导致人群对HIV抵抗性增高、带有HLA－B53等位基因的人群可以对疟原虫感染呈现抵抗性等。故在自然感染进程中，这些个体具有明显优势，其人群数量会逐渐增高，如 HLA – B53 等位基因在疟疾非流行区人群中表达频率不及 1%，而在中非高流行区可高达 28%（冈比亚）至 40%（尼日利亚），这无疑可以增强全人类对此类病原体的群体免疫应答水平。

同理，营养因素与其他环境因素构成的影响也会在群体免疫应答水平上得以反映。

二、社会环境的影响

此处所指社会环境特指人类生活习惯。1989 年"卫生假说"（hygiene hypothesis）的提出提示：随着人类社会的进步，人类受病原体反复感染的几率逐渐降低，使得群体免疫应答的指向性发生改变。具体表现为在发达国家中随着感染性疾病（特别是寄生虫病）的发病率下降，其过敏性疾病的发病率显著上升。"卫生假说"指出，这个疾病谱变化的背后是群体免疫应答受社会环境的影响。

1989 年 David P. Strachan 指出，在独生子女中哮喘与过敏性皮炎的发生率远高于多子女家庭的儿童，分析原因是由于多子女家庭的儿童由于交叉感染，其受病原体反复感染的几率较高。此后的临床流行病学研究和免疫学研究也显示了这一点。部分流行病学调查显示，对过敏性疾病抵抗的人群，其共同特征都是在儿童时期经历过显著的呼吸道感染（麻疹、结核菌）或消化道（A 型肝炎、幽门杆菌、钩虫等）感染。而在乡村度过儿童时期者也不易发展为过敏体质。这间接证明卫生习惯改善的同时将会增加过敏性疾病的发生率。

免疫学工作者目前以 Th1/Th2 平衡学说来解释"卫生假说"所揭示的疾病谱变化现象。其理由是早期人类需直接面对寄生虫的威胁，所以其免疫系统被选择为 Th2 型应答占有优势的类型；而当文明进步后，原有的 Th2 型应答已无"用武之地"，转而引发大量过敏性疾病。尽管这一解释未必能够十分满意的说明发达国家疾病谱变化的原因，且还有不少研究对"卫生假说"提出质疑，但这一现象的归纳无疑指出了：作为社会人，其免疫活动也必然受到其社会环境与社会活动的影响。

拓展与思考

免疫调控的内涵十分复杂，界定难度很大，读完此章后，请先谈谈你对免疫调控界定的认识。第二，人为进行的免疫干预（例如疫苗接种、免疫治疗等）是否应当列入免疫调控的范畴？请说明理由。第三，在如此繁杂错综的免疫调控作用中，人为的免疫干预能否产生预期的效果？从长远的角度看，这些免疫干预措施将如何影响人类群体免疫应答水平的进化？最后一个问题，在读完此章后，你对免疫调控的认识是否发生了根本性的改变？

（王　易）

第九章　免疫损伤

　　免疫应答过程所形成的生物学效应既有清除抗原，保护机体的作用，也有造成机体损伤的作用，被喻为"双刃剑"。此章专为"双刃剑"之说做一注脚。

第一节　免疫损伤概述

　　免疫应答过程产生的效应物质在对"有害"信号进行清除时，常会造成机体功能、代谢障碍和对组织、细胞的损伤。此种损伤几乎无法避免。多数情况下，特别是当毒力较强的病原体感染时，免疫应答效应对机体的保护远超过损伤作用，人们常视其为免疫保护；只有当免疫损伤较严重并表现相应临床症状时，才称其为免疫病理现象，并被视为免疫损伤性疾病，也即所谓"超敏反应"（hypersensitivity）。

一、"超敏反应"溯源

　　机体因接触非毒害性物质引起超敏反应而导致损伤的现象很早就有记载。16 世纪初 Sir Thomas More 就曾记述了莎士比亚戏剧中著名的主人公英王理查三世（Richard Ⅲ）因食用草莓而患上严重荨麻疹的经历。对于"免疫损伤可引起疾病"这一现象的阐释，源于 Richett 和 Portier 的一项发现，1902 年他们将海葵触须浸出液注射给狗，作为一种毒素，一定剂量的海葵浸出液可引起狗死亡。但由于生物的个体差异，在同一剂量下，总会有一些狗存活下来。按照理论推测，当给这些幸存的狗再次注射海葵浸出液时，机体的免疫系统理应产生针对海葵浸出液的保护作用，但是，事实恰恰相反，当再次给狗注射了小剂量海葵浸出液后，一种意想不到的结果出现了：呕吐、血性腹泻、晕厥、神志丧失、窒息甚至死亡。Richett 称这种现象为 anaphylaxis，意为"无保护反应"（后来被译为"过敏反应"），与保护性反应（prophylaxis）相区别。于是，Richett 对过敏反应现象作了如下的小结：①相比先期注射该物质，较新注射的物质更为敏感；②再次注射所引起的症状与第一次注射所引起的症状毫无相同之处，且表现得更突然，症状以神经兴奋性降低为主；③过敏症状的出现往往需要 3～4 周的诱导过程。Richett 将这种现象的发生与可引起过敏反应的抗原性物质联系在了一起，并明确指出，免疫力不仅具有保护机体的作用，还有造成机体损伤的另一面。他也因这一发现获得了 1913 年的诺贝尔医学生理学奖。1921 年 Prausnitz 将其好友 Kustner 对鱼过敏的血清注入自己前臂皮内，一定时间后将鱼提取液注入相同位置，结果注射局部很快出现红晕和风团反应，他们将引起此反应的血清中的因子称为反应素（reagin）。这就是著名的 P‑K 试验。1960 年 Von Pirpuet 首次将变态反应（allergy）一词引进了免疫学，以描述机体接触抗原后所表现出的"改变了的免疫反应"。随后人们将"无保护反应"与"改变了的免疫反应"归因于机体的免疫系统处于高应答状态所引起，并提出了"超敏反应"的概念。

而事实上，并没有更多的实验依据表明免疫损伤只发生于免疫高应答状态，出现疾病状态的免疫应答较未出现疾病状态的免疫应答水平也无明显差异。免疫机制分析表明，引起疾病状态的免疫应答实际上是抗原清除过程中所引起的一种显著的病理性免疫损伤。故我们可将超敏反应理解为以免疫损伤为显著表现的免疫应答形式。

二、免疫损伤的分类

1963 年英国免疫学家 Coombs 和 Gell 根据免疫损伤发生的机制和临床特点，将临床免疫损伤性疾病分为Ⅰ型、Ⅱ型、Ⅲ型和Ⅳ型，其中前三型由抗体介导，Ⅳ型由 T 细胞介导（表 9‑1），此分类主要从临床角度出发，较清晰、简明地涵盖了临床上常见的免疫损伤性疾病，被免疫学界普遍接受，一直沿用至今。

表 9‑1　Coombs 和 Gell 超敏反应的分类

类型	参与反应的主要成分	发生机制	疾病举例
Ⅰ 型 （速发型）	IgE 肥大细胞 嗜碱性粒细胞 嗜酸性粒细胞	变应原诱导机体产生的 IgE 与肥大细胞、嗜碱性粒细胞表面 IgE 受体结合，当再次接触变应原时，细胞释放活性介质，引起炎症反应	青霉素过敏性休克、过敏性哮喘、食物过敏症、荨麻疹等
Ⅱ 型 （细胞毒型）	IgG、IgM 补体 吞噬细胞 NK 细胞	抗体与靶细胞表面抗原结合，在补体、吞噬细胞和 NK 细胞参与下溶解靶细胞	免疫性血细胞减少症、新生儿溶血症、输血反应等
Ⅲ 型 （免疫复合物型）	IgG、IgM、IgA 补体 中性粒细胞 肥大细胞 嗜碱性粒细胞 血小板	中等大小的免疫复合物沉积于血管基底膜，激活补体，吸引中性粒细胞、肥大细胞、嗜碱性粒细胞、血小板等，引起血管炎症	Arthus 反应、免疫复合物型肾小球肾炎、血清病等
Ⅳ 型 （迟发型）	致敏淋巴细胞 单核/巨噬细胞	致敏 T 细胞再次与抗原相遇，直接杀伤靶细胞或产生多种细胞因子，引起以单个核细胞浸润为主的炎症反应、移植排斥反应	接触性皮炎、传染性变态反应、移植排斥反应

随着基础免疫学与免疫病理学的深入发展，人们对免疫损伤的认识已经取得长足的进步，尤其是近年来对固有免疫的重新认识，免疫损伤机制已经不能再被框定于适应性免疫应答的效应范畴之内，亟待重新界定。为适应这种发展，本章以免疫损伤替代传统的超敏反应，从免疫病理学的角度审视免疫损伤的形成机制，将免疫损伤划分为：①抗

体介导的免疫损伤（即原来的Ⅰ、Ⅱ、Ⅲ型超敏反应）；②T细胞介导的免疫损伤（即原来的Ⅳ型超敏反应）；③固有免疫介导的免疫损伤。

沿用至今的 Coombs & Gell 分类较大程度上照顾了免疫病理机制上的差别，但临床疾病的发生、发展并非墨守成规：许多疾病可能同时具备几种不同的免疫损伤机制；即使是同一致病因子，在不同个体上也可能表现为不同的免疫损伤类型；且在疾病的发生、发展中，各类免疫损伤机制还可以相互转化（图9-1）。这提示我们，将一个特定的病种对应一种免疫损伤机制这样的观点是十分机械的，是不可取的。

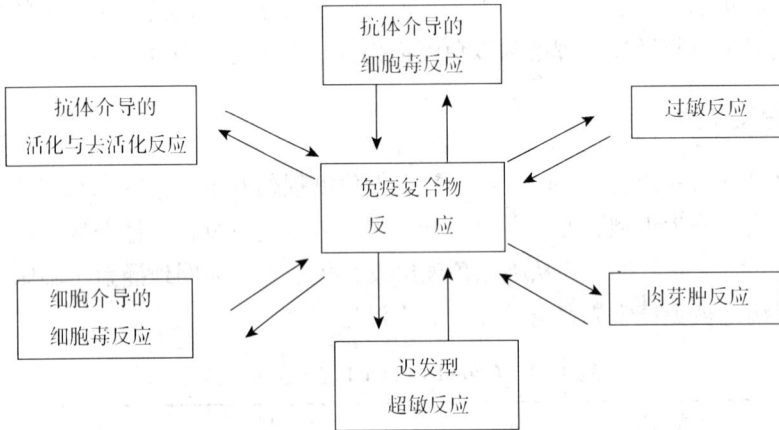

图 9-1　各类免疫损伤间的相互转化

第二节　抗体介导的免疫损伤

Coombs & Gell 分类中的Ⅰ、Ⅱ、Ⅲ型超敏反应均系抗体介导的免疫损伤。通常 IgE 与肥大细胞介导的Ⅰ型超敏反应被称为过敏反应型免疫损伤；各类免疫复合物与补体形成的Ⅲ型超敏反应则称为免疫复合物型免疫损伤；而由抗体对细胞直接作用的Ⅱ型超敏反应又可划分为抗体介导的细胞毒型免疫损伤和抗体介导的活化与去活化型免疫损伤。

一、过敏反应型免疫损伤

此型免疫损伤即经典的过敏反应（anaphylaxis），因其发病快，故亦称速发型超敏反应。过敏反应型免疫损伤在全球范围内的发病率不断上升，且一旦触发即可迅速引起休克等临床危重症的出现，因此受到普遍的关注。

（一）过敏反应型免疫损伤发生机制

此型免疫损伤的发生是由抗原激活，通过 IgE 介导肥大细胞与嗜碱性粒细胞释放过敏介质引起效应的结果。

1. 变应原　变应原是引起此型免疫损伤的激发抗原，是诱导特异性 IgE 产生的外源因子。变应原的种类繁多，分布甚广，多数为天然抗原。临床上常根据变应原的进入途径分为：①吸入性变应原：指吸附在空气中微粒上的某些过敏原，如植物花粉、真菌孢子和菌丝、螨类、动物皮屑、屋尘以及植物纤维等；②摄入性变应原：如食物（多数是10~70kDa 的蛋白质）与口服药物等；③注入性变应原：包括注射药物（如青霉素等）、生物制剂（疫苗及免疫血清）、昆虫毒液等；④接触性变应原：如植物（植物提取物）、合成化合物或金属（镍、铬等）。

2. IgE 的产生及其调控 变应原诱导产生的 IgE 是介导此型免疫损伤的主要抗体类型，因此 IgE 的合成和调控被视作此型免疫损伤发生的关键。参与 IgE 的合成和调控的主要细胞是 Th2。许多实验证据表明，IgE 的合成和调控的主要环节都与 Th2 功能密切相关。如 Th2 分泌的 IL-4、IL-13，可诱导变应原特异性 B 细胞完成 IgE 转类，并形成产生 IgE 的浆细胞。除 Th2 细胞的突出作用外，表达于 T 细胞、巨噬细胞、嗜碱性粒细胞膜上的 CD40L 与 B 细胞的 CD40 分子的相互作用对 IgE 的合成也有调节作用。而 FcεRⅡ（CD23）经 B 细胞膜上 CD21 分子的介导，对 B 细胞的增殖与免疫球蛋白的转类也产生调控。

3. 肥大细胞与过敏介质 肥大细胞（嗜碱性粒细胞）是介导此型免疫损伤的主要效应细胞，其活化及释放过敏介质是损伤形成最直接的原因，这里仅就肥大细胞进行具体的介绍。

（1）肥大细胞的分布和异质性 肥大细胞主要分布于机体的疏松结缔组织中的小血管和淋巴管附近，管腔脏器的黏膜固有层和皮肤的真皮层中较多。人或动物实验研究表明，肥大细胞在形态学、组织化学、递质成分及对药物和活化刺激的反应等许多方面存在着异质性。在鼠类，依据颗粒中酶的不同，可将肥大细胞分为两种类型：黏膜肥大细胞和结缔组织肥大细胞（表9-2）。前者分化依赖 IL-3；而后者需干细胞因子。不同类型的肥大细胞在生理、病理方面可有不同的功能表现。肥大细胞的胞质颗粒中均含有多种活性介质，当其受相应刺激而活化时即可释放颗粒内有关介质而引起一系列生物效应。

表9-2 肥大细胞的主要类型与特征

特征	黏膜肥大细胞	结缔组织肥大细胞
组织分布	肺、肠道黏膜	广泛，主要在皮肤、肠道黏膜下层
T 细胞依赖	+	—
颗粒超微结构	旋涡形	格栅/网格形
FcεR	+++	+
胞浆内 IgE	+	—
蛋白酶	类胰蛋白酶	类胰蛋白酶、类胰凝乳蛋白酶
组织胺	+	++
LTC4/PGD2	25：1	1：40
主要蛋白多糖	硫酸软骨素	肝素

（2）肥大细胞的活化机制 肥大细胞的活化存在多种途径，在此型免疫损伤中系

由 IgE 介导。肥大细胞（嗜碱性粒细胞）膜上分布大量 FcεRⅠ（IgE 高亲和力受体）。FcεRⅠ由四条肽链组成，一条 α 链，一条 β 链和两条 γ 链。FcεRⅠ的 α 链膜外区有两个结合结构域，可对应与 IgE 的 Fc 段两条肽链部位（Cε3）结合，其 β 链与 γ 链位于胞浆内的结构域均含 ITAM 基序，这些保证了其高亲和力结合 IgE 并进行信号转导。两分子 FcεRI 通过抗原交联后，能有效活化蛋白酪氨酸激酶，并启动活化信号转导，从而活化肥大细胞。（图 9 - 2）

活化的肥大细胞可产生一系列的生物化学反应，使细胞质 Ca^{2+} 浓度升高，多种转录因子和酶活化，导致细胞脱颗粒释放出预合成的介质，并新合成一些介质的前体。

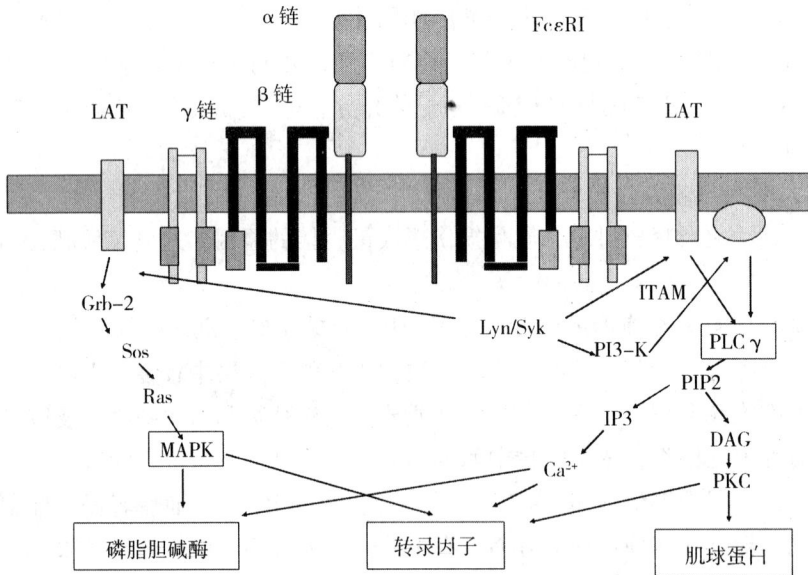

图 9 - 2 肥大细胞活化的信号转导

（3）过敏介质 肥大细胞活化后释放的过敏介质主要有：血管活性胺类、花生四烯酸代谢产物、炎性蛋白和多肽、蛋白多糖、细胞因子和羟基化磷脂衍生物。①血管活性胺类主要为组织胺，组织胺通过与相应受体结合而发挥生物效应。组织胺受体广泛分布在机体各器官、组织细胞表面，人体内有 4 种类型（H1 - H4）。与Ⅰ型超敏反应的速发相反应密切相关的主要是 H1 和 H2 受体。H1 受体主要分布于呼吸道、消化道、泌尿生殖道等管腔脏器的平滑肌纤维和血管内皮细胞中，介导平滑肌纤维和血管内皮细胞的收缩。H2 受体主要分布于血管平滑肌，介导血管平滑肌的扩张。组织胺所产生的生物活性作用主要表现在过敏反应的最初阶段，组织胺可被其他炎症细胞产生的组胺酶分解。②花生四烯酸代谢产物，是 IgE 介导细胞活化后新合成的介质，为细胞膜磷脂经磷脂酶水解后释放出的代谢产物。花生四烯酸在体内可在多种脂类代谢酶的作用下，形成多种花生四烯酸衍生物，如经脂加氧酶途径代谢形成白三烯（leukotrienes，LT，可分为 LTA4、LTB4、LTC4、LTD4 及 LTE4 等），经环氧合酶途径代谢形成前列腺素（prostaglandin，PG，可分为 PGA、B、C、D、E、F、G、H 和 I）和血栓素（thromboxane，TX）。具体衍生物所引发的生物学作用可有明显差异，例如 PGF 具有较强的平滑肌收缩作用，而 PGE 则具有促使平滑肌扩张的效应。LTC4、LTD4 和 LTE4 曾被称为慢反应物质（slow - reacting substance of anaphylaxis SRS - A），它们都具有极强的促使平滑肌收缩和血管扩张的作用，LTB4 还是中性粒细胞的主要趋化物之一。新合成的花生四烯酸衍生物在 I 型超敏反应中形成的生物学作用较晚，但维持时间较长，是构成持续性过敏反应的重要炎症介质。③炎性蛋白和多肽，如激肽原酶、嗜酸性粒细胞趋化因子（ECF）等，是过敏反应持续阶段形成炎症反应的根源。中性粒细胞趋化因子、ECF 可致粒细胞浸润。通过血浆蛋白系统反应而产生的激肽类物质和炎症细胞产生的蛋白水解酶类，可进一步加剧反应区域的炎症进程，同时也加剧了平滑肌的痉挛与血管通透性的升高。④蛋白多糖，包括硫酸软骨素与肝素。蛋白多糖具有结合与调节组织胺等活性递质的作用。⑤细胞因子，包括 IL - 1、IL - 3、IL - 4、IL - 5、IL - 6、IL - 13、TNF 等。⑥羟基化磷脂衍生物，如血小板活化因（PAF），PAF 可引起血小板聚集，中性粒细胞聚集和释放、产生大量活性氧、白三烯等炎性介质。

4. 嗜酸性粒细胞与过敏反应性炎症 肥大细胞释放的 ECF 可使黏膜局部出现嗜酸性粒细胞的浸润。活化的嗜酸性粒细胞具有双重作用，一方面，它产生的酶具有降解某些炎症介质（如白三烯、组织胺等）的作用，以限制炎症的发展；另一方面，其颗粒内的阳离子蛋白，又是重要的急性炎症介质。嗜酸性粒细胞颗粒内的嗜酸性粒细胞过氧化物酶（eosinophil peroxidase，EPO）、主要碱性蛋白（major basic protein，MBP）和嗜酸性粒细胞衍生的神经毒素（eosinophil derived neurotoxin，EDN）等可直接损害内胚层起源的细胞（如 II 型血管内皮），使肺泡内渗出增多，表面活性物质减少，这是导致呼吸窘迫综合征的重要病因。在细胞颗粒中还可发现一种 Charcot - Leyden 晶状蛋白，这一蛋白属于 S 型凝集素家族，能够中和肺泡表面活性物质从而引起肺泡塌陷。活化的嗜酸性粒细胞也可产生 PAF，作为重要的炎症介质，PAF 可提高嗜酸性粒细胞的活化状态。而嗜酸性粒细胞产生的 EPO 则可使肥大细胞脱颗粒。同时嗜酸性粒细胞也可产生许多细胞因子，包括：①生长因子（如 M - CSF、IL - 3、IL - 5）；②趋化因子（如 RANTES、MIP - 1α）；③炎症性因子（如 IL - 1α、IL - 6、IL - 8、TNF - α、VEGF/VPF、TGF - α、TGF - β）；④调节性因子（如 IL - 2、IL - 4、IL - 10、IL - 16）等。

在此型免疫损伤中，与肥大细胞释放过敏介质的速发相反应（immediate reaction）；相对应，在抗原刺激后的数小时，还会出现一个以炎症细胞聚集浸润为主要病理表现的迟发相反应（late phase reaction），嗜酸性粒细胞的浸润与致炎作用在这过程中被认为具有极关键的意义，此外，参与这一时相的还有中性粒细胞、嗜碱性粒细胞以及 Th2 细胞。迟发相反应的出现与存在是确定过敏反应性炎症的重要病理依据。

（二）过敏反应型免疫损伤疾病

过敏反应型免疫损伤疾病，根据所发生的组织器官，可分为表现于黏膜的过敏反应、表现于皮肤的过敏反应与表现于循环系统的过敏反应。

1. 表现于黏膜的过敏反应　呼吸道、消化道等开放性管腔表面都以黏膜覆盖，当这些器官、组织发生过敏反应性疾病时（尤其在慢性疾病中），主要的病理改变是：①黏膜上皮细胞基膜的增厚；②黏膜腺体肥大；③黏膜组织内肥大细胞数量增多并伴有慢性炎症细胞的浸润；④黏膜内存在大量嗜酸性粒细胞；⑤平滑肌肥大。这些病理改变因发生的解剖位置不同，分成哮喘（asthma）、过敏性鼻炎（allergic rhinitis）、食物过敏症（food allergy）等多种类型。

（1）哮喘　哮喘与多种易感因素有密切的联系，其中遗传因素和婴儿期的体内外环境变化被认为可能是起着主导作用的易感因子。临床上，把具有明确的变应原因素所引起的哮喘称为外源性（extrinsic）哮喘。外源性哮喘常常表现为季节性发作和爆发性发作。

组胺、血小板活化因子（PAF）、白三烯（LT）是参与哮喘发病的主要炎症介质。①组胺：是一种强力的血管活性物质和致痉挛物质，被称作哮喘发病的第一介质。它存在于肥大细胞和嗜碱粒细胞的胞质颗粒中，当特异性 IgE 或物理因素、补体、细胞因子等物质刺激了含有组胺的细胞，组胺就会释放并通过不同受体亚型引起支气管平滑肌收缩、毛细血管通透性增加、黏液分泌增加、黏膜下水肿。②PAF：是一种磷脂酰胆碱，多种炎症细胞被激活后均可释放 PAF。PAF 可使气道平滑肌收缩、对嗜酸粒细胞、中性粒细胞、巨噬细胞、单核细胞等均有明显的趋化作用和刺激作用，并导致气道炎症与气道高反应性，激活血小板产生促平滑肌细胞分裂素，促使平滑肌细胞分裂、增生，导致气道壁重塑。③LT：来源于多种激活的炎症细胞，是参与气道炎症的重要介质。通过其相应受体引起气道平滑肌收缩、微循环渗漏和黏膜水肿。LT 收缩平滑肌的作用远比组胺强。另外 LT 还是强力的趋化因子，对中性粒细胞、嗜酸性粒细胞、单核细胞和补体 C3b 有趋化作用，参与气道炎症和气道高反应性的形成。

哮喘的病理学研究显示，在慢性支气管哮喘患者的肺部含有大量的 T 细胞，在增厚的上皮细胞基膜内可发现 IgG 或 IgM 的沉积，但 IgE 并不多见。黏膜上皮细胞的脱落则可能是由嗜酸性粒细胞造成。其他如病灶的纤维化与愈合，肺气肿及肺泡炎等表现均可在哮喘患者的肺组织内发现。但这些组织学上的病理改变，与其他的呼吸道慢性感染及气道阻塞性疾病相比，并无特殊之处。但由于哮喘的反复发作，可使肺部感染的易感性增高，因此这些组织学的改变也可能源于支气管肺炎的反复发作。轻度哮喘与重度哮喘相比，其组织学的病理改变，除程度上稍有差异外，其他基本相同。所有这些都支持了哮喘发生的炎症基础学说，并正在对 IgE 在引起哮喘发病中的核心地位提出挑战。

（2）过敏性鼻炎　当吸入体积较大（直径 > 10μm）的变应原时，因受到鼻黏膜的阻挡，其停留于鼻腔，造成过敏性鼻炎。其中由季节性变应原（如花粉等）造成的过敏性鼻炎，通常也被称为枯草热（hey fever）。而常年性的过敏性鼻炎，则多由动物皮屑、屋尘、尘螨以及霉菌等变应原引起。形成过敏性鼻炎的病理机制类同于支气管哮喘，也是由鼻黏膜中的肥大细胞释放过敏介质所引起。这些过敏介质导致血管扩张、黏膜水肿、腺体分泌，引起鼻黏膜卡他症状。

（3）食物过敏症　由于变应原的摄入而造成的胃肠道反应称为食物过敏症。但是特应性过敏与胃肠道反应之间的具体病理机制至今并未完全明了。许多食物过敏症患者可伴有对相应变应原的皮肤反应，但也有些患者虽然对某些食物表现出摄食后的呕吐、腹泻等消化道症状，却并不出现皮肤反应。食物性变应原绝大多数为一些可抵抗消化酶作用的多肽或蛋白质，或者是食品防腐剂类的药品。例如，经常性引起婴幼儿食物过敏的牛奶就含有至少 16 种以上的变应原性的蛋白成分（引起儿童食物过敏的原因，可能是因为这些蛋白成分更容易透过儿童的肠道，接触其免疫系统）。此外，作为牛饲料添加物的青霉素等药品，也是引起奶制品过敏的重要原因。食物过敏所致的长期腹泻可造成低蛋白血症。

2. 表现于皮肤的过敏反应　最常见的有急性荨麻疹和特应性皮炎两大类型。

（1）**急性荨麻疹**　多由 IgE 介导的 I 型超敏反应、肥大细胞等脱颗粒释放的活性介质与皮肤上的 H1 和 H2 受体结合，引起微血管扩张，血管通透性增高，血浆外渗，形成典型的风团皮疹并伴剧痒。临床上还存在补体系统介导的荨麻疹，补体被激活产生的 C3a 和 C5a 可使肥大细胞释放组胺，从而诱发风团皮疹。

（2）**特应性皮炎**　是临床最常见的皮肤病之一，又称异位性皮炎，因大部分患者是儿童时期开始发病，俗称小儿湿疹。特应性皮炎的发病机制较为复杂，目前还不十分清楚。研究认为，特应性皮炎是在遗传背景下由变应原诱发的 IgE 依赖的超敏反应，抗原特异性 IgE 通过迟发相反应导致皮肤炎症反应。约 80% 的患者血清中 IgE 明显升高，且与疾病所及的皮肤范围、严重程度和疾病活跃性成正比。在疾病被较好控制的阶段 IgE 有下降趋势。

3. 表现于循环系统的过敏反应　药物引发的过敏性休克是最常见、最严重的过敏反应，其发生机理是药物作为抗原或半抗原通过免疫应答的基本过程，在 B 细胞活化转类时产生 IgE，当再次接触相同药物时引起肥大细胞释放过敏介质，肥大细胞释放的组胺、激肽、白三烯等，均可使微循环扩张淤血、通透性增加，使循环血量减少，导致血压下降引发过敏性休克。常见引起过敏反应的药物主要有化学性药物和抗毒素动物血清两类。前者如青霉素 G 及其衍生物、多聚体、长效磺胺、苯巴比妥、复方阿司匹林等；后者如抗毒素、免疫球蛋白制剂等。

二、免疫复合物型免疫损伤

是由免疫复合物沉积并激活补体所引起，以中性粒细胞浸润为特征的血管炎症性反应。

（一）免疫复合物型免疫损伤发生机制

此型免疫损伤发生的关键因素取决于免疫复合物形成与清除间的平衡。而补体系统的激活是导致组织损伤的主要机制。

1. 免疫复合物的产生与清除　免疫复合物（immune complex）是指由许多分子抗原与抗体组成的凝聚物。体内免疫复合物的出现是一种普遍现象，多数情况下免疫复合物可被机体顺利清除，不具有致病作用。在机体中，大分子的循环免疫复合物依赖其免疫调理作用激活巨噬细胞而被吞噬；小分子的循环免疫复合物可从肾脏排出或在血液中循环（不易产生沉积）最终通过免疫黏附作用而被清除；分子量约 1000 kDa 左右的中等分子循环免疫复合物只能依赖免疫黏附作用清除，故清除较缓慢且易于发生沉积。

2. 免疫复合物沉积的原因　体内形成的免疫复合物一般分成不溶性与可溶性两大类。前者如由抗血管基底膜抗体与相应抗原形成的免疫复合物，属于非循环免疫复合物，一般固定于抗体诱发的部位，可以因活化补体而引起急性炎症反应；后者则是由游离性抗原与相应抗体结合所形成的凝聚物，属于循环免疫复合物。循环免疫复合物是否沉积取决于两个方面的因素：①抗原、抗体的绝对含量及相对比例：在抗原过量或抗体过量时，所形成的免疫复合物分子量较小，一般不易发生沉积，这些免疫复合物可随血液的滤过作用和免疫细胞的免疫黏附作用而被清除，但当抗原与抗体比例接近时，所形成的免疫复合物就极易沉积；②免疫复合物产生清除间的平衡：正常情况下，当少量免疫复合物产生后，因其可激活补体，而迅速借助补体激活后的免疫黏附作用与调理作用被转运或吞噬。但如果免疫复合物大量形成（如过量抗原的持续存在）或清除能力绝对或相对不足时（补体缺陷、补体消耗过度、巨噬细胞缺陷等），免疫复合物产生的速度就将大于其清除速度，这就提供了免疫复合物沉积的可能性。

3. 免疫复合物的沉积部位及影响因素　循环免疫复合物的沉积受到血液流变、血管壁解剖结构等许多因素的影响。一般而言，可溶性免疫复合物较易沉积于血管通透性高、高流体静压以及血流涡流形成的血管区域中。如肾小球基底膜、关节滑膜等处的微血管管壁等为有孔型且腔内流体静压高，是免疫复合物最常沉积的部位。

4. 免疫复合物沉积的结果　沉积于血管壁的免疫复合物通过经典途径活化补体后，补体裂解片段可产生强烈的炎症介质作用。作为过敏毒素，C3a、C5a 可引起肥大细胞脱颗粒，释放组织胺等血管活性物质，造成血管通透性的改变；作为中性粒细胞趋化剂，C3a、C5a 使大量中性粒细胞聚集于免疫复合物沉积区域，这些中性粒细胞可对沉积的免疫复合物进行吞噬，通常这种吞噬并不能清除沉积的免疫复合物，因而被称为无效吞噬（frustrated phagocytosis）。但这种吞噬活动，却可使中性粒细胞释放出大量的溶酶体酶，包括蛋白水解酶、激肽原酶、阳离子蛋白等等，介导氧化反应和一氧化氮的形成，造成组织损伤并加强炎症反应。

免疫复合物还可直接或间接地促使血小板凝集与活化。由血小板产生的血管活性介质可直接参与炎症反应；而凝血酶原的活化，则可导致血栓的形成及局部的缺血，这都将更进一步加剧局部组织的损伤。

沉积的免疫复合物还可通过 C3b 受体而活化巨噬细胞。由巨噬细胞释放的许多细胞因子（如 IL－1、TNF 等）对免疫复合物沉积区域的炎症起到推波助澜的作用。同时，相关细胞因子在炎症修复阶段所产生的促进增生作用，可能是一些免疫复合物性疾病（如肾小球肾炎）产生永久性病理损伤的原因。（图 9－3）

（二）免疫复合物型免疫损伤疾病

免疫复合物型免疫损伤疾病可分为局部免疫复合物形成引起的炎症和循环免疫复合

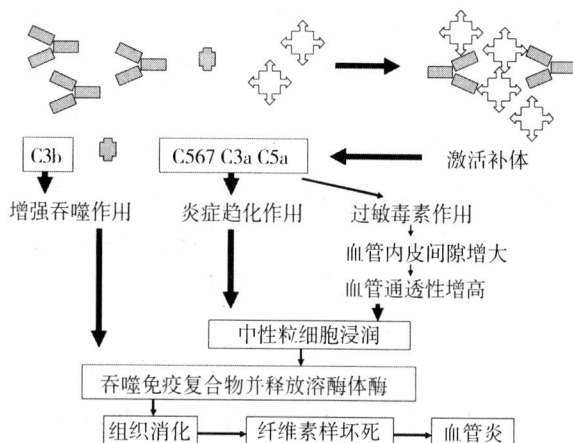

图 9 - 3　免疫复合物沉积引起免疫损伤的主要病理机制

物引起的免疫复合物病两大类。

1. 局部免疫复合物炎症　阿瑟斯反应（Arthus reaction）是此类损伤的典型。1903
年，Maurice Arthus 将可溶性抗原注入到已产生高水平特异性抗体沉淀的家兔皮下，引
起了充血、水肿等皮肤炎症表现，3～8 小时后，反应达到高峰，注射局部迅速形成的
免疫复合物直接激活补体，引起肥大细胞的脱颗粒，释放过敏介质，造成局部的充血、
水肿。同时，由免疫复合物诱导的血小板凝聚、活化可导致局部血栓，形成缺血性坏
死。而中性粒细胞释放的溶酶体酶，则可使血管壁的纤维蛋白损坏，引起出血。在临床
上，这类反应可出现于狂犬病疫苗的注射区域、胰岛素制剂的注射区域等局部。

类似阿瑟斯反应的现象，也常常见于吸入性抗原引起的呼吸道疾病中。如由吸入霉
烂的干草粉尘引起的"农民肺"（farmer's lung）、由吸入动物皮毛屑引起的"毛皮匠
肺"（furrier's lung）、由吸入干鸽粪引起的"鸽迷病"（pigeon - fancier's disease）以及
由青霉菌孢子引起的"洗奶酪者病"（cheese washer's disease）和由隐霉菌（cryptostro-
ma）孢子引起的"剥槭树皮者病"（maple bark stripper's disease）等。这些疾病也被称
为外源性变态反应性肺泡炎（extrinsic allergic alveolitis）。在对由曲霉菌（aspergillus）
引起的变态反应性支气管肺炎的研究中，发现患者除了有高水平 IgE 抗体外，还存在着
针对曲霉菌的沉淀性 IgG。这提示在外源性变态反应性肺泡炎中，除了 IgE 介导的过敏
反应型损伤，IgG 介导的阿瑟斯反应也是一个重要的致病原因。

同样，病原微生物、寄生虫在局部释放的抗原也可以引起类似的阿瑟斯反应。例
如：死亡的丝虫成虫引起的炎症反应（常可导致淋巴回流障碍，引起象皮肿）；麻风患
者经氨苯砜治疗后产生的皮肤结节性红斑；以及梅毒感染者经青霉素治疗后出现的
Jarisch - Herhxheimer 反应等。

此外，类似的情况还可表现在类风湿性关节炎患者中，这些患者的关节滑膜腔内可
以发现由 IgG 与类风湿因子（抗 IgG 抗体）形成的免疫复合物的沉积。有些疾病中的免
疫复合物沉积过程往往并非是先形成免疫复合物然后沉积于血管内皮间隙，而恰恰相

反，抗原首先沉积于血管内皮间隙或肾小球基底膜上，然后才与相应的抗体构成免疫复合物。例如，在动物实验中发现，给小鼠注射细菌内毒素后，其体内组织损伤释放的DNA经血循环，选择性地吸附于肾小球基底膜的胶原上，注入抗DNA抗体可造成肾小球肾炎。临床上，这种情况多见于自身免疫性疾病（如SLE）之中。

2. 循环免疫复合物病　这类损伤的代表是血清病（serum sickness）。1905年，Von Bering与Schick首先报道了一组称为血清病的综合征。这是在注射了抗毒素（马血清）10～14天后出现的一组症状，包括：发热、关节炎、肾小球肾炎和血管炎等表现。这些症状的出现是由于过量抗原（高效价的免疫马血清）激活了机体免疫系统，产生相应抗体，形成了大量的可溶性循环免疫复合物，并沉积到相应的组织器官，激活补体，引起免疫性炎症。这种情况可见于使用白喉抗毒素、破伤风抗毒素、抗蛇毒血清的治疗过程之中。由于马血清中至少含有三种以上的不同抗原成分，因而由其刺激而产生的抗体也具有不同的特异性，这使得机体可出现抗体过量和抗原过量并存的局面。各类抗原还可引发产生不同类型的抗体（如IgE），还可引起迟发型超敏反应。由此提示，在血清病的临床表现中蕴涵着非常复杂的病理机制。

在慢性感染性疾病中，类似血清病的抗原过剩状态亦随处可见，例如，在乙型肝炎患者中，发现由于乙肝表面抗原（HBsAg）与相应抗体形成的免疫复合物沉积所引起的血管炎、肾小球肾炎、关节炎和皮肤损害；在细菌性心内膜炎患者中，也会表现出免疫复合物病的症状；在铜绿假单胞菌引起的囊性纤维化病例中，不仅有肺部的损害，还可同时出现血清病样的表现。在这些疾病中引起免疫复合物型损伤的原因，往往与单核/巨噬细胞系统的功能障碍有一定的联系。

肾脏是一个滤过性器官，必然成为大量循环免疫复合物首先沉积的部位。免疫复合物性肾小球肾炎，其损伤可由三个主要的因素造成。①由免疫复合物的沉积直接造成：当抗体与补体沉积于基底膜时，可改变基底膜的静电性质，继而引起血浆蛋白的渗漏；②可由免疫复合物间接造成：补体活化后形成的中性粒细胞浸润，其所释放的蛋白酶的消化作用可造成损伤，这一损伤随着炎症进入慢性阶段，可因单核细胞浸润得到修复或者加剧；③免疫复合物沉积可使基底膜变薄，其脏层上皮细胞（足细胞）融合，从而丧失肾小球的滤过作用，产生蛋白尿、血尿及肾病综合征的症状，最终导致尿毒症（uremia）。

血管壁是循环免疫复合物沉积的另一个重要部位。由免疫复合物反应引起的血管炎，在临床上有多种表现。1990年，美国风湿病学会发表了七种主要的血管炎的临床分类标准，这七种血管炎分别是结节性多动脉炎（polyarteritis nodosa）、Churg - Strauss综合征、韦格纳肉芽肿（Wegener's granuloma - tosis）、超敏反应性血管炎（hypersensitivity vasculitis）、过敏性紫癜（Henoch - Schonlein purpura）、巨细胞性动脉炎（giant cell arteritis）和高安病（Takayasu's disease）。这些血管炎的病理损伤绝大多数与免疫复合物的沉积之间有着直接或间接的联系。此外，像白塞综合征（Behcet's syndrome）、Kawasaki综合征、低补体性血管 - 泌尿系统综合征（hypocomplementemic vasculitic urticarial syndrome）等疾病，也都伴有血管炎表现，并且也都与免疫复合物的沉积有着千丝万缕的关系。

循环免疫复合物还可以沉积于一些较为特殊的解剖学位置，从而引起相关的临床疾病。例如在肺部的沉积，可引起细胞间质性肺炎（celluar interstitial pneumonia CIP）；在关节腔内的沉积，可引起关节炎；在眼基底膜的沉积，可造成葡萄膜炎（uveitis）；在脑脉络丛的沉积，则可见于系统性红斑狼疮（SLE）等疾病。因为与其他部位的脑血管相比，脑脉络丛缺少致密的血脑屏障结构，这一解剖学特点，使得免疫复合物较容易在此穿过内皮细胞而沉积，从而引起患者的神经系统症状。

三、抗体介导的细胞毒型免疫损伤

抗体介导的细胞毒型免疫损伤指由细胞膜的抗原成分或与细胞膜密切结合为一体的抗原成分与相应抗体结合，通过激活补体或经 Fc 受体、C3b 受体的介导，引起靶细胞的裂解。

（一）抗体介导的细胞毒型免疫损伤发生机制

"抗细胞膜"抗体的形成是细胞毒型免疫损伤的关键。"抗细胞膜"抗体可分为：①自身抗体，如引起自身免疫性溶血性贫血的抗红细胞抗体；②抗同种异型抗体，如引起新生儿溶血症的抗 Rh 血型抗体；③抗药物抗体，如引起药物性血细胞减少症的抗奎尼丁抗体等。"抗细胞膜"抗体主要为 IgG 和 IgM。

1. "抗细胞膜"抗体的形成　针对靶细胞的抗体形成一般可通过三种途径。①由细胞膜抗原致敏产生：以细胞膜抗原直接诱导产生的抗体多半是自身抗体或抗同种异型抗体，前者是交叉反应或细胞膜自身成分改变所致，后者则针对移植物；②由非细胞膜抗原吸附致敏产生：这种情况多发生于药物对细胞的吸附，这种吸附往往使作为半抗原的药物获得载体，从而诱导抗体产生；③循环免疫复合物中的抗体：任何有机会吸附于细胞表面的抗原抗体复合物中的免疫球蛋白都有可能扮演"抗细胞膜"抗体，故这种情况也称为"无辜旁立者"型免疫损伤。

2. "抗细胞膜"抗体介导的效应　细胞毒作用的主要病理机制有：①抗体介导的细胞毒作用：是指抗体与靶细胞膜上的相应抗原结合后通过激活补体和 ADCC 作用而致靶细胞裂解（图 9 - 4）；②由受体介导的细胞毒作用：此细胞毒反应可通过两条途径，一条是由结合于靶细胞表面的抗体的 Fc 段与吞噬细胞上的 FcR 相互作用，促使吞噬细胞对靶细胞的吞噬，这种作用仅限于由 IgG 类型的抗体所介导，另一条是当补体被活化后形成的 C3b 分子与靶细胞结合后，再通过与吞噬细胞的 C3bR 而促进对靶细胞的吞噬，两种途径可并存，称联合免疫调理作用。（图 9 - 4）

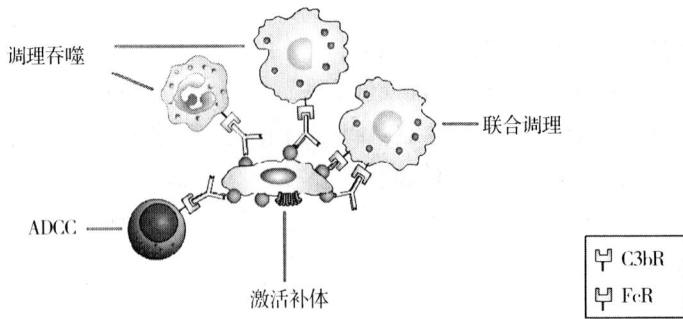

图 9 - 4   抗体介导的细胞毒作用的主要病理机制

（二）抗体介导的细胞毒型免疫损伤疾病

根据"抗细胞膜"抗体所针对抗原的性质，可将相关疾病分为自身抗体介导的免疫损伤、抗同种异型抗体介导的免疫损伤和抗药物抗体介导的免疫损伤。

1. 自身抗体介导的免疫损伤   是最为多见的 II 型超敏反应，尤以血液系统疾病为多。如自身免疫性溶血性贫血（autoimmune hemolytic anemia，AIHA）、自身免疫性白细胞缺乏症（autoimmune neutropenia，AIN）、特发性血小板减少性紫癜（idiopathic thrombocytopenia purpura，ITP）等。

（1）**自身免疫性溶血性贫血**   由温抗体（37℃时抗体活性最高）介导的溶血反应。其抗膜抗体有三分之二是针对 Rh 血型抗原的，而且较少有特发性者，大多数都伴有其他疾病（如胶原性疾病或免疫增殖病）。而由冷抗体（抗体活性于4℃时最高）介导的溶血反应，则主要分为两种形式。一种称为冷凝集病（cold agglutinin disease），是由针对血型抗原 I 的 IgM 型抗体所引起。其抗体的产生往往与支原体感染及免疫增殖病相关。另一种称为阵发性寒冷性血红蛋白尿（paroxysmal cold hemoglobinuria，PCH），其抗体为针对血型抗原 P 的 IgG 型抗体，也叫做 Donath - Landsteiner 抗体（DL - Ab）。这一类型的溶血反应可以是特发性的，也可以是与某些病毒感染有关的。

（2）**自身免疫性白细胞缺乏症**   分原发性与继发性两种类型。前者多见于3岁以下的儿童；后者则在 40~60 岁年龄段人群中有较高的发病率，并常伴有特发性血小板缺乏性紫癜、结缔组织病和淋巴瘤等多种其他疾病。抗粒细胞膜抗体所针对的抗原与新生儿粒细胞缺乏症相类似，绝大多数患者均可自发缓解，使用免疫球蛋白制剂或糖皮质激素则有助于延长缓解期。

（3）**特发性血小板减少性紫癜**   分为急性与慢性两种类型，急性患者，大多见于儿童，且多数有明显的感染史（如风疹等），其血细胞的破坏往往是由于免疫复合物的黏附所至。而慢性患者则是由抗血细胞的自身抗体所造成，且多伴有系统性红斑狼疮（systemic lupus erythematosus，SLE）、白血病、骨髓瘤等疾病。

除血液系统疾病外，自身抗体介导的细胞裂解与细胞毒反应还可见于发疱性的皮肤病（由抗皮肤基底层抗体造成）、免疫性不育（由抗精子抗体造成）、变态反应性甲状腺炎（allergic thyroiditis）以及变态反应性无精症（allergic aspermatogenesis）等。

2. 抗同种异型抗体介导的免疫损伤 常见的有：输血反应（transfusion reaction）、新生儿白细胞缺乏症、新生儿血小板减少症（neonatal alloimmune thrombocytopenia，NAIT）以及移植物排斥反应等。

（1）输血反应 通常是指由针对红细胞膜抗原的抗同种异型抗体所引起的溶血反应。在临床上，引起同种异型溶血反应的红细胞膜抗原，主要有两大抗原系统：ABO血型系统和Rh血型系统。①ABO血型系统（ABO blood groups）：这一抗原系统是以位于红细胞膜上H物质为基础形成的，H物质在不同的糖基转移酶作用下，可分别转化为A抗原与B抗原。在不同个体中，由于遗传控制作用，可形成不同格局的糖基转移酶。仅具有N–乙酰氨基半乳糖转移酶的个体形成A抗原；而仅具有D–半乳糖转移酶的个体则形成B抗原；如个体同时具有这两种糖基转移酶就可同时具有A、B两种抗原；反之，如缺乏这两种糖基转移酶，其血型就为O型。这一抗原系统（糖蛋白）可激发机体产生相应的抗体。一般认为，人类肠道菌群中含有丰富的A、B型抗原决定簇，可刺激个体对未产生耐受的抗原决定簇形成相应的抗体。所以，通常具有A型抗原者总是携带着抗B抗体，反之亦然；而具有O型血型者，总是同时携有抗A、抗B两种抗体。有些学者将这类抗体称为"天然抗体"（natural antibodies）。②Rh血型系统（rhese blood groups）：这一抗原系统中各抗原决定簇的构成情况远较ABO血型系统复杂。在临床上引起溶血反应的抗原绝大多数为D抗原，故而习惯将表达D抗原的个体称为Rh阳性，而将未表达D抗原的个体称作Rh阴性。与ABO血型抗原相比，Rh血型抗原一般不存在相应的"天然抗体"。因而机体只有在输血后，才能导致相应抗体的产生。但是，在临床上存在着一种特殊的生理现象，即在怀孕时，胎儿的红细胞常可通过胎盘进入母体的血循环之中。因此，如果母子间Rh血型不匹配（通常是母亲为Rh阴性、胎儿为Rh阳性），往往可造成新生儿溶血症（见于第二胎）。从临床观察中，人们发现，与胎儿ABO血型不合的Rh阴性母亲，一般很少产生针对胎儿的抗Rh抗体，这是因为母体中针对ABO血型抗原的"天然抗体"已"封杀"了进入母体血循环的胎儿红细胞。使得母亲的免疫系统无暇顾及胎儿的Rh抗原。受此启发，目前临床上采用给怀孕母亲和分娩后产妇注射抗Rh血清的方法来防止Rh血型不合引起的新生儿溶血症。

比较ABO血型抗原与Rh血型抗原所引起的溶血反应，可以发现，前者所诱导的抗体类型为IgM型，而后者则是IgG型。因此，后者往往可顺利跨越血胎屏障，进入胎儿体内，造成严重的病理后果。而前者所引起的新生儿溶血较为少见且临床后果也明显较后者为轻。

（2）新生儿白细胞缺乏症与新生儿血小板减少症 非常类似于Rh血型不合的新生儿溶血症。其原因都是因为母体产生了针对父亲的白细胞或血小板抗原成分的抗体。这些抗体又都属IgG类型，都能通过胎盘进入胎儿体内。这种由外源性抗体（exogenous antibody）针对内源性抗原（endogenous antigen）的免疫反应，主要通过激活补体或ADCC作用造成病理损伤。在新生儿白细胞缺乏症中，至少已确定了八种不同的膜抗原成分。其中被称为 NA1 和 NA2 的两种抗原成分，位于中性粒细胞膜 Fc γRIII 上。产生这类疾病的患儿，其母亲的中性粒细胞上缺少 FcRIII 受体，因此将这种膜分子视作外来抗原而加以识别，并产生反应。而在新生儿血小板减少症中，大约 50% ~ 90% 的病例是由一种称为 P1^{A1} 的血小板抗原所引起（尽管至少还发现有五种其他的抗原存在）。这些患儿可能由于严重的颅内出血而损害神经系统，所以每周小剂量给予抗原阴性类型的血小板输血，是一种较好的治疗方法。同样的情况，如果发生于成人，则属于输血后血小板减少性紫癜。

（3）器官移植超急排斥反应（hyperacute rejection） 也是由于受者体内预存的抗细胞膜抗体介导的一种细胞裂解与细胞毒反应。与前面介绍的那些疾病的差别，在于这种反应是由外源性抗原（exogenous antigen）与内源性抗体（endogenous antibody）相互反应所引起。

3. 抗药物抗体介导的免疫损伤 临床上发生的属于此型免疫损伤范畴的药物反应，主要是指由药物引起的溶血性贫血、白细胞减少症和血小板减少性紫癜等疾病。

药物引起的溶血性贫血较常见，主要是由抗药物抗体对红细胞膜造成的损伤。①半抗原黏附型（hapten adherence）：许多分子量不大的药物，一般仅能视作半抗原，这些药物分子只有和红细胞膜黏附结合后，才能形成完全抗原，而诱导机体产生免疫应答，最终形成溶血反应，较为典型的如由青霉素引起的溶血反应；②免疫复合物吸附型（immune - complex absorption）：使用奎尼丁后，可导致药物与抗药物抗体复合物的形成，这种免疫复合物如果吸附在红细胞表面，则可造成"无辜旁立者"（innocent by-stander）反应而导致溶血，这一类型的反应，即使在细胞膜上不能检测到相应抗体也仍可发现补体成分的存在；③补体转运型（complement transfer）：当大量的抗药物抗体形成的免疫复合物激活补体后，体液内的补体 C3b 片段可直接吸附至非免疫复合物结合的红细胞表面，引起这些红细胞被吞噬或溶血，在这一机制引起的溶血反应中，红细胞表面也只能测到补体成分，而不能检测到覆盖的抗体；④自身免疫损伤型（auto - immunity）：某些药物的表面，具有与红细胞膜上的一些自身抗原相同或类似的抗原决定簇，在服用这类药物时，就可能激活抗自身红细胞膜抗原的抗体，从而造成药物性的自身免疫性溶血。如由 α - 甲基多巴诱导产生的抗 Rh 抗体引起的溶血反应就是一个典型。

除上述机制外，红细胞膜在某些药物的作用下，或在甲醛等化学品的影响下，可非特异性的吸附各种不同类型的抗体，这使得具有这种情况的患者直接呈现 Coombs 试验阳性，但并不一定产生溶血反应。在临床上，这样的情况可发生于应用头孢菌素类药物和进行血液透析的患者身上。

白细胞减少症和血小板减少性紫癜的发病机制主要是由抗药物抗体与吸附于白细胞或血小板表面的药物结合造成的损伤（半抗原黏附型）；或抗药物抗体与药物形成的免疫复合物沉积于白细胞膜或血小板表面而引发的损伤（免疫复合物吸附型）。

四、抗体介导的活化与去活化型免疫损伤

抗体介导的活化与去活化型免疫损伤是指抗体与抗原的结合所引起的细胞功能障碍

性的病理改变导致的临床疾病。通常属于自身免疫性疾病。

（一）抗体介导的活化与去活化型免疫损伤发生机制

体内存在一定量的受控自身抗体，这部分抗体具有对体内抗原性物质的代谢及功能实施调控的生理意义。如某些抗体可与胰岛素、泌乳素、促甲状腺素等激素结合，保护激素免受降解，或起到缓释作用；又如抗体可与酶类抗原结合，并调节其活性，一个观察到的例子是一些抗β－半乳糖苷酶的抗体通过与β－半乳糖苷酶结合，可将其稳定在活性形式。但如果这类自身抗体一旦从独特型－抗独特型网络中脱逸，致使其调控对象过度激活或丧失活性，即可形成疾病状态。这是一类较为特殊的免疫损伤。

（二）抗体介导的活化与去活化型免疫损伤疾病

目前明确的抗体介导的活化与去活化型免疫损伤主要见于抗体作为受体激动剂或拮抗剂导致的疾病。

1. 抗体介导的活化型免疫损伤　如毒性甲状腺症（Graves disease）患者体内不断产生抗甲状腺上皮细胞表面的促甲状腺激素（TSH）受体的抗体，直接模拟TSH与受体结合，持续激活受体，使甲状腺素不受正常反馈调节而超量分泌，从而引起甲状腺功能亢进。另外，在伴高血压的先兆子痫患者体内也可见到抗血管紧张素Ⅱ受体的抗体存在，其所产生的血管紧张素样作用构成了疾病的成因。

2. 抗体介导的去活化型免疫损伤　此型免疫损伤的典型病例为重症肌无力。此病抗乙酰胆碱受体的抗体与该受体结合，阻断了乙酰胆碱受体对兴奋性神经递质的感应，造成肌肉收缩障碍。且此抗乙酰胆碱受体的抗体尚能引起运动神经终板上胆碱能受体的内吞，加剧神经－肌接头间神经递质传递的困难程度。

第三节　T细胞介导的免疫损伤

T细胞介导的免疫损伤，不能经血清传递，通常由CD8$^+$T细胞和CD4$^+$T细胞介导。从其免疫损伤机制上，可以划分为T细胞介导的细胞毒型免疫损伤（以CD8$^+$T细胞介导为主）和迟发型超敏反应炎症型免疫损伤（以CD4$^+$T细胞介导为主）两类。不过其典型反应都在再次接触抗原刺激后数小时才开始出现，48小时后达到顶峰。在Coombs和Gell分类中均被划入Ⅳ型超敏反应。

一、T细胞介导的细胞毒型免疫损伤

在机体内，此类免疫损伤所涉及的靶细胞，主要是自身细胞或同种异型移植物。前者通常由于被感染、被激活进而表达病原体抗原、自身抗原或凋亡受体而发生免疫损伤；后者则因为同种异型的组织相容性抗原的存在而发生免疫损伤。但无论发生哪一种情况，损害的都是机体组织。

（一）T 细胞介导的细胞毒型免疫损伤发生机制

CD8$^+$T 细胞是参与介导细胞毒反应的主要细胞类型，其免疫损伤发生机制与 Tc 的效应机制完全同步。

（二）T 细胞介导的细胞毒型免疫损伤疾病

1. 感染性出疹　1907 年，Von Pirquet 发现在牛痘接种后，存在两个不同阶段的局部损伤反应。早期反应（接种 8 小时内），形成的小泡状病损是由于病毒的繁殖所造成；而后期反应（接种后 8 至 12 天）所出现的红肿表现，则是与细胞介导的细胞毒作用相联系的，可被视作是一种抗病毒的免疫保护。动物实验证实这种保护作用是由 CD8$^+$T 细胞介导产生的。类似的反应也同样表现于其他病毒引起的出疹性疾病，如麻疹、水痘、天花等等。那些散发性皮疹出现的部位即是病毒的感染部位。

2. 桥本氏状腺炎（Hashmoto's thyroiditis）　是一种自身免疫性疾病。虽然其病因并不十分清楚，但这一疾病的病理表现在某些方面与实验性变态反应性甲状腺炎（experiment allergic thyroiditis，EAT）十分相似。在实验性变态反应性甲状腺炎中，用伴有福氏完全佐剂的甲状腺提取物或甲状腺球蛋白免疫实验动物，6~14 天后，可形成由 CD8$^+$T 细胞介导的甲状腺炎。其病损起始于血管末梢的淋巴细胞浸润，并可观察到甲状腺滤泡上皮的破坏。其病理改变完全类同于接触性皮炎，是一种典型的细胞介导的细胞毒反应。而在桥本甲状腺炎中，除了 CD8$^+$T 细胞介导的损伤外，还可检测到抗甲状腺球蛋白抗体和抗其他甲状腺抗原的抗体，这些抗体的存在及免疫复合物的形成与沉积，对 CD8$^+$T 细胞浸润起到促进作用。

3. 接触性皮炎（contact dermatitis）　泛指皮肤黏膜接触外界某些物质后，主要在接触部位发生的炎症反应性皮肤病。在免疫学中通常特指由于接触致敏原后激发的 T 细胞介导的皮肤迟发型超敏反应，在人群中只有已致敏者接触后才会发病。致敏原本身多无刺激性，通常为小分子物质，种类繁多，常见的有油漆、染料、外用药物（含农药）、化妆品、化工原料以及某些金属盐（如镍盐、铬盐）等，也有动物（如昆虫分泌物）和植物来源的某些物质。致敏原基本属于半抗原，因此其引发特异性 T 细胞活化机制必然相当特殊。其可能机制为致敏原与朗格汉斯细胞表面 MHC 分子提呈的抗原肽结合形成新表位。另外，鉴于一些非化学性因素（如接触紫外线）也可诱发皮肤迟发型超敏反应，并已发现 B1 细胞分泌的可结合识别半抗原的 IgM 以及补体活化在致敏原接触早期可能发挥着前导作用，故也可能存在紫外线等触发因素引起局部原有抗原变化或提呈肽段发生改变等机制。接触性皮炎患者的皮损内还被发现存在 NKT 细胞，也提示实际情况较复杂。接触性皮炎一般多在再次接触致敏原 24~48 小时发病，急性皮损表现多为红肿和水疱，重症者可有剥脱性炎，慢性表现为丘疹和鳞屑。皮损部位及范围多与致敏原接触部位一致。斑贴试验有助于确定致敏原。

二、迟发型超敏反应炎症型免疫损伤

所谓迟发型超敏反应炎症实则是炎症反应慢性阶段中的一种特殊病理形式。其表现为单核细胞浸润，主要是由致敏的 CD4$^+$Th1 细胞与单核/巨噬细胞对炎症产物进行清除时带来的病理损伤。

（一）迟发型超敏反应炎症型免疫损伤发生机制

迟发型超敏反应炎症型免疫损伤是以 CD4$^+$T 细胞介导为主的免疫损伤，其发生机制类同于 Th1 介导的效应机制。活化的 Th1 通过其表面的黏附分子（L - selectin、VLA - 4、LFA - 1 以及 CD44 分子等）与活化的血管内皮细胞上表达的相应黏附分子（E - selectin、VCAM - 1、ICAM - 1 等）相结合，完成其趋化、游出过程（这也被视作广义的"归巢"过程），到达炎症区域。再经组织内可溶性抗原的提呈、刺激而分泌白细胞介素 - 2（IL - 2）、淋巴毒素（LT）和干扰素（IFN - γ）等。其中 IL - 2 可促进 T 细胞的增殖；IFN - γ、TNF 则激活巨噬细胞。由巨噬细胞再释放 TNF - α、IL - 1、IL - 6 和前列腺素（PGE2）等细胞因子与介质，形成炎症损伤。

（二）迟发型超敏反应炎症型免疫损伤疾病

1. 传染性变态反应 T 细胞介导的免疫损伤与多种感染关系密切。其中结核病被认为是较典型的迟发型超敏反应炎症型免疫损伤；而真菌感染及部分寄生虫感染中亦可出现此型免疫损伤。

2. 多发性硬化症 系因髓鞘碱性蛋白激活的 Th1 细胞诱导小胶质细胞对中枢神经髓鞘形成的免疫攻击所致的脱髓鞘性病理损伤，在本质上属于神经系统炎症反应。

第四节 固有免疫介导的免疫损伤

固有免疫应答介导的免疫损伤在未提出固有免疫应答概念时，一直是一个令人十分困惑的问题，常常被作为特例附属于已有的超敏反应分型中，总有牵强之感。而许多诸如败血症、中毒性休克等感染激发的免疫损伤，也一直未能受到正视。因此，对这一类免疫损伤设立新的分类是十分必要的。尽管目前在基础研究领域中，对于固有免疫应答介导的免疫损伤这一分型的研究尚处于开创阶段，但这类研究的出现，已经为人们在免疫病理学领域内开辟了一片崭新的天地，在这里一定能够收获更多丰硕的成果。

目前已可明确划入固有免疫应答介导的免疫损伤类型，主要有类过敏反应（anaphylactoid reaction）、细胞因子风暴（cytokine storm）型免疫损伤、粒细胞型免疫损伤和肉芽肿型免疫损伤。

一、类过敏反应

类过敏反应（anaphylactoid reaction）是指临床出现的非 IgE 依赖的速发型过敏反应现象，临床表现完全类同于过敏反应型免疫损伤，但不需要抗原预先致敏等条件。

类过敏反应在本质上是肥大细胞（嗜碱性粒细胞）大量脱颗粒所引起的病理损伤，其脱颗粒原因分为三类：①药理性组胺释放：许多药物可直接作用于嗜碱性粒细胞和肥大细胞，使其脱颗粒而释放过敏介质，而组胺是类过敏反应的主要介质，病理作用与其血浓度相关，组胺 $1 \sim 2ng/ml$ 仅有皮肤反应，$6ng/ml$ 发生全身反应，$>100ng/ml$ 则可导致休克甚至死亡；②旁路途径补体激活：补体经旁路途径激活而释放过敏毒素（C3a、C5a），C5a 可使肥大细胞和嗜碱性粒细胞释放血管活性物质；③制剂的聚集作用：不适当的药物制剂或不恰当的使用方法（药物混合或速度过快）可造成蛋白质与某些免疫球蛋白（IgM 或 IgG）发生聚集，聚集物活化补体并最终导致类过敏反应。轻者在注射局部出现水泡或沿静脉走行的皮肤变红以及发生广泛的荨麻疹；如聚集物进入肺内，可发生支气管痉挛甚至休克。以上三类原因都与药物作用关系密切，故在药物安全性研究中，类过敏反应的发生已成为免疫毒理研究和药物安全性评价的一个重要指标。为区分类过敏反应与过敏反应，下表通过病史与临床实验室检测对类过敏反应和过敏反应作以区别。（表 9 - 3）

表 9 - 3　药物类过敏反应与过敏反应的参考区别要点

	类过敏反应	过敏反应
接触史	首次接触	有接触史
WBC 释放颗粒	+	-
皮内实验	-	+
被动转移	-	+
放射性过敏原吸附实验	-	+
类胰蛋白酶	-	+
肥大细胞脱颗粒	-	+

尚有一些与肥大细胞脱颗粒有关或无关的过敏介质作用引起的过敏样临床表现未被列入类过敏反应。包括物理刺激（如压力、热、冷、光等）和神经内分泌因素（如 P 物质）引起的肥大细胞脱颗粒现象，以及组胺摄入过多（如摄入羊乳干酪、某些鱼肉等富含组胺食物）所引起的过敏样临床表现。

二、细胞因子风暴型免疫损伤

以败血症和中毒性休克为主要临床特征的一组症候群（包括弥漫性血管内凝血、成人呼吸窘迫综合征以及多器官功能障碍综合征），都与一种名为细胞因子风暴（cytokine storm）的免疫损伤相联系。

当某些病原体释放的分子模式类物质（如 LPS）或超抗原类物质（如金黄色葡萄球菌肠毒素、休克综合征毒素）直接过度激活巨噬细胞，或经 Th1 细胞间接过度激活巨噬细胞时，其迅速产生大量的炎症性细胞因子（如 TNF - α、IL - 1、IL - 6、IL - 12、IFN - α、IFN - β、IFN - γ、MCP - 1 和 IL - 8 等）会对血管内皮造成严重损伤，并同时激活大量与炎症相关的蛋白（详见第七章），继而引起严重的全身性病理损害，这被称为"细胞因子风暴型"免疫损伤。除了细菌感染引发的败血症、中毒性休克与此类免疫损伤相关外，有越来越多的迹象表明，SARS 冠状病毒、流感病毒（人致病禽流感）

以及可怕的埃博拉病毒都可能是通过此型免疫损伤而引致死性后果的。

目前认为这一免疫损伤机制由巨噬细胞和 Th1 细胞同时参与，但不涉及适应性免疫的特异性识别机制。

三、粒细胞型免疫损伤

作为固有免疫应答主要参与者的粒细胞也可能成为多种免疫损伤机制的肇事者。如在免疫复合物型免疫损伤中，中性粒细胞就直接扮演了"破坏者"角色。而在细胞因子风暴引发的成人呼吸窘迫综合征中，超大量中性粒细胞的肺部浸润也是这一病理损伤的主要原因。中性粒细胞参与的免疫作用或病理生理机制较复杂，目前尚有待于进一步深入认识，可能与中性粒细胞释放的颗粒内容物有关。

在过敏性疾病、蠕虫感染以及某些皮肤病变、自身免疫病或恶性肿瘤中，嗜酸性粒细胞可造成或参与免疫损伤是明确的。如先天性高嗜酸性粒细胞综合征患者（总嗜酸性粒细胞计数持续升高大于 $1.5 \times 10^9/L$）存在由成熟的嗜酸性粒细胞浸润为特征的多器官损害，涉及限制性心肌病、心内组织纤维化、周围神经病变、多发性肌炎、动脉炎、肺浸润或者胸膜渗出等。

嗜碱性粒细胞除在过敏反应型免疫损伤与类过敏反应型免疫损伤中具有重要地位外，其单独构成的免疫损伤类型，已在 1934 年由 Jones 与 Mote 发现，称为 Jones - Mote 反应。这是一种继发于阿瑟斯反应后出现的迟发型皮肤超敏反应，以嗜碱性粒细胞浸润为主要病理特点，被命名为皮肤嗜碱性粒细胞超敏反应（cutaneous basophil hypersensitivity，CBH）。皮肤嗜碱性粒细胞超敏反应可出现于多种类型的病理过程中，包括皮肤的移植排斥反应、肿瘤排斥反应、病毒感染与接触性变态反应等。这类反应的出现，一般总是稍晚于特异性的致敏淋巴细胞的浸润。例如，在接触性皮炎中，当出现淋巴细胞浸润 12 小时后，方能发现嗜碱性粒细胞浸润。推测这是由于淋巴细胞释放的细胞因子所致。而嗜碱性粒细胞在这一反应中的病理意义仍不明确，一种可以接受的解释是：嗜碱性粒细胞的浸润仅仅是以其吞噬作用来作为巨噬细胞的补充。

四、肉芽肿型免疫损伤

肉芽肿（granuloma）是一种由巨噬细胞（包括组织细胞、上皮样细胞、巨细胞）及淋巴细胞组成的结节状病灶，周围包裹有数量不等的纤维化组织。这种免疫损伤对于隔离病原体具有积极意义，但其修复时的纤维化过程可能导致器官、组织的正常功能的丧失。

肉芽肿反应是针对刺激性、残留性、难溶性物质的细胞反应。临床上肉芽肿型超敏反应有两种类型：一种是感染性肉芽肿，主要发生于结核、麻风、寄生虫感染等，其中有些可能与免疫偏离（immune deviation）有关，如在麻风分枝杆菌感染时形成的瘤型麻风与细胞免疫功能缺损有关；另一种是非感染性肉芽肿，有的是原因不明或复杂原因引发的，如结节病、韦格纳肉芽肿、局限性肠炎、肉芽肿性肝炎等，有的是由难分解、吸收性物质或其他因素引起，主要是异物（非有机物或非抗原）性肉芽肿，常见的如锆肉芽肿、慢性铍中毒、滑石瘤、石蜡瘤以及痛风病灶中尿酸盐肉芽肿等。非感染性肉芽肿（可伴有遗传因素影响）中可能有一些主要与适应性免疫活动有关，但也确有不少主要由固有免疫机制形成。一般认为两者可由肉芽肿中是否存在淋巴细胞进行区分。

引起肉芽肿反应的可能机制是炎症过程中产生和释放的大量炎症介质和趋化因子，在病灶处募集了大量巨噬细胞，但这些巨噬细胞却不能有效吞噬和杀灭病原体或清除致炎因子，并在 TNF-α 等的作用下分化成为上皮样细胞和融合成多核巨细胞，以此两种细胞为核心，由巨噬细胞、淋巴细胞和胶原纤维等包裹形成肉芽肿。

巨噬细胞在炎症反应的损伤与修复阶段均起重要作用，在多种免疫损伤疾病中出现的纤维化往往都与巨噬细胞分泌的细胞因子相关。在特发性肺纤维化病例中，可见巨噬细胞和上皮细胞产生 TGF-β 和 TNF 促使成纤维细胞增生并产生大量细胞外基质。提示组织纤维化的形成可能与巨噬细胞功能的偏离相关。

拓展与思考

免疫应答这把"双刃剑"的损伤一"刃"在此章中作了详尽地介绍，读完后，是否使你对免疫系统及其生物学意义的认识有所加深？你觉得人体免疫系统之所以对自身形成如此多的损伤，其根源何在？作为医务工作者，你对免疫损伤性疾病持有怎样的看法？你对作者的学术观点有何补充？请就此发表一下自己的意见。

（罗　晶　王　易）

第十章　免疫耐受与自身免疫病

对于自己的机体，免疫系统是一副坚强的"盾"；对于入侵的病原体，免疫系统是一支锋利的"矛"。如果一旦发生"以子之矛攻子之盾"的状况，机体将如何自处呢？这是让免疫学巨魁 Ehrlich 不敢设想的，而此事终究还是会发生。此章将要讨论的就是自身免疫病的发生及其发生机制。

第一节　免疫耐受与自身免疫概述

1900 年，Sergei Metalnikoff 报道了在雄狗身上出现了针对自身精子的抗体，但未发现这种抗体造成的危害。这使免疫学巨魁 Ehrlich 大吃一惊，他在设想自身抗体可能造成的恶果时，使用了"恐怖的自身毒性"（horror autotoxicus）这个可怕的字眼，但是他坚信，机体的免疫系统是不会让这样可怕的结果发生的。至于为什么不会发生，他没能回答。此后，他的观点在免疫学界得到长期的认可。20 世纪 40 年代关于实验动物在胚胎期注射异种抗原可导致出生后对该抗原呈现免疫无反应性的研究，引出了"克隆选择学说"（clone selection theory）并最终使提出者 Burnet 获得了诺贝尔医学及生理学奖。根据这个学说，机体之所以不能形成针对自身成分的免疫应答，是由于那些可形成这类应答的细胞克隆都在胸腺内"流产"了，Burnet 将这样的机制称为"免疫耐受"。

一、免疫耐受的多重含义

学者们在实验中发现的对抗原的无应答现象并不仅限于给胚胎注入的抗原，即使给成年动物注射抗原，也可能建立免疫无应答状态。于是人们将前者称为天然免疫耐受（natural immune tolerance），将后者称为获得性免疫耐受（acquired immune tolerance）。

免疫耐受现象的发现，在给免疫学带来很多新的启迪和兴奋的同时，也带来了更多的困惑。免疫耐受的这个现象在发生上有着极为多元化的机制，以至于很难给出一个合适的定义。而所有关于免疫耐受形成的理论都不能很好地解释自身免疫病发生的原因。

对于"免疫耐受"这个名词，人们可以形成这样一些不同含义的理解：一是不可能产生的免疫应答（天然免疫耐受）；二是受到抑制的免疫应答（获得性免疫耐受）；三是不形成危害的自身免疫应答（自身免疫耐受）。

二、免疫耐受的主要形成机制

免疫耐受按发生的场所与机制分为两大类。即中枢性免疫耐受（central immune tolerance）与外周性免疫耐受（peripheral immune tolerance）。

1. 中枢性免疫耐受　系指 T、B 淋巴细胞在中枢免疫器官分化成熟过程中形成的耐受。其产生机制是发生于中枢免疫器官的阴性选择（详见第六章），这一机制去除了多数自身反应性的淋巴细胞克隆，为自身耐受奠定生理学基础。

2. 外周性免疫耐受　是指 T、B 淋巴细胞在外周免疫器官中由抗原诱导产生的耐受，其产生机制是 T、B 淋巴细胞激活过程中激活信号不匹配所致（详见第七章），由这一机制导致的耐受有时是可逆的。而可对外周性免疫耐受的形成发生影响的因素极其复杂，且这种耐受的建立与打破往往与许多病理现象相联系，例如肿瘤、自身免疫病、持续性感染等等。从某种意义而言，外周性免疫耐受的产生机制可以视作免疫应答的一种调节机制。

三、自身免疫与自身耐受

自 1900 年发现自身抗体后，关于人体自身抗体与自身反应性 T 细胞的发现报道纷至沓来。1904 年，发现了针对红细胞的自身抗体、1910 年报道了针对晶状体的自身抗体、上世纪 30 年代建立实验性变态反应性脑脊髓膜炎动物模型等，都表明了自身免疫应答现象的存在。但人们对自身免疫应答现象是否能够造成临床疾病仍然心存疑虑。到上世纪 50 年代人类发现实验性自身免疫性甲状腺病模型与临床 Graves 病的病理损伤机制是相符的，这使人们对自身免疫病（autoimmuno diseases）的认识有了质的飞跃。

然而，自身抗体与自身反应性 T 细胞并非都发生相应的病理损害，这一点仍然使人们心存疑惑。上世纪 70 年代独特型 - 抗独特型网络学说提出后，人们开始对自身免疫现象做出重新解读。实质上自身免疫（autoimmunity）是存在于机体内的一种普遍生理现象，是一种不引起病理损伤的自我识别。这一现象的存在具有不断更新"自我"和调节免疫应答的作用。

由此，自身免疫与自身耐受可以看作是维持机体稳定的"矛"和"盾"。在生命体中，维持"自我"与更新"自我"始终是一对相互斗争与相互依存的矛盾。一方面，维持"自我"用以保持每个个体的唯一性，是进化过程赋予物种以适应环境选择压力的一种机制，由进化过程衍生出来的自身耐受现象是这一机制的反映；另一方面，更新"自我"也是生物体生存与发展的基本需求，而进化过程衍生的自身免疫现象恰恰是这种基本需求的体现。因此，自身免疫与自身耐受可以视作是一种重要的免疫自稳（immunological homeostasis）机制。

由于自身免疫机制（如独特型 - 抗独特型网络）参与了自身耐受的维持，故免疫耐受不能被理解为是不发生免疫应答的。于是 Honald H. Schwartz 等学者将免疫耐受定义为免疫系统不与机体固有成分和被引入的抗原发生破坏性反应的一种生理状态，破坏性反应被免疫系统发育和免疫反应产生过程中的不同机制所阻断，但药物的作用不包括在其内。

自身免疫病与自身免疫是两个既有区别又有联系的概念。自身免疫病是一种引起病理损伤的自我识别，但没有任何证据显示，这种自我识别与"不引起病理损伤的自我识别"之间有本质的区别。以现有的研究资料分析，自身免疫病的发生极有可能是有序的自身免疫环节受到干扰或"脱逸"的结果。因此，从某种意义上说，自身免疫应答的存在提供了自身免疫病发生的病理生理基础。

第二节　自身耐受的形成机制

从病理学角度看，自身耐受可以视作对引起病理损伤的自我识别过程的抑制。其维持因素可归纳如下几个方面。

一、克隆清除

在免疫系统的发育过程中，T、B 淋巴细胞都需经历克隆选择过程。在中枢免疫器官中，通过阴性选择，未成熟 T、B 淋巴细胞中对自身抗原具有高亲和力的克隆被清除，从而获得天然免疫耐受。

1. 自身反应性 T 细胞的克隆清除　在胸腺内的未成熟 T 淋巴细胞，经 TCR 重排后可经 TCR 与胸腺基质细胞表面携有自身抗原的 MHC I 类或 MHC II 类分子以适当亲和力结合，并继续发育成熟。如其亲和力过低，未成熟 T 淋巴细胞可发生主动凋亡，称为阳性选择（positive selection）；如其亲和力过高，未成熟 T 淋巴细胞亦可发生主动凋亡，称为阴性选择（negative selection）。阳性选择可使成熟 T 淋巴细胞库获得抗原识别的 MHC 限制性，而阴性选择则使成熟 T 淋巴细胞库获得对自身抗原的耐受性。

2. 自身反应性 B 细胞的克隆清除　在骨髓内的前 B 细胞，经 BCR 重排后，分化为 SmIgM$^+$ 的未成熟 B 细胞。此时的 BCR 已具有抗原识别能力，如与自身抗原结合后，其 Ig V 区基因经诱导可发生重排，称为受体编辑（receptor edit）。B 细胞克隆经受体编辑后成为对自身抗原无反应性的克隆而继续发育成熟。若受体编辑失败，则该细胞将主动凋亡而被清除，这称为 B 细胞的阴性选择，是 B 细胞获得对自身抗原的耐受性的主要机制。此外，进入外周的针对自身抗原的低亲和性的 B 细胞克隆，在面对大量的自身抗原时也会发生"克隆流产"（可能是由于抗原受体高度交联引起的负信号调节所致），此现象曾被称为高区耐受（high dose tolerance）。

二、克隆无能

成熟 T、B 淋巴细胞的激活一般需要双重信号，即作用于抗原受体的第一信号与位于 APC 与 T 淋巴细胞膜表面的共刺激分子（costimulating molecule）相互作用所构成的第二信号。而此类第二信号被阻断，往往可导致 T、B 淋巴细胞的克隆无能（anergy）状态。所谓的克隆无能是指接受抗原信号的克隆虽然未被"流产"，但其对抗原反应的能力却遭到了长时期禁锢。这种禁锢状态有时是可逆的，有时是不可逆的。有时可最终导致克隆的"流产"。短暂的禁锢状态有时也被称为克隆"无知"（ignorance）状态。

1. 自身反应性 T 细胞的克隆无能 T 细胞克隆无能化虽然可以视作第二信号被阻断的结果，但第二信号被阻断的方式却是十分多样化的。目前有所了解的有：①负调节性共刺激分子作用；②调节性 T 细胞作用；③细胞因子撤退性作用。尽管在细胞间相互作用层面上，可以看到许多不同的作用因素，但从细胞内信号转导及细胞生化反应机制层面上看，第二信号的阻断可能只是蛋白酪氨酸去磷酸化的结果。T 细胞克隆无能化所导致的自身免疫耐受更多的被视作外周耐受（peripheral tolerance）的机制。

2. 自身反应性 B 细胞的克隆无能 虽然目前对 B 细胞自身耐受机制的了解较 T 细胞更少。但仍然有足够的资料证明 B 细胞克隆的无能或是无知（ignorance）状态同样是导致自身免疫耐受出现的重要原因。一些研究提示，B 细胞克隆的"流产"、无能或是无知主要取决于其表面受体被抗原占据的比例。结合抗原越多的克隆，越呈现耐受的不可逆性。因此，可以推测克隆的无能与无知是构成低区耐受（low dose tolerance）的主要原因。除第二信号的缺乏，可导致 B 细胞的自身耐受外，Fc 受体传导的负调节信号等也可能是 B 细胞克隆无能化的一种原因。

三、活化克隆凋亡

自身反应性 T、B 淋巴细胞活化后的凋亡，也是维持自身耐受的重要因素。

1. 免疫赦免现象 已有的研究发现，在机体的某些组织细胞表面可组成性的表达 FasL，识别这些自身组织细胞而活化的 T 细胞克隆，可因活化后细胞表面所表达的 Fas 与之结合而发生凋亡，从而使这些带有 FasL 的自身组织免遭免疫系统的攻击。这种现象被称为免疫赦免（immune privilege）。免疫赦免是形成与维持某些在胚胎期未能与自身免疫活性细胞接触的组织的自身耐受的主要机制。

2. 激活诱导细胞凋亡现象 受自身抗原过度激活的自身反应性免疫活性细胞可同时表达 Fas 与 FasL，其相互作用所导致的活化细胞"自相残杀"称为激活诱导细胞凋亡（Activation – induced cell death，AICD）。而某些自身免疫病中发现的 T 淋巴细胞激活诱导细胞凋亡机制缺失、从反面证明了这一现象是维持自身耐受的重要机制。

3. 被动性细胞凋亡现象 被动性细胞凋亡（passive cell death，PCD）也称为忽略性细胞凋亡，是指细胞因子依赖的活化 T 细胞进入细胞增殖周期后，因所依赖的细胞因子（如 IL – 2、IL – 4、IL – 7、IL – 15 等）撤退而引起的细胞凋亡。被动性细胞凋亡与激活诱导细胞凋亡一样，是对自身反应性免疫活性细胞过度激活的抑制性调节。但两者调节的出发点、信号转导通路有所不同。（表 10 – 1）

表 10 - 1　AICD 病与 PCD 的比较

凋亡类型	AICD	PCD
抗原依赖性	存在	不存在
凋亡诱因	FasL、TNF	IL - 2 撤退
信号通路	FLIP	Bcl - 2、Bclx
蛋白质合成	不需要	需要
意义	限制持续性抗原刺激	限制抗原清除后的活化细胞

四、克隆活化的抑制性调节

自身反应克隆激活和应答过程中，也受到不同机制的抑制，这也是自身耐受的组成因素。而这些机制在本质上就是广义的免疫调节。目前较为明确的由免疫调节过程产生的抑制性作用包括克隆竞争作用、Th1/Th2 间的拮抗作用、独特型 - 抗独特型抑制作用和调节性 T 细胞抑制作用。

1. 克隆竞争作用　对于自身反应性 B 淋巴细胞而言，当其充当 APC 时往往只能提供一些亲和力较低的自身抗原肽；而非自身反应性 B 淋巴细胞充当 APC 时却能够提供高亲和力的外源性抗原肽。因此当接受 B 细胞提呈的抗原肽时，T 淋巴细胞克隆可能更容易结合能提呈高亲和力外源性抗原肽的 B 淋巴细胞克隆，并使之活化。由于 T 细胞不易被结合低亲和力自身抗原肽的那些 B 淋巴细胞激活，可导致这些 B 细胞克隆得不到 T 淋巴细胞辅助而被清除，或进入无能与无知状态，这样的情形被叫做克隆竞争现象。这种现象的存在，显然有利于维持自身耐受。

2. Th1/Th2 间的拮抗作用　经抗原活化的辅助性 T 细胞可以极化为 Th1/Th2 两个相互拮抗的亚群，并可由此抑制对方所介导的病理性自我识别。如 Th1 居于优势时，可以抑制因自身抗体形成所导致的自身免疫病；而 Th2 居于优势时，则抑制因自身反应性 T 淋巴细胞所导致的自身免疫病。这同样可从不同类型自身免疫病或多或少地与 Th1/Th2 失衡有关这个事实中得到反证。

3. 独特型 - 抗独特型抑制作用　独特型 - 抗独特型网络（idotype/antiidotype network）是 1984 年的诺贝尔医学生理学奖得主 Neils Jerne 提出的一个富有创造性的学说，并且已经得到许多研究结果的支持。根据这一学说，体内所有的自身反应性淋巴细胞均处于独特型 - 抗独特型网络的强有力的控制之下。如果其中某些自身反应性淋巴细胞克隆能够从这个网络中得以逃脱，则可以造成临床的多种自身免疫病。而以外源的多人份（数量需达到数百人）免疫球蛋白输入则可以纠正这种由于独特型 - 抗独特型网络脱抑制所引起的病理性自身抗体的增高。这恰好证明独特型 - 抗独特型网络的抑制作用是维持外周自身耐受的重要因素。

4. 调节性 T 细胞抑制作用　调节性 T 细胞（regulatory T cell，Tr）是一功能性细胞群体，日本学者 Sakaguchi 等在 1995 年发现了 $CD4^+CD25^+$ T 调节细胞，并发现缺乏该类细胞的实验动物会发生多种器官特异性自身免疫病。目前认为，$CD4^+CD25^+$ Tr 可抑制性调节 CD4$^+$T 或 CD8$^+$T 细胞活化与增殖，可同时抑制初始 T 细胞和记忆性 T 细胞的增殖，在免疫应答中发挥调节作用。其可能的作用机制包括：①通过接触抑制方式直接作用于靶细胞的相应受体抑制靶细胞增殖；②通过分泌 IL－10 和 TGF－β 等抑制性细胞因子发挥免疫抑制效应；③通过下调 APC 表面 CD80/86 及 MHC Ⅱ类分子表达，来抑制 APC 的抗原提呈功能，从而间接抑制 CD4$^+$T 或 CD8$^+$T 细胞活化、增殖。因此调节性 T 细胞也应被视作维持外周自身耐受的重要因素。

第三节   自身免疫病的发生机制

通过对现有的自身耐受形成与维持因素的分析，人们可以推论自身免疫病的出现正是由于前面提及的这些因素被破坏的后果。归纳破坏自身耐受的因素可以分成这样几个方面：一是病理性的自身抗原的存在；二是自身免疫应答的过度激活；三是免疫调节过程的脱抑制。

一、病理性自身抗原的发生

免疫系统对于自身抗原的识别是一种普遍存在的生理性现象。故大多数的自身抗原识别并不引起自身耐受的破坏。但下列几种自身抗原的出现却极有可能导致病理性的自身抗原提呈与识别。

1. "隐蔽"的自身抗原   广义的自身"隐蔽"抗原包括下列几种：①隔离抗原（sequesterd antigen）：系指在发育过程中，由于屏障因素或免疫隔离缘故，始终未能与免疫系统谋面的一些组织、器官（如神经系统、生殖系统、感觉器官等）中的抗原成分。当感染、损伤等因素发生时，机械屏障、免疫赦免等分子保护机制失效，这些成分便可被作为自身抗原加以提呈与识别；②"改变"的自身抗原（altered self antigen）：系指自身组织成分在代谢过程中发生变构，有较多的"隐蔽"决定簇被暴露，成为一种可被提呈与识别的抗原，多数情况下，这类抗原的出现有利于组织、细胞代谢产物的清除，并不会造成对正常组织、细胞的免疫损伤，特殊情况下仍有可能引起病理性的自身抗原提呈与识别；③"假型"（pseudotype）抗原：系指组成病毒包膜的细胞膜成分上所具有的宿主自身抗原，这部分抗原因其表达在病原体上，又是宿主自身的抗原，极易引起宿主免疫系统对其进行提呈与识别，所形成的效应机制最终可导致自身组织的损伤。

2. "模拟"的自身抗原   "模拟"（mimicry）的自身抗原的形成，有两种可能性。第一种是 MHC Ⅰ类分子可以提呈与外源性抗原相类似的自身抗原肽，在有 CD4$^+$ 的 T 细胞辅助下，识别这类自身抗原肽的细胞毒性 T 细胞被激活，引起自身免疫反应；第二种是 B 细胞可识别一个与外源性抗原有交叉的自身抗原决定簇，而其提呈的抗原肽完全是外来抗原成分，这就使该 B 细胞克隆能够得到 T 细胞的辅助而活化，但其产生的抗体又是针对相应的自身抗原的，从而引起自身免疫病。这种情形也被称为"旁路激活"，其实质是外来抗原充当了自身抗原决定簇的载体。

3. MHC"门槛"上的自身抗原　自身抗原的识别是以自身抗原的可提呈性为前提的。而自身抗原的可提呈性则直接取决于它与 MHC 分子结合的亲和力高低。与 MHC 分子有较高亲和力的自身抗原虽然可以被提呈，但由于识别此类高亲和力自身抗原的 T 细胞克隆受到阴性选择过程的清除，这些自身抗原实际上被挡在了 MHC 分子结合与提呈的"门槛"（threshold）之内；而那些与 MHC 分子结合的亲和力极低的自身抗原，则因为没有机会受到提呈，被拦在 MHC 分子结合与提呈的"门槛"之外。只有与 MHC 分子结合的亲和力不高不低的自身抗原才有机会受到提呈。这样的自身抗原也就是位于 MHC"门槛"上的自身抗原。由于每一个体的 MHC 分子呈现的多态性各异，实际上就决定了每一个体可提呈并被识别的自身抗原肽也不同。这也可能是许多自身免疫病与 MHC 多态性相关联的一个主要原因。

当然，在正常的状态下，那些与 MHC 分子结合的亲和力不高不低的可提呈自身抗原也并不总有机会与自己的 MHC 分子结合，因为与外源性抗原相比，其亲和力要低得多。但是当出现大量的可提呈自身抗原涌现的局面时（这往往是感染与炎症所导致的后果），数量可以压倒质量，于是可提呈自身抗原会被识别，并给机体带来灾难性的病理后果。

二、自身免疫应答的过度激活

在存在着自身抗原提呈与识别的前提下，自身反应性淋巴细胞克隆能否被过度活化是关系到自身耐受是否终止的一个决定性因素。现有的研究表明，造成自身免疫病的自身反应性克隆的过度活化往往与下列的激活方式有关。

1. 多克隆激活（polyclonal activation）　是指 T、B 淋巴细胞出现的集体活化现象。它与抗原诱导的一个表位激活一个细胞克隆的特异性方式截然不同。目前发现的多数多克隆激活剂都具有有丝分裂原（mitogen）性质，也就是这些激活剂利用了凝集素与糖蛋白的结合作用，借助淋巴细胞表面的凝集素结合蛋白而非经 TCR 途径，非选择性的活化了许许多多的淋巴细胞克隆。在这些淋巴细胞克隆中，就可能包含一定数量的自身反应性克隆。更重要的是多克隆激活方式绕过了促使克隆无能与无知的因素的制约，使得自身反应性克隆可以脱离原来形成自身耐受因素的桎梏，造成自身耐受状态的破坏。值得指出的是，许多源自植物与微生物的糖蛋白都具有有丝分裂原样作用。

2. 广克隆激活　是介于特异性激活与非特异性激活间的一种激活方式。其最具代表性的激活方式是超抗原（superantigen）对淋巴细胞的激活。某些细菌毒素或病毒可以通过结合 MHC 分子的非多肽区与 TCR 的非互补决定区而引起具有相同非互补决定区构型（Vβ）的一组 T 细胞克隆共同激活（以这种方式激活的 T 细胞克隆数较以普通抗原激活的 T 细胞克隆数多数万倍）。具有广克隆激活作用的这些细菌毒素或病毒就叫做"超抗原"。这样的激活方式已被证明与一些自身免疫病及其免疫病理损伤有着因果联系。此外，B1 细胞的抗原受体具有多特异性（polyspecificity），且活化无需 T 细胞的辅助，故很容易受多糖类抗原的诱导而发生广克隆激活。其激活后所产生的抗体，又因具有多特异性而易于和各种自身抗原相结合，并引起相应的病理性自身免疫反应。

3. "旁路"激活   与上两种自身反应性克隆激活有别，"旁路"激活是一种选择性的自身反应性克隆激活方式。所谓的"旁路"激活可以表现为两种方式：一是能够识别自身抗原表位的自身反应性 B 细胞克隆，可以被自身抗原的外源性交叉抗原诱导激活，产生针对自身抗原的抗体而引起自身免疫病；二是在正常情况下，许多非职业的抗原提呈细胞一般都不表达共刺激分子（如 B7 分子等），因此，即使它们能够提呈自身抗原，也不能激活自身反应性克隆，有时还适得其反——造成耐受，但在感染和炎症条件下，这些本不被激活的自身反应性克隆由于受到感染或炎症激活的 Th 细胞产生的细胞因子的辅助作用，而被活化并破坏自身耐受。

4. 独特型激活   是指受外来抗原激活的"内影像"组淋巴细胞克隆所分泌的抗独特型抗体，可以替代抗原与自身组织细胞上的抗原结合位置作用，并充当自身抗体。如果这些"内影像"组克隆发生脱抑制，就可能成为产生大量自身抗体的"祸根"，并破坏自身耐受。

5. 自身反应性克隆谱的扩展   由于 T、B 淋巴细胞的成熟过程中都经历过阴性选择，清除了高亲和力的自身反应性克隆，所以在体内的自身反应性克隆谱（repertoire）中，一般都是亲和力较低、很少引起病理性识别的克隆。但在接受外来抗原刺激后所诱发的体细胞突变过程中，可以重新形成一些高亲和力的自身反应性克隆。由于增添了这种因突变而来的新淋巴细胞克隆，可以改变原有的克隆谱，故将这样的改变称为自身反应性克隆谱的扩展。研究发现，在具有自身免疫病遗传倾向的动物中，其出现自身抗原高亲和性克隆突变的几率高于普通正常动物。而在 SLE 患者中，其抗 DNA 抗体的亲和力也比正常人所产生的类似抗体为高。这提示，部分高亲和力的自身反应性克隆可能来自体细胞突变所导致的自身反应性克隆谱的扩展。

三、免疫调节过程的脱抑制

由于免疫应答是一种受控生理反应，因而并非所有激活的自身反应性克隆都能引起病理性的免疫损害，在某些自身反应性克隆出现后，很快便会受到各种调节因素的抑制。只有在这些自身反应性克隆"脱抑制"时才会造成有害的自身免疫反应。目前探讨的免疫调节过程的脱抑制有下列几种：

1. 活化克隆凋亡障碍   从前面的讨论中，我们已经了解活化克隆凋亡对维持自身抗原耐受的重要意义。因此活化克隆凋亡障碍的出现也就成为有害的自身免疫反应产生的基础。活化克隆凋亡障碍的原因包括：①免疫赦免屏障受损，由于机械或生物原因使具有免疫赦免机制的组织、器官的完整性受到破坏，使得自身反应性克隆可以进入赦免区，并因识别自身抗原而得到活化；②AICD 机制障碍，导致活化的自身反应性克隆过度激活。如在 SLE 患者中发现，活化的自身反应性 T 淋巴细胞克隆的 Fas 表达障碍，不能诱导有效的 AICD，导致自身反应性淋巴细胞克隆凋亡障碍。

2. Th1/Th2 间的拮抗作用偏离   如前所述，Th1/Th2 间的拮抗作用是维持自身耐受的一种机制。因此当这种拮抗作用出现偏离时，就可能导致部分自身反应性的 T 淋巴细胞克隆或 B 淋巴细胞克隆去抑制，并引起自身免疫病的发生。对现有的自身免疫病患者的检测表明，不同类型的自身免疫性疾病都有特定的 Th1/Th2 平衡偏离倾向。（表 10 - 6）

3. 独特型 - 抗独特型网络脱抑制 按照独特型 - 抗独特型网络学说，每一个被激活的 T、B 淋巴细胞克隆，均可因相应抗独特型克隆的连锁激活而受到抑制，自身反应性克隆也不例外。而临床自身免疫病患者出现的高水平的自身抗体或自身反应性 T 淋巴细胞克隆激活现象，按推论可能是独特型 - 抗独特型网络发生了脱抑制，即针对被激活的自身反应性克隆的抗独特型克隆选择性的缺失。

4. 调节性 T 细胞的形成障碍 目前对 CD4$^+$CD25$^+$Treg 等调节性 T 细胞的作用机制已经有所了解。从调节性 T 细胞的作用机制上，可以推论这部分 T 细胞的丧失可以引起自身免疫病的发生。而事实上，这在实验动物中确实得到了验证。当 CD4$^+$CD25$^+$Treg 在动物体内被删除时，会诱发各种器官特异性自身免疫病；而重建后则可抑制自身免疫病的发生。

第四节 自身免疫病的临床类型与病理特点

自身免疫病是病理性的自我识别造成的免疫损伤性疾病。因其累及的器官、组织的不同，表现出临床症状的多样性。但就大多数的自身免疫病而言，在其发病进程与转归中仍然存在着一些与免疫活动相关联的特征。主要表现为高亲和力自身抗体和自身反应性 T 细胞的存在。另外，自身免疫病还与遗传、性别、感染等因素密切相关。

一、自身免疫病的特征

尽管自身免疫病有着多种多样的临床表现，但造成自身免疫病的免疫应答活动却有着较强的规律可循。所以自身免疫病在临床发生、发展的过程中可以表现出共同的特征。①出现高水平的自身抗体或自身反应性淋巴细胞：虽然许多研究资料表明，由于生理性自我识别的存在，正常个体也能够检测到一定量的自身抗体与自身反应性淋巴细胞，但其效价一般较低，而作为组织损伤的最直接的介导物，高滴度的自身抗体或自身反应性的淋巴细胞始终是病理性自身免疫反应的一种标志，这也是自身免疫病主要的诊断依据；②病理损伤与自身抗体、自身反应性淋巴细胞相联系：无论何种损伤类型及损伤程度都能够在相应的损伤部位发现免疫效应物质存在与作用的迹象，如损伤部位出现的淋巴细胞浸润、免疫复合物的沉积等；③病情与免疫应答强度相关：自身免疫病患者症状的变化（减轻或恶化）往往与自身抗体滴度或自身反应性淋巴细胞的激活水平相平行；④病情反复，呈慢性、迁延性过程：由于机体的免疫应答活动受到多种因素的调控，自身抗体或与自身反应性淋巴细胞的活动水平在自身免疫病的进展过程中并不恒定，患者病情呈慢性、迁延性过程，且可表现为自发缓解；⑤遗传倾向：病理性自身抗原的识别、提呈与 MHC 分子的多态性密切关联，而 MHC 分子的编码基因又呈单元型遗传，故较多类型的自身免疫病具有家族倾向。

二、自身免疫病的相关因素

除了存在高亲和力的自身反应性 T、B 淋巴细胞克隆这一基本致病因素外，自身免疫病还与遗传、性别、感染等因素密切相关。

1. 遗传　在临床调查中可以发现，许多种类的自身免疫病，具有家族性高发的倾向，这被认为是一个和遗传有关的例证。然而，迄今为止，尚未能在任何一种自身免疫病中，找到一个明确的致病基因，这似乎意味着自身免疫病的发生是一种多基因遗传的结果。对 MHC 分子与疾病相关性的研究虽然涉及了许多类型的自身免疫病，但除了某一类型 MHC 分子可能与某些自身抗原肽的提呈之间具有特定的联系这一尚足以令人信服的推测外，其他的假说都被充满矛盾的实验事实所淹没。（表 10 - 2）

表 10 - 2　自身免疫病与 MHC 的相关性

疾病	HLA 型别	相对危险率
强直性脊柱炎	B27	87.4
急性前葡萄膜炎	B27	10.04
肺肾综合征	DR2	15.9
多发性硬化症	DR2	4.8
Graves 病	DR3	3.7
重症肌无力	DR3	2.5
SLE	DR3	5.8
I 型糖尿病	DR3/DR4	3.2
类风湿性关节炎	DR4	4.2

2. 性别　性别对于自身免疫病似乎具有魔术般的影响力。在某些病种中，发病的性别差异之悬殊，足以压倒其他任何发病因素的作用。虽然，从神经 - 内分泌 - 免疫网络学说中，已经揭示了性激素可能产生的影响，但在临床免疫学中，性激素对自身免疫应答所产生的作用尚无定论。（表 10 - 3）

表 10 - 3　自身免疫病与性别的相关性

疾病	♀/♂（女性/男性）
强直性脊柱炎	0.3
急性前葡萄膜炎	<0.5
多发性硬化症	10.0
Graves 病	4~5
重症肌无力	1
SLE	10~20
I 型糖尿病	1
类风湿性关节炎	3
桥本甲状腺炎	4~5

3. 感染　感染是另一个自身免疫病发病中所共有的因素。许多自身免疫病在探究其发病因素时都考虑到病原体的感染或为发病的诱因，免疫病理学的研究也从理论上证

实了感染引起自身免疫病的可能。但令人遗憾的是，在现有的自身免疫病的动物模型中，鲜有以感染造模成功的范例。（表10－4）

表10－4　感染引起自身免疫病的可能机理

机制	作用	病例
破坏免疫屏障	释放"隐蔽"抗原	交感性眼炎
APC 感染	诱导共刺激分子表达	佐剂性关节炎
病原体结合自身蛋白	作为自身抗原载体	间质性肾炎
分子模拟	形成交叉反应	风湿热、糖尿病、多发性硬化症
超抗原	自身反应性 T 细胞多克隆激活	类风湿性关节炎

三、自身免疫病的分类

临床上，自身免疫病分成器官特异性与器官非特异性（也称"系统性"）两大类型。而病理上，则可将自身免疫病分成自身抗体引起的自身免疫病、自身反应性 T 淋巴细胞引起的自身免疫病和结缔组织病三类。

（一）自身免疫病的临床分类

自身免疫病的临床分类通常根据自身抗原出现、分布情况及受累组织器官而定。器官特异性自身免疫病的自身抗原分布相对局限，受累组织、器官也较固定；器官非特异性（系统性）自身免疫病的自身抗原分布广泛，免疫损伤波及范围较大。按照临床专科的分类，自身免疫病也可分为结缔组织病、神经肌肉疾病、内分泌疾病、消化系统疾病、泌尿系统疾病、血液系统疾病以及皮肤疾病等。（表10－5）

表10－5　自身免疫病的临床分类

器官特异性	器官非特异性
溶血性贫血	类风湿性关节炎
特发性血小板减少症	系统性红斑狼疮（SLE）
多发性硬化	硬皮病
重症肌无力	干燥综合征
格林－巴利综合征	韦格纳肉芽肿
溃疡性结肠炎	强直性脊柱炎
自身免疫性肝炎	抗磷脂综合征
I 型糖尿病	
毒性弥漫性甲状腺肿（Graves 病）	
原发性肾上腺皮质萎缩（Addison 病）	
桥本甲状腺炎	
银屑病	
寻常性天疱疮	

（二）自身免疫病的病理分类

自身免疫病按致病免疫因子的主要类型可以分成自身抗体引起的自身免疫病、自身反应性 T 淋巴细胞引起的自身免疫病和结缔组织病。

1. 与自身抗体相关的自身免疫病　自身抗体是引起免疫损伤的一种重要介质。自身抗体依据其所针对的抗原可分为抗细胞膜抗体、抗细胞浆抗体、抗细胞核抗体以及抗可溶性蛋白抗体等多种类型。不同类型的自身抗体又可介导不同类型的免疫损伤。这些由自身抗体介导的免疫损伤主要分为：抗体介导的细胞毒作用、抗体的活化/去活化（activation/inactivation）作用和抗原抗体复合物引起的损伤。从临床角度分析，抗体介导的细胞毒作用主要涉及血液系统的疾病；抗体的活化/去活化作用波及自身的激素、激素受体、神经递质、神经递质受体，故多与神经、内分泌疾病有关；而免疫复合物型的损伤更多见于结缔组织疾病。

从临床分科角度归类，与自身抗体相关的内分泌系统疾病有：糖尿病、Graves 病、原因不明的习惯性流产以及自身免疫性多发性内分泌病（autoimmune polyendocrinopathy）；与自身抗体相关的神经系统疾病有：重症肌无力、肌萎缩性侧索硬化症、Lambert – Eaton 综合征、副癌综合征（paraneoplastic syndrome）、硬汉综合征（stiff man syndrome）等。甚至有资料表明，针对多巴胺受体（D2）的自身抗体所引起的活化/去活化作用可能是导致精神分裂症与 Parkinson 病的原因之一；与自身抗体相关的血液系统疾病有：恶性贫血（pernicious anemia）、难治性贫血、特发性血小板缺乏症等。

此外，一些自身抗体还可能与部分尚未被纳入自身免疫病的临床疾病的病理改变有关。如 β – 肾上腺素受体的自身抗体可能与慢性哮喘中支气管平滑肌、黏膜腺体、黏膜下血管以及肥大细胞上的 β – 肾上腺素受体敏感性降低有关；出现在扩张性心肌病患者中的抗 β – 肾上腺素受体抗体选择性的下调心肌细胞上 β – 肾上腺素的活化结合位点（active binding site），成为心肌衰退的一种特征；尿崩症可能与抗加压素抗体有关；而抗甲状旁腺素受体抗体会引起继发性甲状旁腺机能亢进症。

2. 与自身反应性 T 淋巴细胞相关的自身免疫病　除了由自身抗体介导的免疫损伤外，还有大量的免疫损伤是由特异性的自身反应性 T 淋巴细胞介导。这些损伤可累及感觉器官、中枢和外周神经组织、内分泌腺和消化腺等。这些病理损伤往往出现于抗原浓度较高的局部。环绕小血管形成的以淋巴细胞与其他单个核细胞为主的浸润是其病理特征。只有在极少数严重的病例或特殊的病种中，才会出现坏死、出血、中性粒细胞浸润等病理改变。

从临床分科角度归类，与自身反应性 T 淋巴细胞相关的内分泌系统疾病有：Addison 病、淋巴细胞性垂体炎（lymphocytic hypophysis）、自发性胰岛素依赖性糖尿病、自身免疫性睾丸炎、自身免疫性卵巢炎等；与自身反应性 T 淋巴细胞相关的神经系统疾病有：多发性硬化症；与自身反应性 T 淋巴细胞相关的五官科疾病有：晶状体过敏性眼内炎（phacoanaphylactic endophthalmitis）、葡萄膜炎（uveitis）、McCabe 综合征、Cogan 综合征等；与自身反应性T淋巴细胞相关的消化系统疾病有：炎症性肠病（inflammatory bowel disease，IBD），包括克隆病（Crohn's disease）和溃疡性结肠炎两种疾病以及原发性胆汁性肝硬化和自身免疫性肝炎等。

此外，也有部分疾病过程中出现的病理变化与自身反应性T淋巴细胞有关，如风湿性心脏病、心肌梗死后综合征、心包切开术综合征、特发性心肌病以及病毒性心肌炎均可出现针对心肌组织的自身反应性T淋巴细胞的浸润现象。而牙周病的病理机制中也不乏自身反应性T淋巴细胞的影子。

3. 结缔组织病　结缔组织病（connective tissue disease）之所以被单独列为一组自身免疫病，缘于这类疾病在临床上所具有的重要性和在发病及临床表现上所具有的相似性与重叠性（overlap）。这类疾病也曾被称为"风湿性疾病"（rheumatoid disease）或血管胶原性疾病（collagen – vascular disease）。称为"风湿性疾病"是因为早期的医学界将具有风湿病（rheumatism）样症状的疾病划为一类的缘故，但现在已经认识到这些疾病之间实际上有着非常大的区别，就像风湿热与骨结核那样的风马牛不相及。而胶原性疾病则是由Klemperer在1942年提出的一个概念，意指这些疾病所共有的一种病理形态改变——胶原纤维的坏死。随着1948年类风湿因子和狼疮细胞的发现以及1949年糖皮质激素疗法的应用，对这类疾病的认识已逐渐深化，人们发现这些疾病所造成的许多损伤都是由免疫复合物引起。而在某些病种中（如Sjogren综合征）细胞介导的超敏反应也起了非常重要的作用。

每一种结缔组织病都有其独有的临床特点，包括起病年龄、损伤累及部位、自身抗体反应特点和免疫损伤机制。但有些临床表现在这类疾病中相互重叠。各种结缔组织病都可以发生脉管炎与肾小球肾炎、免疫球蛋白异常、广泛多样的抗自身抗体等症。结缔组织病的各种病理损伤都是由在不同时间、不同组织中发生的不同类型、不同严重程度的免疫损伤所致，因而就会出现因人而异的多样化的临床表现。主要的结缔组织病包括：类风湿性关节炎（rheumatoid arthritis，RA）、系统性红斑狼疮（systemic lupus ery-thematosus，SLE）、Sjogren综合征、多发性肌炎 – 皮肌炎（polymyositis – dermatomyosi-tis）、系统性硬化症（scleroderma）以及结节性多动脉炎（polyarteritis nodosa，PAN）等。

四、自身免疫病的病理损伤机制

免疫损伤是自身免疫病最基本的病理表现。归纳自身免疫病的病理损伤类型，可分为抗体介导的免疫损伤和细胞介导的免疫损伤两大类。抗体介导的免疫损伤包括：①抗体的活化与去活化作用；②抗体介导的细胞毒作用；③免疫复合物反应等。细胞介导的免疫损伤则包括：①迟发型超敏反应性炎症；②细胞介导的细胞毒作用；③肉芽肿反应等（详见第九章）。

自身免疫病所表现的病理损伤机制较少为单一类型，尤其是在结缔组织病中，病理表现更为复杂。这对各种自身免疫病的诊断和临床分型可能带来一定的困难。

表 10 - 6　自身免疫病的免疫损伤机制

损伤类型	Th1/Th2	病例
过敏反应	Th2 > Th1	内源性哮喘
抗体介导的细胞毒反应	Th1 > Th2	自身免疫性溶血性贫血、肺肾综合征
抗体介导的活化去活化反应	Th1 > Th2	Grave 病、重症肌无力
免疫复合物反应	未知	SLE
迟发型超敏反应	Th1 > Th2	类风湿性关节炎
细胞介导的细胞毒反应	Th1 > Th2	糖尿病

拓展与思考

　　免疫耐受、自身免疫与自身免疫病等是免疫学中最为复杂且界定不清的领域。希望通过阅读此章节，能够使读者对这些内容拥有概括性的认识，并抛砖引玉引发读者深入的思考：第一，"免疫耐受"这个概念是否还有意义？请给出理由。第二，如果我们抛弃了"免疫耐受"概念，又将如何梳理自身免疫病的发病机制？第三，你在已有的学习工作经历中，是否接触过自身免疫病？通过此章的学习，是否获得新的感悟与收获？第四，目前的自身免疫病都是以适应性免疫的效应机制予以界定的，如果将固有免疫机制纳入其中，可能会是什么情况？

（王　易）

第十一章　感染与免疫

尽管免疫系统的生物学意义不全然是为了应付感染（infection），但免疫的发生无疑是与感染现象并行的。而人类对免疫现象的认识也源自感染。某种意义上而言，免疫学的形成和发展就"受赐"于人类对感染现象的关注。本章即着重探讨免疫学的这个"根"——感染。

第一节　感染与免疫概述

从宏观角度出发，感染可以视作宿主与寄生物之间的一种相互依存与相互斗争的生存竞争现象，这一现象伴随生命的始终。因此，感染现象及其机理成为了事关人类生存的一个棘手而又有趣的研究课题。

一、感染的定义

从微观角度而言，感染可以定义为机体免疫系统与病原体在一定条件下相互作用而引起的病理过程。感染过程涉及两方面：一方面是病原体对宿主的侵袭、对宿主免疫防御的逃逸、对宿主组织细胞的破坏；另一方面是宿主免疫防御机制对病原体的限制与杀灭。这两方面因素的博弈显现了感染现象的错综复杂以及感染结局的迥异。

二、引起感染的病原体

引起人类感染的病原体主要分病毒、胞外感染细菌（extracellular bacteria）、胞内感染细菌（intracellular bacteria）、真菌、原虫与蠕虫。

1. 病毒　系非细胞型病原生物，主要由蛋白质和核酸构成。没有典型的细胞结构，没有产生能量的酶系统，无独立新陈代谢。其增殖依赖宿主细胞的蛋白表达系统。

2. 胞外感染细菌　系原核细胞型病原生物，具有完整的细胞结构，可独立进行新陈代谢。在体外条件下可完成生长繁殖。

3. 胞内感染细菌　可分为兼性胞内寄生和专性胞内寄生。前者即可在细胞外生长繁殖，也可逃避宿主细胞杀伤，在细胞内存活（如结核分枝杆菌）；后者的增殖则依赖宿主细胞内环境（如衣原体）。

4. 真菌　系真核细胞型病原生物，有单细胞与多细胞两种类型，有独立代谢系统，可独立于体外条件下完成生长繁殖，通常为兼性寄生。

5. 原虫 系真核细胞型病原生物，单细胞型，有独立代谢系统，存在胞外与胞内寄生两种类型，不能在体外条件下完成生长繁殖。在分类学上分属肉足鞭毛门、顶复门和纤毛门。

6. 蠕虫 系真核细胞型病原生物，多细胞型，有独立代谢系统，胞外寄生，在分类学上分属扁形动物门与线形动物门。

三、感染的发生

感染的发生取决病原体、宿主免疫力及环境三方面。

1. 病原体 病原体对于感染的"贡献"，主要反映在致病性（pathogenicity）与数量两个方面，且两者作用呈反比。

（1）致病性 所谓致病性通常可以分解为侵袭力与毒性作用两部分：①侵袭力：是指病原体进入宿主体内定居、繁殖的能力，这些能力既表现为病原体在进化中形成的特殊结构（如病毒的吸附蛋白、细菌的定植因子及分泌系统、蠕虫的吸盘等）与物质（如细菌的侵袭性酶、原虫的溶组织酶、蠕虫的抗凝素等），也表现为病原体对宿主免疫防御的"逃逸"作用（如病毒、胞内菌、原虫的抗原调变，病毒产生的细胞因子同源物质，胞内菌、原虫的致免疫偏离作用等）；②毒性作用：通常是指病原体及其代谢物对宿主造成的直接与间接损伤，可表现为机械性损伤（如蠕虫引起的腔道梗阻、病毒引起的细胞破裂等）、化学性损伤（如细菌毒素引起的细胞代谢障碍、原虫分泌物的溶组织作用等）、免疫性损伤（如清除胞内感染病原体时形成的宿主细胞损害）等，某些情况下，也可将病原体的致癌、致畸作用列入毒性作用的范畴。

在构成致病性的两组因素中，病原体的共同进化策略，往往表现为提高侵袭力，降低毒性作用。

（2）数量 在大多数感染过程中，病原体的侵入数量决定感染的状态与形式。少量的病原体入侵，可能迅速为机体免疫系统所阻挡，不出现临床疾病表现，形成隐性感染；而大量的病原体入侵，则可导致严重的病理损伤，出现明显的临床症状，称为显性感染。在感染发生中病原体数量一般与其毒性作用的强弱成反比，即毒性作用强的病原体引起显性感染的数量阈值较低；而毒性作用弱的病原体引起显性感染的数量阈值较高。

2. 宿主免疫力 是感染发生、发展的重要限制因素。宿主免疫力由固有免疫与适应性免疫两部分组成。

（1）固有免疫 针对病原体的固有免疫包括免疫屏障与固有免疫应答。（图11-1）

（2）适应性免疫 针对病原体的适应性免疫主要由抗体和T细胞的效应作用体现，但根据不同类型的病原体，适应性免疫会选择性采取不同的效应方式。若这样的选择发生错误则被称为"免疫偏离"（immune deviation），可以对感染的转归发生极大影响。

3. 环境 环境对于感染的影响表现为：①提供病原生物的生存条件：多数病原体

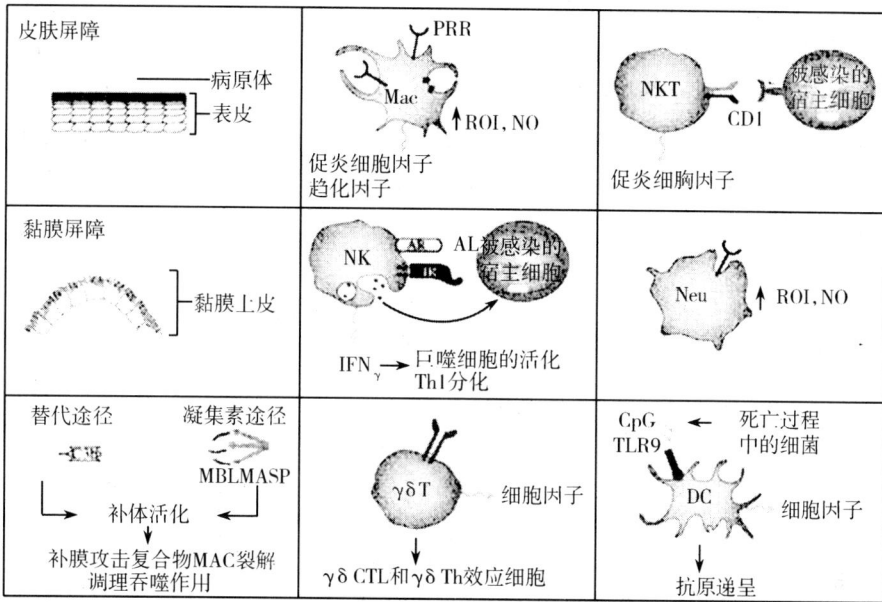

图 11-1 针对病原体的固有免疫机制

的传播具有地域性，这是因为病原体的生存或传播病原体的媒介生物的生存需要一定的地理、气候条件，如华支睾吸虫只限于亚洲东部分布、而日本血吸虫的分布在我国仅限于长江流域等；②形成原生物的适宜传播途径：如消化道传播的病原体与环境中生活污水、食品的污染密切关联，而日本脑炎病毒、疟原虫的感染则与由温度、湿度形成的媒介蚊子的虫口密度互相平行；③增加人群的易感因素：人口流动、生活条件与习惯的改变以及医源性因素均可增加与病原体的接触机会，使人群易感因素增加。

四、感染的免疫生物学意义

作为病原体与宿主机体相互作用的一种形式，感染是宿主与病原体共同进化的原动力，但某些形式的感染结局也可能是宿主个体所不能承受的灾难。就人类的免疫系统而言，感染大致体现如下的生物学意义。

1. 免疫激活 病原体是机体免疫系统的重要激活物。在人类与病原体的共同进化中，人类免疫系统主要通过感染得以激活，并完成其发育与进化。对于每个个体而言，以隐性感染方式发生的大多数感染是免疫系统赖以建立适应性免疫的基础。只有通过感染这一自然免疫应答过程，才能使免疫防御这一生理性作用得到进化。此外，由病原体感染所形成的免疫激活还是产生免疫监视作用的前提。因为只有被激活的免疫系统才具有免疫监视这种生物学功能，未被激活的免疫系统则可能缺乏相应的免疫监视能力。这可以解释在肿瘤的免疫治疗中，为什么使用一些病原微生物及其代谢物来激活免疫系统对肿瘤的识别与攻击。

2. 免疫抑制 在人类与病原体的共同进化中，病原体的"逃逸"策略主要是针对免疫系统的，在这些"逃逸"机制奏效后，机体免疫系统在感染过程中可能受到抑制，表现为：①免疫缺陷：如麻疹病毒、腮腺炎病毒、EB 病毒、巨细胞病毒、HIV 等可直接感染 T 细胞、B 细胞或巨噬细胞等免疫细胞，导致细胞裂解或功能改变，使机体进入一过性或持续性的免疫缺陷状态，不能形成有效的抗感染免疫效应，另外乙型肝炎病毒（HBV）、腺病毒和 EB 病毒感染细胞后，则可能抑制受染细胞产生干扰素的能力，形成继发性免疫缺陷；②免疫偏离：即病原体主动诱导机体免疫系统产生不适合清除抗原的免疫应答效应。

3. 免疫损伤　由感染导致的免疫损伤，可表现为同时性损伤与延时性损伤两种形式：①同时性损伤系对病原体清除同时引起的免疫损伤，如清除胞内感染病原体而造成的宿主细胞破坏；②延时性损伤，指在病原体清除后出现的因病原体引起的免疫损伤，如链球菌感染后的风湿性疾病等。

第二节　病毒感染与免疫

病毒具有体积微小、无完整细胞结构、核酸单一、专性细胞内寄生的生物学特点。其致病作用部分来自病毒对宿主细胞的直接损害（如裂解细胞或致细胞凋亡），更多则来自感染后的免疫损伤（如机体免疫系统因清除病毒所带来的细胞损伤）。而引发免疫缺陷或自身免疫病以及致癌作用也可划入病毒致病作用范畴。为克服这些危害，人体在与病毒的共同进化中形成多种针对性的免疫效应机制，同样，病毒也进化出相应的免疫逃逸策略。孰胜孰负，难以定论。（表 11-1）

表 11-1　病毒引起的疾病

病毒	疾病
腺病毒	急性呼吸道感染
单纯疱疹病毒	唇疱疹、生殖器疱疹
水痘－带状疱疹病毒	水痘、带状疱疹
EB 病毒	传染性单核细胞增多症、Burkitt 淋巴瘤
巨细胞病毒	肺炎、肝炎
人类疱疹病毒 8 型	卡波济肉瘤
鼻病毒	普通感冒
流感病毒	流感
风疹病毒	风疹
麻疹病毒	麻疹
SARS 冠状病毒	严重急性呼吸道综合征（SARS）
轮状病毒	儿童秋季腹泻
狂犬病病毒	狂犬病
脊髓灰质炎病毒	脊髓灰质炎

续表

病毒	疾病
人乳头瘤病毒	皮肤疣、宫颈癌
天花病毒	天花
乙肝病毒	乙肝
人免疫缺陷病毒	获得性免疫缺陷综合征（AIDS）

一、抗病毒的免疫效应机制

针对病毒的免疫效应机制分为固有免疫与适应性免疫两部分。（图 11-2）

（一）固有免疫

针对病毒的固有免疫以干扰素和 NK 细胞为主，巨噬细胞与补体均参与。

1. 干扰素 病毒诱生的干扰素是针对病毒的最早期的免疫应答效应物。干扰素分为两型（详见第四章），Ⅰ型干扰素（IFN-α、IFN-β）在抗病毒免疫中具更重要意义。

干扰素的抗病毒机制系由细胞膜上的干扰素受体介导，干扰素与干扰素受体结合后，经受体介导引发一系列生化反应，使细胞合成多种抗病毒蛋白，由抗病毒蛋白阻止病毒的合成而发挥抗病毒作用。抗病毒蛋白主要有 2'-5' 腺嘌呤核苷合成酶（2-5A 合成酶）和蛋白激酶等，这些酶通过降解 mRNA、抑制多肽链的延伸等阻断病毒蛋白的生物合成。如：①2-5A 合成酶：是一种依赖双链 RNA（dsRNA）的酶，被激活后使 ATP 多聚化，形成 2-5A，2-5A 再激活 RNA 酶 L 或 F，活化的 RNA 酶则可切断病毒 mRNA；②蛋白激酶：也是依赖 dsRNA 的酶，它可磷酸化蛋白合成起始因子的 α 亚基（elF-2a），从而抑制病毒蛋白质合成。

2. NK 细胞 是病毒感染早期，承担抗病毒作用的主要效应细胞，其激活速度较 CD8+T 细胞来得迅速，其对病毒感染细胞的细胞毒作用的机制完全等同于 CD8+T 细胞（详见第七章）。而 NK 细胞所分泌的细胞因子（如 IFN-γ）能在后续的抗病毒免疫效应机制中发挥承前启后的作用。

3. 巨噬细胞 巨噬细胞在 IFN-γ 激活后，其形成的 ROI 与 RNI 能够有效杀灭被吞噬的病毒。通过调理作用与 ADCC 作用也可吞噬受感染的靶细胞。

4. 补体 补体激活后形成的攻膜复合体可直接作用于有包膜病毒，而活化过程中产生的 C3b 能够对中性粒细胞与巨噬细胞的吞噬病毒产生调理作用。

（二）适应性免疫

病毒的适应性免疫参与组分包括抗体、CD4+T 细胞、CD8+T 细胞。

1. 抗体 抗病毒抗体中有一部分属于中和抗体（neutralizing antibody），可阻止病毒吸附穿入。阻断病毒的复制周期，其作用机制为：①与病毒表面抗原结合，改变病毒表面蛋白质构型，阻止其吸附易感细胞；②与病毒表面抗原结合形成免疫复合物，通过调理作用清除病毒；③与有包膜病毒表面抗原结合，激活补体，使病毒裂解；④与感染细胞表面表达的病毒抗原结合，通过 ADCC 作用或通过激活补体，使靶细胞裂解。无此作用的非中和抗体一般不产生保护作用，但具有诊断价值。

2. CD4⁺T 细胞 Th1 细胞是最早接受 DC 提呈病毒抗原的适应性免疫细胞，也是协助 Tc 活化的重要辅助细胞。在抗病毒适应性免疫中至为关键，这一点可以在 HIV 感染后的发病进程中得到体会。

3. CD8⁺T 细胞 经病毒抗原激活的 Tc 是清除细胞内病毒的主要成分，其细胞毒作用机制已为大家熟悉（详见第七章）。

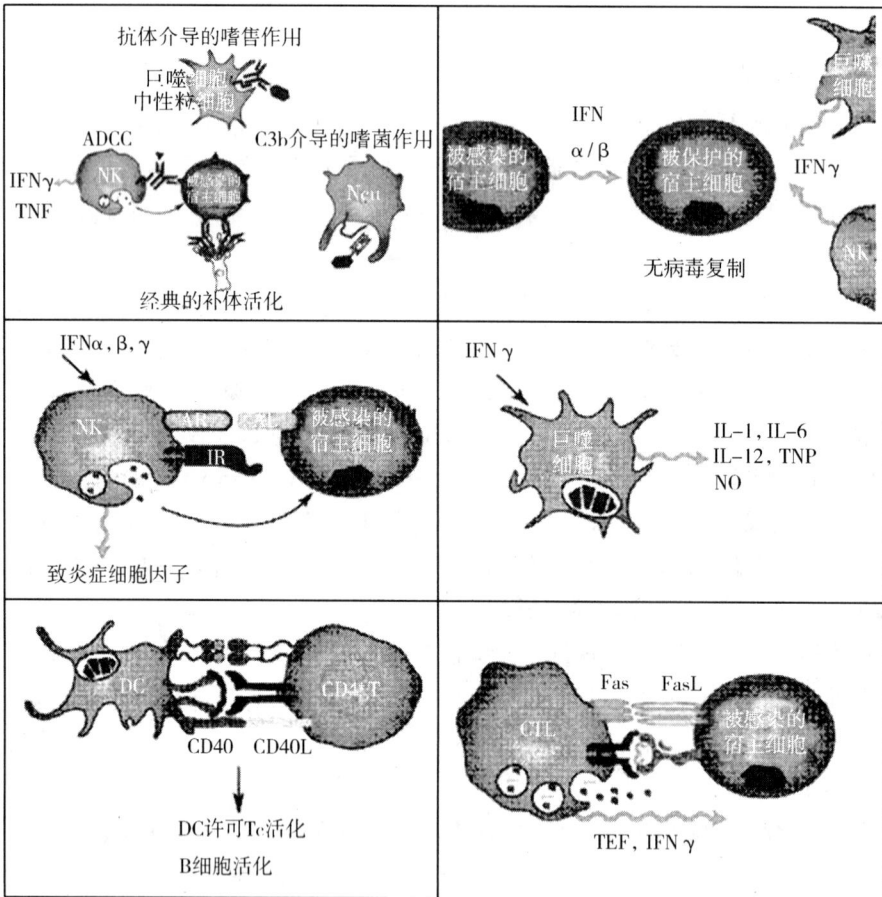

图 11-2 针对病毒的免疫效应机制

二、病毒的逃逸策略与机制

病毒采取的免疫逃逸策略极为多样，可针对抗病毒免疫效应机制的多个环节。具体可分为：

1. 逃逸识别策略 病毒的免疫逃逸识别有如下机制：

（1）抗原调变 病毒抗原调变发生频率极高。典型的例子是流感病毒的抗原转换（antigenic drift）：流感病毒包膜的血凝素和神经氨酸酶极易突变而形成新的病毒亚型，机体对原病毒亚型所产生的特异性免疫不能识别或抵抗新亚型感染，因此，每当流感病毒抗原变异出现一种新亚型，便可在人群中引起一次世界性大流行。同样，HIV 病毒的包膜糖蛋白 gp120 亦极易突变，据推测其突变速度要比流感病毒快 65 倍，成为 HIV 持续性感染的原因之一。乙肝病毒前 C 区启动子基因突变后，HBeAg 不表达，致使 T 细胞失去攻击靶标。

（2）阻止 MHC 分子表达 人类腺病毒能通过下调 MHC Ⅰ类分子的表达，干扰 CD8$^+$T 细胞的抗原识别，从而逃逸 Tc 的免疫清除。腺病毒下调 MHC Ⅰ类分子的机制是其能够合成一种整合膜蛋白，可与内质网中的 MHC Ⅰ类分子结合，并阻止该分子转位到细胞膜表面；巨细胞病毒可产生与 MHC Ⅰ类分子交联的蛋白，阻止 TCR 与 MHC Ⅰ类分子结合；疱疹病毒可以形成某种干扰肽与 TAP 结合，导致 MHC Ⅰ类分子不能表达；HIV 的 nef 基因编码蛋白可将宿主细胞的网格蛋白与 MHC Ⅰ类、Ⅱ类分子连接，导致 MHC 分子内化降解；巨细胞病毒还可产生一种与 Ii 链竞争结合 MHC Ⅱ类分子的蛋白，干扰 MHC Ⅱ类分子的荷肽过程；HPV、HIV 都可形成阻止内体酸化的蛋白，阻断抗原肽的形成。

（3）干扰 DC 成熟 HTLV - 1 感染 DC 前体细胞可阻断其分化为未成熟 DC。HSV - 1、牛痘病毒可阻断未成熟 DC 分化为成熟 DC；痘病毒、麻疹病毒可促进 DC 凋亡；巨细胞病毒可诱导 DC 维持免疫耐受。

2. 逃逸杀灭策略 病毒的逃逸杀灭也各有高招，如下所列。

（1）进入免疫赦免区 HSV - 1 可长期潜伏在三叉神经节和颈上神经节中，躲避机体免疫攻击。

（2）阻断干扰素作用 EBV 表达一种干扰素合成必需的生长因子受体，竞争结合生长因子，导致巨噬细胞不能合成干扰素；牛痘病毒、HCV 都可以合成对抗干扰素诱生的抗病毒的蛋白；HSV - 8、腺病毒可产生模拟宿主转录因子的蛋白，竞争抑制干扰素激活的信号转导通路。

（3）抑制 NK 激活 巨细胞病毒可合成与 NK 细胞杀伤抑制性受体结合的 MHC Ⅰ类分子模拟物，阻止 NK 激活。

（4）阻止抗体形成与效应 麻疹病毒可合成一种抑制 B 细胞活化的蛋白；HSV - 1 在宿主细胞表面表达病毒诱导的 FcγR，结合抗病毒抗体，封阻 ADCC 与补体激活。

（5）阻止补体效应 有包膜病毒通过出芽方式可获得宿主细胞膜表面的补体调节蛋白，从而避免补体攻击；痘病毒与疱疹病毒可合成抑制替代途径 C3 转化酶的蛋白。

（6）抗宿主细胞凋亡 宿主细胞凋亡是杀灭病毒的有效手段，故通过 Tc、NK 的细胞毒作用可引起病毒感染细胞的凋亡，而宿主细胞内病毒大量复制时引起的内质网胁迫（ER stress）机制也可导致"利他"性凋亡。病毒为完成其复制过程形成多种抗宿主细胞凋亡机制：腺病毒合成的一个多蛋白复合物，可引起 Fas 与 TNFR 的内化，以避免外源凋亡信号的接收；痘病毒则可分泌 TNFR 模拟蛋白，结合 TNF；腺病毒、疱疹病毒、痘病毒均可形成抗凋亡蛋白，阻止 caspase 级联反应；更多的病毒可诱导提高宿主细胞存活蛋白的表达量。

3. 免疫抑制策略　病毒的免疫抑制策略主要表现为病毒源性细胞因子的合成。痘病毒可合成趋化性细胞因子类似物，结合趋化因子受体，阻断免疫细胞的趋化效应；EBV 可合成 IL-12 类似物，竞争性抑制 Th1 分化的关键因子 IL-12 的活性；麻疹病毒亦可合成阻断 IL-12 合成的蛋白。

第三节　胞外菌感染与免疫

胞外菌为细胞外寄居增殖的原核型病原生物，通常具有较强的侵袭力，可借助黏附素、侵袭性酶、分泌系统等结构定植于组织间隙及血液、淋巴液、组织液中。并可经滤泡相关上皮细胞（FAE）进入 M 细胞（microfold cell）——散布于肠道黏膜上皮细胞间的一种特化的抗原转运细胞。这对于形成胞外菌的免疫应答极为重要。胞外菌的致病作用通常因其产生的外毒素而备受关注，而革兰阴性菌的 LPS 是其引起广泛性免疫损伤的一个重要致病因素。

表 11-2　胞外菌引起的疾病

胞外菌	疾病
金黄色葡萄球菌	食物中毒、中毒性休克
化脓性链球菌	化脓性扁桃体炎、猩红热
肺炎链球菌	肺炎、中耳炎
炭疽芽孢杆菌	炭疽
白喉棒状杆菌	白喉
破伤风梭菌	破伤风
肉毒梭菌	肉毒中毒
大肠埃希菌	出血性结肠炎
幽门螺杆菌	消化道溃疡
霍乱弧菌	霍乱
流感嗜血杆菌	脑膜炎
淋病奈瑟球菌	淋病
脑膜炎奈瑟球菌	脑膜炎
伯氏疏螺旋体	莱姆病
苍白密螺旋体	梅毒

一、抗胞外菌的免疫效应机制

胞外菌的免疫效应机制也可分为固有免疫与适应性免疫两部分。（图 11-3）

（一）固有免疫

胞外菌的固有免疫效应机制的构成首推补体系统，其次吞噬细胞的吞噬杀灭也功不可没，而天然抗体的参与也发挥一定作用。

1. 补体　是参与早期抗胞外菌感染的效应分子，在抗体产生前，就可被病原体激活。通过细菌胞壁的特殊结构（如：革兰阳性菌的肽聚糖、革兰阴性菌的 LPS）激活补体替代途径；表达有甘露糖残基的细菌还能同血清中的 MBL 结合激活补体 MBL 途径。激活的结果导致 MAC 形成及细菌的溶解，激活过程中产生的 C3b，还能调理吞噬细胞对细菌的吞噬效应，其他的补体活性片段（C3a、C5a 等）也可定向吸引和活化免疫细胞，介导炎症反应。

2. 吞噬细胞　是清除胞外菌的主要细胞。侵入体内的胞外菌，若毒力低、数量少，很快会被中性粒细胞和单核/巨噬细胞吞噬、杀死，尤其中性粒细胞对控制这些胞外菌生长更为重要。吞噬细胞在吞噬和杀灭病原体的过程中，其活化后分泌的细胞因子在抵抗胞外菌感染过程中也起到一定作用。例如：LPS 能刺激巨噬细胞、血管内皮细胞等产生 TNF $-\alpha$、IL -1、IL -6 及趋化因子，定向趋化和活化炎性细胞，诱发局部急性炎症。这种防御机制可以清除病菌，但同时常常导致感染邻近正常组织的病理性损伤。另外，细胞因子也可引起发热和刺激急性期蛋白的合成。巨噬细胞分泌的 IL -12，更能诱导 Th1 极化以及 CTL 和 NK 细胞的活化，从而在固有免疫和适应性免疫应答间架起重要联系。

3. B1 细胞　由 B1 细胞自发产生的天然抗体，可直接识别类似分子模式的胞外菌细胞壁组分。而胞外菌的糖脂、荚膜多糖等 TI $-$ Ag 也可诱导 B1 细胞形成广谱抗菌抗体。

（二）适应性免疫

特异性抗体的中和作用是针对胞外菌的主要适应性免疫效应机制。

1. 抗体　胞外菌的特异抗体作用表现为：①抗体对细菌外毒素的直接中和作用：外毒素被其刺激产生的相应抗体（抗毒素）结合后形成抗原抗体复合物，这种无毒复合物最终为吞噬细胞吞噬清除；②分泌型 IgA（sIgA）阻挡病原菌定植：sIgA 抗体存在于各种分泌液，可防止相应病原菌定植；③通过调理作用促进吞噬细胞对细菌的吞噬：IgG 通过 FcγR 与中性粒细胞、单核细胞、巨噬细胞这些吞噬细胞结合，促其对细菌的吞噬，IgM 和 IgG 与细菌形成的免疫复合物均可活化补体，并与补体活化过程中形成的补体片段 C3b 和 iC3b 结合，通过 C3b 和 iC3b 与吞噬细胞上的 CR1 和 CR3 的结合作用，进一步促进吞噬，故可见 C3 缺陷的患者对化脓性感染高度易感；④IgM 和 IgG 可激活补体经典途径形成 MAC 直接杀伤细菌，奈瑟菌对之最敏感。

2. CD4$^+$T 细胞　Th2 细胞是促进 B 细胞活化和抗体分泌的主要辅助 T 细胞，在特异性抗体的形成中起重要作用。同时，Th2 细胞分泌的细胞因子还可促进巨噬细胞的吞噬和杀伤，吸引和活化中性粒细胞，引起局部炎症反应。

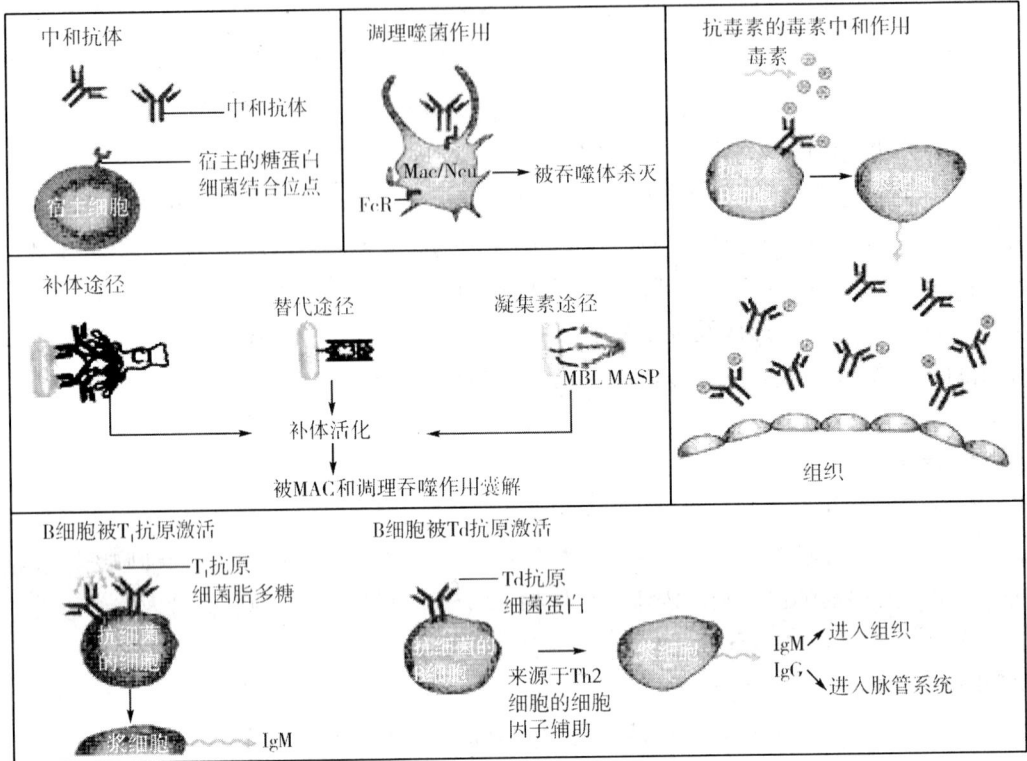

图 11-3　针对胞外菌的免疫效应机制

二、胞外菌的逃逸策略与机制

胞外菌的免疫逃逸策略集中于杀灭逃逸，表现为下列作用。

1. 抑制补体作用　肺炎链球菌荚膜中的唾液酸可抑制补体旁路途径激活；A 族链球菌 M 蛋白能结合 H 因子，抑制补体旁路途径激活；明尼苏达沙门菌分泌 porin 蛋白可竞争结合 C1q，阻断补体经典途径激活；铜绿假单胞菌分泌的弹性蛋白酶能灭活 C3a、C5a 等，使之丧失趋化与炎症介质作用；鼠疫耶尔森菌产生的胞浆素原活化因子能降解 C3b 与 C5a，阻止调理与趋化作用。

2. 抗吞噬作用　白喉杆菌外毒素能麻痹吞噬细胞，阻止其趋化移动；肺炎链球菌荚膜、链球菌 M 蛋白、伤寒杆菌 Vi 抗原等均能抵抗吞噬细胞摄入；金黄色葡萄球菌分泌的凝固酶，可使宿主血浆中的纤维蛋白原转变为纤维蛋白，包绕菌体，抵抗吞噬；福氏志贺菌可诱导吞噬细胞凋亡；致病性葡萄球菌产生的杀白细胞素可损伤吞噬细胞。

3. 灭活抗体作用　淋病奈瑟菌、脑膜炎奈瑟菌、流感嗜血杆菌、溶脲脲原体等能产生 IgA 蛋白酶，在铰链区切断 sIgA。虽然 sIgA Fab 段仍可以结合细菌，但其失去了 Fc 段，也就失去了与补体和吞噬细胞的结合能力；而 sIgA Fab 段与细菌表位的结合，又遮蔽了可激活补体旁路途径和 MBL 途径的分子结构，并阻止特异性 IgG 对表位的识别，从而阻碍对细菌的清除。金黄色葡萄球菌产生的 A 蛋白（SPA）能与吞噬细胞竞争结合 IgG Fc 段，使其不能发挥调理作用。

4. 抗原变异 介导黏附的淋球菌菌毛可发生高频变异，产生多达 10^6 个不同的菌毛抗原，菌毛抗原的频繁转换不仅逃避特异性抗体的抑制黏附效应，还使具有高毒力（即高黏附力）的菌株成为优势菌株，难以清除。回归热螺旋体在感染过程中，其外膜蛋白抗原的不断变异导致临床典型的回归热型，如不加干预，此种回归热将反复发作，直至体内拥有所有突变型的特异性抗体为止。

第四节 胞内菌感染与免疫

胞内菌是与胞外菌具有相同结构的原核型病原生物。胞内菌的侵袭方式可分为两类，一是类似胞外菌突破皮肤黏膜屏障的方式，一是借助媒介生物直接进入血液的方式。其定居细胞多为上皮（内皮）细胞、肝细胞与巨噬细胞。胞内菌的入胞多以网格蛋白（clathrin）胞吞方式介导，入胞后一些胞内菌长期滞留于网格蛋白包裹小泡内，另一些则可以离开小泡进入胞质溶胶。除侵袭外，胞内菌的毒性通常不高，这与其依赖宿主细胞进行增殖的生物学特性密切关联。但胞内菌所引起的免疫损伤是胞内菌致病的重要途径。（表 11 - 3）

表 11 - 3 胞内菌引起的疾病

胞内菌	疾病
结核分枝杆菌	结核病
麻风分枝杆菌	麻风病
单核增生李斯特菌	李斯特菌病
肺炎支原体	非典型肺炎
伤寒沙门菌	肠热症
鼠伤寒沙门菌	食物中毒
福氏志贺菌	痢疾
嗜肺军团菌	军团菌病
马耳他布鲁斯菌	布鲁斯菌病
沙眼衣原体	沙眼、淋巴肉芽肿

一、抗胞内菌的免疫效应机制

抗胞内菌的免疫效应机制也可分为固有免疫与适应性免疫，细胞免疫在其中居于核心位置。（图 11 - 4）

（一）固有免疫

属于细胞免疫范畴的固有免疫应答机制以吞噬细胞和固有淋巴细胞为主。

1. 吞噬细胞 中性粒细胞产生的防御素是控制胞内菌早期感染的主要因素，吞噬细胞内呼吸爆发过程的激活则是杀灭胞内菌的重要机制。此外吞噬溶酶体的特定表面蛋白和内质网、高尔基体上的酶类也参与了杀灭过程。

2. NK、γδT 细胞　NK 与 γδT 细胞都可因细胞杀伤受体介导的细胞毒作用直接杀灭受胞内菌感染的靶细胞。同时两者活化后分泌的 IFN – γ 对激活吞噬细胞的呼吸爆发过程也极为重要。实验显示 T 和 B 细胞均缺失的 SCID 小鼠，也能控制单核细胞增生性李斯特菌的感染，提示 NK 细胞在抗胞内菌免疫中的重要意义。

（二）适应性免疫

T 细胞无疑是抗胞内菌适应性免疫的主要因素，但抗体的存在依然有它的价值。

1. CD4$^+$T 细胞　Th1 细胞对胞内菌感染的免疫效应作用既表现为对 Tc 细胞毒作用的促进与维持，也表现为对巨噬细胞的"超活化"作用（即激发巨噬细胞内的 ROI、RNI 的杀灭作用）。前者由 IL – 2 介导，后者由 IFN – γ 介导。

2. CD8$^+$T 细胞　经抗原激活的 Tc 是清除胞内菌感染靶细胞的主要免疫效应因素。

3. 抗体　胞内菌的中和性抗体在阻断胞内菌与宿主细胞结合上的作用是不容小觑的，这是终止体内病原菌再传播的一种主要免疫效应途径。

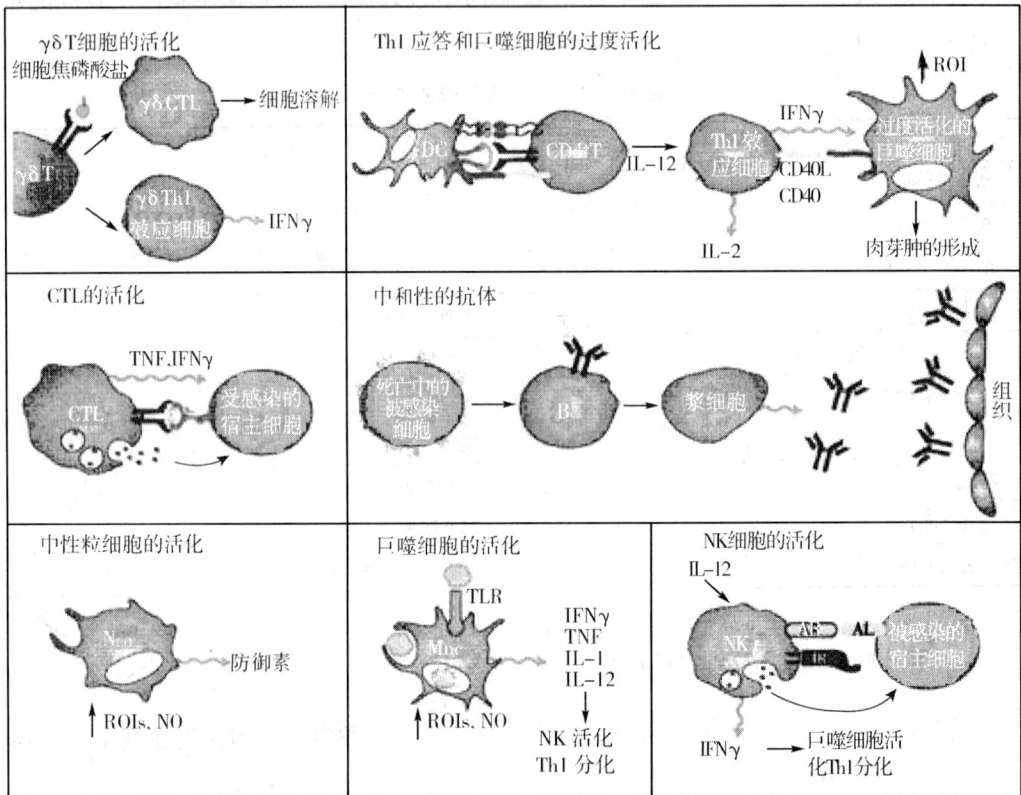

图 11 – 4　针对胞内菌的免疫效应机制

二、胞内菌的逃逸策略与机制

胞内菌采取的免疫逃逸策略通常以逃逸杀灭为主。

1. 抗杀灭作用　许多胞内菌为避免吞噬溶酶体的杀灭作用都进化形成了相应的逃逸机制：普氏立克次体通过产生磷脂酶A破坏吞噬体膜而进入胞质进行分裂繁殖；李斯特菌能产生特殊的溶素（listeriolysin）分解吞噬体膜，进入胞质，以免被溶酶体中各种杀菌物质破坏；嗜肺军团菌通过与CR1/CR3结合进入吞噬细胞，可不引起呼吸暴发，避免ROI的杀伤；沙门菌能产生超氧化物歧化酶（SOD）等，降解O_2^-，避免杀伤；嗜肺军团菌、伤寒沙门菌能阻止溶酶体与吞噬体融合，致使溶酶体中杀菌物质不能进入吞噬体而避免杀伤；结核分枝杆菌则既能通过抑制吞噬体酸化，阻止吞噬体与溶酶体融合，也能产生SOD降解O_2^-，从而避免杀伤；此外，许多胞内菌还以侵入非吞噬细胞的方式躲避吞噬杀灭。

2. 抗识别作用　对于T细胞需要经APC提呈方可完成抗原识别的免疫机制，胞内菌在此环节上亦形成了相应逃逸机制。李斯特菌被巨噬细胞吞噬后，可抑制巨噬细胞加工抗原，阻止$CD4^+T$细胞的识别；结核分枝杆菌可通过不断的抗原突变，使细胞免疫持续低下甚至发生耐受，导致慢性感染。而在针对中和抗体的阻断作用上，胞内菌采取了宿主细胞间直接转移的策略。如李斯特菌可诱导宿主细胞形成伪足样结构的囊泡，使邻近细胞摄入这个含有细菌的伪足样囊泡，再经磷脂酶作用分解囊泡，完成细胞间的胞内菌转移，躲过了胞外转移时可能发生的抗体中和作用。

第五节　真菌感染与免疫

真菌多为自养型真核生物，可在土壤等自然条件下完成生命循环。致病性真菌通常是在特定条件下（免疫屏障受损、免疫缺陷状态等）才引起人类感染。真菌感染的致病作用与其侵袭力（真菌黏附素、真菌侵袭性酶类）有关，也和其引起的免疫损伤相关联。（表11-4）

表11-4　真菌引起的疾病

真菌	疾病
曲霉菌	呼吸道感染
皮炎芽生菌	芽生菌病
假丝酵母菌	阴道炎、膀胱炎
新型隐球菌	肺炎、脑膜炎
荚膜组织胞浆菌	组织胞浆菌病
卡氏肺孢菌	肺炎
表皮癣菌	皮肤感染

一、抗真菌的免疫效应机制

抗真菌的免疫效应机制主要依赖固有免疫。固有免疫在防止真菌侵袭上至关重要，而适应性免疫仅产生免疫调节作用。（图11-5）

1. 免疫屏障　正常的皮肤、黏膜屏障结构完全足以抵御真菌侵袭。如皮肤分泌的脂肪酸具有较强的杀真菌作用。

2. 吞噬细胞 中性粒细胞与巨噬细胞都具有强大的吞杀真菌能力。活化的吞噬细胞分泌的 IL－1、IL－12、TNF－α 对真菌有直接毒性作用。

3. 固有淋巴细胞 NK 细胞、γδT 细胞均可分泌杀灭真菌的细胞因子（与其细胞毒作用无关）。

4. CD4$^+$T 细胞 Th1 细胞分泌的 IFN－γ 对吞噬细胞的活化具有重要意义。实验提示，IFNγ 对大鼠肺泡巨噬细胞的活化能诱导对新型隐球菌和芽孢组织胞浆菌的有效摄取和杀伤。

此外，尽管抗体与补体均不能直接发挥抗真菌作用，但可通过调理作用产生间接效应。

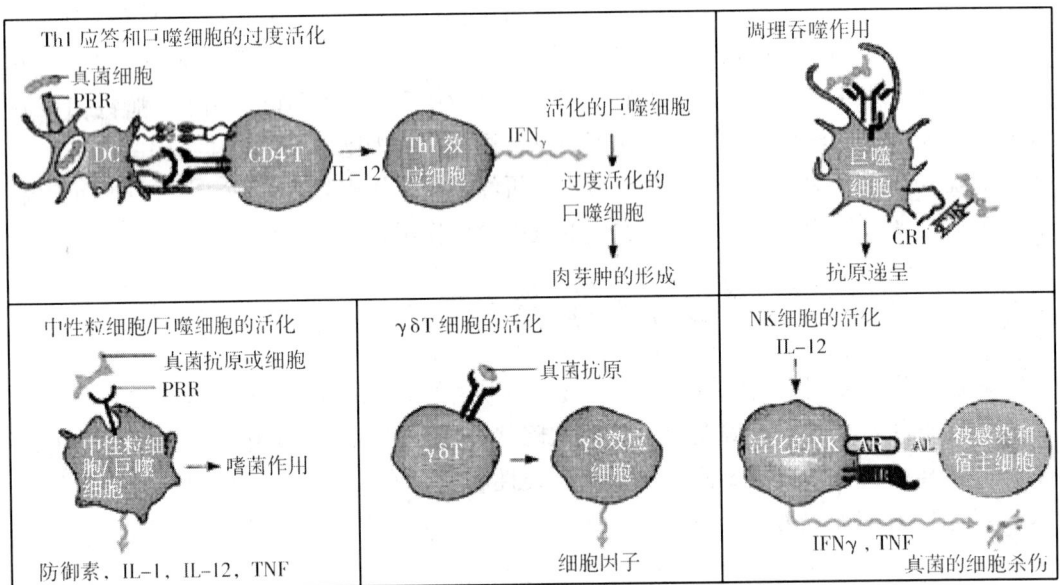

图 11－5　针对真菌的免疫效应机制

二、真菌的逃逸策略与机制

真菌采取的免疫逃逸策略因其类型及侵袭阶段而异。（表 11－5）

表 11－5　真菌的免疫逃逸策略

针对的免疫效应	真菌逃逸机制
抗体	分泌阻断 B 细胞增殖、分化的抑制因子
补体	阻止补体接触细胞膜
吞噬作用	细胞壁抗吞噬
抗原提呈	分泌抑制共刺激分子表达的抑制因子
T 细胞	诱导免疫偏离、激活 Treg

第六节 原虫感染与免疫

原虫为单细胞原生动物，大小悬殊，直径 2~200 μm 不等。于不同生长阶段呈现不同形态。有些为细胞外复制，有些为细胞内复制。其致病作用除小部分来自分泌物或代谢物的化学性损伤，更主要的源自感染后的免疫损伤。（表 11 −6）

表 11 −6 原虫引起的疾病

原虫	疾病
溶组织内阿米巴	阿米巴痢疾
杜氏利什曼原虫	黑热病
疟原虫	疟疾
刚地弓形虫	弓形虫病
布鲁斯锥虫	非洲昏睡病
克鲁斯锥虫	美洲锥虫病

一、抗原虫的免疫效应机制

针对原虫感染的免疫机制因原虫感染的部位而异，胞外感染原虫的有效应对仰仗体液免疫，而胞内感染原虫则依靠细胞免疫。

1. $CD4^+T$ 细胞 Th1 细胞无论对胞外感染原虫，还是对胞内感染原虫的清除都十分重要。对于前者，Th1 细胞激活了巨噬细胞的吞噬杀灭作用，对于后者，则促进了 Tc 的细胞毒作用。

2. $CD8^+T$ 细胞 主要承担对胞内感染原虫的清除任务。

3. γδT 细胞 是针对原虫感染的主要效应物质 IFN −γ 的来源细胞之一。

4. 巨噬细胞 主要承担对胞外感染原虫的清除任务。但需在 IFN −γ 的激活作用下，才能启动呼吸爆发过程，产生足够的杀灭能力。

5. 抗体 可针对胞外感染原虫，介导补体激活与调理作用。

6. 补体 由于原虫逃逸机制的作用，其细胞裂解作用成效甚微，主要经调理作用产生效应。

7. IFN −γ 在抗原虫感染的免疫效应机制中极为突出，其生物效应表现为：①对原虫的直接毒性作用；②激活 DC 与巨噬细胞产生 IL −12，再诱导 NK、NKT 产生更多的 IFN −γ；③诱导巨噬细胞呼吸爆发，形成 ROI、RNI 介导的有效杀灭；④上调促进吞噬体成熟的酶的表达。

二、原虫的逃逸策略与机制

原虫采取的免疫逃逸策略与病毒相似，也是极为丰富多彩的。其具有如下表现。

1. 抗原调变 布氏锥虫和东非锥虫可发生程序性抗原突变，其编码主要表面抗原的可变表面糖蛋白（VSG）基因数量多达上百种，其基因的转换不受免疫压力影响，其自发的抗原转换可逃避抗体的识别与攻击。

2. 逃逸吞噬 刚地弓形虫可阻止巨噬细胞吞噬体与溶酶体的融合；克氏锥虫可在吞噬体与溶酶体融合前，裂解吞噬体逸入胞质；硕大利什曼原虫可抑制溶酶体内的呼吸爆发。

3. 阻止补体效应 非洲锥虫可以产生一层厚衣壳抵抗 MAC 的作用；硕大利什曼原虫无鞭毛体也可通过表达一种修饰型的表面磷酸酯多糖（lipophosphoglycan，LPG）抑制 MAC 插入细胞膜。

4. 免疫抑制 恶性疟原虫可诱导 T 细胞分泌 IL-10，以降低 MHC II 类分子的表达，并可经红细胞介导阻止巨噬细胞活化与 DC 成熟；硕大利什曼原虫可形成封阻 CR3、FcγR 的蛋白，以阻止巨噬细胞产生 IL-12（IL-12 是 Th1 分化的关键）。

第七节　蠕虫感染与免疫

蠕虫为多细胞无脊椎动物，借助肌肉的伸缩而蠕动，蠕虫在宿主体内生长成熟，在生长周期中常有穿越组织器官的移行活动。由蠕虫引起的疾病称为蠕虫病。其致病作用大部分源自其机械性与化学性的组织损伤，另一部分与感染后的免疫损伤有关。（表 11-7）

表 11-7　蠕虫引起的疾病

蠕虫	疾病
似蚓蛔线虫	蛔虫病
斑氏吴策线虫	丝虫病
旋毛形线虫	旋毛虫病
日本裂体吸虫	血吸虫病
细粒棘球绦虫	包虫病

一、抗蠕虫的免疫效应机制

蠕虫感染的免疫机制多依赖适应性免疫，固有免疫在形体较大的无脊椎动物面前束手无策。适应性免疫应对蠕虫感染以 Th2 细胞与 ADCC 作用为主。（图 11-6）

1. Th2 细胞 蠕虫感染中的 Th2 细胞主要可产生 B 细胞转类所需的各种细胞因子（IL-4、IL-5、IL-13），并诱导抗蠕虫 IgE 的产生。同时对 Th1 细胞产生抑制。

2. 抗体 抗蠕虫 IgE 可与嗜酸性粒细胞表面 FcεR I 结合，经 ADCC 作用攻击虫体。抗蠕虫 IgA 则可阻断寄生虫对黏膜的吸附。

3. 补体 尽管补体并不能对蠕虫产生直接的细胞裂解作用，但经 C3b 受体介导的嗜酸性粒细胞脱颗粒机制已明确是一种有效的抗蠕虫免疫效应现象，且大多数寄生性蠕虫均可经替代途径激活补体。

4. 嗜酸性粒细胞　经 ADCC 作用激活的嗜酸性粒细胞可经脱颗粒释放毒性蛋白与多肽杀伤蠕虫（这种特殊形式的 ADCC 对成虫作用不显著，主要作用于宿主体内发育中的幼虫，如血吸虫童虫、丝虫微丝蚴、旋毛虫早期幼虫等）。而局部由嗜酸性粒细胞浸润形成的肉芽肿有利于限制蠕虫幼虫的移行与发育。

5. 肥大细胞　由 IgE 激活的肥大细胞脱颗粒，所释放的介质可引起宿主平滑肌收缩，导致蠕虫与吸附的黏膜松脱而被驱离。

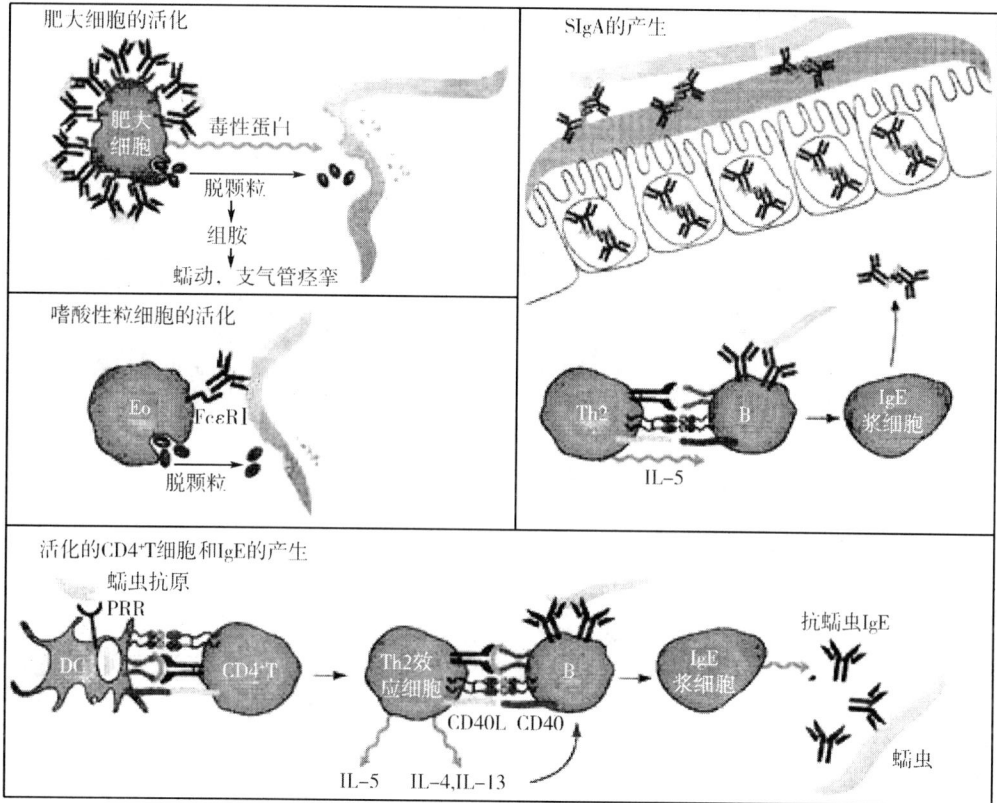

图 11-6　针对蠕虫的免疫效应机制

二、蠕虫的逃逸策略与机制

蠕虫采取的免疫逃逸策略与机制如下表所述。（表 11-8）

表 11-8　蠕虫的免疫逃逸策略

针对的免疫效应	蠕虫逃逸机制
抗原识别	黏附宿主蛋白
补体	表达补体调节蛋白
T 细胞	分泌诱导耐受的抗原物质与抑制因子

拓展与思考

　　此章内容集中阐述了人类与病原体共同进化的过程。由此你受到哪些启发？你认为人类是否有可能摆脱病原体的纠缠？无论你给出何种结论，都请说说理由。你觉得在"道高一尺，魔高一丈"的生存竞争中，我们的免疫系统起到何种作用？分析本章提供的材料，你认为已经了解的这些病原体的逃逸策略与临床感染性疾病的发生率、危险程度、病死率之间有什么联系？你觉得免疫系统在进化中是否存在缺陷？具体有哪些？

（杨贵珍　王　易）

第十二章　肿瘤免疫

作为免疫学的一个分支，肿瘤免疫学（tumor immunology）描述的是在肿瘤发生、发展过程中免疫系统所起的作用。通过研究，人们正从中寻找针对肿瘤临床诊断、治疗和预防的策略与方法。

第一节　肿瘤免疫概述

自 20 世纪初以来，肿瘤的免疫可识别性一直是肿瘤学与免疫学共同关注的问题。随着这个问题的深入研究，人们发现肿瘤与免疫之间有着紧密的联系。至免疫监视理论（immunologic surveillance hypothesis）提出后，肿瘤的发生、发展受机体免疫系统制约的观点便成为公论。至本世纪初，免疫应答活动作为肿瘤形成的一个重要因素日益受到关注，因此，也使得肿瘤的免疫识别与肿瘤发生与发展中的免疫作用成为本章论述的核心问题。

一、肿瘤的免疫识别

20 世纪初，在观察到移植肿瘤常常发生自发性消退的现象后，许多免疫学家进行了广泛的实验研究。他们发现，以同样的肿瘤再次刺激动物可以增强动物对肿瘤的抵抗能力。

1943 年，Gross 首次证明由化学致癌剂甲基胆蒽（methylcholanthrene，MCA）诱导的肉瘤可使小鼠免疫，但这个发现依然不能明确肿瘤抗原与组织相容性抗原的区别。（图 12 - 1）

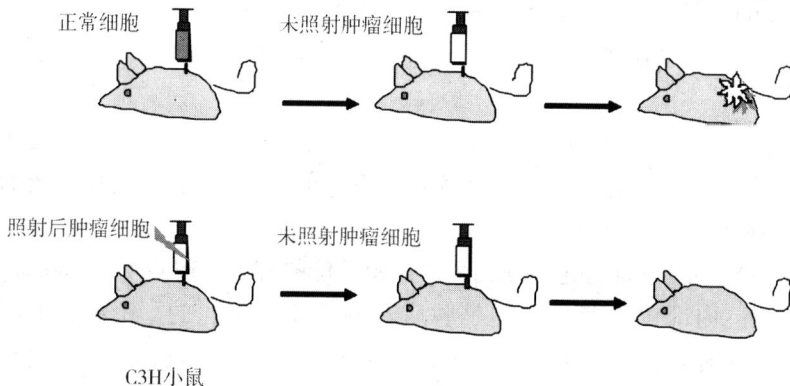

图 12 - 1　Gross 的实验

1957 年，Prehn 和 Main 的实验成功地证实了 MCA 诱导的肉瘤所表达的排斥抗原是肿瘤特异性的，因为在小鼠的正常组织中找不到这些抗原。他们还证明了肿瘤细胞不能使宿主对肿瘤供体动物的正常皮肤移植物产生免疫，而供体动物的正常组织也不能使宿主对肿瘤产生免疫。由于 Prehn 与 Main 实验中使用的是真正的纯系动物，所以，他们的实验结果排除了由肿瘤组织中同种异型组织相容性抗原引起肿瘤排斥的可能性，此外，还证明了肿瘤宿主能够对非移植的、自身体内生长的肿瘤产生免疫。（图 12－2）

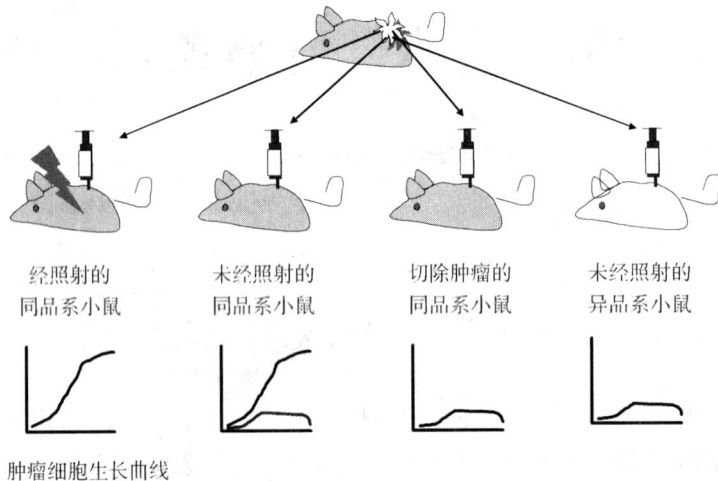

经照射的　　　未经照射的　　　切除肿瘤的　　　未经照射的
同品系小鼠　　同品系小鼠　　　同品系小鼠　　　异品系小鼠

肿瘤细胞生长曲线

图 12－2　Prehn & Main 的实验

但是这种通过动物实验所发现的肿瘤抗原——肿瘤特异性抗原，长期以来并未在临床实践中得以证实，这大大延迟了肿瘤免疫学发展的进程。直到 1991 年，Thiery Boon 实验室以"肽洗脱法"从肿瘤患者的 MHC 分子的肽结合区沟槽内洗出了肿瘤细胞特有的肽段，才使肿瘤特异性抗原的存在成为一种科学的事实。在理论与实践意义上最终解释了肿瘤抗原识别问题。

二、肿瘤发生、发展中的免疫学作用

肿瘤抗原的确立，使免疫系统识别肿瘤的推断成为现实，也使肿瘤继病原体之后，成为免疫系统攻击与清除的对象，只不过病原体是真正的异物，肿瘤是异己化的"异物"。

早在 1909 年，德国免疫学家 Ehrlich 写道："我深信在胎儿期和新生儿期，畸变的萌芽看来是非常常见的，这些萌芽是极其复杂的。幸运的是，由于免疫系统的作用，多数人对这些萌芽保持不活动的状态。我们不难想象，如果不存在这种自我保护，肿瘤将会以惊人的频率发生。"这一论点成为免疫监视理论的雏形。1959 年，Thomas 提出适应性免疫是随抵抗内部侵犯者（特别是肿瘤）的需要而进化的。不久，Burnet 丰富了 Thomas 的理论，提出了"免疫监视"（immunosurveillance）一词，用于描述宿主具有阻止肿瘤发生的免疫力，由此肿瘤发生的免疫监视学说被正式确立。

许多实验研究和临床观察支持了免疫监视学说，如对新生动物切除胸腺或采取其他免疫抑制措施，可提高动物对病毒诱导肿瘤的易感性；免疫缺陷症患者高发淋巴瘤和白血病；接受免疫抑制治疗的器官移植受者，其肿瘤（主要为淋巴增生性疾病）发生率增高；AIDS 病患者易伴发 Kaposi 肉瘤或淋巴瘤等。依据免疫监视学说，人们开始设想临床肿瘤的发生源自机体免疫系统对肿瘤抗原的耐受和肿瘤生物学行为中的免疫逃逸。并以此为理论指导，建立了临床肿瘤免疫治疗，其中最值一提的是肿瘤浸润淋巴细胞（tumor - infiltrating lymphocyte，TIL）与淋巴因子激活的杀伤细胞（Lymphokine activated killer cell，LAK）的发现与临床应用。

对于肿瘤免疫逃逸现象的研究引发了人们对免疫与肿瘤发生、发展间联系的深入探讨，致使感染与炎症中所形成的多种免疫因素作为促进肿瘤发生与发展的重要因子的事实被揭示，并形成近期肿瘤免疫学研究的新热点。这使肿瘤的免疫发生学说继肿瘤抗原研究、肿瘤免疫监视学说、肿瘤免疫逃逸假说之后，成为肿瘤免疫学的又一重要构成。

第二节　肿瘤抗原

肿瘤被定义为细胞在致癌因素作用下，失去正常调控所导致的克隆性异常增生。在这一改变中，肿瘤细胞新表达或过度表达的抗原物质都被划入肿瘤抗原（tumor antigen）。

一、肿瘤抗原的来源

出现于肿瘤细胞表面或由肿瘤细胞分泌的抗原物质通常有如下来源：

1. 原癌基因或突变基因产物　由原癌基因或抑癌基因突变而诱发的突变产物可表达于细胞核或细胞膜上，成为肿瘤标志抗原，例如乳腺癌高表达的 Her - 2/neu 蛋白、约 10% 肿瘤患者表达的 Ras 突变蛋白、慢性髓系白血病 Bcr/Abl 融合蛋白以及抑癌基因如 p53 的突变蛋白等。

2. 病毒编码产物　某些致癌病毒的编码产物在临床上也被视作早期肿瘤抗原，如与淋巴瘤伴随的 EBV、与肝癌伴随的 HBV 和 HCV、与 T 淋巴细胞性白血病伴随的 HTLV - 1 以及与宫颈癌伴随的 HPV 等。

3. 沉默基因产物　在肿瘤细胞转化过程中，许多原在正常分化细胞中关闭的沉默基因可再行激活表达，形成所谓的胚胎抗原（fetal antigen），这往往成为细胞恶变的重要指标，也被列入肿瘤抗原。如甲胎蛋白（alpha - fetoprotein，AFP）和癌胚抗原（carcinoembryonic antigen，CEA）等。

4. 结构改变的碳水化合物　肿瘤细胞的无序代谢，可导致其蛋白糖基化的失常，在某些肿瘤细胞上可以表现为血型抗原 A 的缺失，在消化道肿瘤中多见为 Lewis 血型抗原的改变（因糖基转移酶的改变所致），而在胰腺癌与乳腺癌中则是黏蛋白的 O - 连接糖链的改变。这些变异抗原也被视为肿瘤抗原。

5. 肿瘤转移相关蛋白　某些细胞表面的黏附分子的表达常可指示肿瘤的转移，如结肠癌细胞上 CD15 的表达往往成为转移的信号，而 CD44 的某些变异型也可成为肿瘤转移的信号。故这些黏附分子可被视作肿瘤转移相关抗原。

二、肿瘤抗原的分类

肿瘤抗原可以从发生学和免疫学的角度各自加以分类。

（一）肿瘤抗原的发生学类型

1. 理化因素诱导的肿瘤抗原　化学致癌剂或物理因素诱发的肿瘤抗原的特点是特异性高而抗原性弱，常表现出明显的个体特异性。即用同一致癌诱因诱发的肿瘤，在不同的宿主体内，甚至在同一宿主不同部位都可具有互不相同的抗原性。由于化学和物理因素是随机诱导正常基因的点突变，所以每个肿瘤的抗原间很少出现交叉反应，这种特点为该类肿瘤的免疫学诊断和治疗带来了极大的困难。由理化因素诱导的这类肿瘤抗原一般都属于肿瘤特异性抗原，这样的肿瘤抗原只能被 T 细胞识别而激发细胞介导的免疫应答，但不易形成抗体。

2. 病毒诱导的肿瘤抗原　对人类肿瘤的研究及动物实验均证明病毒可诱发肿瘤。诱发肿瘤抗原产生的病毒包括 DNA 病毒和 RNA 病毒。属于 DNA 肿瘤病毒的小 DNA 多瘤病毒（PV）、猿猴 40 病毒（SV40）和腺病毒（Ad）均能在实验动物中诱发多种肿瘤；乳头状病毒（HPV）主要引起人宫颈癌；疱疹病毒在许多种系均可引发肿瘤，其中 EB 病毒与 Burkitt 淋巴瘤和鼻咽癌的发生有关。而动物感染 RNA 致癌病毒可引起白血病和肉瘤，在人类至少已发现一种人白血病病毒（HTLV）与成人 T 细胞淋巴瘤和白血病有关。由病毒诱导的肿瘤抗原的特点是同一种病毒诱发的不同类型肿瘤（无论何种组织来源或动物种类），均可表达相同的抗原且具有较强的抗原性。因此，当同基因小鼠接种了由某种多瘤病毒诱导的肿瘤的死细胞后，就能抵抗任何一种由同一病毒诱导的肿瘤的攻击。同样地，某一病毒诱发的肿瘤宿主的淋巴细胞转移至另一个同基因小鼠体内后，可使后者排斥任何由该病毒诱发的同基因型肿瘤。由于正常宿主细胞一般不表达病毒诱导的肿瘤抗原，从这种意义上来说，病毒诱导的肿瘤抗原也是肿瘤特异的。

通常 DNA 肿瘤病毒的转化基因与正常的细胞基因之间无密切的关系，因此，这些转化基因的产物可诱发强烈的免疫应答。相反，RNA 病毒的转化基因与细胞原癌基因关系密切，在有些情况下，两者是完全相同的。因此，RNA 病毒的转化基因的产物就不能诱发或只能诱发较弱的免疫应答。

3. 突变基因编码的肿瘤抗原　由原癌基因或抑癌基因突变而诱发肿瘤时，其突变产物可表达于细胞核或细胞膜上，成为肿瘤标志抗原。如许多肿瘤细胞表面所表达的具有共同点突变的基因产物，以及染色体易位或内部缺失形成的融合蛋白等。根据突变基因编码产物的抗原变异幅度（有些突变基因编码产物在抗原性上与原癌基因编码产物完全相同，有些则可形成新的抗原表位），这些肿瘤标志抗原可以是肿瘤相关性抗原，也可以是肿瘤特异性抗原。由于基因突变是由非诱导因素诱发的，因此该类肿瘤抗原的抗原特异性相对较固定。其中，ras 原癌基因和 p53 抑癌基因点突变是恶性肿瘤中最常见的基因突变。

4. 分化抗原　恶性肿瘤细胞在形态、代谢和功能方面均类似于未分化的胚胎细胞，此现象又称去分化或逆分化，故在这些肿瘤细胞上可存在大量表达的分化抗原或组织特异性抗原（differentiation antigen 或 tissue specific antigen）。这些抗原系由高度活跃的胚胎基因编码而成，属肿瘤相关性抗原。不同来源或处于不同分化阶段的细胞可表达不同分化抗原，因此，来源于特定组织的肿瘤也可表达该组织的分化抗原。如人胃癌细胞可表达 ABO 血型抗原；某些急性 T 细胞白血病细胞中可检出胸腺白血病抗原（TL 抗原）等。分化抗原属于正常细胞组分，故不能刺激机体产生免疫应答，但可作为免疫治疗的靶分子和肿瘤组织来源的诊断标志。典型例子是各种类型细胞分化抗原可作为白血病的分型标志。

（二）肿瘤抗原的免疫学类型

1. 肿瘤特异性抗原（tumor specific antigen，TSA）　　指在肿瘤形成过程中，由肿瘤细胞表达的新的特有抗原。TSA 最初是通过动物肿瘤移植实验所证实，故曾被称为肿瘤特异性移植抗原（tumor specific transplantation antigen，TSTA）或肿瘤排斥抗原（tumor rejection antigen，TRA）。此类抗原可存在于不同个体同一组织类型的肿瘤中，如人恶性黑色素瘤基因编码的黑色素瘤特异性抗原可存在于不同个体的黑色素瘤细胞中，但正常黑色素细胞不表达。TSA 也可为不同组织学类型的肿瘤所共有，如突变的 ras 原癌基因产物可见于消化道癌、肺癌等，但由于其氨基酸顺序与正常原癌基因 ras 表达产物存在差异，可被机体的免疫系统所识别，激发机体的免疫系统攻击并消灭肿瘤细胞。物理或化学因素诱生的肿瘤抗原、病毒诱导的肿瘤抗原及自发性肿瘤抗原多属此类。

2. 肿瘤相关性抗原（tumor associated antigen，TAA）　　指在肿瘤形成过程中高度表达的抗原，但非肿瘤所特有。这种抗原既存在于肿瘤组织，也存在于正常组织。只是其在肿瘤细胞的表达量远超过正常细胞，但仅表现为量的变化而无严格的肿瘤特异性。由于 TAA 多为正常细胞的一部分，而且其抗原性较弱，故难以刺激机体产生抗肿瘤性免疫应答。目前在临床作为肿瘤标志的抗原多为 TAA，胚胎性抗原以及分化抗原等均属此类抗原。TAA 不但是肿瘤早期诊断的辅助指标及导向治疗的靶点，而且对疗效的评估、复发转移及预后的判断都有一定的指导意义。常见的肿瘤相关性抗原见下表。（表 12 - 1）

表 12 - 1　常见的肿瘤相关性抗原

抗原	性质	相关肿瘤
甲胎蛋白	糖蛋白（70kDa）	原发性肝癌、畸胎瘤
癌胚抗原	糖蛋白（200kDa）	结肠癌、消化道肿瘤
α2H 铁蛋白	含铁球蛋白	肝癌、淋巴瘤、神经母细胞瘤
βS 胎蛋白	糖蛋白（200kDa）	肝癌、胆管癌、白血病、淋巴瘤
异型胎儿蛋白	γ 球蛋白	结肠癌、卵巢癌、肌肉、骨、神经肿瘤
硫糖蛋白	含硫糖蛋白	胃癌
胎盘碱性磷酸酶	同工酶	肿瘤组织
S2 肉瘤抗原	细胞浆抗原	肉瘤、巨细胞瘤、乳腺癌、肺癌

3. 肿瘤特异性共有抗原（tumor specific shared antigen，TSSA）　　指组织起源相

同或接近的肿瘤所表达的共同抗原。此类抗原多系沉默基因编码产物，因此可视作肿瘤特异抗原，可诱导机体产生针对肿瘤的免疫排斥。但该类抗原在不同肿瘤中的表达率是不同的（表12-2）。

表 12-2 肿瘤特异性共有抗原在不同肿瘤中的表达率

阳性肿瘤	MAGE-1	MAG-3	BAGE	GAGE
黑色素瘤	36	64	22	35
头颈部癌	25	48	8	28
肺癌	36	31	7	30
膀胱癌	19	33	14	12
乳腺癌	19	11	10	13
肉瘤	10	19	8	30
前列腺癌	15	15	0	15
结直肠癌	0	16	0	0
肾癌	0	0	0	0
脑癌	0	0	0	0
白血病/淋巴瘤	0	0	0	0

第三节 肿瘤与免疫的相互关系

就目前的研究而言，肿瘤与免疫的相互关系体现于三个层面，即免疫系统对肿瘤的"监视"作用、肿瘤对免疫监视机制形成的逃逸以及免疫活动促成肿瘤的发生。

一、肿瘤的免疫监视

按照免疫监视学说，机体免疫系统始终对肿瘤的发生保持着一种监控的状态。这种监控状态的生物学基础主要由固有免疫与适应性免疫两部分组成。

（一）固有免疫的肿瘤监视作用

1. NK 细胞 是针对肿瘤发生的最重要的免疫监视机制，许多动物实验证实，在去除 NK 细胞的小鼠中，接种肿瘤后的肿瘤发生率和死亡率要大于正常对照组 10 倍。而先天缺乏 NK 细胞的 Beige-Nude 小鼠可在幼年期自发形成肿瘤，这进一步证实了 NK 细胞的肿瘤监视作用。此外，实验证明 NK 细胞在阻止肿瘤转移中也具有重要作用。NK 细胞对肿瘤的杀伤存在两种途径：①自然杀伤：通过肿瘤细胞表面的相应配体激活 KAR 而触发杀伤过程；②ADCC：NK 细胞也可通过 FcγR 与识别肿瘤抗原的抗体结合而触发杀伤过程。

淋巴因子激活的杀伤细胞（Lymphokine activated killer cell, LAK）是临床发现的一群存在于外周血中的非特异性杀伤细胞。普遍认为 LAK 细胞属于 NK 细胞，大多数成熟的 LAK 细胞不具有 T 细胞和 B 细胞标记，但可表达 CD16。LAK 细胞可以溶解多种类型的肿瘤细胞，具有广谱的抗肿瘤作用。

2. NKT 细胞　在理论上 NKT 细胞可以接受 DC 提呈的 TAA/TSA，并由此被激活。动物实验显示缺乏 NKT 细胞的突变小鼠对化学致癌作用具有更高的易感性。

3. γδT 细胞　动物实验显示，缺乏 γδT 细胞的小鼠在致癌剂暴露下具有更高的皮肤癌发生率和更快的肿瘤形成速度。研究者认为，γδT 细胞可对肿瘤细胞产生的热休克蛋白（HSP）这类"危险信号"作出反应，是其参与免疫监视的佐证。

（二）适应性免疫的肿瘤监视作用

1. αβT 细胞　参与抗肿瘤免疫的 αβT 细胞亚群主要以 CD8$^+$T 细胞和 CD4$^+$T 细胞为主，其活化均受 MHC 限制。近期实验表明，专职 APC 捕获外源性肿瘤抗原也可循 MHC I 类分子途径提呈给 CD8$^+$T 细胞。另有资料表明 CD4$^+$Tc 参与了针对肿瘤的免疫监视，只不过其细胞毒机制尚不十分明了。随着肿瘤特异性 CD4$^+$T 细胞在许多肿瘤病人中的发现，人们开始对 CD4$^+$T 细胞所识别的 MHC II 类分子限制性肿瘤抗原进行研究，已经找到了 tyrosinasa、TPI、CDC27、LDLR - FUT、gp100、MAGE - 3、Melan - A/Mate - 1、Eph 受体、NY - ESO - 1 等能被 CD4$^+$T 细胞所识别的 MHC II 类分子限制性肿瘤抗原。此类肿瘤抗原的鉴定，对于全面理解 CD4$^+$T 细胞和 CD8$^+$T 细胞抗肿瘤的机制，以及肿瘤疫苗的开发、肿瘤的治疗有着重要的意义。

肿瘤浸润的淋巴细胞（tumor - infiltrating lymphocyte，TIL）是一群位于肿瘤发生部位的异质性浸润淋巴细胞群体。TIL 细胞绝大多数属 T 细胞，其杀伤效应具有肿瘤抗原特异性及 MHC 限制性。大量的临床研究表明，TIL 细胞可能是肿瘤发生局部最重要的适应性免疫监视机制。

2. 抗体　较为普遍的观点认为抗体不是免疫监视的组成部分。理由是几乎检测不到针对 TSA 的抗体，且没有生理状态下抗体产生抗肿瘤效应的证据。但是，在实验室制备的抗肿瘤抗体依然作为药物用于临床。

二、肿瘤的免疫逃逸

临床肿瘤发生这一事实本身就说明肿瘤细胞能够逃避机体免疫系统的攻击，或是通过某种机制使机体不能产生有效的抗肿瘤免疫应答，即所谓肿瘤免疫逃逸。可表现于抗原提呈环节的逃逸机制、免疫细胞激活环节的逃逸机制和免疫细胞杀伤环节的逃逸机制。

（一）抗原提呈环节的逃逸机制

1. 缺乏抗原表位　除实验条件下以化学致癌剂或物理因素诱发的肿瘤抗原具有相对较突出的特异性肿瘤抗原表位外，多数情况下，体内自然形成的肿瘤一般不能表达突出的新抗原表位。这是由于多数肿瘤在形成上不一定产生变异的结构蛋白，而即使是因基因突变而发生的肿瘤也未必能够形成新抗原表位，例如点突变就很难造成抗原表位的改变。因此，如果不考虑其他可以诱导免疫监视效应的生物学行为的话，就适应性免疫应答而言，肿瘤细胞的确是很少能够诱发特异性免疫应答的，尤其是在肿瘤发生的早期抗原量较少的情况下。

对于表达肿瘤抗原的肿瘤细胞，其表面抗原可以被某些物质覆盖的现象称为抗原覆盖。肿瘤细胞可高水平表达包括唾液酸在内的黏多糖或其他肿瘤激活的凝聚系统，形成抗原覆盖。抗原覆盖现象可使免疫效应细胞缺少可供识别的抗原表位，进而不能激活，例如有些人胶质细胞瘤可合成并分泌一些糖蛋白，这些糖蛋白分布于肿瘤细胞表面，可阻止 Tc 对肿瘤细胞的识别与杀伤。

2. MHC 分子表达异常   许多肿瘤细胞都可出现 MHC I 类分子表达的降低或缺失，这将导致肿瘤抗原提呈的缺失，并可因此逃避免疫系统的攻击。临床观察也提示，HLA I 类抗原表达减少或缺失的肿瘤患者，其转移率较高、预后较差。同时肿瘤细胞表面可异常表达某些非经典的 MHC I 类分子（如 HLA - E、HLA - G 等），被 NK 细胞表面 KIR 识别，从而启动抑制性信号，抑制 NK 细胞的肿瘤杀伤作用。MHC II 类抗原可能是某些组织细胞分化早期的表面标志，其异常表达反映肿瘤细胞处于去分化状态，也可使其逃避 T 细胞识别。恶性细胞中 MHC I 类分子表达改变及其与生物学特性的关系列于下表。（表 12 - 3）

表 12 - 3   MHC 分子表达异常与肿瘤生物学特性的改变

肿瘤类型	MHC I 类改变	肿瘤生物学改变
AKR 白血病株（鼠）	H - 2K 不表达	致瘤性增强
D122 Lewis 肺癌株（鼠）	H - 2K/H - 2D 比例降低	转移性增强
MCA 诱导 T10 肉瘤株（鼠）	H - 2K/H - 2D 比例降低	转移性增强
SV40 诱导恶变细胞（鼠）	H - 2K 不表达	致瘤性增强
HSV - 2 感染引起的恶变细胞（鼠）	I 类分子减少	抗 Tc 溶解
Burkitt 淋巴瘤（人）	I 类分子不表达	抗 Tc 溶解
小细胞肺癌（人）	I 类分子缺乏	致瘤性增强
神经母细胞瘤（人）	I 类分子缺乏	N - myc 表达增高
黏液性结肠癌（人）	I 类分子减少	预后不良
黑色素瘤（人）	I 类分子缺乏	侵犯性增强
尿道细胞瘤 TGrl11 株（人）	I 类分子缺乏	致瘤性增强

3. 抗原处理过程异常   在抗原加工处理过程中，MHC 分子荷肽环节的异常也常常是肿瘤免疫逃逸的一个重要环节。对于 MHC I 类分子表达缺失的原因进行分析时，发现造成缺失的原因可能有二：其一为编码 MHC I 类分子重链基因的第 6 号染色体部分缺失或 MHC I 类分子等位基因转录下调，这一机制已在一系列人类肿瘤如黑色素瘤、Burkitt 淋巴瘤等中得到证实，其中一部分肿瘤可通过 IFN - γ 治疗使 MHC I 类分子表达增加；其二是由于 LMP2、LMP7、TAP1 和 TAP2 等荷肽相关分子的缺失或功能异常，例如人淋巴样 B 细胞株的两个突变株 LCL721、174 和 T2 能转录 HLA - A2、B5 和 β_2 - 微

球蛋白，但只有 20% 左右的 HLA – A2 能在细胞表面表达。现已清楚 A2 和 B5 表达的缺陷是 TAP 的一个等位基因缺失造成的，由于这一等位基因的缺失，细胞质中的内源性蛋白肽不能有效地进入内质网，使 A2 和 B5 重链与 β_2 – 微球蛋白的结合不稳定，影响了它们在细胞表面的表达。

（二）免疫细胞激活环节的逃逸机制

1. 缺乏共刺激信号 共刺激信号的缺乏也是肿瘤逃逸的原因之一。T 细胞表面的多种黏附分子如 CD28、LFA – 1、LFA – 2 等分别可与肿瘤靶细胞表面相对应的配体 B7、ICAM – 1、LFA – 3 等结合，可提供 T 细胞活化的共刺激信号。研究较多的是共刺激分子 B7，它主要表达在激活的 B 细胞表面，在树突状细胞、激活的巨噬细胞中也有 B7 分子表达，而在肿瘤细胞的表面表达缺如。研究还表明，淋巴瘤表面 ICAM – 1 及 LFA – 3 均为低表达。肿瘤细胞可以通过其表面的 MHC 分子将肿瘤抗原直接提呈给 T 细胞，但由于缺乏共刺激信号不能激活 T 细胞，相反却诱导产生了 T 细胞耐受。

2. 分泌抑制性因子 肿瘤细胞自身可产生、释放一系列抑制性因子直接参与宿主的免疫抑制，这些抑制性细胞因子包括 IL – 10、TGF – β 和 PGE$_2$。这些抑制物积累聚集于肿瘤局部，形成一个较强的免疫抑制区，使进入其中的免疫细胞失活。近期研究还发现，IL – 10、TGF – β 和 PGE$_2$ 等还可抑制 DC 前体细胞向成熟 DC 转化，并抑制其表达 MHC II 类分子和 B7 分子，导致 DC 诱导 Tc 对肿瘤抗原产生耐受。

3. 诱导封闭因子 血清中存在的封闭因子（blocking factor）可封闭肿瘤细胞表面的抗原表位或效应细胞的抗原识别受体（TCR、BCR），从而使肿瘤细胞逃脱效应细胞的识别，免遭致敏淋巴细胞攻击。已知的封闭因子包括：①封闭抗体（blocking antibody）：可附于肿瘤细胞表面遮盖肿瘤抗原；②肿瘤抗原 – 抗体复合物：可通过其抗原成分与效应细胞抗原识别受体结合而封闭效应细胞；③可溶性肿瘤抗原：可封闭效应细胞抗原受体。

（三）免疫细胞杀伤环节的逃逸机制

1. 免疫赦免 近年发现许多类型的肿瘤细胞（如肝癌、肺癌、乳腺癌、胃肠道肿瘤等）高表达 FasL。在机体抗瘤免疫应答过程中，活化的肿瘤特异性 T 细胞可表达 Fas，因此肿瘤细胞可通过 FasL/Fas 途径介导肿瘤特异性 T 细胞凋亡。这可以视作是肿瘤细胞的免疫赦免现象。

2. 阻止凋亡 有些肿瘤细胞的发生本身就是由于抑癌基因（如 p53 等）突变所致。这些抑癌基因的编码产物是凋亡信号转导通路中的关键蛋白，当这些蛋白丧失了原有的生物学活性后，一切通过启动凋亡过程的免疫杀伤机制（如 Tc 或 NK 细胞的杀伤）都将宣告无效。也有些肿瘤细胞，其抗凋亡基因产物（如 bcl – 2）可高表达，这同样可阻断由启动凋亡过程所表现的免疫杀伤机制。此外丧失或不表达 Fas 及 Fas 相关信号转导分子等，也可使得肿瘤细胞发生凋亡障碍。（图 12 – 3）

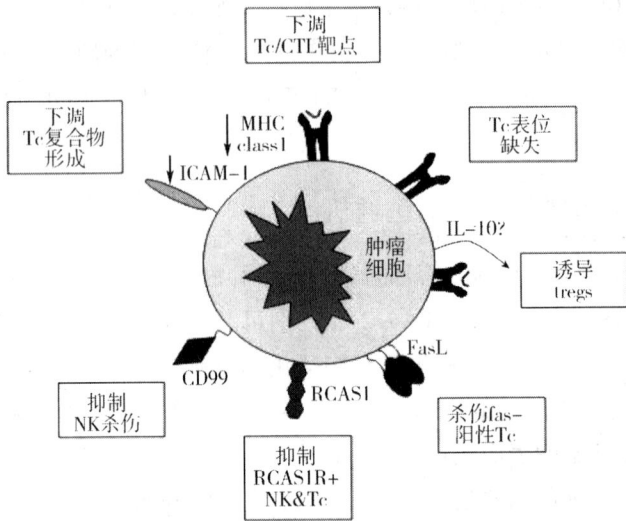

图 12 - 3   肿瘤的主要免疫逃逸方式

三、肿瘤的免疫发生

20 世纪末至本世纪初，大量研究揭示了感染、慢性炎症与肿瘤的发生、发展具有极为密切的联系，而免疫细胞与免疫分子在感染与慢性炎症中发挥着关键作用，因此人们提出了免疫作用导致肿瘤发生这一免疫发生假说。

1. 炎症环境   临床流行病学资料显示，酒精滥用者体内的高浓度乙醇可以刺激肝脏和胰腺形成大量的前炎症因子，如 IL - 1、IL - 6、IL - 8 等，而其肿瘤好发部位恰恰与之吻合；另一个例子是炎症性肠病与结肠癌发生的平行关系。而动物实验给出的一个有力证据是：对肿瘤耐受的小鼠给予 LPS 后，可促使小鼠体内的肿瘤迅速发展。炎症环境对肿瘤发生的促进作用，可能的机制是受前炎症因子激活的炎症细胞形成的 ROI 与 RNI 生成大量自由基，导致细胞 DNA 损伤，并由此引起细胞转化（图 12 -4）。

2. TLR   许多肿瘤细胞表面可以高表达 TLR，这被认为是肿瘤对免疫分子利用的一个范例。表达 TLR 对促进肿瘤发展的作用源自其下游转录因子 NF - κB 的激活，NF - κB 的激活至少在两个方面有利于肿瘤发展，一是 NF - κB 调控的基因产物有一部分属于抗凋亡蛋白，这有助于肿瘤对免疫杀伤的逃逸和永生化的形成；二是 NF - κB 调控的前炎症因子 IL - 1、IL - 6 具有有丝分裂原样作用，可诱导肿瘤细胞大量增殖。这或许就是慢性感染可以导致肿瘤发生发展的真实原因。

3. 原癌基因   肿瘤发生中出现的原癌基因 Ras 和 B - Raf 突变，可使得肿瘤细胞源性的前炎症因子 IL - 8、IL - 6 大量形成。这些前炎症因子具有促进肿瘤新生血管和促进肿瘤抗凋亡、趋化炎症细胞形成的作用，使肿瘤局部形成更高浓度的前炎症因子环境。

以上研究充分地显示了感染与慢性炎症是肿瘤发生、发展的一个重要原因。

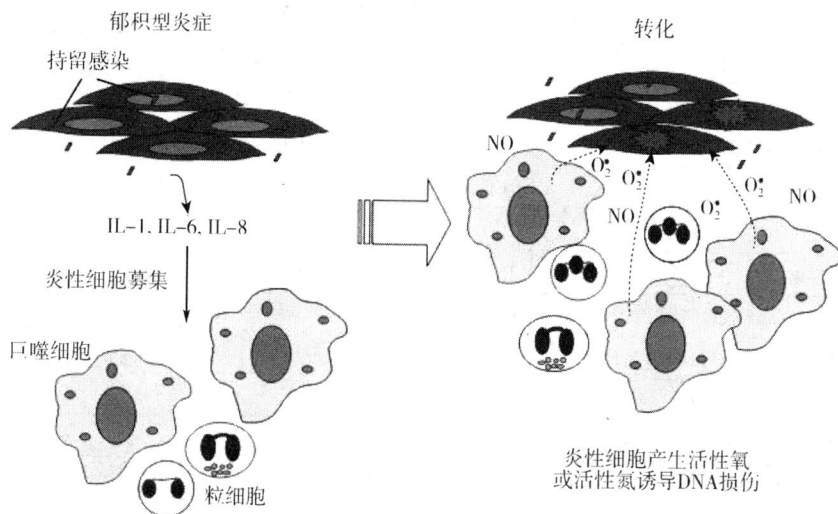

图 12 - 4　肿瘤的免疫发生

第四节　肿瘤的免疫诊断与免疫治疗

肿瘤的免疫诊断与免疫治疗，是肿瘤免疫学向临床的延伸，严格意义上属于临床免疫学范畴，因此本节仅作扼要介绍。

一、肿瘤的免疫诊断

狭义的肿瘤免疫诊断是指用免疫学方法对肿瘤标志物的检测。广义的肿瘤免疫诊断包括肿瘤患者免疫功能状态的测定和宿主对肿瘤抗原免疫应答水平的测定。

（一）肿瘤标志物的免疫学测定

所谓肿瘤标志物，是指在肿瘤发生和增殖过程中，由肿瘤细胞生物合成、释放的物质或宿主对肿瘤的反应性物质。它们的存在或量变可以提示肿瘤的性质，了解肿瘤的组织发生、细胞分化、细胞功能，以此来进行肿瘤的诊断、分类，从而判断预后及指导治疗。

1. 细胞表面肿瘤标志物的检测　肿瘤细胞表面表达的抗原越来越多地被病理学家用于确定病理学诊断和提供有关预后的信息。细胞质内和细胞核内的抗原同样也可用作标志。这些细胞表面与细胞内的标志通常是用特异性单克隆抗体通过免疫组织化学或免疫细胞化学反应测定的，也有用流式细胞仪和生物学方法测定的。这些抗原可用于体外鉴定未分化肿瘤的细胞起源和检测骨髓、脑脊液、淋巴器官和其他地方的可疑转移灶等。下表所列是按肿瘤类型归类的常用细胞表面标志。（表 12 - 4）

表 12 - 4 肿瘤的细胞性标志

肿瘤类型	细胞学标志
低恶性 B 细胞性淋巴瘤	CD5、CD20、CD21、CD22、CD45、T200、LCA、独特型 Ig
高恶性 B 细胞性淋巴瘤	CD20、CD21、CD22、CD45、T200、LCA、独特型 Ig
外周性 T 细胞性淋巴瘤	TCR、CD4、CD3
成年型 T 细胞性淋巴瘤	TCR、CD4、CD25、HTLV - 1
淋巴母细胞性淋巴瘤	TCR、Tdt、CD2、CD7
何杰金病	CD30、CD15
急性淋巴细胞白血病（ALL）普通型	CD10
急性淋巴细胞白血病（ALL）T 细胞型	CD7、CD2、TCR、Tdt
急性淋巴细胞白血病（ALL）B 细胞型	CD20、CD21、CD22、Sig
急性非淋巴细胞白血病（ANLL）	My 抗原、Mo 抗原
慢性淋巴细胞白血病（CLL）T 细胞型	CD2、CD3、CD5、CD4、CD8
慢性淋巴细胞白血病（CLL）B 细胞型	CD20、CD21、CD22、SIg、CD57
慢性粒细胞性白血病（CML）	LAP、B12、BCR/Abl
多发性骨髓瘤	胞浆内 Ig、$\beta 2m$、PCA - 1
肺癌	CEA、CA125、CA19 - 9、HMFG
乳腺癌	ER、PR、ECGR、Cathepsin D
胃肠道癌	CEA、HMFG、黏蛋白
睾丸癌	βHCG、AFP
恶性黑色素瘤	GD2、GD3、S100
肝细胞癌	AFP
肉瘤	Desmin、波状蛋白
星型细胞癌	胶质丝状蛋白
前列腺癌	PSA、PAP、NSE、HMFG
卵巢癌	CA125、CA19 - 9

2. 血清肿瘤相关标志物的检测　肿瘤的血清标志是指肿瘤细胞产生的，分泌到血清或体液中的，并可用生物化学或免疫化学方法定量测定的物质。它们的存在与恶性肿瘤的出现或进展有关。目前已有的血清标志的种类和数量繁多，但只有极少数标志具有足够的灵敏度和特异性，包括 β - HCG、AFP、独特型免疫球蛋白和 CEA 等。下表按肿瘤类型归类列出一些血清肿瘤标志。（表 12 - 5）

表 12 - 5 肿瘤的血清学标志

肿瘤类型	血清学标志
乳腺癌	CEA *、CA15 - 3、CA549、CAM26、M29、CA17.29、MCA
消化道癌	CEA *、CA19 - 9、CA195、CA72 - 4、CA50
前列腺癌	PSA *、PAP *

续表

肿瘤类型	血清学标志
肝细胞癌	AFP＊、CEA＊
卵巢癌	CA125、半乳糖转移酶
睾丸癌	AFP＊、βHCG、LDH＊、胎盘样 AP＊
滋养层细胞癌	βHCG
肺癌（小细胞癌）	NSE、CK－BB
神经母细胞瘤	VMA＊、儿茶酚＊、NSE
甲状腺癌	甲状腺球蛋白＊、降钙素
头、颈部癌	SCC
骨髓瘤	本周蛋白
类癌	5－HT
神经内分泌瘤	相应激素
骨癌	碱性磷酸酶
非特异性标志	脂结合涎酸、组织多肽抗原、铁蛋白、涎酸转移酶
肝脏转移酶	糖酵解酶、碱性磷酸酶、5'核苷酸酶

＊ FDA 批准使用

（二）肿瘤患者的免疫功能状态检测

对肿瘤患者免疫功能状态的评估有助于判断肿瘤发展及预后。肿瘤患者免疫功能状态并不能直接反应机体抗肿瘤免疫效应，但对于动态观察肿瘤的生长转移及患者预后有一定参考价值。一般而言，免疫功能正常者预后较好；晚期肿瘤或已有广泛转移者其免疫功能常明显低下；白血病缓解期发生免疫功能骤然降低者，预示可能复发。常用的免疫功能状态检测指标有 T 细胞及其亚群、巨噬细胞、NK 细胞等的功能及血清中某些细胞因子的水平。

（三）宿主对肿瘤抗原免疫应答水平的测定

宿主对肿瘤抗原免疫应答水平的测定是判断宿主免疫监视能力与肿瘤免疫逃逸作用机制的重要实验室指标，可以对肿瘤患者的免疫治疗提供有价值的临床指导。目前可以实现的测定指标有：①MHC 分子：肿瘤手术标本的细胞表面的 MHC 分子表达水平是衡量肿瘤抗原提呈与识别功能的重要指标；②Fas/FasL 系统：肿瘤手术标本及周围浸润淋巴细胞表达的 Fas/FasL 的数量检测可以提供对肿瘤复发转移和预后的判断，同时也为肿瘤的免疫治疗提供依据；③CD80/CD86：肿瘤手术或活检标本中共刺激分子的检测可以提供肿瘤免疫识别和特异性免疫杀伤细胞激活程度的信息，为预后判断与免疫治疗提供依据；④TGF－β：TGF－β 是迄今发现最强的肿瘤诱导产生的免疫抑制因子，它能拮抗 IL－2、TNF 和 IFN 等细胞因子的免疫调节作用，抑制 NK 和单核细胞的杀伤活性，抑制抗原特异性 Tc 的诱导活化及 T、B 细胞的增殖，有些肿瘤分泌 TGF－β 的量还与肿瘤的进展和预后有关，分泌 TGF - β 多的肿瘤患者预后较差，因此，可以通过对患者 TGF - β 的检测来判断预后。

二、肿瘤的免疫治疗

肿瘤免疫治疗已发展为可与传统手术、化疗、放疗等肿瘤治疗手段相媲美的临床重要治疗方法。目前肿瘤免疫治疗方式主要有抗肿瘤抗体药物、细胞因子、肿瘤疫苗和免疫细胞过继治疗等。

（一）抗肿瘤抗体药物

抗肿瘤抗体药物依托于肿瘤抗原的单抗。就临床应用类型而言分为两类：

1. 非连接单抗药物　即直接针对 TAA /TSA 的单抗制剂。已在临床使用的药物有：针对 B 细胞淋巴瘤的利妥昔单抗（抗 CD20）、针对乳腺癌的曲妥单抗（抗 Her - 2/neu）、针对肺癌、结肠癌的贝伐单抗（抗 VEGF）、针对头颈癌、结肠癌的西妥昔单抗（抗 EGFR）等。

2. 免疫连接物药物　即与毒素、药物、放射性同位素、酶及细胞因子连接的单抗。已经用于临床的单抗 - 药物类连接物有针对急性髓细胞性白血病的 Mylotarg；单抗 - 放射性同位素类连接物药物有针对 B 细胞淋巴瘤的 Zevalin、Bexxr 等；与单抗连接的毒素可以使用假单胞菌外毒素、白喉毒素与蓖麻毒蛋白；单抗 - 酶类连接物主要用于抗体介导的酶前药物治疗（antibody - directed enzyme/pro - drug therpy，ADEPT），如将碱性磷酸酶结合单抗，可将局部无活性的磷酸阿霉素转化为有活性的阿霉素；而与细胞因子结合的单抗称为免疫细胞因子（immunocytokine，ICK），这个结合可延长细胞因子的半衰期，使其与肿瘤细胞有更长的接触时间。

（二）细胞因子

已有多种细胞因子被用于临床抗肿瘤治疗或实验性研究，如 IL - 2、IL - 4、IL - 12、IFN - γ、TNF 等。其使用方法分为传统制剂给药与人工设计给药两类。

1. 传统制剂给药　以纯化的重组细胞因子作为药物制剂，在临床已使用近 30 年，疗效及副作用问题颇多，如 TNF 的使用就面临毒性作用过强、安全性差的问题；而 IL - 2、IFN - γ、IL - 12 均表现出疗效不稳定、个体差异显著的问题，且未能提高肿瘤患者的长期生存率；而 IL - 4 在实验室中体现的直接细胞毒作用，在临床应用中未能得到证实。

2. 人工设计给药　细胞因子传统给药方式出现的问题，都与细胞因子自分泌、旁分泌的作用形式及半衰期短的生物学特点有关，故研究人员正开展新的人工设计给药方式以改善其使用效果。此类设计包括前面提到的 ICK，以及与免疫细胞过继治疗相结合的自体细胞过表达方案，如将患者免疫细胞转入特定的细胞因子基因回输体内等。

（三）肿瘤疫苗

肿瘤疫苗在理论上被认为是一种理想的免疫治疗方法，但目前在已开展的相关研究中，尚无一例在Ⅲ期临床研究中显现疗效。已设计的肿瘤疫苗分为两类。

1. 基于病毒抗原的疫苗 对于由病毒诱导的肿瘤，抗病毒疫苗可以视作广义的肿瘤疫苗。如 HBV 疫苗在降低肝癌发病率上的确产生效果；而 HPV 疫苗也同样可降低宫颈癌的发病率。

2. 基于 TSA /TAA 的疫苗 TSA 的疫苗已进入实验阶段的是 Ras 基因和 TSGp53 基因的编码蛋白，但在人体试验中，未能检测到其对肿瘤细胞形成特异性免疫应答。以 TAA 的疫苗为基础的肿瘤疫苗有 CEA 疫苗和黑色素瘤 TAA 疫苗。在小规模临床试验中，可观察到使用上述疫苗后肿瘤消退。

3. DC 疫苗 采用体外成熟的 DC 直接转入肿瘤抗原，再回输体内，理论上可以提高肿瘤抗原提呈的有效性，但临床未能观察到肿瘤消退。

（四）免疫细胞过继

1. LAK 过继 LAK 细胞为一异质性细胞群，主要来源于外周血淋巴细胞，其表型既可是 $CD3^+$ 细胞，也可是 $CD3^-$ 细胞，往往具有 NK 细胞样标记（CD16 和 CD56），其杀伤肿瘤细胞不需要抗原致敏，亦无 MHC 约束性。临床实验证明，单独应用 LAK 细胞治疗肿瘤效果不佳，而与大剂量 IL－2 联合应用，可有效地维持 LAK 细胞活性，增强机体的免疫功能，对黑色素瘤、肾癌、结肠癌和淋巴瘤等具有一定疗效。

2. TIL 过继 TIL 是从外科手术切除的肿瘤或淋巴结中分离的自身肿瘤特异性淋巴细胞。主要由 T 细胞组成，多数表达 IL－2R、HLA－DR。TIL 比 LAK 细胞有更佳的增殖活性，对肿瘤细胞的杀伤特异性强、效率高。TIL 对肿瘤细胞的杀伤机制除类似 Tc 的细胞毒作用外，尚可通过产生的细胞因子（如 IL－2、IL－4 和 IL－7 等）形成抗肿瘤效应。临床上，TIL 过继治疗通常与 IL－2 联合使用。近年来，经改进的 TIL 过继治疗已经取得了很好的治疗效果。

（五）生物应答调节剂

生物应答调节剂（biological response modifier，BRM）是应用时间最为悠久的非特异性免疫激活疗法。BRM 是一个含义极为广泛的概念，经典的 BRM 包括了多种免疫激活剂，如微生物制剂（卡介苗、短小棒状杆菌等）、中药制剂（黄芪多糖、香菇多糖、刺五加多糖等）、机体致敏淋巴细胞产物（转移因子）以及胸腺细胞分泌物（胸腺素、胸腺肽等）。这些 BRM 都能非特异性地增强免疫应答活动。其作用机理可能涉及免疫应答的多个环节。前面提及的部分细胞因子也可归入生物应答调节剂的范畴。

拓展与思考

通过此章的学习，你对肿瘤与免疫在机体内的博弈有何看法？本章值得思考的问题是：第一，如同免疫应答是一柄"双刃剑"，免疫监视机制是否也可能同样是"双刃"的？请循证论述。第二，有人说肿瘤的发生在本质上是一种细胞的进化行为，你同意吗？第三，肿瘤的免疫逃逸现象涉及了哪些免疫机制？第四，你对目前进行的临床肿瘤免疫治疗及其发展作何评价？也请据理而谈。

（申可佳　卢芳国　王　易）

第十三章　移植免疫

移植是一种非自然的医学现象。目前临床采用最为广泛的同种组织器官移植，打破了个体间的生物学屏障，引发了免疫排斥等许多问题。为了了解组织器官移植过程中免疫排斥现象产生的原因、机制，解决如何控制、预防并消除免疫排斥现象等问题，移植免疫便成为了现代临床免疫学研究的一个重点内容。

第一节　移植免疫概述

历史上最早的组织器官移植记载，可以追溯到公元前 700 年，一位名叫 Sushrutu 的外科医师用一个患者的前额皮肤重塑了这个不幸者折断的鼻子；1503 年的记录记载着第一例同种异体移植——用一个奴隶的皮肤为其主人同样重塑了一只鼻子；1908 年，血管外科开创者之一 Alexis Carrel 曾在九只猫之间进行了双侧肾移植，有些猫维持了 25 天的排尿后最终死亡，这样的结果在相同的实验中持续了 30 年；而 1954 年，美国外科医生 Murray 选择一对同卵双生的姐妹进行肾移植获得了成功，实现了患者长期存活。1956 年，美国血液学家 Thomas 成功地为一例白血病患者实施了骨髓移植；随着临床上在细胞、组织、器官等不同水平上的同种移植不断取得成功，这种技术也日益发展成为一种常规的治疗手段。目前移植成功的组织器官，既有肾、肝、心、肺等实质性器官，也包括了皮肤、胰岛等组织以及骨髓、胎儿脑细胞等细胞。经历了失败与成功不断的交替，人们逐渐意识到临床组织器官移植术的成败不仅取决于显微外科手术的发展，更关键的是如何解决移植排斥问题。

作为免疫学关注的对象，移植排斥现象主要涉及移植抗原、排斥反应、免疫抑制与移植耐受等问题。本章将就此作扼要介绍。

一、移植类型

移植（transplantation）原指植物的移栽，现被借用于临床医学领域。在这一领域移植可定义为：对血液以外的器官、组织、细胞的转移与植入的方法。而同为细胞转移与植入的血液移植早已约定俗成的称作输血（transfusion）。

根据移植物来源及供、受者间遗传背景的差异，一般将移植分为四种类型：

1. 自体移植（autograft）　指同一个体上进行的移植。由于自身免疫耐受，不发生排斥反应，如临床开展的自体皮肤、自体骨髓移植等。

2. 同种同型移植（isograft） 指遗传基因完全相同或基本相似的两个个体间的移植，如同卵双生子（identical twins）间的器官移植。一般移植效果与自体移植相同，不发生排斥反应。

3. 同种异体移植（allograft） 指同一物种内不同个体间进行的组织器官移植。受者对移植抗原产生免疫应答，常引起不同程度的排斥反应，是临床最常见的移植类型。

4. 异种移植（xenograft） 指不同种属生物间的组织器官移植。由于供受者间遗传背景差异较大，可致强烈的排斥反应，这类移植虽有个例报导，但总体上仍处于实验研究阶段。

二、特殊的移植现象

相对于普遍被人接受的同种异体移植概念而言，与移植近似的妊娠现象和正在探讨的异种移植问题都是涉及移植免疫机制的特殊免疫现象。

（一）妊娠的免疫问题

受精卵含有双亲的遗传信息，着床后的胚胎对于母体而言，可以视为一种"半移植"现象。因此从理论上说，胎生哺乳动物的整个生殖过程中始终存在着发生排斥反应的可能性，但事实上很少出现这种现象。

由于父体基因的存在，胎儿具有与母亲不同的 MHC 抗原，是引起排斥的主要原因。但处于母–胎交界面上的滋养层细胞不表达经典的 MHC I、II类分子，而是表达 HLA–E、F、G 座位的产物。这些低多态性的非经典的 MHC 抗原能够很好地抑制 NK 细胞的杀伤，却又不向 T 细胞提供抗原信息，使滋养层细胞几乎可以抵抗所有的细胞毒作用。故表现出极强的母–胎耐受现象。显然这还不是全部的耐受机制。

除了 HLA–E、F、G 座位产物的表达外，MHC I、II类分子的缺失、补体调节蛋白的表达、抗 MHC 抗体（其中有些与 HLA–G 蛋白有交叉反应）的存在、FasL 的表达和 TGF–β、IL–10、吲哚胺 2，3 双加氧酶（indoleamine2，3–dioxygenase，IDO）等免疫抑制因子的局部分泌都是母–胎耐受的构成因素。母–胎间的免疫反应机制到目前为止尚处于探索研究阶段，许多有关妊娠免疫问题的答案还有待进一步的揭示。

（二）异种移植的免疫问题

超急排斥反应是异种移植的主要免疫反应。引起这一排斥反应的原因是人体内存在的针对半乳糖 α–1，3–半乳糖基（Galα–1，3–Gal）表位的天然抗体。Galα–1，3–Gal 仅在人、猩猩与猕猴中缺失，而人体可由普遍存在这一抗原表位的共生菌诱导形成天然抗体。当异种移植物（较合适的是猪的器官）植入后，抗 Galα–1，3–Gal 可迅速与移植物血管内皮上的 Galα–1，3–Gal 形成免疫复合物，并激活补体，引起超急排斥反应。目前可通过敲除供体动物的 α–1，3–半乳糖转移酶基因、或转入人 CD59、

DAF 基因、或转入 α - 1，2 - 岩藻糖转移酶基因等方法克服异种超急排斥反应。异种移植的第二个排斥反应是移植 6 天内出现的血管排斥反应，这是由移植物诱导抗体所引起的排斥反应。目前发现 IL - 12 与 IFN - γ 可抑制这类排斥反应。

尽管异种移植尚存在着诸如伦理学、病原感染等问题，但对异种移植排斥反应的研究仍然能够给移植免疫的探索带来许多启迪。

第二节 移植抗原

已了解的组织相容性抗原（histocompatibility antigen）分成三类，即：主要组织相容性抗原、次要组织相容性抗原和其他移植抗原。

一、主要组织相容性抗原

比较同卵双生子间与一般同种异体间的移植所出现的结果，前者不出现排斥的原因是因为供、受体间有完全相同的主要组织相容性抗原，而这在非同卵双生的同种异体间是很难获得的。一系列的动物实验也证实，由 MHC 编码的蛋白是在移植过程中引起排斥反应的主要原因（关于 MHC 及其编码蛋白详见第三章）。由于 MHC 分子具有高度的遗传多态性，其表现型数量惊人，已知人类 MHC 可能形成的单体型（haplotype）组合数量是一个庞大的天文数字，甚至超出了现有的全球人口总数。这使得在除了同卵双生子外的不同个体间寻找完全匹配的 MHC 表现型成为一桩极其艰难的事情。因此，供、受体间 MHC 不相容所引起的免疫排斥反应成为一个普遍的临床问题。临床器官移植实践提示，供、受体间 MHC 分子尽可能一致的移植操作较之完全不考虑 MHC 一致性的移植，其存活率和排斥反应的强度都有着显著的差别。因此，供、受体间的 MHC 配型（donor - recipient matching）在许多开展器官移植的医疗中心成为一种常规的术前准备工作。现有资料显示，移植物血管内皮上表达的 MHC II 类分子和移植排斥反应间的关系最密切，其中尤以 DR 基因座位的编码抗原更显突出。

二、次要组织相容性抗原

除了同卵双生子之间的器官移植，即使 HLA 完全相合的同胞兄弟姐妹间仍有相当比例的移植排斥反应发生，这些移植排斥抗原被描述为次要组织相容性抗原（minor histocompatibility antigen，mH）。次要组织相容性抗原即指供、受者 MHC 完全相同的移植中，介导移植排斥反应的抗原。从理论上讲，机体内任何带有同种异体差异的蛋白（除 MHC 分子外），如果能够被 MHC 分子提呈，即可成为组织相容性抗原，都可纳入次要组织相容性抗原的范畴。与 MHC 分子相比较，已知的次要组织相容性抗原通常引起弱而迟缓的细胞免疫反应。

mH 主要包括两类：一类由 Y 染色体上基因编码，与性别有关，称为 H - Y 抗原，主要在宿主与移植物具有性别差异时引起移植排斥反应；另一类 mH 由常染色体上基因编码，分布在几乎所有的染色体上（包括线粒体基因组），人类包括 HA - 1 ~ HA - 8 等。

随着实验研究手段的进步，更多新的 mH 将被陆续发现。不同 mH 的组织分布不同，H – Y 及 HA – 3、4、6、7、8 分布广泛，在各种细胞中均有表达；而 HA – 1、2、5 则主要分布在造血系统细胞的表面。

由 mH 引起的临床排斥反应在临床表现和病理改变上与由 MHC 抗原引起的排斥反应无太大差异。其作用特点为：①一般属非膜蛋白，主要诱导细胞免疫；②mH 抗原不能被 T 细胞直接识别，须经 HLA 分子提呈给 CTL 和 Th 识别；③不同个体中，参与排斥反应的 mH 抗原不尽相同；④单一 mH 抗原不合一般引起较弱的排斥反应，但多种不相合 mH 抗原的组合可能引起强烈而迅速的排斥反应。

三、其他移植抗原

除了 MHC 编码蛋白和次要组织相容性抗原外，移植排斥反应发生还与红细胞血型抗原及器官、组织、细胞表面的组织特异性抗原有关。

1. ABO 血型抗原　ABO 抗原系统也是一种重要的组织相容性抗原。这是因为这类抗原也表达在血管内皮细胞上，而且体内针对 ABO 抗原系统的抗体又是一种"天然抗体"——即在出生后不久形成的抗体。故当供、受者间 ABO 血型不合时，受者的抗 ABO 血型抗体可直接与移植物血管内皮细胞上的抗原结合，激活补体系统，引发超急排斥反应。其他类型的血型抗原，因其不表达于血管内皮细胞之上，尚无关于它们参与移植排斥反应的报道。此外，在异种移植过程中，移植物血管内皮上存在的种间抗原，也起着与 ABO 血型抗原相类似的作用，是引起异种移植后超急排斥反应的主要原因。

2. 组织特异性抗原　指只在特定的组织器官移植中引起移植排斥的抗原。组织特异性抗原在多种不同的组织器官都存在，其免疫原性的强弱差异也较大。据已经积累的临床资料显示，在人类的移植排斥反应中，组织特异性抗原的强弱依次为皮肤、肾、心、胰、肝。皮肤的组织特异性抗原——Sk 抗原通常与自身 MHC 抗原结合形成复合物，皮肤移植后，受者 T 细胞直接识别供者的 Sk – MHC 复合物，引起移植排斥反应。

3. 种属特异性抗原　指异种移植中引起移植排斥的抗原。如前面提及的 Galα – 1, 3 – Gal 等。

第三节　移植排斥反应

组织器官移植后出现的免疫排斥反应按照被排斥的靶抗原与产生应答的免疫细胞的不同，分成宿主抗移植物（host – versus – graft, HVG）反应和移植物抗宿主（graft – versus – host, GVH）反应两大类型。绝大多数的实质性器官作为移植物时，因其不含或很少含有淋巴细胞，一般都以 HVG 反应为主；而当进行骨髓移植时，一方面由于移植物含有大量淋巴细胞，另一方面由于宿主免疫系统受到抑制，则多以 GVH 反应为主。

一、宿主抗移植物反应

宿主抗移植物反应是指受者 T 细胞等识别移植抗原，产生免疫应答，攻击破坏移植物。根据移植排斥反应发生的时间和病理改变特点，可分为下列不同的形式：

1. 超急排斥反应（hyperacute rejection） 出现于移植后数分钟至 24 小时的排斥反应。这类反应由体液免疫介导，发生机制为宿主体内针对移植物的预存抗体与相应抗原结合并激活补体系统，表现为强烈的血管炎症反应，导致血管内凝血与出血。此类反应与宿主 T 细胞对移植物的识别无关。病理损伤属 II 型超敏反应。常见于供、受者的 ABO 血型不合，或者是受者术前反复多次输血、多次妊娠或再次移植等。免疫抑制剂治疗无效。

2. 加速排斥反应（accelerated rejection） 出现于移植后 2～4 天的排斥反应。这类反应系由宿主体内存在的预致敏的 T 淋巴细胞所引起，多表现为移植物的急性功能衰竭。病理损伤属 IV 型超敏反应。加速排斥反应与超急排斥反应相似之处是两者皆为再次反应类型的免疫应答。

3. 急性排斥反应（acute rejection） 出现于移植术后一周至三个月的排斥反应。是同种异型移植后最常见的排斥反应。此类反应是一个完整的免疫应答过程，通常因宿主 T 淋巴细胞对移植物 MHC 抗原的识别而引起，无论在皮肤移植还是在肾脏移植中都可表现出原发性排斥（First - set rejection）和继发性排斥（Second - set rejection）两种形式。前者从移植物植入到出现宿主淋巴细胞浸润时间约 11 至 14 天；后者则见于再次植入同一供者的皮肤后的 1 至 3 天。急性排斥反应的病理损伤被认为主要是以 CD4$^+$T 细胞引起的血管炎症反应及 CD8$^+$T 细胞对移植物的细胞毒作用为主，但激活的巨噬细胞、NK 细胞以及稍晚时间形成的针对移植物血管内皮同种异体抗原的抗体均可参与其中。

4. 慢性排斥反应（chronic rejection） 出现于移植术后数月至数年的排斥反应。这类反应，尤其是在长期使用免疫抑制剂者身上出现的反应很难以单一 HVG 机制加以解释。在移植肾中，慢性排斥反应表现为血管内膜增生和动脉壁层的疤痕形成，与晚期结节性动脉炎的病理改变类似。由免疫复合物反应所致的慢性增生性动脉内膜炎最终可造成血管闭塞。究其原因虽然与抗体介导的免疫复合物损伤及 DTH 炎症引起的过度修复作用有关，但除了 HVG 反应外，患者原发疾病（如糖尿病、高血压、慢性肾炎等）的复发也同样可造成类似的病理改变。这类反应一般对免疫抑制剂治疗不敏感，是目前导致移植物不能长期存活的主要原因。

二、移植物抗宿主反应

移植物抗宿主（GVH）反应主要见于骨髓移植后，而某些富含淋巴细胞的器官移植，如胸腺、脾、小肠的移植也可能发生。

（一）GVH 反应的意义

对于大多数的移植后排斥反应，可以推测宿主抗移植物反应和移植物抗宿主反应是同时存在的，只是前者往往占有主导地位。而如果以同种异体或异种来源的含有丰富淋巴细胞的骨髓作为移植物，就会使后者占据主导地位。当然，移植物抗宿主反应形成的另一个重要原因是受者免疫系统因受免疫抑制剂作用或罹患肿瘤而致的严重免疫缺陷状态（18 岁以下的接受输血者也可发生 GVH 反应）。

GVH 反应的出现，对接受移植物的宿主可能具有双重意义。一方面 GVH 反应可以平衡宿主免疫系统造成的 HVG 反应，使得移植物较容易存活，特别是在因免疫增殖性疾病而进行的骨髓移植中，GVH 反应还承担着消灭宿主体内恶变的免疫细胞的重担，就此而言，GVH 反应的发生具有积极意义。另一方面在 GVH 反应中，来自供体的淋巴细胞克隆可识别宿主的组织相容性抗原，并籍此造成对宿主组织的损伤。而移植物中淋巴细胞克隆对宿主免疫系统的攻击，可以造成宿主免疫系统的严重破坏，并导致严重免疫缺陷状态的出现。这是 GVH 反应造成的消极面。

（二）GVH 反应的类型

GVH 反应分成急性与慢性两种形式，急性 GVH 反应主要是由 $CD4^+$ T 细胞引起的炎症反应，慢性 GVH 反应主要是由 $CD8^+$ T 细胞造成的细胞毒作用。因此 GVH 反应所引起的病理损伤都属IV型超敏反应。其临床表现因被攻击的器官不同而各异。（表 13 - 1）

表 13 - 1   GVH 反应的临床表现类型

组织器官	急性反应	慢性反应
皮肤	红皮病 毛囊炎 脱屑	硬皮病 丘疹性皮炎 脱发
肝脏	肝功能异常	胆汁性肝硬化
消化道	腹泻、肠梗阻 肠隐窝炎	黏膜结构破坏
淋巴结	迟发性细胞增生	T、B 细胞耗竭

第四节   移植排斥反应的作用机制

虽然组织器官移植后出现的免疫排斥反应作为免疫应答，具有免疫应答活动的一切特征。但在移植排斥反应中也体现出其特殊性，这主要表现在移植抗原的提呈与识别过程中。

一、移植抗原的提呈与识别

在通常的免疫应答过程中，由 T 淋巴细胞识别的抗原肽主要为 MHC 分子所提呈。而在移植抗原的提呈与识别中，MHC 分子既是抗原提呈分子，同时也是最主要的移植抗原。MHC 分子在移植排斥反应中所处的这种特殊地位曾经使免疫学家产生过很大的困惑，目前取得的比较一致的看法是移植抗原的提呈与识别存在着两种不同的方式，分别称为直接识别（direct recognition）与间接识别（indirect recognition）。

（一）直接识别

由供者 APC 提呈同种异体抗原给受者的 T 淋巴细胞识别，称为直接识别。直接识别的特点是速度快、强度大。所谓速度快是指这种提呈省略了抗原摄取、加工处理过程，发生的比较快；所谓强度大是指与通常的外源性抗原的激活相比，直接识别过程激活的 T 淋巴细胞克隆数是前者的 1000 倍。一般外源性抗原激活的 T 淋巴细胞克隆数约占 T 淋巴细胞库（谱）总数的 $0.001\% \sim 0.01\%$。而直接识别过程激活的 T 淋巴细胞克隆数约占 T 淋巴细胞库（谱）总数的 $1\% \sim 10\%$。

直接识别现象的发现与现有的自身 MHC 限制性形成了明显的矛盾。于是免疫学家对此提出了多种解释。普遍接受的解释是 TCR 识别的是抗原肽与 MHC 分子的复合构象，于是可能存在着这样一种情况，即自身 MHC 分子 + 抗原肽 X（构象）＝同种 MHC 分子 + 抗原肽 Y（构象）。于是由供者 MHC 分子与未知抗原肽所形成的复合构象同样可以被受者的 T 淋巴细胞识别。另一种解释是胸腺内的阳性选择只清除了不能结合自身 MHC 分子的 T 淋巴细胞克隆，却并不清除既结合自身 MHC 分子，又结合同种 MHC 分子的 T 淋巴细胞克隆。因此体内实际上存在着相当数量的可识别同种 MHC 分子的 T 淋巴细胞克隆，并使直接识别成为可能。这意味着在本质上直接识别现象是一种交叉反应。

至于为何直接识别过程可激活如此众多的 T 淋巴细胞克隆，也有三种假说：①同种识别克隆优势学说：即 Jerne 假设的体内大多数的 T 淋巴细胞克隆都可识别同种 MHC 分子的理论；②决定簇密度学说：此学说认为供者 APC 上，可识别的 MHC 分子 + 抗原肽组合远高于自身 APC 所能提供的自身 MHC 分子 + 抗原肽组合；③决定簇频率学说：此学说认为同样的自身抗原肽，与自身 MHC 分子结合后不能被识别，而与供者 APC 上 MHC 分子结合便能够被识别，这使得供者 APC 提呈抗原肽的频率远高于自身 APC。尽管尚无定论，但现有的证据更有利于决定簇频率学说。

（二）间接识别

由受者 APC 对供者 MHC 分子进行加工，提呈给受者的 T 淋巴细胞识别称为间接识别。间接识别的特点与一般外源性抗原激活过程相同。在发现直接识别现象后的相当一段时间内，人们曾经忽视了间接识别在移植排斥反应中的作用。然而越来越多的实验证实间接识别在移植排斥反应中具有关键性的作用，其造成的排斥反应强度甚至大于直接识别。

此外，当直接识别引起的移植排斥反应与间接识别引起的移植排斥反应同时存在时，可发现两者间存在拮抗作用。这或许能成为减轻移植排斥反应的一种契机。（表 13 – 2）

表 13-2   同种型 MHC 分子在直接与间接提呈过程中的比较

	直接提呈	间接提呈
APC 来源	供者	受者
排斥反应	强	较弱
激活 T 细胞	多	少
提呈抗原肽	未知	同种 MHC 分子
排斥反应类型	急性	慢性
免疫抑制剂	敏感	不敏感

二、移植排斥反应涉及的免疫效应机制

移植排斥反应中出现的免疫效应机制以 T 淋巴细胞的效应机制为核心。无论是 HVG 反应还是 GVH 反应，所呈现的病理损伤均以单个核细胞的浸润为主要表现。抗体、巨噬细胞和炎症因子也参与其中。

1. T 细胞   CD4$^+$T 细胞介导的 DTH 反应和 CD8$^+$T 细胞的细胞毒作用都是移植排斥反应性免疫损伤的主要机制，这在前述多种实质性器官移植和骨髓移植后出现的多种类型的病理损伤中已充分地印证。相对而言，CD8$^+$T 细胞的细胞毒作用以引发急性移植排斥反应为主，而 CD4$^+$T 细胞介导的 DTH 反应以引发慢性移植排斥反应为主。

2. 抗体   以抗体为主导的免疫损伤多见于超急排斥反应。主要因预存抗体与相应抗原结合并激活补体而引起，表现为强烈的血管炎症反应，导致血管内凝血与出血。不能排除在其他类型的排斥反应中由抗体介导的免疫损伤的存在，但在目前对于移植排斥反应机制所作的解释中，抗体介导的免疫损伤并不占有主导地位。

3. NK 细胞   NK 细胞在移植排斥反应中的效应机制主要在异种移植中得到体现，而在同种移植中 NK 细胞则主要参与超急排斥反应，即通过 ADCC 作用形成免疫损伤。同种 MHC I 类分子作为杀伤抑制受体，仍然对 NK 细胞具有抑制作用，至于 NK 细胞对于移植物自然杀伤的原因尚有待探讨。

4. 炎症因子   许多炎症因子也参与介导了移植排斥反应。如 IL-2 对同种反应性 T 细胞的激活过程的支持作用；IFN-γ 对移植抗原提呈过程的增强作用；TNF-α 对 CD8$^+$T 细胞的细胞毒介导作用；趋化性细胞因子对炎症浸润细胞的趋化作用等，都对移植排斥反应起到推波助澜的作用。各种遗传背景差异所导致细胞因子表达量的不同也可影响移植排斥反应的发生及强度的变化。如 TNF-α 高表达者，肝、肾、心脏移植时易发生较强的急性排斥反应；TGF-β 高表达者，易发生慢性排斥反应。这也可以作为细胞因子在参与移植排斥反应中具有不可或缺作用的一种例证。

三、移植耐受的形成

许多器官移植成功的事例表明，在移植过程中因移植物与受者免疫系统相互作用所

诱导生成的移植耐受是解决移植排斥问题最有效也是最有前景的一种抗排斥机制。在器官移植临床实践和实验研究中所发现的移植耐受诱导机制包括下述几种。

（一）同种抗原诱导的耐受

在肾脏移植中事先接受供者输血的受者，移植存活率往往高于未接受供者输血的受者，而且存活率随接受输血的次数递增这一事实提示反复多次的同种抗原诱导可建立移植耐受。这不仅从临床病例中有所反映，也在动物实验中得以证实。以输血诱导耐受的方法称为供者特异性输血（donor-specific transfusion，DST）。

尽管与其他诱导移植耐受的手段相比，DST并未成为受临床青睐的一种改善排斥问题的方法，但由事先接受供者输血而提高移植存活率这件事本身却揭示了利用同种抗原诱导可以建立移植耐受的规律。动物实验表明血液中有助于提高移植存活率的，主要是各种有形成分。（表13-3）

表13-3 输血成分与移植物存活时间的关系

血液成分	移植抗原	移植物存活时间延长
全血	MHC Ⅰ、Ⅱ类抗原/miH	+
WBC	MHC Ⅰ、Ⅱ类抗原/miH	+
RBC	MHC Ⅰ类抗原/miH	+
血小板	MHC Ⅰ类抗原/miH	+
血清	无	+

DST诱导的耐受建立机制，可能的因素包括：①造成免疫偏离，使T细胞极化偏向Th2，抑制Th1的功能；②诱导与强化独特型-抗独特型网络的调节作用；③诱导封闭性抗体的形成。

以同种抗原诱导耐受的另一种可能的尝试是利用供者的T细胞制备T细胞疫苗（T cell vaccine，TCV），以激活受者体内T细胞独特型-抗独特型网络，最终降低受者体内同种抗原反应T细胞克隆的应答能力。

（二）免疫抑制剂诱导的耐受

在临床移植前，给予受者免疫抑制剂，可以形成移植后耐受。其原因是在带有选择性免疫抑制剂（如环孢菌素、FK506等）背景下的移植，可以使受者体内同种抗原反应T细胞克隆处于丧失活化第二信号的状态，从而诱导移植后耐受的建立。但这类移植后耐受的诱导缺乏稳定与可调控性。目前正在研究使用某些更具特异性的免疫抑制剂（如阻断共刺激信号的CTLA-4-Ig融合蛋白、封闭同种反应性TCR的MHC超基序短肽等）来诱导移植后耐受的建立。

（三）嵌合体耐受

从现有的临床观察与实验研究中，人们注意到无论是HVG反应，还是GVH反应，一般均发生于供者与受者间一方的免疫细胞对另一方的识别、反应占有绝对优势的条件之下，一旦双方的相互识别、相互反应达到某种平衡态时，排斥反应便可得到缓解，并导致移植耐受的形成。这集中的表现在嵌合体（chimera）耐受与杂合耐受（hybrid resistance）实验中。

chimera 一词原指希腊神话中狮头、羊身、蛇尾的怪兽。在移植耐受机制中被用来借喻一个个体同时含有两种基因型细胞的现象。所谓的嵌合体就是接受移植后的受者体内同时持续含有自身和供者的组织细胞（尤其是造血细胞）。在动物实验中，对经致死剂量照射后进行异基因骨髓移植的小鼠称为完全嵌合体。将经致死剂量照射后输入清除T细胞后的异基因骨髓与同基因骨髓混合物的小鼠称为混合嵌合体。这两种小鼠均可以接受供体的任何组织器官而不产生排斥反应。比较两者，混合嵌合体的形成比较容易，不良反应较小，并可诱导对供受双方的耐受，显然是一种临床易接受的建立移植后耐受的方法。目前临床的骨髓移植采用首先选择性去除受者的外周成熟T细胞，然后小剂量胸腺照射去除受者胸腺内残留的同种抗原反应T细胞克隆，再输入标准剂量的供者造血干细胞的方法以建立嵌合体耐受。

关于嵌合体耐受的形成，实质上是使受者体内同时存在可以相互识别的供体与受体的两套免疫细胞，使它们在相互识别的基础上建立相互耐受，并且是一种永久的中枢性耐受。建立稳定的嵌合体耐受被认为是解决移植排斥问题的最理想、也是最根本的途径。

第五节　临床组织器官移植的实践问题

随着人们对器官移植研究的深入，对排斥反应本质了解的进步和手术禁区的不断突破，适宜进行移植的组织器官已越来越多。目前临床器官移植主要分为实质性器官移植与骨髓移植两大类。这两类移植在排斥反应的发生和移植耐受的建立上都有较大的区别。即便在实质性器官移植中，不同组织器官也各有自身的移植免疫特点。

一、实质性器官移植

实质性器官移植的存活率，受到原发疾病、受体条件、组织配型、器官来源、离体时间、保存措施、免疫抑制剂应用以及手术方式等诸多因素的限制。但决定存活率的关键因素仍然是排斥反应的发生与发展。目前临床对选择性免疫抑制剂和局部免疫抑制疗法的应用，已极大程度地提高了实质性器官移植的存活率。

1. 肾脏移植　是开展最久远的一种实质性器官移植，也是实质性器官移植中最成功的范例。目前的一年存活率大于95%，五年存活率大于80%。除了取材容易、手术位置优越、器官处理相对简便、受体接近生理状态以及血液透析术的广泛应用等优势外，更为重要的是接受肾脏移植者对环孢菌素等选择性免疫抑制剂的敏感性远高于其他实质性器官移植的接受者。虽然理论上环孢菌素具有肾毒性，但在有效监测血药浓度的保护措施下，从未出现因使用环孢菌素而导致移植失败的案例。在肾脏移植中另一个值得注意的现象是，事先接受供体一次或多次输血可诱导移植耐受的建立。

2. 心肺移植 临床上可分为肺移植、心脏移植、心肺联合移植三类。其中肺移植在 20 世纪末的一年存活率约 79%。感染与排斥反应是失败的主要原因。移植支气管活检表明，移植支气管上皮细胞的细胞介导的细胞毒作用是引起迟发性闭塞性支气管炎的主因。心脏移植目前的五年存活率达到 72%。术后的进行性冠状动脉粥样硬化是限制存活率提高的主要因素。进行性冠状动脉粥样硬化是冠状动脉免疫反应性炎症的结果。此类炎症反应可造成血管平滑肌与弹力层的单核细胞浸润，产生的 IL－1、TNF 等细胞因子又可破坏 β－肾上腺素能信号的传导，并影响心肌收缩的敏感性。环孢菌素的应用可以有效抑制免疫反应性炎症的发展。心肺联合移植主要适用于肺高压性疾病与先天性心脏病。心肺联合移植的一年存活率约 78%，五年存活率达到 55%。术后感染是移植失败的主要原因，占早期术后死亡原因的 48%，全部死亡原因的 74%。

3. 肝脏移植 目前的一年存活率约 75%。在移植后的 5～15 天内有 80% 的病例出现急性排斥反应。活检显示，排斥反应的病理表现包括门管区原发性混合性单个核细胞炎症、中心区胆汁郁积、因融合性坏死引起的缺血以及肝细胞局灶性坏死和肝实质破坏等肝炎表现。由于肝脏胆管上皮的 MHC Ⅰ 类分子的表达远高于肝实质细胞，所以急性排斥反应时，主要表现为 CD8$^+$T 细胞对胆管上皮的攻击。而慢性排斥反应出现后，肝实质细胞表面的 MHC Ⅰ 类分子的表达增高，出现肝实质的单个核细胞弥散性浸润以及大、中肝动脉内的血管内膜炎症。当慢性排斥反应导致胆管进行性消失，胆汁严重郁积时，病理学上称为"胆管消失综合征（vanishing bile duct syndrom）"。这一病理现象出现于 25% 的对免疫抑制剂不敏感的病例中。虽然肝脏移植已广泛地作为终末期肝病的补救性治疗措施，但有许多患者仍不适合进行肝脏移植，如急性药物性肝中毒或酒精性肝中毒、乙肝病毒阳性患者、伴有肝外并发症者、门静脉栓塞或已有肝胆手术史者以及年龄大于 60 岁者。

4. 胰腺移植 肾脏－胰腺联合移植目前已成为糖尿病并发尿毒症的常规治疗方式。但带血管胰腺移植由于胰管引流所带来的麻烦（目前的带血管胰腺移植一般采用供体十二指肠接入膀胱引流胰液），使一半接受移植者发生膀胱炎与尿道炎。而更适合于糖尿病患者的胰岛细胞移植早在 1985 年就已开展。胰岛细胞移植需要解决的问题主要是：①寻找得率较高的胰岛细胞分离技术；②寻找合适的移植位置（大网膜或门静脉）；③寻找消除"过路细胞"的有效方式。此外胰腺移植与其他器官移植相比，对 MHC Ⅰ 类抗原匹配要求更高。

5. 脑与神经组织移植 多数的脑与神经组织移植还限于实验动物研究，这些研究表明，脑与神经组织移植是完全可行的，且脑与神经组织位于免疫赦免区内，一般不出现排斥反应。以小片胚胎脑组织植入人工损毁神经细胞的动物模型中，已取得很大的成功，这些移植实验修复了神经内分泌缺陷、先天性脑缺损、运动神经损伤等多种疾病状态。最为成功的例子是将视网膜感光细胞植入视网膜发育不全的动物体内，使其恢复了视觉。临床已开展的脑与神经组织移植主要用于帕金森病（Parkinson's disease）或阿兹海默症（Alzhemer's disease）的神经传导障碍。

二、骨髓移植

骨髓移植是最为方便的一种非实质性器官移植。随着外周血干细胞分离技术的广泛应用，骨髓移植的输注方法已与输血一样简而易行，并逐步更名为造血细胞移植（hematopoietic stem cell transplantation，HCT）。

相对于实体器官移植，HCT 要求更高的 HLA 单体型的匹配性。这使 HCT 的推广受到很大限制。为克服这一障碍，临床通常于 HCT 前对受者施行骨髓根除术（即以化疗或放疗手段清除受者的骨髓造血细胞）。因此老年患者较难接受这一风险性很高的治疗。

HCT 带来的排斥反应主要是 GVH 反应（源自移植前的骨髓根除术）。GVH 反应除造成接受者一定程度的组织损伤外，主要引起或加剧接受者的免疫缺陷状态，从而形成一组被称为"消耗症（wasting disease）"的移植物抗宿主病（graft - versus - host disease，GVHD）。急性移植物抗宿主病一般出现于 HCT 后 20～100 天，其致死率为 10% 左右。临床表现为肝脾肿大、腹泻、接触性皮炎样皮损以及机会性感染。其病理机制是累及皮肤、脾脏、肝脏的移植物淋巴细胞的广泛浸润。初期的淋巴结可因受者淋巴细胞的激活而出现增生性变化，随后转为萎缩。慢性移植物抗宿主病则表现为硬皮病样皮损和原发性胆汁性肝硬化，20% 病例出现肝脏静脉闭塞性病变。

对于 HCT 而言，GVH 反应的出现是不可避免的。而且许多资料支持这样的观点，即适度的 GVH 反应对于移植骨髓的存活是必需的。因为只有抑制了受者免疫系统的排斥反应，移植骨髓才能得以立足。但过度的 GVH 反应所造成的 GVHD 也是骨髓移植接受者所不能承受的。故如何调节适度的 GVH 反应成为取得骨髓移植成功的关键。考虑到引起 GVH 反应的主要原因是移植骨髓中含有的成熟 T 细胞，目前已采用 CD6 单抗和补体预处理移植骨髓的方法，并取得了较理想的结果。在骨髓移植早期，接受者体内 CD4$^+$T 细胞的 DTH 反应和辅助功能明显受到抑制，而 CD8$^+$T 细胞的细胞毒作用相对增强，这种状态是移植物细胞存活的重要环境条件。随着新生造血干细胞与淋巴干细胞重演新的免疫系统发育过程，免疫调节作用将重新得以恢复，这一过程约需 1～2 年。

第六节 移植排斥反应的防治

为提高组织器官移植的存活率，阻止与削弱移植排斥反应，在器官移植前后可采取的措施包括：移植抗原检测与配型、免疫抑制剂的使用以及移植耐受的诱导。

一、移植抗原的配型

对于同种异体移植而言，供受体间 HLA 型别完全一致是极难实现的，但其错配程度的高低确实可影响移植器官的存活率。而供受体间 HLA 型别的接近程度也影响着移植排斥反应的发生与否。故 HLA 配型已成为移植前的一项重要任务。HLA 配型可选用经典的补体依赖的微量淋巴细胞毒试验，也可采用 PCR - SSCP、PCR - SSP、PCR - fingerprinting 等 HLA 基因分型技术。

供、受体间 HLA 型别的适配需根据移植器官的特点而定。肾脏移植中，HLA - DR 位点的匹配较为重要，而肝移植中 HLA - DR 位点的匹配则不一定具有特殊意义，但在骨髓移植中，则要求 HLA Ⅰ类抗原与 HLA Ⅱ类抗原的匹配越接近越好。

除 HLA 配型外，红细胞血型抗原配型（除骨髓移植外）与预存抗体检测也同样具有重要意义。

二、免疫抑制剂的使用

对于绝大多数的同种器官移植而言，移植排斥反应是不可避免的。因此免疫抑制剂的使用已经成为器官移植后的常规临床治疗措施。目前常用的免疫抑制剂多为选择性免疫抑制剂，如环孢菌素、他克莫司（FK506）、雷帕霉素（rapamycin）、坎帕斯 - 1H（抗 CD52 单抗）等。这些免疫抑制剂的作用主要为干扰 IL - 2 介导的胞内信号转导通路，抑制 T、B 细胞的增殖活化、抑制抗体的产生以及抑制 DC 的抗原提呈。免疫抑制剂的使用可增加患者发生机会性感染与恶性肿瘤的概率，也会产生一系列的药物毒性反应。

三、移植耐受的诱导

如前所述，建立持久的移植后耐受被认为是解决移植排斥问题的最理想也是最根本的途径。下列探索正在实验室与临床开展：

1. 骨髓与胸腺预处理 受 HCT 启发，于移植前对受体输入供体的造血干细胞可促使嵌合体状态形成，使移植后不发生排斥反应，此方法已进入早期临床试验。将供体细胞引入受辐照后的受体胸腺可形成中枢耐受，并产生特异性的 Treg，可进而维持对移植物的耐受。尽管这在理论上可行，但对于成年患者，辐照后引起的胸腺萎缩也是一大隐患。

2. 阻断共刺激信号 基于"双信号"激活学说，阻断同种抗原反应 T 细胞克隆的共刺激信号转导通路即可诱导其无能化。目前可供选择的方法有注射 CTLA - 4 - Ig 融合蛋白、抗 B - 7 单抗、抗 CD154 单抗和抗 ICOS 单抗。现已开展动物实验，但此方法未能诱导永久性移植耐受的形成。

3. DC 预处理 未成熟 DC 与抗原接触后可能被诱导为耐受 DC，进而使抗原反应 T 细胞克隆无能化。研究者以供体抗原与动物体内未成熟 DC 交联，在 IL - 10 诱导后，可形成耐受 DC。回输实验动物体内可抑制同种抗原反应 T 细胞克隆的活化，并可诱导 Treg 的活化。

拓展与思考

移植免疫实非免疫本职，而临床移植所遇问题也并非都与免疫相关，即便是本章所讨论的移植排斥反应，也含有一些非免疫性的因素在内。那么，请问读完本章之后能发现哪些前面各章中不曾涉及的免疫问题？在此章中又能找到哪些与本书前面各章有联系且被深化的问题？另外，移植这一医学行为的出现，会对人类免疫系统的进化产生什么影响？

（孙锦霞 王 易）

第十四章　免疫缺陷病

免疫系统是一台精妙而复杂的"机器"，其正常的运转，依赖于整个免疫系统功能的完整与健全。免疫系统的组成或功能的缺损所造成的一组特定的病理变化，称为免疫缺陷（immunodeficiency），而这些病理变化所衍生的临床疾病称为免疫缺陷病（immunodeficiency disease，ID）。

第一节　免疫缺陷病概述

免疫系统的组成或功能发生的缺损可出现于免疫系统的各个环节，也可发生在免疫系统发育过程的各个阶段。机体出现的免疫系统缺损可以是一过性的，也可以是永久性的。免疫系统的缺损既可表现为显性的临床疾病状态，也可表现为隐性的非临床疾病状态。以临床疾病状态出现的免疫缺陷通常以感染（机会性感染）、肿瘤和自身免疫病为主要表现。

一、免疫缺陷与免疫缺陷病

机体的免疫系统由免疫器官、免疫细胞和免疫分子三部分组成。当免疫系统的任一组成成分发育异常或缺失，均可导致免疫缺陷病的发生。中枢免疫器官包括骨髓和胸腺，多能造血干细胞在此产生并发育成为免疫细胞。造血干细胞在骨髓的特定微环境中可分化为不同造血祖细胞，进而发育为红细胞系、粒细胞系、单核/巨噬细胞系、巨核细胞系、淋巴细胞系和树突状细胞的前体细胞。其中髓样祖细胞和淋巴样祖细胞与机体的免疫功能密切相关，当免疫细胞及免疫分子在发育、分化、增殖和代谢过程中发生异常，可导致免疫功能障碍，使机体处于免疫缺陷状态，由此引发的临床综合征称为免疫缺陷病。

当免疫缺陷状态形成后，其特征性的病理变化是免疫防御能力的低下和免疫调节机制的紊乱，因此临床表现为感染、肿瘤和自身免疫病。

1. 感染　免疫缺陷病患者对病原体的易感性增加，可出现反复、持续而严重的感染，这往往是其致死的主要原因。感染的性质和严重程度主要取决于免疫缺陷的成分及其程度，如体液免疫缺陷、吞噬细胞缺陷及补体缺陷，这些常导致化脓性细菌（如葡萄球菌、链球菌和肺炎双球菌等）感染；细胞免疫缺陷导致的感染主要由病毒、真菌、胞内寄生菌和原虫等引起。

2. 肿瘤　免疫缺陷者易发生恶性肿瘤，特别是 T 细胞免疫缺陷和联合免疫缺陷者恶性肿瘤发病率明显增高，且淋巴系统肿瘤的发生率也比正常人明显升高，如 B 细胞淋巴瘤、T 细胞淋巴瘤、白血病、胶质瘤等。

3. 自身免疫病　免疫缺陷患者有高度伴发自身免疫病的倾向，如系统性红斑狼疮、类风湿性关节炎、溶血性贫血、血小板减少性紫癜等。

二、免疫缺陷病的类型

ID 按其发病原因可分为两大类，即原发性免疫缺陷病（primary immunodeficiency disease，PID）和继发性免疫缺陷病（secondary immunodeficiency disease，SID）。

由遗传、发育因素引起的免疫功能障碍所致的疾病称为原发性免疫缺陷病或先天性免疫缺陷病。根据主要累及的免疫系统成分的不同，分为固有免疫缺陷（模式识别受体缺陷、吞噬细胞缺陷和补体缺陷）、B 细胞缺陷、T 细胞缺陷和联合免疫缺陷等。原发性免疫缺陷病在人群中总发生率约为 0.01%，受累人群以儿童为主。下图为原发性免疫缺陷病的发育环节分类。（图 14-1）

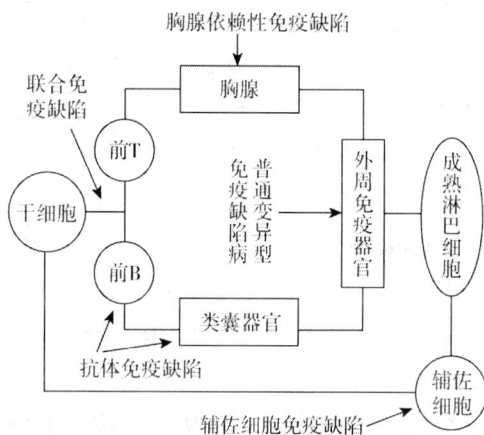

图 14-1　原发性免疫缺陷病的发育环节分类

由后天因素如感染、肿瘤、医源性因素引起的免疫功能障碍所致的疾病称为继发性免疫缺陷病或获得性免疫缺陷病。诱发继发性免疫缺陷病的因素主要包括：感染性疾病、肿瘤、创伤、手术、营养不良、免疫抑制疗法等。如艾滋病（AIDS）就是由人类免疫缺陷病毒（HIV）感染人体而引起的一种典型的继发性免疫缺陷病。

第二节　固有免疫缺陷病

由机体参与固有免疫的细胞或成分缺失导致的免疫缺陷病，称为固有免疫缺陷病。根据缺失成分不同，分为模式识别受体缺陷、吞噬、杀伤机制缺陷和补体系统缺陷三大类。

一、模式识别受体缺陷

模式识别受体（PRR）是一类主要表达于固有免疫细胞表面，并可识别一种或多种病原相关分子模式（PAMP）的识别分子。PRR 是固有免疫细胞识别病原体的基础。一些基因缺失可以影响机体对病原体模式识别信号的转导。MyD88 是一系列 Toll 样受体（TLRs）信号转导的重要蛋白成分，当病人缺乏 MyD88 时，可导致严重的化脓性感染（如肺炎链球菌、沙门菌属等）。白介 1 受体相关激酶 4（IL1R – associated kinase – 4，IRAK4）参与 IL – 1 和 IL – 18 受体信号的转导，同时与 TLR1/2、TLR2/6、TLR7 和 TLR8 信号转导有关，在 IRAK4 缺失的患者，易发生革兰阳性化脓菌感染（如链球菌、葡萄球菌等）。细胞内受体 TLRs（TLR3、TLR7、TLR8 和 TLR9）或内质网驻留辅助分子 UNC93B 发生变异者，易发生单纯疱疹病毒性脑炎。

二、吞噬、杀伤机制缺陷

吞噬细胞功能缺陷可导致机体对病原体的易感性增高，引发临床感染。吞噬细胞缺陷包括吞噬细胞数量减少和功能异常，临床表现为细菌或真菌反复感染。包括单核/巨噬细胞和中性粒细胞在内的吞噬细胞所出现的缺陷。可以发生在如下几个环节：①吞噬细胞生成障碍；②游走、渗出障碍；③摄取障碍；④吞噬颗粒形成障碍；⑤吞噬溶酶体形成障碍；⑥消化、杀灭功能障碍等。（表 14 – 1）

1. 先天性粒细胞缺乏症　根据中性粒细胞减少的程度，分为粒细胞减少症和粒细胞缺乏症。本病由髓样干细胞分化发育障碍所致，临床表现为严重咽炎、败血症和脑膜炎。

2. 白细胞黏附缺陷（leukocyte adhesion deficiency，LAD）　本病为常染色体隐性遗传，分为两型：LAD – Ⅰ 主要由于 CD18（构成整合素分子的一种膜蛋白）基因突变所致；LAD – Ⅱ 型则主要由于 E – 选择素的配体 CD15s（Sialyl – Lewis^x，SLe^x）缺乏所致。炎症发生过程中炎症细胞的游走、渗出需依赖白细胞与血管内皮细胞表面整合素、选择素等黏附分子的相互作用，而白细胞黏附缺陷患者由于整合素、选择素的表达缺陷，使得炎症细胞不能与内皮细胞黏附、移行并穿过血管壁到达感染部位。因此患者表现为感染局部脓液不能形成，反复出现细菌感染和真菌感染及伤口难愈，患者可因危及生命的感染而导致死亡。

3. 慢性肉芽肿病（chronic granulomatous disease，CGD）　本病约有 2/3 为性联隐性遗传，其余为常染色体隐性遗传。该病发生机制是由编码 NADPHA 氧化酶系统的基因缺陷所致。正常情况下 NADPHA 氧化酶存在于胞浆膜内，当吞噬细胞摄取病原微生物后，NADPHA 通过呼吸爆发酶促反应产生活性氧，发挥对病原微生物的杀伤作用。CGD 患者吞噬细胞缺乏 NADPHA 氧化酶，被吞噬的细菌在吞噬细胞内不能被杀灭，继续存活和繁殖并随吞噬细胞游走播散至其他组织器官，持续的感染刺激 CD4$^+$T 细胞而形成肉芽肿。临床表现为淋巴结、皮肤、肝、肺、骨髓等有慢性化脓性肉芽肿，并可见肝脾肿大。

4. Chediak – Higashi 综合征　本病为常染色体隐性遗传，临床表现为反复细菌感染、眼和皮肤白化病及神经系统症状。其病因是细胞内溶酶体形成障碍：吞噬细胞溶酶体形成障碍导致机体抗感染能力下降；色素细胞溶酶体形成障碍导致白化病；神经系统细胞溶酶体形成障碍导致出现相应的神经系统症状。

表 14 - 1 吞噬细胞缺陷类型

缺陷基因	异常	典型感染
CD18β 链	白细胞黏附缺陷	化脓性细菌感染
IFN - γR1、IFN - γR2、IL - 12p40、IL - 12R/IL - 23Rβ 链或 STAT1	遗传性分枝杆菌易感	分枝杆菌、沙门菌、病毒感染
IRAK4	IRAK4 缺陷	肺炎链球菌、葡萄球菌感染
LYST	Chediak - Higashi 综合征	葡萄球菌、肺炎链球菌、曲霉菌感染
MEVF	家族性地中海热	无
MyD88	MyD88 缺陷	肺炎链球菌、葡萄球菌、假单胞菌感染
NADPH 氧化酶 p22phox 亚基、p40phox 亚基、p47phox 亚基、p67phox 亚基、gp91phox 亚基	慢性肉芽肿	葡萄球菌、曲霉菌、白色念珠菌感染
TNFRSFIA	TNF 受体相关综合征	无
UNC93B	UNC93B 缺陷	单纯疱疹病毒感染

三、补体系统缺陷

补体系统各成分的缺陷，具有鲜明的临床特点：①多为常染色体隐性遗传，除了 C1INH 和 P 因子等少数补体成分外，绝大多数补体成分的缺陷都为常染色体隐性遗传；②位于 C3 激活以前的补体分子缺陷，常导致免疫调理与免疫黏附功能异常并诱发自身免疫病；③位于 C3 激活以后的补体分子缺陷，常导致攻膜复合体形成障碍，引起革兰阴性菌感染率增高，补体缺陷主要包括补体固有成分与补体调节因子的缺陷。

1. C3 激活以前的补体分子缺陷 补体固有成分缺陷中 C3 缺陷可导致严重的化脓性细菌感染；C2 和 C4 缺陷使补体经典途径激活受阻，导致免疫复合物病的发生；旁路途径的 D 因子和 P 因子缺陷使补体激活受阻，易引起感染。

2. C3 激活以后的补体分子缺陷 自 C5 以后各个补体成分，如 C6、C7、C8、C9 等的缺陷，常导致攻膜复合体形成障碍，引起革兰阴性球菌（如奈瑟菌）感染率增高，并出现类 SLE 综合征等疾病。

3. 补体调节分子缺陷 补体调节分子缺陷中以 C1INH 缺陷最常见，可引起遗传性血管神经性水肿。本病是由 C1INH 基因缺陷而导致，C1INH 缺乏可引起 C2 裂解失控，产生过多 C2b，致使毛细血管通透性增高。患者临床表现为皮下和黏膜下组织反复水肿，当水肿累及喉头时可导致窒息而死亡。补体受体缺陷中由于红细胞表面 CR1 缺陷，使循环免疫复合物清除发生障碍，可导致某些自身免疫病（如 SLE）；CR3、CR4 缺陷可发生白细胞黏附缺陷；DAF（CD55）、MIRL（CD59）缺陷可引起阵发性夜间血红蛋白尿。（表 14 -2）

表 14 - 2 补体缺陷类型

缺陷成分	染色体定位	遗传方式	临床表现
C1q	1p	AR	类 SLE 综合征、风湿病、化脓性感染
C1r	12p	AR	类 SLE 综合征、风湿病、慢性肾炎
C1s	12q	AR	类 SLE 综合征、风湿病
C4	6p	AR	类 SLE 综合征、风湿病、化脓性感染
C2	6p	AR	类 SLE 综合征、风湿病、化脓性感染
C3	19q	AR	血管炎、风湿病、化脓性感染
C5	9q	AR	类 SLE 综合征、奈瑟菌感染
C6	5q	AR	类 SLE 综合征、奈瑟菌感染
C7	5q	AR	类 SLE 综合征、奈瑟菌感染、血管炎
C8	1p/9q	AR	类 SLE 综合征、奈瑟菌感染
C9	5p	AR	类 SLE 综合征、奈瑟菌感染
C1INH	11q	AD	遗传性血管神经性水肿
C4bp	1q	不详	白塞病、血管神经性水肿
I 因子	4q	AR	反复化脓性感染
H 因子	1q	AR	溶血尿毒综合征、SLE 综合征、奈瑟菌感染
P 因子	Xp	X - L	奈瑟菌感染
D 因子	不详	不详	奈瑟菌感染、肺、鼻窦感染
CD59	11p	不详	夜间阵发性血红蛋白尿
DAF	1q	不详	失蛋白肠病、夜间阵发性血红蛋白尿

第三节 原发性 B 细胞缺陷

原发性 B 细胞缺陷根据其缺陷发生所在的分化阶段分为 B 细胞成熟缺陷、抗体同种型缺陷和暂时性免疫球蛋白缺乏三种类型。

一、B 细胞成熟缺陷

B 细胞成熟缺陷既可以发生于前 B 细胞阶段，也可发生于浆细胞形成阶段；既可表现为 B 细胞数量减少或缺乏，也可表现为 B 细胞数量正常。

1. X 性连锁无丙种球蛋白血症（X - linked agammaglobulinemia，X - LA） 也称 Bruton 病，其病因是位于 X 染色体上的酪氨酸激酶（Bruton's tyrosine kinase，Btk）基因缺陷，使得 B 细胞发育停滞于前 B 细胞阶段，导致血清中各类 Ig 均降低或缺乏，T 细胞的数量及功能一般不受影响。临床以反复化脓性细菌感染为特征，有些患者伴有自身免疫病。

2. 常染色体隐性遗传的低丙球血症 患者表现为 B 细胞及各类 Ig 均减少。可能的缺陷环节也在前 B 细胞的分化上，如免疫球蛋白 H 链或 κ 链基因突变所致。

3. 转钴胺素 - 2 缺陷 患者表现为 B 细胞数量正常，各类 Ig 均减少。原因是辅酶形成缺陷所致的浆细胞形成障碍。

二、抗体同种型缺陷

抗体同种型缺陷是较为常见的原发性免疫缺陷病。如选择性 IgA 缺陷（selective IgA deficiency），本病是常染色体显性或隐性遗传，患者血清型 IgA 含量降低（<50mg/L），分泌型 IgA 含量极低，可表现为呼吸道、消化道、泌尿道反复感染，少数患者可出现严重感染，并伴有自身免疫病和超敏反应性疾病。最近的研究表明该病的基因定位于 MHC Ⅲ类基因区，并且与普通变异型免疫缺陷病（common variable immunodeficiency，CVID）有较高的关联。有可能属于由 T 细胞辅助作用缺陷引起的抗体缺陷。在部分患者中发现 B 细胞表面的 BAFF - R、CD19 及位于 T 细胞表面的 ICOS 等膜分子出现表达缺陷，而这些膜分子都是与 B 细胞激活相关的重要分子。

三、暂时性免疫球蛋白缺乏

暂时性免疫球蛋白缺乏常发生在婴儿期，又称婴儿暂时性低丙球血症，本病是因 B 细胞向浆细胞分化障碍而出现的一过性的抗体缺陷。由于患儿 IgG 水平低下，常发生反复性呼吸系统感染，当患儿年龄达 4 岁时，常可自行缓解，其确切病因不明。

原发性 B 细胞缺陷多以抗体形成异常为表现，其异常大致分三种类型：①所有 Ig 同种型缺乏；②选择性的某一 Ig 同种型缺乏；③某一 Ig 同种型增高，其他 Ig 同种型缺乏。（表 14 - 3）

表 14 - 3 抗体异常的不同类型

B 细胞缺陷类型	缺陷 Ig 类型	特异性抗体	B 细胞数量	原因
Bruton 病	全部下降	下降	缺乏	前 B 细胞酪氨酸激酶缺失
AR 低丙球血症	全部下降	下降	下降	前 B 细胞分化障碍
转钴胺素 - 2 缺陷	全部下降	下降	正常	浆细胞形成障碍
IgA 缺陷症	IgA 下降	下降	正常	Ig 转类缺陷
IgM 缺陷症	IgM 下降	下降	正常	不明（罕见）
IgE 缺陷症	IgE 下降	正常	正常	不明
婴儿暂时性低丙球血症	IgG 下降、IgA 下降	下降	正常	B 细胞向浆细胞分化障碍

第四节　原发性 T 细胞缺陷

引起原发性 T 细胞免疫缺陷的原因可以是胸腺发育异常，也可以是 T 细胞自身发育异常。两者均可表现为 T 细胞缺乏及细胞免疫功能的低下，并可影响单核/巨噬细胞和 B 细胞的功能。此外，T 细胞凋亡障碍也列入原发性 T 细胞免疫缺陷。

一、胸腺发育缺陷

先天性胸腺发育不良综合征又称 DiGeorge 综合征，为典型的 T 细胞免疫缺陷病，并伴有甲状腺功能低下。本病是由于妊娠早期第Ⅲ、Ⅳ咽囊管发育障碍导致的胸腺、甲状腺及大血管等多种脏器发育不全。由于胸腺上皮细胞发育不全，导致 T 细胞发育障碍，细胞免疫和 T 细胞依赖的抗体产生缺陷。目前已知是由胚胎发育相关的转录因子 TBX1 突变所造成。患者易发生胞内寄生菌、病毒和真菌感染。主要临床特征有心脏和大血管畸形，若接种牛痘、麻疹、BCG 等减毒活疫苗可致全身感染甚至死亡。本病可通过胸腺移植得到治疗。

二、T 细胞早期分化缺陷

与 T 细胞早期分化有关的缺陷，包括嘌呤代谢缺陷和 MHC 分子表达缺陷。

1. 嘌呤代谢缺陷 在 DNA 替代合成途径中涉及嘌呤代谢转化过程的酶类都与免疫细胞的合成代谢关系密切，这是因为 T、B 淋巴细胞是具有极强增殖能力（尤其是在抗原刺激后）的免疫细胞，其增殖过程的 DNA 复制高度依赖这些酶类。DNA 替代合成途径中的 5' 核苷酸酶缺陷、腺苷脱氨酶（ADA）缺陷、嘌呤核苷酸磷酸化酶（PNP）缺陷以及次黄嘌呤 - 鸟嘌呤磷酸核糖转移酶（HGPRT）缺陷都能造成不同程度的免疫缺陷，其中尤以 ADA 与 PNP 更显重要。（图 14 - 2）

（1）腺苷脱氨酶缺陷症 腺苷脱氨酶（adenosine deaminase，ADA）基因突变或缺失可导致 ADA 缺乏，致使腺苷、脱氧腺苷、dATP 在细胞内堆积，它们抑制 RNA、DNA、蛋白质和磷脂合成所必需的核糖核苷还原酶及 S 腺苷同型半胱氨酸水解酶的作用，导致 T 细胞和 B 细胞功能缺陷，可反复出现病毒、细菌和真菌感染。

（2）嘌呤核苷酸磷酸化酶缺陷症 嘌呤核苷酸磷酸化酶（purine nucleoside phosphorylase，PNP）基因突变可致 PNP 缺乏。PNP 可降解嘌呤，使肌苷转换为次黄嘌呤和鸟苷，并使脱氧鸟苷转换为鸟嘌呤。由于 PNP 缺乏，阻断 DNA 复制，影响淋巴细胞的生长和发育。该病主要表现为 T 及 B 淋巴细胞受损，患者可反复出现病毒、细菌和真菌感染。

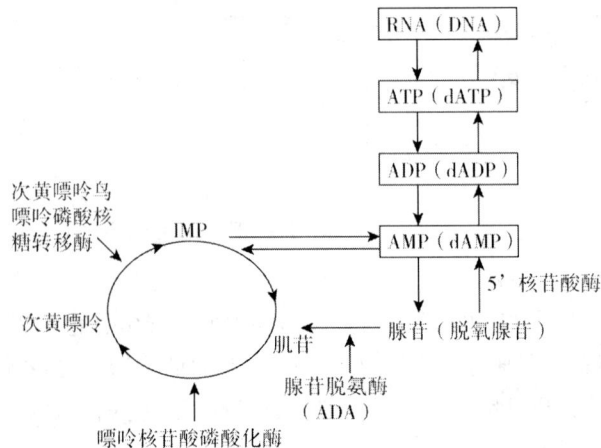

图 14 - 2 嘌呤代谢免疫缺陷病的发病环节

2. MHC 分子表达缺陷 包括 MHC Ⅰ 类分子缺陷和 MHC Ⅱ 类分子缺陷。

（1）MHC Ⅰ 类分子缺陷 淋巴细胞内 MHC Ⅰ 类分子的合成正常，但由于 TAP 基因突变，抗原肽不能转运至内质网，未结合抗原肽的 MHC Ⅰ 类分子很难表达在淋巴细胞表面，导致 $CD8^+T$ 细胞介导的免疫应答缺乏。患者临床表现为慢性呼吸道病毒感染。

（2）MHC Ⅱ 类分子缺陷 又称裸淋巴细胞综合征（bare lymphocyte syndrome, BLS），为常染色体隐性遗传。其发病机制是 Ⅱ 类转化活化因子（class Ⅱ transactivator, C Ⅱ TA）基因缺陷，导致 MHC Ⅱ 类基因转录障碍，使 MHC Ⅱ 类分子表达缺陷，$CD4^+T$ 细胞对抗原肽的特异性识别受到影响。此外，由于 RFX5 和 RFXAP 基因突变，与 MHC Ⅱ 类分子结合的启动因子结合蛋白合成障碍，影响抗原提呈。患者外周血 T 细胞数目正常，但细胞免疫功能严重受损，抗体合成和血清免疫球蛋白水平降低，可引起对 TD - Ag 的抗体应答缺失，对多种病原微生物的易感性增高。

三、T、B 细胞合作缺陷

T、B 细胞合作缺陷可导致：

1. Wiskott - Aldrich 综合征（WAS） 本病为 X 性连锁隐性遗传缺陷病，其发病机制是 X 染色体短臂编码 WAS 蛋白的基因缺陷。正常情况下 WAS 蛋白表达于胸腺、脾脏淋巴细胞和血小板表面，参与调节细胞骨架的组成。患者由于 WAS 蛋白基因缺陷，细胞骨架不能发生定向移动，使免疫细胞间相互作用受阻，造成 DC 的抗原提呈异常，T 细胞对 B 细胞的辅助作用丧失，并导致抗体形成障碍，还可表现 CD43 分子表达障碍。临床表现以湿疹、血小板减少和极易感染荚膜化脓性细菌三联征为其特点，常伴发自身免疫病及恶性肿瘤。

2. 毛细血管扩张性共济失调综合征 本病为常染色体隐性遗传，体内神经、血管、内分泌和免疫多个系统均被累及。其发病机制可能为 TCR 和 Ig 重链基因断裂、DNA 修复障碍及磷脂酰肌醇 3 - 激酶（PI3 kinase）基因缺陷，同时伴有信号转导相关基因异常。患者血清 IgA、IgG2 和 IgG4 减少或缺失，T 细胞数量和功能下降，临床表现为进行性小脑共济失调、毛细血管扩张及反复呼吸道感染，可并发恶性肿瘤和自身免疫病。

3. 普通变异型免疫缺陷病 该病是由于 T 细胞功能不同程度受损，使 B 细胞免疫球蛋白异常，多种 Ig 亚类减少所致。患者外周血 B 细胞表现为正常或减少，有些类型的 T 细胞数量与功能也可出现异常。

4. 性联高 IgM 综合征（X - linked hyperimmunoglobulin M syndrome） 患者多为男性，为 X 性联隐性遗传。本病的发病机制是 X 染色体上 CD40L（CD154）基因突变，使 T 细胞表达 CD40L 缺陷，干扰 T 细胞与 B 细胞的相互识别作用，致使 B 细胞不能增殖及 Ig 类别转换发生障碍。其特点为 B 细胞应答能力正常，但仅能产生 IgM 类抗体，血清 IgM 值增高（>11g/L），其他免疫球蛋白低下或缺乏，常伴有中性粒细胞减少。临床表现主要为反复细菌感染和某些机会感染（如卡氏肺囊虫），呼吸道感染较为多见。

5. 高 IgE 综合征 引起高 IgE 综合征的最常见基因缺陷是 STAT3 基因突变，除 IgE 增高外，还伴有 Th17 数量减少（这是引起多发感染的原因）。并常带有特征性的解剖学改变，如关节过伸，乳齿不能脱落（形成双重齿列）等。

四、引起细胞活化过度的免疫缺陷

正常情况下，T 细胞受到抗原刺激后，淋巴细胞增殖、分化，合成大量分泌细胞因子，表达多种膜表面蛋白分子，发挥清除抗原的免疫应答效应，同时过剩的活化淋巴细胞通过凋亡维持自身的恒定。当细胞膜表面的 Fas（CD95）或 FasL（CD95L）缺陷，细胞凋亡机制发生障碍，受刺激淋巴细胞将持续扩增，产生自身免疫淋巴增殖综合征（autoimmune lymphoproliferative syndrome，ALPS），临床表现为全身性淋巴组织增生，外周血出现未成熟 T 细胞、高免疫球蛋白血症等。（表 14 - 4）

表 14 - 4 原发性 T 细胞缺陷类型

缺陷基因	异常	典型感染
AIRE	多内分泌器官自身免疫综合征 - 1	白色念珠菌感染
ATM	毛细血管扩张性共济失调综合征	肺支气管感染
CIITA	MHC II 类分子	肺支气管感染
CD3 γ	CD3 γ 链缺陷	细菌、病毒感染
CD40L、 CD40、 AID、 NEMO、UNG	高 IgM 综合征	卡氏肺孢菌、弓形体、隐孢子虫感染
FAS、FASL	自身免疫淋巴组织增生综合征	无
Foxp3	X - 连锁免疫调节异常 - 多内分泌腺病 - 肠病综合征	无
γC、RAG - 1、RAG - 2、artemis、ADA、IL - 7Rα 链	Omenn 综合征	普遍感染，包括卡氏肺孢菌与金葡菌败血症
NBS1	Nijmegen 断裂综合征	肺支气管感染
PNP	PNP 缺陷	普遍感染
SH2DIA	Ⅰ型 X - 连锁淋巴组织增生病	EB 病毒感染
STAT3	高 IgE 综合征	胞外菌、葡萄球菌、曲霉菌、白色念珠菌感染
TAP - 1、TAP - 2、tapasin	MHC I 类分子	肺支气管感染
TBX1	DiGeorge 综合征	多发感染
WASP	Wiskott - Aldrich 综合征	荚膜胞外菌感染
XIAP	Ⅱ型 X - 连锁淋巴组织增生病	EB 病毒感染
ZAP70	ZAP70 缺陷	普遍感染

第五节 原发性联合免疫缺陷

联合免疫缺陷病（combined immunodeficiency disease，CID）在临床表现为体液免疫和细胞免疫联合缺陷，绝大多数联合免疫缺陷均源自 T 细胞的原发缺陷。尽管缺陷发生的基因各异，但患者通常具有共同的临床特征，表现为严重和持续的病毒、真菌、胞内寄生菌及机会性感染，严重者接种麻疹、牛痘、BCG 等减毒活疫苗可引起全身弥散性感染而致死亡。

一、严重联合免疫缺陷

严重联合免疫缺陷病（severe combined immunodeficiency disease，SCID）是一组源自 T 细胞早期发育调控基因缺陷的疾病，因 T 细胞在免疫应答过程中的关键地位，T 细胞的缺陷可使几乎全部的适应性免疫机制（有时甚至累及固有免疫）陷于瘫痪。患者多在 1 岁以内发生严重的消化道或呼吸道感染，预后极差。已发现七种以上 SCID 缺陷（图 14 - 3），其中发病率较高的依次为性联重症联合免疫缺陷病（X - SCID）、RAG1/RAG2 缺陷病、Arternis 基因缺陷、ADA 缺陷和 JAK - 3 基因缺陷。

1. 性联重症联合免疫缺陷病（X - SCID） 本病为性染色体遗传缺陷疾病，约占 SCID 的 40%。X - SCID 的发病机制是位于 X 染色体 Xq13 的 IL - 2Rγ 链基因发生突变，由于 IL - 2Rγ 链参与 IL - 2、IL - 4、IL - 7 等多种细胞因子的信号转导，并调控 T 细胞、B 细胞分化发育和成熟，故 IL - 2Rγ 链基因突变会导致 T 细胞、B 细胞分化功能发生障碍。患者外周血 T 细胞和 NK 细胞数量减少，B 细胞数量正常但功能异常，血清免疫球蛋白水平低下及类别转换障碍。患者易发生反复严重的霉菌、细菌和病毒感染。

2. RAG1/RAG2 缺陷病 本病为常染色体隐性遗传疾病。B 细胞与 T 细胞表面的膜分子，即 BCR（SmIg）、TCR 作为抗原识别受体，其功能是识别及接受抗原信息。SmIg 和 TCR 的 VDJ 基因在细胞发育过程中必须先经过重组才能被转录和翻译为具有功能的蛋白质。本病是由于 11p13 编码 VDJ 重组酶 RAG1/RAG2 基因突变，导致 SmIg 和 TCR 的 VDJ 基因重组发生障碍。患者表现为严重、复发性感染，包括卡氏肺囊虫、念珠菌、EB 病毒、巨细胞病毒和全身性细菌感染。

3. Arternis 基因缺陷病 Arternis 基因又称为 DNA 交联修复基因 1C（DNA cross - link repair 1C，DCLRE1C），在 VDJ 基因重排中起关键作用，故该基因突变使其表现与 RAG1/RAG2 缺陷类似。

4. ADA 缺陷病（详见本章第四节）

5. Janus 激酶 3（JAK - 3）缺陷症 为常染色体隐性遗传疾病，致病基因位于 19q13.1，临床表现与 X - SCID 十分类似。这是因为 Janus 激酶 3 正是 IL - 2Rγ 链的唯一相关信号转导分子。

其余 SCID 有网状组织发育不良症（Reticular dysgenesis）和 IL - 7Rα 链基因缺陷等。

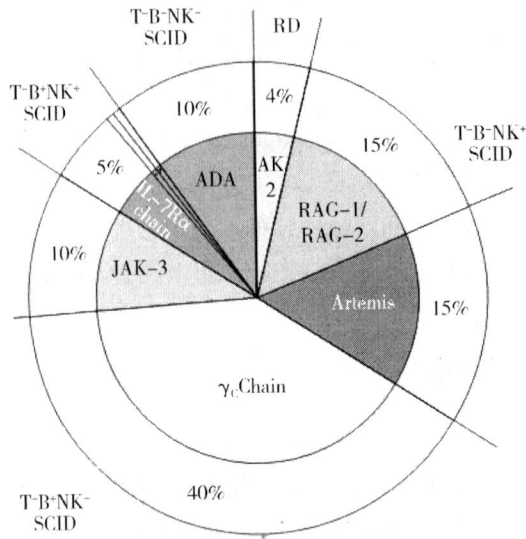

图 14 - 3　SCID 的缺陷原因与发病率

二、淋巴细胞功能异常联合免疫缺陷

Duncan 综合征，也即 I 型 X - 连锁淋巴组织增生病。此病缺陷基因为 SH2DIA，此基因负责编码 SAP 转录子，主要激活 IFN - γ 的合成。由 T 细胞形成的 IFN - γ 可调控 B 细胞的增殖并增强活化 B 细胞凋亡的敏感性。该病患者表现为发热、咽炎、淋巴结病以及不同程度的低 Ig 血症（可选择性缺乏几种类型的 Ig），对 EB 病毒表现为高度易感，本病是一种进行性的免疫缺陷性疾病。

第六节　继发性免疫缺陷病

继发性免疫缺陷病（secondary immunodeficiency disease，SID），又称获得性免疫缺陷病（acquired immunodeficiency disease，AID）是指因感染、肿瘤、创伤以及某些理化因素（许多是医源性因素）造成的免疫缺陷病。

一、继发性免疫缺陷的病因

继发性免疫缺陷是一种普遍存在却易被忽视的疾病状态，造成这种疾病状态的原因是十分复杂的。除了像 AIDS 这样的传染性疾病外，大多数的继发性免疫缺陷源自医源因素。此外部分的感染性疾病、代谢性疾病、肿瘤，以及创伤、手术、营养不良等也是一过性或持续性的免疫缺陷状态发生的原因。

（一）医源性因素

造成免疫缺陷状态的医源性因素，主要是临床抗肿瘤治疗方法和免疫抑制药物的使用。临床应用放疗和免疫抑制药物如糖皮质激素、环磷酰胺、甲胺蝶呤、环孢素及抗淋巴细胞球蛋白、抗淋巴细胞表面抗原的单克隆抗体制剂等，这些治疗手段均可不同程度引起机体免疫缺陷（表14-5）。放射线照射可破坏机体的免疫器官（如骨髓）及免疫细胞（T、B淋巴细胞），可引发免疫缺陷病。免疫抑制剂如糖皮质激素、环磷酰胺等对机体的体液免疫和细胞免疫均产生抑制作用，可抑制T细胞的活性和增殖，使细胞因子IL-2、IFN的分泌减少，降低NK细胞、B细胞的作用，导致免疫功能低下。免疫血清制剂如抗淋巴细胞球蛋白、抗淋巴细胞表面抗原的单克隆抗体制剂等，可针对淋巴细胞发生免疫应答，致使淋巴细胞数量减少，降低机体免疫功能。随着肿瘤发病率的升高和免疫抑制剂使用范围的扩大，医源性因素引起的免疫缺陷势必频繁发生，这正是需要警惕之处。

表14-5 引起继发性免疫缺陷病的医源性因素

因素	作用
辐射	直接破坏淋巴组织与细胞
糖皮质激素	直接破坏淋巴细胞、干扰淋巴细胞再循环
烷化剂	影响淋巴细胞DNA合成（B>T）
嘌呤拮抗剂	影响淋巴细胞核酸合成（B>T）
嘧啶拮抗剂	抑制核酸聚合酶活性
叶酸拮抗剂	影响DNA、蛋白质合成
甲基肼类	破坏DNA结构
羟基脲类	杀伤DNA合成期细胞
生物碱类	阻断DNA合成
抗肿瘤抗生素类	抑制RNA多聚酶
抗淋巴细胞血清	细胞毒作用、受体阻断作用
环孢菌素	阻断T细胞辅助作用

（二）感染

感染是造成继发性免疫缺陷的主要原因之一。可能导致继发性免疫缺陷的常见病原体包括细菌、病毒与寄生虫。比较具有代表意义的有HIV、CMV、EBV、麻疹病毒、风疹病毒以及结核杆菌、麻风杆菌等。

病原体造成继发性免疫缺陷的机制可以分为对免疫系统的直接破坏与损伤以及造成免疫偏离状态两类。前者以HIV为例，HIV主要通过性接触、输血或血制品的应用以及母婴垂直传播等途径感染机体。HIV侵犯宿主的$CD4^+$ T细胞以及表达CD4分子的单核/巨噬细胞、树突状细胞和神经胶质细胞等。HIV通过其外膜蛋白gp120与靶细胞膜表面CD4分子结合，同时与靶细胞膜表面共受体（CXCR4、CCR5）结合，病毒包膜与靶细胞膜融合，使病毒核心进入靶细胞。HIV在细胞内增殖，使$CD4^+$ T淋巴细胞及其他免疫细胞损伤，导致机体免疫功能（主要是细胞免疫）的缺陷，使患者因各种机会性感染和恶性肿瘤而致死。与其类似的还有麻疹病毒，但麻疹病毒所造成免疫缺陷是一过性的，并随着麻疹病毒的去除而消失。而 HIV 造成的免疫缺陷却是持续的、进行性的。后者如麻风杆菌，麻风杆菌造成的免疫偏离使得感染状态得以长期的延续。

（三）肿瘤

无论是免疫系统的肿瘤还是非免疫系统的肿瘤，都可以导致继发性免疫缺陷的发生。对于非免疫系统的肿瘤而言，研究表明有些肿瘤细胞可产生、释放一系列抑制性因子，如 IL - 10、TGF - β 和 PGE$_2$，在局部甚至全身形成继发性免疫缺陷状态。而免疫系统的肿瘤则可能由于直接的免疫系统损伤而导致免疫功能障碍。如多发性骨髓瘤（multiple myeloma），就是一个例子。多发性骨髓瘤是一种浆细胞的恶性肿瘤，由于单一克隆浆细胞的无限扩增，致使其他的抗体细胞形成功能低下，患者表现为特异性免疫球蛋白降低，易出现反复感染。此外骨髓瘤细胞还破坏正常的骨髓造血组织，使正常免疫细胞的生成受阻。T 淋巴细胞性白血病与恶性淋巴瘤也是一个典型的例子，低分化的 T 淋巴细胞完全丧失了正常的免疫功能，致使细胞免疫处于瘫痪境地。

（四）其他

应激是机体应付急剧环境变化的一种生理性代偿反应，同时也是造成一过性免疫缺陷的重要因素。而恰恰是这种应激状态会经常的出现于疾病的发生以及临床治疗过程中，如烧伤、失血、各种手术（即使是最简单的手术，都可以使敏感的病人进入应激状态）等。在应激状态下，患者血清中可出现多种免疫抑制因子，可抑制淋巴细胞生成 IL - 2，血液中淋巴细胞减少，其中 CD4$^+$ T 细胞的减少最为明显，同时吞噬细胞的吞噬能力下降以及血清免疫球蛋白（如 IgM）降低等。

营养不良也是造成免疫缺陷的可能原因之一，蛋白质、脂肪、维生素和矿物质摄入不足，可影响免疫细胞的发育，降低机体对病原体的抵御能力。营养不良可对免疫器官胸腺、脾和淋巴结等造成影响，这些免疫器官的大小、重量、组织结构、细胞密度和成分都有明显的退行性改变。表现为淋巴细胞数量减少，主要为 CD4$^+$ T 细胞减少。营养不良时机体黏膜局部的免疫功能明显降低，分泌性 IgA 的分泌显著减少，黏膜局部保护屏障作用减弱，对病原体的易感性增加。

慢性疲劳综合征（chronic fatigue syndrome，CFS），也称为亚健康状态，已经被确认是一种轻度的免疫缺陷综合征。患者有不同程度的免疫功能减退的表现，同时伴有 EB 病毒等疱疹病毒感染的迹象。临床可出现疲劳、肌肉疼痛、记忆力减退、注意力不集中、头痛、头晕、失眠、精神抑郁等表现。目前仍然不能确定的是，慢性疲劳综合征所伴随的疱疹病毒感染是造成免疫缺陷状态的原因还是免疫缺陷状态的后果。

此外，一些代谢性疾病，如糖尿病、酒精性肝硬化以及遗传性疾病，如血红蛋白病等也可造成免疫缺陷状态的出现。

二、继发性免疫缺陷病举例

获得性免疫缺陷综合症（Acquired immunodeiciency syndrome，AIDS）是因感染引起

的典型继发性免疫缺陷病。该病由人类免疫缺陷病毒（human immunodeficiency virus, HIV）感染所致，其致病机制如下所列。

1. HIV 侵入免疫细胞的机制 CD4 是 HIV 糖蛋白的特异性受体，故 HIV 主要侵犯宿主的 $CD4^+T$ 细胞以及表达 CD4 分子的单核/巨噬细胞、树突状细胞和神经胶质细胞等。HIV 通过其外膜蛋白 gpl20 与靶细胞膜表面 CD4 分子结合，同时与靶细胞膜表面共受体（CXCR4、CCR5）结合，导致 gpl20 构象改变，使包膜糖蛋白 gp41 暴露，进而使病毒包膜与靶细胞膜融合，使病毒核心进入靶细胞。

2. HIV 损伤 $CD4^+$ 细胞的机制 ①HIV 对 $CD4^+$ 细胞的直接杀伤作用：病毒包膜穿入靶细胞膜或病毒颗粒出芽释放时引起细胞膜损伤、抑制细胞膜脂质合成、介导细胞间的融合形成多核巨细胞、未整合的病毒 DNA 胞内聚集干扰细胞正常代谢、干扰细胞 mRNA 的功能、降解细胞 RNA 和抑制蛋白合成；②HIV 对 $CD4^+$ 细胞的间接杀伤作用：病毒感染产生毒性细胞因子对正常细胞生长因子起抑制作用，病毒诱生 CTL 或抗体介导特异性细胞毒作用或 ADCC 效应破坏受染细胞；③HIV 抑制 $CD4^+T$ 细胞产生：病毒感染直接致使胸腺细胞的死亡和胸腺组织的萎缩，导致 $CD4^+T$ 细胞产生受阻，HIV 直接感染骨髓中的淋巴干细胞（CD34）和基质细胞；④HIV 诱导 $CD4^+$ 细胞凋亡：gpl20 可通过激活 Ca^{2+} 通道或 Fas/FasL 途径诱导细胞凋亡，而 gp41 通过增加细胞膜的通透性诱发细胞凋亡，另外 Tat 蛋白使受染细胞对 Fas/FasL 凋亡途径敏感性增高及受染细胞细胞因子分泌增强等均可诱导细胞凋亡。

3. HIV 损伤抗原提呈细胞的机制 抗原提呈细胞可捕捉、内吞 HIV，但 HIV 不能在其细胞内复制，一般不直接损伤这些细胞。但 APC 均表达 MHC Ⅱ类分子，而 MHC Ⅱ类分子与 gp120 有同源性，机体产生的针对 gp120 的特异性抗体和 CTL，可与 MHC Ⅱ类分子发生交叉反应，也可损伤抗原提呈细胞，使其抗原提呈功能丧失。

4. HIV 损伤神经细胞的机制 HIV 可感染神经胶质细胞，由于 Tr 细胞减少和功能丧失，引起脑组织自身免疫损伤，因此，AIDS 患者最终表现痴呆等中枢神经系统症状。

AIDS 的临床病程可分为四期：①急性感染期：机体感染 HIV 后 1～3 周，感染者可表现出类似感冒或单核细胞增多症的症状，如发热、头痛、肌痛、腹泻、咽炎和淋巴结肿大等，在感染 HIV 2～4 周后，症状减轻和消退，但可在体液中检出病毒 p24 抗原，4～8 周后可检测到抗 HIV 抗体，如抗 gp120、抗 gp41、抗 p24 抗体等；②无症状潜伏期：一般为 6 个月至 4～5 年，也可长达 10～12 年，无临床症状，但 HIV 仍在宿主体内复制，外周血中可检出 HIV 病毒和抗体，具有传染性；③AIDS 相关综合征（AIDS - related syndrome，ARS）期：随着 HIV 大量复制，造成机体免疫系统进行性损伤，开始出现各种症状并逐渐加重，可有持续低热、盗汗、体重减轻、慢性腹泻、全身淋巴结肿大、口腔念珠菌病、黏膜白斑病等全身症状；④典型 AIDS 发病期：血中高水平检出 HIV，$CD4^+T$细胞明显下降，引起严重免疫缺陷和自身免疫损伤，出现多种机会性感染、恶性肿瘤和神经系统疾患等三大症状。

从 AIDS 的发病进程与临床表现可以反映出多数继发性免疫缺陷病的一般特征。

第七节　免疫缺陷病的诊断与治疗

原发性与继发性免疫缺陷病在形成病因上具有很大差异，其临床诊断与治疗亦各有不同。

一、原发性免疫缺陷病的诊断与治疗

原发性免疫缺陷病的诊断重在辨明类型与原因，随着临床免疫学研究的不断深入，许多原为不治之症的原发性免疫缺陷病正在获得理想的治疗效果。

（一）原发性免疫缺陷病的诊断

原发性免疫缺陷病的临床诊断主要依据病史与实验室诊断。原发性免疫缺陷病患者异乎寻常的感染特点是病史中可以提供的重要诊断线索。这些临床特点包括：①感染频率升高：患者在短时间内出现多次感染；②感染严重程度增高：患者感染后产生的后果较常人严重，往往出现极为严重的并发症；③感染持续时间延长：患者一次感染所持续的时间较常人长，且难以治愈，常常出现前次感染尚未痊愈，后次感染已经发生的情形；④感染形式复杂化：由于感染的重复与叠加，感染类型复杂化，临床的感染表现往往不具有特定病原体感染的特征性表现，而出现一些罕见的临床表现，使得感染的诊断难以准确；⑤条件致病菌感染：患者可受到一些正常状态下不易感染的微生物感染，如口腔白色念珠菌感染等。

对于临床上不明原因的反复感染，应考虑免疫缺陷病的可能。具有阳性家族史者，更应注意 PID 的可能。临床诊断 PID 需进行相应的实验室检查，以明确免疫缺陷病的性质。实验室检查分为三个层次，首先进行初筛检查，其次进行确诊检查，最后进行分类检查。初筛检查是首先判断免疫缺陷的类型，如属于抗体缺陷还是细胞免疫缺陷，抑或是联合免疫缺陷；确诊是在已判断的免疫缺陷类型基础上，确定相应的疾病，在可能的范围内，再对某一免疫缺陷病的遗传类型作出分类，以判明病因（如同样诊断确诊为SCID，则需明确是性联重症联合免疫缺陷病，还是 RAG1/RAG2 缺陷病，抑或是腺苷脱氨酶缺陷症等）；具体的实验室诊断如下表所列。（表 14 – 6、表 14 – 7）

表 14 – 6　原发性免疫缺陷病的诊断要点

缺陷类型	筛选	确诊	分类
抗体	免疫电泳 血清 Ig 水平	B 细胞计数 血清 IgE 水平 SIgA 水平 同种溶血反应 嘌呤代谢测定	皮肤试验 特异性抗原免疫 抗体形成能力试验

续表

缺陷类型	筛选	确诊	分类
细胞免疫	皮试 CD4/CD8 比值	花环形成试验 丝裂原反应 胸腺摄片 淋巴细胞活检 TCR 检测	细胞因子检测 膜分子检测 皮肤移植排斥反应
补体	白细胞分类、计数 CH50 测定	补体含量 黏附分子检测	补体成分分析
吞噬细胞	白细胞分类、计数 细胞形态学检查 细胞组织化学检查	吞噬指数 NBT 试验 淋巴结活检 膜分子检测 黏附分子检测	趋化性试验 C – 反应蛋白测定 溶酶体酶测定

表 14 – 7 原发性免疫缺陷病的 CD 分子检测

CD 分子变化	T 细胞受累	B 细胞受累	相应疾病
CD3、CD19 减少	+ + +	+ + +	SCID
CD3 减少、CD19 正常或稍低	+ + +	—	X – Link SCID
	+ + +	—	PNP 缺乏
	+	—	毛细血管共济失调
	+ +	—	DiGeorge 综合征
	+ + +	—	CD7 缺乏综合征
CD3 正常、CD19 稍低，伴 Ig 降低	—	+ + +	Bruton 综合征
	—	+	各类 Ig 缺陷
CD3、CD19 正常	—	—	MHC II 类分子缺陷
	—	—	LAD
	—	—	CD8 $^+$ 细胞减少

（二）原发性免疫缺陷病的治疗

原发性免疫缺陷病的治疗措施可分为一般性处理、替代性治疗和根治性重建治疗。

1. 一般性处理 原发性免疫缺陷病的一般性处理主要是抗感染治疗与支持性疗法。①抗感染治疗：根据感染的病原体的种类不同采用敏感的抗感染药物，对于反复发作的细菌感染选用抗生素治疗，其他病原体可应用抗真菌、抗病毒、抗原虫和抗支原体药物治疗，以控制感染，缓解病情，少数病例需长期给予抗菌药物预防感染；②支持性疗法：PID 患者应加强护理，并注重营养，不宜进行减毒活疫苗的接种，有一定抗体反应者可考虑给予灭活疫苗（如百 – 白 – 破三联疫苗）接种，对于细胞免疫缺陷的患者，使用新鲜血液制品时，应先进行血液放射处理，以免发生移植物抗宿主反应。

2. 替代性治疗 对部分原发性免疫缺陷患者可考虑进行替代性治疗。例如：采用过继性抗体治疗性联无丙种球蛋白血症；应用重组 ADA 治疗 ADA 缺乏所致 SCID；应用重组 IFN – γ 治疗 CGD 等。

3. 根治性重建治疗 随着器官组织移植、基因工程技术等迅速进入临床，通过根治性重建治疗拯救更多的原发性免疫缺陷患者已经成为可能。现有的根治性重建治疗措施包括免疫重建和基因治疗。所谓免疫重建是指通过造血干细胞、胸腺、胚肝、骨髓移植技术重建机体免疫功能。目前已采用免疫重建技术治疗的原发性免疫缺陷，包括 SCID、WAS、CGD 和 DiGeorge 综合征等。某些原发性免疫缺陷病是由单基因缺陷所致，通过基因治疗可获得良好疗效。例如：分离患者 $CD34^+$ 细胞，将目的基因（正常 ADA 基因）转染后再回输患者体内，可成功治疗 ADA 缺乏所致的 SCID。根据相同机理采用基因治疗方法可治疗其他基因缺陷病。

二、继发性免疫缺陷病的诊断与治疗

对 AIDS 以外的继发性免疫缺陷，目前临床关注度较低，因此强化对继发性免疫缺陷状态的认知与识别也是医学免疫学教育需要承担的职责。

（一）继发性免疫缺陷病的诊断

继发性免疫缺陷状态在临床非常多见，但容易被忽视。对于继发性免疫缺陷病的诊断，关键在于免疫缺陷状态的认定。除了临床感染的异常表现外，实验室检查是不可或缺的。抗体的水平与 T 淋巴细胞的绝对计数是判断免疫缺陷状态最主要的参考指标。在确认免疫缺陷状态后，排除引起原发免疫缺陷病的因素也是十分重要的，这是鉴别 PID 和 SID 的主要依据，换言之，大多数 SID 的诊断需要建立在查明病因的基础之上。与此同时，从 AIDS 的发现过程来看，对 SID 病因的检查很有可能继续发现新的致病因素。

（二）继发性免疫缺陷病的治疗

继发性免疫缺陷病的治疗主要是病因治疗，大多数的继发性免疫缺陷状态都是可逆的。因此积极治疗原发疾病，根据病因采取不同的治疗措施，是解决继发性免疫缺陷状态最有效的手段。AIDS 抗病毒治疗所取得的令人鼓舞的成果就是一个明证。

免疫激活疗法是在暂时无法去除造成继发性免疫缺陷状态的病因时（如使用抗肿瘤化疗或必须长期服用免疫抑制剂等）可以考虑的一种辅助治疗手段。目前使用的免疫激活性制剂，主要有 IFN – γ、IL – 2 和胸腺素等细胞因子；黄芪多糖、香菇多糖、刺五加多糖等中药制剂；卡介苗、短小棒状杆菌等微生物制剂。

拓展与思考

在 AIDS 发现之前，免疫缺陷病并不是临床的常见病。即便在当今，AIDS 已广为熟知的情况下，广大医务工作者仍然普遍缺乏免疫缺陷的相关知识。若通过本章的学习能令读者在此领域有所收获，则是作者之大幸。但仍希望你能思考如下问题：第一，你觉得基因缺陷性疾病是否应当加以重视？为什么？第二，作者将此章放在全书最后的意图是什么？第三，学习了有关免疫缺陷的知识后，你能发现你周围的"免疫缺陷"现象吗？

（马彦平　王　易）

附录 Ⅰ　适合阅读的教科书与参考书

Fundamental Immunology

William E. Paul

出版社：Lippincott Williams and Wilkins；7th ed（2012 年 12 月 11 日）

精装：1312 页

语种：英语

ISBN：1451117833

Encyclopedia of Medical Immunology

Ian MacKay，Noel R. Rose

出版社：Springer – Verlag New York Inc.（2012 年 2 月 1 日）

精装：4000 页

语种：英语

ISBN：0387848290

Kuby Immunology

Judy Owen，Jenni Punt，Sharon Stranford

出版社：W. H. Freeman & Company；7th ed（2013 年 1 月 25 日）

平装：574 页

语种：英语

ISBN：142921919X

Roitt's Essential Immunology

Peter J. Delves，Seamus J. Martin，Dennis R. Burton，Ivan M. Roitt

出版社：Wiley – Blackwell；12th ed（2011 年 5 月 16 日）

丛书名：Essentials

平装：560 页

语种：英语

ISBN：1405196831

Immunology

David K. Male，Jonathan Brostoff，David E. Roth，Ivan M. Roitt

出版社：Saunders；8th ed（2012 年 9 月 17 日）

平装：482 页

语种：英语

ISBN：0323080588

Cellular and Molecular Immunology

Abul K. Abbas MBBS，Andrew H. Lichtman MD PhD，Shiv Pillai MD

出版社：Saunders；7th ed（2011 年 5 月 9 日）

丛书名：Abbas，Cellular and Molecular Immunology

平装：560 页

语种：英语

ISBN：1437715281

From Innate Immunity to Immunological Memory

Bali Pulendran，Rafi Ahmed

出版社：Springer – Verlag Berlin and Heidelberg GmbH & Co. K（2010 年 11 月 23 日）

平装：194 页

语种：英语

ISBN：3642069088

Immunology of the Lymphatic System

Laura Santambrogio

出版社：Springer – Verlag New York Inc.（2013 年 5 月 31 日）

精装：182 页

语种：英语

ISBN：1461432340

Complement in Health and Disease

K. Whaley，M. Loos，J. Weiler

出版社：Springer（2012 年 10 月 29 日）

平装：396 页

语种：英语

ISBN：9401049815

Macrophage Biology and Activation

Stephen W. Russell, Siamon Gordon

出版社: Springer – Verlag Berlin and Heidelberg GmbH & Co. K（2011 年 11 月 22 日）

平装: 316 页

语种: 英语

ISBN: 3642773796

Dendritic Cells in Fundamental and Clinical Immunology

Eduard W. A. Kamperdijk, Paul Nieuwenhuis, Elizabeth C. M. Hoefsmit

出版社: Springer – Verlag New York Inc.（2012 年 10 月 28 日）

平装: 674 页

语种: 英语

ISBN: 1461362725

Specificity, Function, and Development of NK Cells

Klas Karre, Marco Colonna

出版社: Springer – Verlag Berlin and Heidelberg GmbH & Co. K（2012 年 3 月 8 日）

平装: 264 页

语种: 英语

ISBN: 3642468616

The Molecular Biology of B – cell and T – cell Development

John G. Monroe, Ellen Rothenberg

出版社: Humana Press Inc.（2010 年 11 月 9 日）

平装: 604 页

语种: 英语

ISBN: 1617370657

Function and Specificity of T Cells

Klaus Pfeffer, Klaus Heeg, Hermann Wagner, Gert Riethmuller

出版社: Springer – Verlag Berlin and Heidelberg GmbH & Co. K（2011 年 11 月 22 日）

平装: 312 页

语种: 英语

ISBN: 3642764940

CD4$^+$CD^{2}5 + Regulatory T Cells: Origin, Function and Therapeutic Potential

B. Kyewski, Elisabeth Suri – Payer

出版社：Springer – Verlag Berlin and Heidelberg GmbH & Co. K（2010 年 12 月 8 日）

平装：344 页

语种：英语

ISBN：3642063764

Immunology of the Female Genital Tract

Ernst Rainer Weissenbacher

出版社：Springer – Verlag Berlin and Heidelberg GmbH & Co. K（2013 年 4 月 29 日）

精装：300 页

语种：英语

ISBN：3642149057

Mucosal Immunology

Shnawa Ibrahim

出版社：LAP Lambert Academic Publishing AG & Co KG（2013 年 3 月 29 日）

平装：68 页

语种：英语

ISBN：3659380822

Apoptosis in Immunology

Guido Kroemer, Carlos Martinez – A.

出版社：Springer – Verlag Berlin and Heidelberg GmbH & Co. K（2011 年 12 月 21 日）

丛书名：Current Topics in Microbiology and Immunology

平装：260 页

语种：英语

ISBN：3642794394

Clinical Immunology：Principles and Practice

Robert R. Rich, Thomas A. Fleisher, William T. Shearer, Harry W. Schroeder, Anthony J. Frew, Cornelia M. Weyand

出版社：Saunders（W. B.）Co Ltd；4th ed（2012 年 12 月 12 日）

精装：1323 页

语种：英语

ISBN：0723436916

Oxford Handbook of Clinical Immunology and Allergy

Gavin Spickett

出版社：Oxford University Press；3thed（2013 年 3 月 1 日）

平装：656 页

语种：英语

ISBN：0199603243

Cellular, Molecular, and Clinical Aspects of Allergic Disorders

Sudhir Gupta

出版社：Springer – Verlag New York Inc.（2012 年 12 月 27 日）

平装：652 页

语种：英语

ISBN：1468409905

Manual of Allergy and Immunology

Daniel C. Adelman, Thomas B. Casale, Jonathan Corren

出版社：Lippincott Williams and Wilkins（2012 年 3 月 29 日）

平装：504 页

语种：英语

ISBN：1451120516

Immunology of Infection

Stefan H. E. Kaufmann, Dieter Kabelitz

出版社：Academic Press Inc.（2010 年 11 月 15 日）

丛书名：Methods in Microbiology

精装：544 页

语种：英语

ISBN：0123748429

Cancer Immunology and Immunotherapy

Glenn Dranoff

出版社：Springer – Verlag Berlin and Heidelberg GmbH & Co. K（2011 年 5 月 4 日）

精装：318 页

语种：英语

ISBN：3642141358

Transplantation Immunology

Andrea A. Zachary, Mary S. Leffell

出版社：Humana Press Inc.（2013 年 6 月 30 日）

精装：460 页

语种：英语

ISBN：1627034927

Autoimmune Reactions

Sudhir Paul

出版社：Humana Press Inc.　（2012 年 10 月 10 日）

平装：458 页

语种：英语

ISBN：1461272157

Current Concepts in Autoimmunity and Chronic Inflammation

Andreas Radbruch，Peter E. Lipsky

出版社：Springer – Verlag Berlin and Heidelberg GmbH & Co. K（2010 年 11 月 29 日）

平装：292 页

语种：英语

ISBN：364206745X

Immunology for Pharmacy

Dennis Flaherty PhD

出版社：Mosby（2011 年 8 月 18 日）

平装：272 页

语种：英语

ISBN：0323069479

Diagnostic Immunology

Lambert M. Surhone，Mariam T. Tennoe，Susan F. Henssonow

出版社：Betascript Publishing（2010 年 9 月 17 日）

平装：100 页

语种：英语

ISBN：6133040831

医学免疫学

龚非力

出版社：科学出版社；第 3 版（2009 年 7 月 1 日）

平装：367 页

语种：简体中文

ISBN：7030249429，9787030249425

医学免疫学

袁育康

出版社：科学出版社；第 1 版（2010 年 11 月 1 日）

平装：351 页

语种：简体中文

ISBN：7030293290，9787030293299

医学免疫学

孙奕、闫玉文

出版社：人民军医出版社；第 1 版（2011 年 7 月 1 日）

平装：192 页

语种：简体中文

ISBN：9787509148204

免疫应答导论（中译版）

外文书名：Primer to the Immune Response

塔克·马可（Mak. T. W.）、玛丽·桑德斯（Saunders. M.）

吴玉章（译者）

出版社：科学出版社；第 1 版（2012 年 3 月 1 日）

平装：454 页

语种：简体中文

ISBN：7030330595，9787030330598

免疫的细胞社会生态学原理

吴克复

出版社：科学出版社；第 1 版（2012 年 8 月 1 日）

平装：456 页

语种：简体中文

ISBN：9787030351999

附录 II　可供阅读的免疫学专业刊物

一、SCI 收录影响因子超过 3 分的免疫学专业刊物列表

杂志名称	ISSN	5 年期平均影响因子	2012 年影响因子
ADVANCES IN IMMUNOLOGY	0065 – 2776	7. 438	5. 762
AIDS	0269 – 9370	6. 16	6. 245
AIDS REVIEWS	1139 – 6121	3. 913	3. 512
ALLERGY	0105 – 4538	6. 098	6. 271
ANNUAL REVIEW OF IMMUNOLOGY	0732 – 0582	42. 901	52. 761
AUTOIMMUNITY REVIEWS	1568 – 9972	5. 214	6. 624
BIODRUGS	1173 – 8804	3. 12	3. 443
BIOLOGY OF BLOOD AND MARROW TRANSPLANTATION	1083 – 8791	3. 792	3. 873
BONE MARROW TRANSPLANTATION	0268 – 3369	3. 313	3. 746
BRAIN BEHAVIOR AND IMMUNITY	0889 – 1591	4. 946	4. 72
CANCER IMMUNOLOGY IMMUNOTHERAPY	0340 – 7004	3. 476	3. 701
CLINICAL AND EXPERIMENTAL ALLERGY	0954 – 7894	4. 342	5. 032
CLINICAL IMMUNOLOGY	1521 – 6616	3. 893	4. 046
CLINICAL INFECTIOUS DISEASES	1058 – 4838	8. 667	9. 154
CLINICAL REVIEWS IN ALLERGY & IMMUNOLOGY	1080 – 0549	2. 896	3. 677
CRITICAL REVIEWS IN IMMUNOLOGY	1040 – 8401	3. 322	3. 317
CURRENT OPINION IN ALLERGY AND CLINICAL IMMUNOLOGY	1528 – 4050	3. 601	4. 108
CURRENT OPINION IN IMMUNOLOGY	0952 – 7915	9. 142	9. 522
CURRENT TOPICS IN MICROBIOLOGY AND IMMUNOLOGY	0070 – 217X	4. 441	4. 925
CYTOKINE	1043 – 4666	3. 171	3. 019
DEVELOPMENTAL AND COMPARATIVE IMMUNOLOGY	0145 – 305X	3. 445	3. 268
EMERGING INFECTIOUS DISEASES	1080 – 6040	6. 689	6. 169
EUROPEAN JOURNAL OF IMMUNOLOGY	0014 – 2980	4. 893	5. 103
EXERCISE IMMUNOLOGY REVIEW	1077 – 5552	3. 95	2. 789

杂志名称	ISSN	5 年期平均影响因子	2012 年影响因子
EXPERT REVIEW OF VACCINES	1476 – 0584	3.865	4.251
GENES AND IMMUNITY	1466 – 4879	3.505	3.872
IMMUNITY	1074 – 7613	21.094	21.637
IMMUNOBIOLOGY	0171 – 2985	3.618	3.205
IMMUNOL CLINICAL AND EXPERIMENTAL IMMUNOLOGY	0009 – 9104	3.071	3.36
IMMUNOLOGIC RESEARCH	0257 – 277X	3.167	3.026
IMMUNOLOGICAL REVIEWS	0105 – 2896	11.293	11.148
IMMUNOLOGY	0019 – 2805	3.386	3.321
IMMUNOLOGY AND ALLERGY CLINICS OFNORTH AMERICA	0889 – 8561	3.156	2.556
IMMUNOLOGY AND CELL BIOLOGY	080818 – 9641	3.609	3.661
INFECTION AND IMMUNITY	0019 – 9567	4.055	4.165
INNATE IMMUNITY	1753 – 4259	3.729	4
INTERNATIONAL IMMUNOLOGY	0953 – 8178	3.245	3.415
INTERNATIONAL REVIEWS OF IMMUNOLOGY	0883 – 0185	3.228	3.426
JOURNAL OF ACQUIRED IMMUNE DEFICIENCY SYNDROMES	1525 – 4135	4.614	4.425
JOURNAL OF ALLERGY AND CLINICAL IMMUNOLOGY	0091 – 6749	9.712	11.003
JOURNAL OF AUTOIMMUNITY	0896 – 8411	5.165	7.368
JOURNAL OF BIOLOGICAL REGULATORS AND HOMEOSTATIC AGENT	0393 – 974X	3.331	5.183
JOURNAL OF CLINICAL IMMUNOLOGY	0271 – 9142	3.371	3.077
JOURNAL OF EXPERIMENTAL MEDICINE	0022 – 1007	14.665	13.853
JOURNAL OF IMMUNOLOGY	0022 – 1767	5.859	5.788
JOURNAL OF IMMUNOTHERAPY	1524 – 9557	3.228	3.267
JOURNAL OF LEUKOCYTE BIOLOGY	0741 – 5400	4.73	4.992
JOURNAL OF NEUROIMMUNOLOGY	0165 – 5728	3.024	2.959
MEDICAL MICROBIOLOGY AND IMMUNOLOGY	0300 – 8584	3.293	3.833
MICROBES AND INFECTION	1286 – 4579	3.005	3.101
MOLECULAR IMMUNOLOGY	0161 – 5890	3.023	2.897
MUCOSAL IMMUNOLOGY	1933 – 0219	7.006	6.963
NATURE IMMUNOLOGY	1529 – 2908	24.735	26.008
NATURE REVIEWS IMMUNOLOGY	1474 – 1733	34.302	33.287
PEDIATRIC INFECTIOUS DISEASE JOURNAL	0891 – 3668	3.362	3.577
SEMINARS IN IMMUNOLOGY	1044 – 5323	8.197	6.393
SEMINARS IN IMMUNOPATHOLOGY	1863 – 2297	6.181	6.274
TRANSPLANTATION	0041 – 1337	3.689	4.003
TRENDS IN IMMUNOLOGY	1471 – 4906	8.992	10.403
TUBERCULOSIS	1472 – 9792	3.149	3.474
VACCINE	0264 – 410X	3.7	3.766

二、国内有影响的免疫学专业刊物列表

杂志名称	ISSN	主办单位	2012 年影响因子
Cellular & molecular immunology	1672 – 7681	中国科大免疫学研究所	3.419
中华微生物学和免疫学杂志 Chinese Journal of Microbiology and Immunology	0254 – 5101	中华医学会	
中国免疫学杂志 Chinese Journal of Immunology	1000 – 484X	中国免疫学会	
现代免疫学杂志 Current Immunology	1001 – 2478	上海市免疫学研究所、上海市免疫学会	0.376
免疫学杂志 Immunological Journal	1000 – 8861	第三军医大学、中国免疫学会	
细胞与分子免疫学杂志 Chinese Journal of Cellular and Molecular Immunology	1007 – 8738	第四军医大学、中国免疫学会	
国际免疫学杂志 International Journal of Immunology	1673 – 4394	中华医学会、哈尔滨医科大学	

附录Ⅲ 可参阅的免疫学相关网站

http：//www. ncbi. nlm. nih. gov
美国国家生物技术信息中心（PubMed）

http：//www. freemedicaljournals. com/
免费医学杂志

http：//www. scicentral. com/
科学文献中心

http：//www. ebi. ac. uk/
欧洲生物信息研究所

http：//www. biosino. org/
中国生物信息网

http：//www. cbi. pku. edu. cn/
北京大学生物信息中心

http：//cmbi. bjmu. edu. cn/
中国医学生物信息

http：//202. 196. 208. 10/
中国免疫学信息网

http：//www. nsfc. gov. cn
中国国家自然科学基金委员会

http：//www. immunologylink. com/

国际免疫学链接（Immunology Link）

http：//www. csi - cams. org. cn/
中国免疫学会

http：//www. mic. ki. se
卡罗林思克医学研究所（Karolinska Institutet 瑞典）

http：//www. primaryimmune. org/
免疫缺陷病基金（Immune Deficiency Foundation）

http：//www. biology. arizona. edu/immunology/immunology. html
亚利桑那大学免疫学课程

http：//www. iir. suite. dk/IIRhome. htm
哥本哈根炎症研究所

http：//www. ibt. unam. mx/vir/structure/structures. html
抗体结构数据库（3D structures of antibodies）

http：//stke. sciencemag. org/
信号转导知识环境

http：//www. copewithcytokines. de/
在线细胞因子百科全书（COPE ）

http：//cytokine. medic. kumamoto - u. ac. jp/
细胞因子家族数据库（dbCFC）

http：//cmbi. bjmu. edu. cn/cmbidata/cgf/CGF_ Database/cytweb/
细胞因子网（Cytokines Web ）

http：//bioinformatics. uams. edu/
阿肯色大学医学生物信息中心

http：//newscenter. cancer. gov/cancertopics/understandingcancer/immunesystem
美国国立癌症研究所（Understanding Cancer Series）

http：//www. meds. com/
医学在线 （Immunotherapy）

http：//www. immunomicsonline. com/
免疫组学在线

http：//www. vaccines. com/
国际疫苗组织

http：//www. whale. to/vaccines. html
国际疫苗链接

http：//bioinf. uta. fi/IDbases/
免疫缺陷性突变基因数据库

http：//www. carcinoembryonic – antigen. de/
慕尼黑大学癌胚抗原数据库 （CEA）

http：//www. hiv. lanl. gov/
美国 HIV 国家实验室 （HIV Database）

http：//imgt. cines. fr/
国际免疫遗传信息系统

http：//www. aaaai. org/
美国免疫于变态反应研究院

http：//www. who. int/vaccines/
WHO 预防接种专页

http：//people. cryst. bbk. ac. uk/ ~ ubcg07s/
伦敦大学人工抗体设计数据库

http：//www. path. cam. ac. uk/ ~ mrc7/mikeimages. html
免疫球蛋白结构与功能

http：//www. mianyi. org/mianyi/
中国免疫在线

http：//www. immuneweb. cn/bbs/
免疫学论坛

附录Ⅳ　英汉索引

Ⅰa – associated invariant chain，Ⅰa 相关的不变链 ·················· 57

A

ACTH，促肾上腺素 ······························· 4

Activation – induced cell death，AICD，激活诱导凋亡 ··············· 158

acute phase reactant，炎症急性期反应 ··················· 31

adaptive immunity，适应性免疫 ····················· 2

adenosine deaminase，ADA，腺苷脱氨酶 ··················· 252

adhesion molecule，AM，黏附分子 ····················· 4

allograft，同种异体移植 ························· 234

allotype，同种异型 ··························· 16

alpha – fetoprotein，AFP，甲胎蛋白 ··················· 219

anaphylactoid reaction，类过敏反应 ····················· 181

anchor residue，锚着残基 ························· 51

antibody – directed enzyme/pro – drug therpy，ADEPT，抗体介导的酶前药物治疗 ······ 230

antigen reactive cell，ARC，抗原反应细胞 ··················· 17

antigenic drift，抗原转换 ························· 205

antiidiotypic antibody，AID，抗独特型抗体 ················· 17

antimicrobial peptides，AMPs，抗微生物肽 ··················· 7

apoptosome，凋亡体 ··························· 105

autocrine，自分泌 ··························· 62

autograft，自体移植 ··························· 233

autoimmune hemolytic anemia，AIHA，自身免疫性溶血性贫血 ··········· 176

autoimmune lymphoproliferative syndrome，ALPS，自身免疫淋巴增殖综合征 ········ 254

autoimmune neutropenia，AIN，自身免疫性白细胞缺乏症 ············· 176

B

BAF，B 细胞激活因子 ··························· 63

bare lymphocyte syndrome, BLS, 裸淋巴细胞综合征 ……………… 52, 101, 253

biological response modifier, BRM, 生物应答调节剂 ……………………… 231

C

C - type lectin receptor, CLR, C 型凝集素受体 …………………………… 97

Ca²⁺ - dependent cell adhesion molecule family, Cadherin, 钙黏素或钙依赖的细胞黏附

分子家族 …………………………………………………………………… 87

calcium dependent lectin domain, CL, C 型凝集素结构域 ……………… 82

calcium pyrophosphate dihydrate, CPPD, 焦磷酸钙二水合物 ………… 101

calnexin, 钙联蛋白 ……………………………………………………………… 60

calreticulin, 钙网蛋白 …………………………………………………………… 60

candidate gene, 候选基因 ……………………………………………………… 44

carcinoembryonic antigen, CEA, 癌胚抗原 ………………………………… 219

caspase recruitment domain, CARD, 胱天蛋白酶招募结构域 ………… 99

cathepsins, Cath, 组织蛋白酶 ………………………………………………… 56

chronic fatigue syndrome, CFS, 慢性疲劳综合征 ………………………… 258

chronic granulomatous disease, CGD, 慢性肉芽肿病 …………………… 248

class II - associated invariant chain peptide, CLIP, 与 II 类结合的不变链肽段 ……… 57

Clustered Regularly Interspaced Short Palindromic Repeats RNA, CRISPR …………… 7

CNTF, 睫状神经营养因子 …………………………………………………… 68

codominance, 共显性 …………………………………………………………… 47

collectin family, 胶原凝集素家族 …………………………………………… 32

combined immunodeficiency disease, CID, 联合免疫缺陷病 ………… 255

Common lymphoid progenitor, CLP, 共同淋巴系祖细胞 ……………… 114

Common myeloid progenitor, CMP, 共同髓系祖细胞 …………………… 114

common variable immunodeficiency, CVID, 普通变异型免疫缺陷病 …………… 251

complement control protein, CCP, 补体调节蛋白 ………………………… 82

complement dependent cytotxicity, CDC, 补体依赖的细胞毒作用 …… 38

complementarity determining region, CDR, 互补结合区 ……………… 13

constant exon, 恒定区外显子 ………………………………………………… 19

cross - reactive Id, IdX, 交叉独特型 ……………………………………… 17

CTF1, 心营养素 1 ……………………………………………………………… 68

CTL activation antigen - 4, CTLA - 4, 细胞毒性 T 细胞活化抗原 - 4 ……… 131

cutaneous basophil hypersensitivity, CBH, 皮肤嗜碱性粒细胞超敏反应 ……… 183

cysteine containing aspartate specific protease, caspase - 8, 胱天蛋白酶 - 8 …… 105

cytoadhesin, 细胞黏附素 ……………………………………………………… 92

cytokine storm, 细胞因子风暴 ……………………………………………… 181

D

damage associated molecular pattern, DAMP, 损伤相关分子模式 ······ 100

death domain, DD, 死亡结构域 ······ 84

death effect domain, DED, 死亡效应结构域 ······ 105

death - induced signaling complex, DISC, 死亡诱导的信号复合体 ······ 105

delayed - type hypersensitivity, DTH, 迟发型超敏反应 ······ 150

deletion model, 缺失模型 ······ 22

donor - specific transfusion, DST, 供者特异性输血 ······ 241

E

EGF - like domain family, 表皮生长因子结构域家族 ······ 70

endocrine, 内分泌 ······ 62

eosinophil derived neurotoxin, EDN, 嗜酸性粒细胞衍生的神经毒素 ······ 169

eosinophil peroxidase, EPO, 嗜酸性粒细胞过氧化物酶 ······ 169

EPO, 红细胞生成素 ······ 115

Erp57, 内质网蛋白57 ······ 60

erythropoietin receptor superfamily, ERS, 红细胞生成素受体超家族 ······ 95

exocytosis, 胞吐作用 ······ 126

expressed gene, 表达基因 ······ 44

extracellular matrix, ECM, 细胞外基质 ······ 86

extrinsic membrane protein, 膜外在蛋白 ······ 80

F

FAE, 滤泡相关上皮细胞 ······ 206

Fibroblast growth factors, FGF, 成纤维细胞生长因子 ······ 70

fibronectin type Ⅲ, Fn3, Ⅲ型纤连蛋白结构域 ······ 81

FLK, 分形素 ······ 65

framework region, 骨架区 ······ 13

G

glycosylation dependent cell adhesion molecule - 1, GlyCAM - 1, 糖酰化依赖的细胞黏
    附分子 - 1 ······ 95

glycosylphosphatidylinositol, GPI, 糖基磷脂酰肌醇 ······ 81

GM - 2 activator protein, 神经苷脂 - 2 激活蛋白 ······ 60

graft - versus - host disease, GVHD, 移植物抗宿主病 ······ 244

Granulocyte - macrophage progenitor, GMP, 粒细胞/单核细胞前体细胞 ······ 115

H

hematopoietic stem cell transplantation，HCT，造血细胞移植 ·················· 244

hemopoietic inductive microenviroment，HIM，骨髓造血微环境 ················· 117

homing receptor，归巢受体 ··· 3

hyperacute rejection，超急排斥反应 ··· 178

hypersensitivity，超敏反应 ··· 164

hypervariable region，HVR，高变区 ··· 13

I

Id reactive cell，IRC，独特型反应细胞 ··· 17

idiopathic thrombocytopenia purpura，ITP，特发性血小板减少性紫癜 ········· 176

idiotype，Id，独特型 ··· 16

idiotypic determinants，独特型决定簇 ··· 13

immune complex，IC，抗原抗体复合物 ·· 33

immune deviation，免疫偏离 ·· 183

immune network theory，免疫网络学说 ·· 17

immune privilege，免疫赦免 ·· 6

immunocytokine，ICK，免疫细胞因子 ·· 230

immunodeficiency disease，ID，免疫缺陷病 ··· 246

immunodeficiency，免疫缺陷 ·· 246

immunogloblin superfamily，IgSF，免疫球蛋白超家族 ····························· 13

Immunoglobulin domain，免疫球蛋白结构域 ·· 81

immunoglobulin gene superfamily，免疫球蛋白基因超家族 ······················· 28

immunoglobulin superfamily，IGSF，免疫球蛋白超家族 ··························· 87

immunoglobulin - like transcript - 2，ILT2，免疫球蛋白样转录子 2 ············ 45

immunological synapse，IS，免疫突触 ·· 147

immunoreceptor tyrosine - based activation motif，ITAM，免疫受体酪氨酸活化基序 ··· 129

individual Id，IdI，个体独特型 ·· 17

inducible co - stimulator，ICOS，诱导性共刺激分子 ······························· 130

inducible regulatory T - cells，iTregs，诱导性调节性 T 细胞 ····················· 157

inflammasome，炎症体 ··· 99

innate immunity，固有免疫 ·· 2

Insulin - like growth factor，IGF，胰岛素样生长因子 ····························· 71

integral membrane protein，膜内在蛋白 ··· 80

integrin family，整合素家族 ·· 87

interferon - regulated factor，IRF，干扰素调节因子 ······························· 98

interleukin - 1 receptor and Toll like receptor superfamily，IL - 1R/TLRSF，IL - 1 受体/

Toll 样受体超家族 …………………………………………………………………… 87

isograft，同种同型移植 …………………………………………………………… 234

isotype，同种型 …………………………………………………………………… 16

K

killer activating receptors，KARs，激活性 NK 受体 ……………………………… 103

killer cell Ig – like receptor，KIR，杀伤细胞免疫球蛋白样受体家族 …………… 103

killer inhibitory receptors，KIRs，抑制性 NK 受体 ……………………………… 103

L

laboratory genetics and physiology 2，LGP2 …………………………………… 100

LAF，淋巴细胞激活因子 …………………………………………………………… 63

large multifunctional proteasome，LMP，巨大多功能蛋白酶体 ………………… 45

leucine – rich repeat，LRR，富含亮氨酸重复序列 ……………………………… 82

leukocyte adhesion deficiency，LAD，白细胞黏附缺陷 ………………………… 248

leukocyte common antigen，LCA，白细胞共同抗原 …………………………… 131

leukocyte Ig – like receptor，LIR，白细胞免疫球蛋白样受体家族 …………… 103

leukotrienes，LT，白三烯 ………………………………………………………… 168

LIF，白血病抑制因子 ……………………………………………………………… 68

light chain isotype exclusion，轻链同种型排斥现象 …………………………… 22

lineage – negative cell，LNC，谱系标志不清的免疫细胞 ……………………… 4

linkage disepuilibrium，连锁不平衡 ……………………………………………… 48

lipid transfer proteins，LTP，脂类转运蛋白 …………………………………… 60

lipoteichoicacid，LTA，脂磷壁酸 ………………………………………………… 138

LOX – 1，凝集素样氧化低密度脂蛋白受体 – 1 ………………………………… 89

lymphocyte function associated antigen – 2，LFA – 2，淋巴细胞功能相关抗原 – 2 …… 130

lymphocyte recirculation，淋巴细胞再循环 …………………………………… 3

Lymphokine activated killer cell，LAK，淋巴因子激活的杀伤细胞 …………… 219

lymphotoxin，LT，淋巴毒素 ……………………………………………………… 76

lysosomal – associated membrane proteins，LAMPs，溶酶体关联膜蛋白 …… 56

M

major basic protein，MBP，主要碱性蛋白 ……………………………………… 169

mannose receptor，MR，甘露糖受体 …………………………………………… 98

MARCO，胶原样巨噬细胞受体 ………………………………………………… 87

mast cell progenitor，MCP，定向肥大细胞前体 ……………………………… 114

MCP – 1，单核细胞趋化蛋白 – 1 ……………………………………………… 65

Megakaryocyte – erythroid progenitor，MEP，红细胞/巨核细胞前体细胞 …… 115

melanoma differentiation gene – 5，MDA – 5，黑色素瘤分化基因 5 ················· 99

membrane Ig，mIg，膜型免疫球蛋白 ················· 12

membrane inhibitor of reactive lysis，MIRL，膜反应性溶解抑制物 ················· 37

methylcholanthrene，MCA，甲基胆蒽 ················· 217

microRNA，miRNA，微小 RNA ················· 7

microsomal triglyceride – transfer protein，MTP，微体甘油三脂转运蛋白 ················· 60

minor histocompatibility antigen，mH，次要组织相容性抗原 ················· 235

mononuclear phagocytic system，MPS，单核巨噬细胞系统 ················· 125

monosodium urate，MSU，单钠尿酸盐 ················· 101

mucin – like vascular addressin，黏蛋白样血管地址素 ················· 87

multiple alleles，复等位基因 ················· 47

multipotent progenitor，MPP，多潜能前体细胞 ················· 3

myeloid differentiation primary response gene 88，MyD88，髓样分化因子 88 ················· 98

N

NACHT associated domain，NAD，NACHT 相关结构域 ················· 99

natrual helper cells，自然辅助细胞 ················· 138

natural cytotoxicity receptor，NCR，自然杀伤活性受体家族 ················· 103

naturally occurring regulatory T – cells，nTregs，自然调节性 T 细胞 ················· 157

neutrophil extracellular traps，NETs，胞外陷阱 ················· 143

NOD – like receptor，NLR，NOD 样受体 ················· 97

O

orphan receptor，孤儿受体 ················· 87

OSM，抑癌蛋白 M ················· 68

P

P – selectin glycoprotein ligand – 1，PSGL – 1，P 选择素糖蛋白配体 ················· 95

PAF，血小板活化因子 ················· 170

paracrine，旁分泌 ················· 62

passive cell death，PCD，被动性细胞凋亡 ················· 158

pathogen – associated molecular patterns，PAMPs，病原体相关分子模式 ················· 138

peptidoglycan，PGN，肽聚糖 ················· 138

PGF，胎盘生长因子 ················· 72

phagolysome，吞噬溶酶体 ················· 126

phagosome，吞噬体 ················· 126

polarization，极化 ················· 78

poly Ig receptor，pIgR，多聚免疫球蛋白受体 ················· 14

polymorphism, 多态性 ……………………………………………………………… 47

ponticulin, 膜桥蛋白 ……………………………………………………………… 81

primary immunodeficiency disease, PID, 原发性免疫缺陷病 …………………… 247

programed cell death, PCD, 程序性死亡 ………………………………………… 104

programmed cell death – 1, PD – 1, 程序性死亡因子 – 1 ……………………… 126

prostaglandin, PG, 前列腺素 …………………………………………………… 168

protein inhibitor of activated STAT, PIAS, 激活的 STAT 蛋白抑制因子 ……… 108

protein tyrosine kinase, PTK, 蛋白酪氨酸激酶 ………………………………… 84

protein tyrosine phosphatase, PTP, 蛋白酪氨酸磷酸酶 ………………………… 84

pseudogene, 假基因 ……………………………………………………………… 44

purine nucleoside phosphorylase, PNP, 嘌呤核苷酸磷酸化酶 ………………… 252

pyrin domain, PYD, 热蛋白结构域 ……………………………………………… 99

R

Reactive Nitrogen intermediates, RNI, 活性氮中间物 ………………………… 143

Reactive oxygen intermediates, ROI, 活性氧中间物 …………………………… 142

rearrangement signal sequence, RSS, 重排信号序列 …………………………… 21

receptor tyrosine kinase, RTK, 受体酪氨酸激酶 ……………………………… 84

recombination acetivating gene, 重组活化基因 ………………………………… 21

repertoire, 自身反应性克隆谱 …………………………………………………… 192

retinoic acid inducible gene – 1, RIG, 视黄酸诱导基因 1 …………………… 99

RIG – like helicase receptor, RLR, RIG 样解旋酶受体 ……………………… 97

RNA – induced silencing complex, RISC, RNA – 诱导沉默复合体 ………… 155

Rnase Ⅲ, 核糖核酸酶Ⅲ ………………………………………………………… 155

S

Saposin, 蛋白脂质微粒体 ………………………………………………………… 60

scavenger receptor cysteine – rich, SRCR, 富含半胱氨酸清除剂受体 ……… 82

Scavenger receptors, SR, 清道夫受体 …………………………………………… 87

SCF, 干细胞因子 ………………………………………………………………… 115

secondary immunodeficiency disease, SID, 继发性免疫缺陷病 ……………… 247

secreted Ig, sIg, 分泌型免疫球蛋白 …………………………………………… 12

secretory component, SC, 分泌片 ……………………………………………… 14

selectin family, 选择素家族 ……………………………………………………… 87

seven – transmembrane superfamily, 7TM – SF/ STM – SF, 七次跨膜超家族 … 83

short consensus repeats, SCR, 保守的短同源重复序列 ……………………… 90

silent gene, 沉默基因 …………………………………………………………… 44

slow – reacting substance of anaphylaxis, SRS – A, 慢反应物质 …………… 169

SMA，脊柱肌肉萎缩 ·· 101

smallRNA，sRNA，小 RNA ··· 7

somatic mutation，体细胞突变 ··· 23

superorganism，超有机体 ·· 154

suppressor of cytokine signaling，SOCS，细胞因子信号抑制因子 ············· 108

switch recombinase，转换重组酶 ·· 22

T

T cell vaccine，TCV，T 细胞疫苗 ·· 241

tailpiece，尾件 ·· 14

TAP – associated protein，tapasin，TAP 相关蛋白基因 ··························· 45

tertiary lymphoid organs，TLOs，三级淋巴器官 ·································· 3

thromboxane，TX，血栓素 ·· 169

TIR domain – containing adapter protein，TIRAP，含 TIR 功能区的接头蛋白 ······ 98

TIR – containing adaptor molecule – 1，TICAM – 1，含 TIR 的接头分子 – 1 ······ 98

Toll like receptor，TLR，Toll 样受体 ·· 97

Toll/IL – 1 receptor – homologous region，TIR，Toll/IL – 1 受体同源区 ········· 87

TPO，血小板生成素 ·· 115

transporter associated with antigen processing，TAP，抗原处理相关转运蛋白 ······ 45

TSH，促甲状腺素 ··· 4

tumor associated antigen，TAA，肿瘤相关性抗原 ·· 221

tumor rejection antigen，TRA，肿瘤排斥抗原 ·· 221

tumor specific antigen，TSA，肿瘤特异性抗原 ··· 221

tumor specific shared antigen，TSSA，肿瘤特异性共有抗原 ························· 221

tumor specific transplantation antigen，TSTA，肿瘤特异性移植抗原 ············ 221

tumor – infiltrating lymphocyte，TIL，肿瘤浸润淋巴细胞 ·························· 219

tyrosine kinase 2，Tyk2，酪氨酸激酶 2 ·· 108

V

variable exon，可变区外显子 ·· 19

vascular addressin，血管地址素 ·· 3

Vascular endothelial growth factor，VEGF，血管内皮生长因子 ···················· 71

vitronectin，VN，玻璃连结蛋白 ·· 37

X

X – linked agammaglobulinemia，X – LA，X 性连锁无丙种球蛋白血症 ············· 250

xenograft，异种移植 ··· 234